健康人格心理学

有效促进心理健康的9种模型

（第二版）

杨 眉 著

首都经济贸易大学出版社
Capital University of Economics and Business Press
·北 京·

图书在版编目(CIP)数据

健康人格心理学:有效促进心理健康的9种模型/杨眉著. --2版. --北京:首都经济贸易大学出版社,2021.8

ISBN 978-7-5638-3183-8

Ⅰ.①健… Ⅱ.①杨… Ⅲ.①人格心理学-高等学校-教材 Ⅳ.①B848

中国版本图书馆CIP数据核字(2021)第132481号

健康人格心理学——有效促进心理健康的9种模型(第二版)

杨眉 著

Jiankang Renge Xinlixue

——Youxiao Cujin Xinli Jiankang De 9 Zhong Moxing

责任编辑 彭伽佳

封面设计 风得信·阿东 FondesyDesign

出版发行 首都经济贸易大学出版社

地　　址 北京市朝阳区红庙（邮编 100026)

电　　话 (010)65976483 65065761 65071505(传真)

网　　址 http://www.sjmcb.com

E-mail publish@cueb.edu.cn

经　　销 全国新华书店

照　　排 北京砚祥志远激光照排技术有限公司

印　　刷 北京建宏印刷有限公司

成品尺寸 170毫米×240毫米 1/16

字　　数 530千字

印　　张 26.25

版　　次 2016年2月第1版 **2021年8月第2版**

2023年8月总第6次印刷

书　　号 ISBN 978-7-5638-3183-8

定　　价 49.00元

大学应当从远处收罗各种天才的每一道光线，聚集一堂，用这集中的火焰使年轻人的心燃烧起来。

——爱默生

第二版前言

三十五年只做一件事：从心理学大家的模式中汲取成长资源

我 1985 年开始做心理学科普，详细情况已经在上一版前言和后记中都写过了，这里不赘述。

这里只交待一下这本书的框架，也算是本书的使用方法吧。

本书框架分作三部分，一是每位心理学大家的生平，二是他们的健康人格观，三是他们提供的有关实现健康人格的方法。

“一千个读者就有一千个哈姆雷特。”读这些心理学大家也一样，每个人都会有自己的视角。我所做的是尽可能把他们理论中与普通人有关的内容提炼并整理出来；为了让大家看到他们的理论和他们个人生活的关系，所以也加入了他们的生平；最后就是尽可能发现并提炼出他们提到的操作方法。

最近在读《大概率思维——人生赢家都是概率赢家》。我想，“模式”就是一种大概率。这么多伟大的心理治疗家（只有马斯洛不是治疗家），在治疗心理障碍患者的过程中都发现了有助于人健康发展的规律（模式），而且他们殊途同归，最终的结论有很多重合之处。

不仅如此，这一版中，我还特别补充了西方哲学界自 1958 年开始至今的有关美德伦理学的提倡和研究，以及积极心理学诞生过程中借鉴美德伦理及其他人类文明的故事。它们都再一次证明人类在有关自身问题的发现上最终都是殊途同归。哲学上的美德伦理，心理学上的健康人格或者是优势性格，本质上都是一回事，从大概率上看，都是个人和社会可以持续发展的必要前提。

把这样的知识普及给学生和更多的人，让大家能够根据自己的需要对这些模式做出新的综合，让大家站在巨人的肩上开始自己的人生，这可以少走多少弯路，多走多少可以让人健康成长的捷径啊。

我很高兴，我从 35 年前就开始了这项工作，并且仍然满怀激情。我也很庆幸，在做心理学科普的过程中，我拥有无与伦比的幸运。

杨　眉

2020 年 10 月 31 日于北京滴水斋

前　言

三十年只做一件事

时间的维度从纵向看，分作过去、现在和未来，而从空间上看，则包括：生活、工作与关系。因此，我这里说的“三十年”指的是我工作中的三十年。

我从 1985 年 9 月开始讲授“个性心理学”，1996 年后为了与国内大多数学者所采用的译名一致，我将此课更名为“人格心理学”，再后来为了突出此课的发展性又更名为积极心理学取向的“健康人格心理学”。

现在是 2015 年 1 月，到今年 9 月，我在这门课上的探索、总结、研究和不断的调整与提高就是整整 30 年了。

30 年来，因为一直坚持从心理学理论教育入手去提高大学生的心理素质和个人成长能力，为此发展出了一套 5 门的系列心理教育课程：“健康人格心理学”之外的另外四门是：“社会心理学”、“心理卫生学”、“电影文本成长心理学”和“人际沟通分析学”。

据保守统计，30 年中我教过的本科学生近 1 万人，近 10 年所做教师培训人数达 800 人。

2006 年以来，“健康人格心理学”和“人际沟通分析学”先后被列为北京大学暑期班课程之一。

2014 年以来，“人际沟通分析学”和“电影文本成长心理学”先后被列为北京师范大学的通识教育课。

1997 年后，我们有了自己的心理学教学团队，目前我们团队中的几位老师每年都要为 600~700 名学生讲授包括“健康人格心理学”、“人际沟通分析学”、“社会心理学”、“心理卫生学”和“大学生心理健康教育”等在内的系列心理教育课程。

教学中，我们一直注重理论联系实际，在向学生介绍西方人格心理学及其他心理学理论的过程中，一是努力探索借助西方团体辅导技术帮助学生做到知行统一的方法，二是注重研究一线教学中发现的问题。

我很自豪我们所研究的问题都是土里长出来的。这是我的比喻，我的意思是：我们所研究的问题都是我们在一线教学中遇到的问题，而绝不是拍脑袋想出来的所谓问题。我在农村插过队，农民的朴素让我着迷，直到今天，朴素都是一种最容易打动我的人格特质，所以我用“土里长出来的问题”来形容我们在教学一线中所遇到并研究的问题。

30 年来我的教学与科研成果包括：出版原创著作 9 部，200 余万字；研究文章 25 篇，在国外发表咨询与教学文章 3 篇，主持部级课题 3 个，发表心理学科普文章 76 篇。目前这本教材属于北京市哲学社会科学“十一五”规划项目，由北京市社会科学基金项目资助，项目编号：09BaZH119。

有人问我，为什么那么早就想到从人格教育入手去促进大学生的心理健康与个人成长？

我想，最主要的原因有以下几个：

首先，是我个人在大学期间所遭遇的巨大困惑和黑暗中无数次试错排错的痛苦摸索，后来我才知道我所经历的正是心理学上最经典的理论之一所描述的“同一性危机”。

1978 年我考入北京大学之时，我们那一代人的梦想已从渴望当英雄转为渴望成才了。那个时候，我们没有现在的生涯辅导以及心理辅导老师，因此一个想要寻找自己的人往往需要靠大量的阅读和思考。所以上课之余，我就天天待在学校的图书馆，从学长推荐的哲学、教育学、文学、历史以及心理学等书籍中寻找答案，直到发现了人格心理学，并进而发现了健康人格的魅力以及心理健康的重要性。当时那种豁然开朗的感觉与心花怒放的心情，至今记忆犹新。

所以，毕业当老师后，我就下决心要尽最大力量帮助我的学生减少成长的苦恼，使他们在生命的重大转折期减少痛苦的体验和在黑暗中摸索的时间，同时教会他们体验自我发现与自我成长的幸福。

其次，是因为我有一种很好的直觉并且最幸运的是我对我的直觉怀有坚定不移的信心，我的直觉告诉我，我在大学时期所经历的是大多数青年学生常常会经历的大概率事件，我坚信，我们的前辈和先人一定拥有可以帮助我们解决问题的资源，当我找到这些资源以后，我又坚定不移地相信它们同样可以帮助到其他青年人。

再者，是我非常幸运地比别人更早地发现了这些无比重要的教育资源——弗洛伊德、荣格、阿德勒、艾里克森、弗兰克、帕尔斯、罗杰斯、马斯洛、伯恩以及中国的孔子等——我发现这些伟大的先行者在帮助我们自我认识和自我成长方面已经做出了无比杰出的贡献，他们为个人与社会的进步提供了最有效率的理论与方法。而我需要做的，就是帮助我的学生意识到这些资源的重要性并懂得借助这些资源或者说站在巨人的肩上健康成长。

爱默生说：“大学应当从远处收罗各种天才的每一道光线，聚集一堂，用这集中的火焰使年轻人的心燃烧起来。”①

① ［美］《爱默生选集》（Mark Van Doren 编辑版，1956），张爱玲译，哈尔滨出版社 2003 年版，第 10 页。

我知道，这就是我要在我的课堂上做的事，把这些伟大心理学家的发现介绍给学生，让我的学生知道，他们为我们而诞生，他们的存在使我们得以在一降生时便拥有一个很高的成长平台。让我的学生知道，这些伟大迷人的思想可以点燃的不仅仅是年轻人的心，而是一切注重成长与进化者的心。

还有一个看起来很矛盾的原因，那就是因为我不是心理学科班出身的（我毕业于北京大学国际政治系，后来回北大心理系系统修毕研究生课程）。这个对心理学教员而言看似弱点的特点，在我，反倒成为一件很有意义的事。因为纯粹是从个人需要出发而发现的心理学，对我而言，心理学就是一个可以用来指导人生命成长的重要资源，这使我特别强调心理学的应用性，使我坚信心理学应该以生命为本，应该能够为生命的自我发现和自我实现做出贡献。

我喜欢马克思的那句名言："哲学家们只是用不同的方式解释世界，而问题在于改变世界"①，我认为因人而生的心理学更应如此，更应该以人为中心，去解决人在现实中所遭遇的种种问题，否则心理学就失去了存在的意义。

因此在实际的教学中，我坚持心理学一定要有意识地将理论联系实际，要为学生的健康成长做贡献。为此我用近20年的时间提炼出如下教学理念：

心理学要为学生的健康成长和实现其潜能做贡献！

心理学要为提升学生的生活质量和幸福感做贡献！

心理学要为帮助学生成为最好的自己做贡献！！

最后，是因为我很幸运有一个由知音组成的团队，我们团队的成员个个都是我的知音，大家都对健康人格心理学怀有火一样的激情。王玉老师为推介"健康人格心理学"做了大量工作，徐辉老师为在理论上总结健康人格心理学课程而做了很多努力，苏世兰老师则在教学中有很多创造性发挥。

概言之，我在我个人的经验中发现了人格心理学及其重要性（最近几年，我又发现了中国文化中所拥有的巨大人格教育资源），而且我坚信我个人在确立"同一性"过程中的经历是青年学生会遇到的大概率事件，同样幸运的是，30年来，我在我的学校遇到了许多支持我从事心理教育与人格教育的领导和同事同道，于是才有了这个一以贯之的30年。

我知道自己有多么幸运。我庆幸自己能够一辈子只做自己喜欢的事，我庆幸我遇到了那么多帮助我支持我的人，我是一个幸运儿，我在追求我的理想的过程中，过上了我最想要的生活。

本书是在《健康人格心理学》（2004年）一书基础上修订而成。现在介绍这本书的修订过程。2012年暑假后我开始这本书的修订工作，原来想的只是做些补充并把《健康人格心理学》（2004年）中没有做的注释做出来，应该不需要太

① ［德］恩格斯：《路德维希 费尔巴哈和德国古典哲学的终结》（1888），人民出版社1997年版，第59页。

多时间，但由于修订过程中我采用的是最原始的方式工作：先读我所要介绍的心理学家的传记，然后读其主要原著，读相关的文章等，再补充上这些年教学过程中积累的新案例和新观点，就这样一章一章地完善，速度很慢。以弗洛伊德为例，我读了四套他的传记（其中包括他的自传），然后又读他的主要著作，这个过程非常耗时，有时候，为了求证一个概念，我会用很长时间，比如这次为了求证弗洛伊德本人究竟是否提出过“冰山理论”（iceberg theory）这个概念，我不仅反复读书，在国际精神分析学网站查询，在国家图书馆老师的帮助下查弗洛伊德全集的索引，向国内外老师请教，并且给英国伦敦弗洛伊德博物馆的工作人员写信讨教等，这都是需要花费大量时间的。再如引用，为了保证严谨，我都是尽最大可能找原著，从而保证了本书中的二次引用不超过5处。再如对马斯洛“去圣化”这一概念的澄清，自从知道这个概念来自宗教学家伊利亚德，我就找来伊利亚德的《宗教思想史》以及《神圣与世俗》，在阅读浏览了这几本书后再回来梳理“去圣化”这个概念。如此，我的写作速度实在很难快起来。

此外，在这么多资料中，如何选取？如何组织提炼？这些也都需要时间去斟酌，修订著作的过程是一个充电和成长过程，总是会有更多的发现，更多的思考，更多的灵感，同时也包括更多选择与取舍的困难，好在今天这些曾经的艰难都已经成为过去。

除了补充各位大家的健康人格观外，传记部分也增加了内容，加入了各心理学家职业生涯选择中的个人努力与思考，因为这本身就有很重要的示范作用。

重新复习原著的过程中，最为欣慰的是，我发现《健康人格心理学》（2004年）有遗漏的地方，但是没有错误的地方（有两个有关弗洛伊德与马斯洛的以讹传讹的地方，这在本书中都有纠正）。

别人问我，你一天写多少字？我很难说，因为我的书不是这样写出来的，我的写书程序是：读书，思考，再读书，再思考，记下灵感，拟出提纲，然后才开始动笔。虽然说是修订，其实几乎是在原有框架上的扩充，我大概估计了一下，这次增加了2/5强的内容。

我的学校和北京市相关领导已给予我很多理解和两年多的宽限，现在，在不能再拖延交稿的前提下，为保证本书的质量，我不得不将《健康人格心理学》（2004年）中对14位心理学家的介绍缩减为本书中的只介绍9位心理学家，这个容量也恰好与学校所给予我们的32课时匹配，书名副标题上写的9种模式，是将中国文化中的心理教育资源算了进去。

这版中被忍痛割爱的6位心理学家是埃瑞克·弗洛姆、高登·阿尔波特、伯尔赫斯·弗雷德里克·斯金纳、罗洛·梅、乔治·凯利以及艾瑞克·伯恩。他们都是非常杰出的人格心理学家，他们在对人格的研究上有很多独特的发现，这些发现对我们的自我认识与成长有非常重要的指导意义，只可惜笔者这次修订的过程中实在是没有时间了，为保证修订稿的质量，才不得已做出此决定。

我们所介绍的这九种健康人格模型，每一种都只是一个参照。也许这些参照没有一个是完全适用于我们的，但是有这么多参照作对比，我们就有了许多可以利用的宝贵资源，我们就可以博采众家之长，就可以站在巨人的肩上开始我们自己的探索，从而做出对我们而言最好的新的综合。因此，这些模型对于开阔我们的视野、加速我们的个人进化具有无比重要的参考价值。

这次为修订本书而重读经典的过程让我再一次发现，经典是超越时空的，是可以被无数次阅读并被重新发现的，我尽我最大可能把这些经典中有助于青年人健康成长与进化的内容介绍给大家，但我深知我所做的真正是挂一漏万，因此，我最大的希望就是能够激起青年学生对经典的向往，能够自己去读这些伟大的文化遗产，能够懂得站在巨人的肩上去看世界与自己，去开始自己的进化之旅。

今年是 2015 年，距离 1985 年我人格教育的起步已整整 30 周年了，30 年来，我在工作中只做了这一件事：努力探索并实践如何用西方的心理学理论实施对大学生的心理教育。这个过程中，我在专业上拥有的一个意外收获是：我发现我们中国文化中同样存在成熟而丰富的人格教育资源，为此，我从 2003 时开始自学中国文化的经典，2012 年起又有幸在国学老师王瑞昌先生的指导下读《论语》，正努力从中提取有利于中国学生的心理教育资源。

本书即将付梓，我的心里充满喜悦。我把这些伟大的心理学家同时也是伟大的人介绍给各位，与大家分享这些伟大的心灵。这个世界就是存在这样一些具有使徒性格的人，他们为了减轻人类自我寻找和成长的痛苦而孜孜以求，为我们留下了无比辉煌的精神遗产，给我们提供了可以帮助个人与社会共同进化的最重要的资源。

造化给了我们第一次生命，剩下的就要靠我们自己了。请在这么多健康人生模式的烛照下，选择最适合自己的，做新的综合，直到做成那个——最美好的你自己!!

杨 眉

2015 年 3 月 1 日于北京滴水斋

序言一：最美的积淀：从人生到人格[①]

——读杨眉新作《健康人格心理学》

杨宜音
中国社会科学院社会学所社会心理学研究中心研究员

个人内心的健康成长：30年的焦点

杨眉教授出版了新书《健康人格心理学》。这已经是她的第10本著作。与有些作者不同，杨眉的著作，主题一直只有一个——人格。这是她30年不变的焦点，也像是她30年栽培的一棵树：她守在种子边，忙忙碌碌，又看着它不断带给她困惑，带给她问题，带给她动力，带给她惊喜和新期望。杨眉也化身为这棵树的一个守护者。

比30年前更早，我就认识杨眉了。没见面之前，我在参与筹备一个全国性的研讨会，那是1982年的下半年。会议刚刚截止征文的时候，心理学前辈卢玉老师递给我一篇论文，是写健康人格的。当时大多关于青少年的研究还局限在思想政治的思路里，以为所有的青少年问题均来自思想政治观念的不正确，极少有人能看到青少年的问题可能有其心理原因，并且可以从人格塑造入手进行化解，甚至以人格的塑造作为路径，为青少年提供一生的心理支持的资源。我看了那篇写在稿纸上的整齐但又匆忙的字，感受到作者渴望表达的热切，就破例接受了。这也是我能有的小小权力——当时我从学校借调到会议筹备组负责论文征集和组织评审。

以后，我们就成了朋友。我们当时都是82届的毕业生，工作都在经济类高校，又都喜欢心理学。于是，我们一起在北师大心理系旁听，一起逛书店，并且分别选择了社会心理学（我）和临床心理学（杨眉）作为改行发展的方向。

当时改行不是一件容易的事情，一方面心理学在社会上的认知度很低，要不断说服自己的领导理解心理学这个学科的角度，很是费力。另一方面，当时还是主张服从组织安排，个人只是“东西南北任党搬”的一块砖，个人选择的空间非常小。还好，坚韧的人格和心理学这门学科的特有魅力最终帮助了我们：我考入北师大心理系攻读学位，走了做学术研究的路。杨眉则坚守在大学，排除万

① 这是杨宜音女士于2016年为《健康人格心理学》第二版写的序，我很喜欢，因此这版仍然采用。

难，通过心理教育、心理辅导和心理学科普以及社会服务接近了她的理想。

杨眉从在经济类院校里开设心理学课程开始，至今已有30年。每有心得或需要，她就开始写书，至今已有11本。在学校她教过的学生接近万人，而这些书则超越课堂，走向更多的读者。杨眉著作的特点是深入浅出，平易近人，可读性很强，同时又充满激情，极富感染力。记得我1987年偶然在国家图书馆的新书阅览书架上看到一本已经被磨损得皮开肉绽，黑黢黢的书，拿出来一看，竟然是刚出版不久的、她的第一本书——《再塑一个你——个性心理探幽》。可想经过了多少人的手，入了多少人的眼，又给了多少青少年重塑人格的力量。再后来，杨眉在大学课堂上尝试进行集体心理辅导，并且出版了国内第一本集体（团体）心理辅导的著作。此后，又陆续推出了一本接一本的心血之作。可以说，杨眉在一个浮躁的时代默默地积累，自己也践行了对自己人格的重塑。

杨眉看重人格，不如说她看重人格的健康成长。她把人格与人生联系在一起，也就把心理健康和人格心理这两个领域联系在一起，就像嫁接后的新品种，让人有了期待。

人格发展的方向性：积极与健康

人格到底是什么？人格心理学家一般将其定义为一个人区别与他人并且较为稳定的心理系统。所以最初从俄文翻译时，人格也被称为个性，也就是个别性。人格也来自类型学的思路，即把人分成一些相互区别的、独特的类型，每一种类型都有一些特质。比如，自控型的人比较倾向于行为的规划性，交往型的人比较倾向于人际依赖和对他人感受的敏感。这些分类有助于我们快速了解他人，预期他人的行为，也有助于自我认识，让自我走过不成熟的时期。

人格有没有好差之分？人格的发展有没有方向？从杨眉的著述里，我们看到她清晰和坚定的回答：有。那就是积极与健康，积极健康的人格就是好的人格。

经典的人格心理学并不特别在意积极与健康。因为人格的研究重点在于分类，在于区分，在于比较简捷地、快速地加工人格特质方面的信息，而不是一个修身的学问。杨眉则从人格心理学人本主义流派汲取了以人为本的理念，设定了“自我认识与认识他人，自我悦纳与悦纳他人，自我成长以及与他人共同成长”为心理健康的目标，将自我、人际、发展、健康这些主题有机结合，反复在教学实践中丰富和完善，最终有了一个可操作的，强调积极健康方向的人格心理学的新思路。这样的人格心理思想蕴含着作者的价值判断和人文关怀，是人生与人格的合一，因而也可以视为确立人生的人格心理资源。

在第二版《健康人格心理学》的最后部分，有作者增补的中国文化中健康人格方面的内容。读者就更容易体会杨眉将传统文化中思想家的理想人格设计进行与西方人格心理学家的思想进行对比的用心，也可以发现“君子”这样渗透着政治社会文化设计的儒家理想人格本身具有的明确的道德方向性。将健康人格教育与修身联系，就让人格与人生变得密不可分，人格的发展也就是人生的发展。因此，必须有方向。

大师伸出的手：用心酿成人格心理学的人及他们的学说

人格心理学家发展出很多理论来回答，人和人“咋就那么不一样呢”？进而追问这些差别来自哪里？是遗传还是环境？是年幼经历还是长大后的境遇？人格对人有什么影响？是怎样影响的？人自己可以认识自己的人格吗？自己可以改变自己的人格吗？一系列的问题又催生了许多理论派别的形成。比如很多人都略知一二的经典精神分析学派、后来的新精神分析学派、行为主义学派、人本主义学派、人格特质学派、认知学派等。每个学派都有自己的领军人物或曰大师。

杨眉对这些大师思想的加工，是从上述的立场出发的，即找到人格发展的方向，并且通过理解自己、认识自己，积极地接纳自己，让读者自己成长。她选择让大师伸出他们的手，与青少年读者分享他们的思想和经历。这些大师的思想，来自于他们对自身和他人的深刻洞悉和深爱，伴随着他们自己人生的起起伏伏。

本书选择了弗洛伊德、荣格、阿德勒、埃里克森、弗兰克、帕尔斯、罗杰斯和马斯洛的健康人格观来做讲解，这些大师分别来自精神分析学派、人本主义学派。这些大师，例如弗洛伊德、荣格、马斯洛，大名鼎鼎，声名显赫。作者特别从健康人格的角度对他们的学说做了新的整理，并点明要点：

弗洛伊德：正视自己并建设性地满足自己

荣格：做个体化的人

阿德勒：做有社会兴趣的人

埃里克森：建立自我的同一性

弗兰克：寻求生活意义

帕尔斯：活在此时此地

罗杰斯：充分地起作用

马斯洛：实现自身的神性

这8位大师提出的健康人格的要点，集合起来，就是一个相当完整的、成熟的，有动力，明方向，富有意义的人格结构和人生发展的图景。实际上这也是杨眉认为在青少年心理辅导中最可能出现问题和最可能帮助青少年健康积极成长的人格资源，是个人人生成长旅程中的“贵人”。每到危机来临，这些好的心理品质，好的人格就会立即伸出援助之手，帮助我们渡过困境。

在这8位大师中，一般心理学专业的人格心理学教科书较少介绍的弗兰克、帕尔斯是杨眉针对教学实践特别选出的。他们的健康人格观念与其他六位的思想有着内在的关联，对于处于青少年这一生命阶段的读者会更有启发。

细读大师们的思想，特别是大师们的人生阅历，可以感受到大师所以是大师，恰恰在于他们践行了自己的人格理念，这些思想也是他们人生的馈赠。当然有些是从痛苦中感悟到的，有些是在解决心理问题时发现和不断印证的。杨眉花在介绍大师人生和介绍大师理论的篇幅几乎相当，可这不仅没有喧宾夺主，反而让大师的思想变得生动、有历史感，让读者读来，就像交识了 8 位朋友，接受这些大师用心酿成的善意和美好，让读者看到了大师们在人生旅途的行走和思考。

我很希望有更多的年轻朋友打开这本书，也从此走出从人生到人格的成长之路。

2016 年于北京

（此文发表于《中华读书报》2016 年 3 月 30 日，第 20 版）

序言二：有灵魂的教科书[①]

——杨眉的《健康人格心理学——有效促进大学生心理健康的9种模式》读后

陆晓娅

为什么中国的大学老师要写教科书？问这个貌似愚蠢的问题，是因为我心里有一个另类答案：因为老师们需要评职称。这么说不够厚道，但看看那些堆砌资料、缺乏思想、毫无风格的教科书，我就觉得它们其实不是为学生写的，它们是没有灵魂的教科书。

有灵魂的教科书什么样？我想应该既有思想的深度与知识的力度，也有生命的热度吧。除了学术上的严谨、丰厚、适度追踪前沿外，有灵魂的教科书在结构、体例与字里行间，应该渗透着对学习者的关怀，满足学习者求知与成长的深层需要，激发学习者的好奇心与探索欲。毕竟，书是为了人而存在的。

杨眉新修订的《健康人格心理学》，我觉得堪称一本有灵魂的教科书。她用自己的人格力量去塑造了这本书，又通过书，对中国人健康人格的发展提问与寻路。

杨眉是一个愿意坐冷板凳、下“笨功夫”的人，为了通过修订更准确地阐释不同的人格理论，她花了两年多的时间，把所有相关原著都重新读了一遍，几乎补充和改写了一半以上内容，这使得这本教科书在理论上变得更加厚实和坚实。

但更让人惊喜的是，在这部教科书中，她让读者不断与“问题”相遇，它们有大学生成长中的种种困惑，也有当下中国的诸多社会问题。当作者用不同的人格理论去解析这些“土里长出来的问题”时，不仅让学习者更能理解理论的价值，也使原本“干巴”的教科书拥有了生机与力量。

我们看到，在马斯洛的“去圣化”理论后，作者对当今中国去圣化现象做了描述和分析；在阐述了埃里克森的“同一性”理论后，作者指出许多难以理解的行为背后，是中国社会现状导致的人的“同一性混乱”；从人格发展阶段理论出发，作者指出我国留守儿童将面临的严重问题：在发展自主性的关键期，由

① 这是中国青年报资深记者陆晓娅女士2016年为我写的书评，我非常喜欢，因此收入这版中。

于缺乏父母的陪伴、引导和关注，更容易导致羞怯与怀疑，而其行动力或者说是意志品质也较难形成。而在“防御性利他”的阐述后，我们读到了学生的精彩思考：“稍显‘自我’的人比‘无私奉献’的人更适合助人，因为‘无私奉献’的人一方面可能是因为不懂拒绝别人的请求，另一方面可能是过分追求‘助人不求回报’的道德制高点，反而容易引起求助者的排斥，因为正是这种‘深不见底’的包容和帮助，让人无意识中产生畏惧。当然，助人者本身也是无意识的。”

或许，这本教科书能拥有“问题”意识，是与作者多年的教学模式分不开的。

应该说，现在大学中的心理健康教育很受重视，有很多冠以“大学生心理健康”的课程和教材，内容涵盖大学生发展的诸多主题，比如情绪管理、人际交往、生涯设计、亲密关系等。我自己也开设过“大学生心理健康与自我成长”的课，但课时所限，每个专题都只是浅尝辄止，让学生们感觉不过瘾。

一直在教学一线，同时一直为学生提供心理咨询的杨眉，不断地在思考和探索，什么样的心理健康教育模式更有后劲？仅有具体的心理调节方法，能不能满足大学生成长和发展的需要？基于对大学生发展规律及其内在需要的考察和了解，也是基于对心理学学科的理解，她另辟蹊径，从心理学理论教育入手去提高大学生的心理素质和个人成长能力，为此发展出了一套 5 门的系列心理教育课程：“健康人格心理学”、“社会心理学”、“心理卫生学”、“电影文本成长心理学”和“人际沟通分析学”。在教学方法上，她形成了自己的独特模式：各相关心理学理论介绍+核心人格特质训练+调动学生的自我觉察与教育。这样的教学模式，不仅深深地吸引了学生，而且让“学习”与“成长”有可能在当下和未来真正地发生。

好的教科书，受益者一定会超出校园的围墙。我相信，杨眉新修订的《健康人格心理学——有效促进大学生心理健康的 9 种模式》，对于关心中国社会发展，关心中国人是否能活出尊严、活出意义的人，都有很高的参考价值。说到底，这个社会是由人来改变的，有过太多心理创伤的中国人，让自身的人格健康起来，才可能创造出美好的社会。

（此文原载于《中国青年报》2016 年 4 月 5 日第 8 版）

目　录

第一编
历史的回顾与概念的复习

第一章　人格与健康人格的研究与教育概况

第一节　多学科研究中的人格概念

一、基本概念

在中国心理学界，英文 personality 有人译作“人格”，也有人译作“个性”。中国 20 世纪 50 至 60 年代的心理学界，较多地译作“个性”，而 80 年代以来则更多地译作“人格”。

按理说，由于两种译法表达的是同一个概念，因此，选用哪一种译法都可以。但事实是：按中国人的习惯，“人格”一词含有道德评价的成分，例如，受人羞辱时，会有中国人说：“你这是侮辱我的人格”，可绝不会有中国人以同样的愤慨指责对方：“你这是侮辱我的个性。”因为在中国，“个性”是一个中性词。中文中涉及个人特点的“个性”与“人格”两词有明显差异，这在汉语词典中即可查到，“个性”指“在一定的社会条件和教育影响下形成的一个人的比较固定的特性”；而“人格”则是指“①人的性格、气质、能力等特征的总和。②个人的道德品质。”①

笔者 1987 年所著《再塑一个你——个性心理学探幽》一书时，对 personality 一词仍然沿用“文革”前的翻译“个性”，目前为止，中国始终坚持用此译法的是北京师范大学的高玉祥先生，笔者后来因为考虑到现在中国心理学界约定俗成的对 personality 基本上采用“人格”的译法，为避免歧义，之后所写著作也都对 personality 采用“人格”而非“个性”的译法，这次笔者修订这本书，深感当时还是应该坚持原来的译法才是。

特别提请各位注意，本书中的人格(personality)是被当作一个中性词而加以

① 中国社会科学院语言研究所词典编辑室编：《现代汉语词典》，商务印书馆 1978 年版，第 368，950 页。

使用的，因此不含有道德评价的成分。

二、“人格”概念的由来

人格研究并非始于心理学。英文中的“人格”（personality）一词最早来自于拉丁文的“面具”（persona）一词，它原指古希腊时期的演员为扮演角色而戴上的面具。这种面具类似于中国的京剧脸谱，每一种图案连同每一种色彩通常都对应于一个特殊的性格角色。

下面这段有关京剧脸谱的文字很形象地说明了这点：“脸谱非小技，凡一人之身份、年纪、性情美丑皆昭然于一面。至于摹写须眉，点染丹青均有谱可依。方正为慈，邪僻点破，少壮劳为方，老衰成圆，无一形不寓褒贬；红忠、白奸、绿莽、黑憨，无一不辨中奸。”①

随着西方古代语言学的发展，“人格”这个专指面具的词被加以扩展和引申，以至于渐渐演变成一个抽象而又多义的名词。这个词在当时至少包含以下几种含义：个人表现出来的行为方式；个人在生活中扮演的角色；使一个人适合于其工作的个人品质的总和；个人的声望和名誉。

心理学把面具转义为人格等于把人格视作人的社会自我，人按照社会规则做出社会所要求的反应，与此同时，也意味着人在人格面具或者说社会行为之后还具备一些不为人知甚至不为己知的内隐人格特质。

随着哲学家、神学家、法学家、社会学家、人类学家等对“人格”问题的关注，“人格”这一概念又被赋予了许多其他含义，每一学科都从自己的研究角度出发，对“人格”做出了区别于其他学科的界定，以下是转引自陈仲庚、张雨新译自奥尔波特的各科定义(陈仲庚、张雨新，1986)②：

哲学家观点之一：人格的本质意义是自我、自我意识、自制和认识的力量。这些成分没有身体的意义。

神学家的观点之一：人格是真实的有理性的个人的本性。

法学家的观点之一：一个活的人类生物，包括他的全部一切。

伦理学家的观点之一：人格是每一个人的那种品质，这种品质使他有价值，不管别人怎样使用他。

以上这些定义从不同角度界定了“人格”（personality）这一概念，下面我们看看心理学家们对“人格”这一概念的理解。

---

① 王驰：“粉墨忠奸话京剧脸谱”，《传承》，2009 年 13 期，第 52 页。

② 陈仲庚、张雨新：《人格心理学》，辽宁人民出版社 1986 年版，第 33~41 页。

第二节　心理学理论研究中的人格概念

1937年，人格心理学的奠基者之一、美国心理学家奥尔波特发表了他那本开创了现代人格心理学先河的著作：《Personality：a psychological interpretation》。在此书中，奥尔波特回顾了历史上各学科对人格的研究，综述了其中近50个人格概念，其中包括如前所述神学的、哲学的、法学的、伦理学的以及心理学的人格定义。

奥尔波特在对这些概念加以比较和归纳之后，提出了自己的人格定义："人格是个体在心理、物理系统中的动力组织，这个动力组织决定人对环境顺应的独特性。"①

奥尔波特的上述人格定义在某种程度上被当作现代心理学中习惯用法的综合。

奥尔波特之后又有不少心理学家界定人格的定义，如②：

(1)艾森克(1955)："人格是个体由遗传和环境所决定的实际的和潜在的行为模式的总和。"

(2)卡特尔(1965)："人格是一种倾向，可借以预测一个人在给定情境中的所做所为，它是与个体的外显和内隐行为联系在一起的。"

(3)林德采荷文(1975)："人格是特征的一种组织，它存在于自己而区别于他人。"

(4)拉扎鲁斯(1979)："人格是基本和稳定的心理结构和过程，它们组织着人的经验并形成人的行为和对环境的反应。"

(5)米谢尔(1980)："人格是个人心理特征的统一，这些特征决定人的外显行为和内隐行为，并使它们与别人的行为有稳定的差异"。

(6)陈仲庚(1987)："个体内在的行为上的倾向性，它表现一个人在不断变化中的全体和综合，是具有动力一致性和连续性的持久的自我，是人在社会化过程中形成的给予人特色的身心组织。"③

(7)张春兴(1991)："人格是个体在对人对己及一切环境中事物适应时所显示的异于别人性格；个体的性格，系在遗传与环境交互作用下，由逐渐发展的心

① Lawrence. A. Pervin，edited：*Handbook of Personality*：*Theory and Research*，New York：The Guilford Press，1999，p4.

② 陈仲庚、张雨新：《人格心理学》，辽宁人民出版社1986年版，第48页。

③ 陈仲庚、甘怡群主编：《人格心理学概要》，时代文化出版社1993年版，第5页。

理特征所构成；而其心理特征表现于行为是，则具有相当的统合性与持久性。”①

(8)黄希庭(2002)：“人格是个体在行为上的内部倾向，它表现为个体适应环境时在能力、情绪、需要、动机、兴趣、态度、价值观、气质、性格和体质等方面的整合，是具有动力一致性和连续性的自我，是个体在社会化过程中形成的给人以特色的心身组织。”②

(9)杜·舒尔兹和悉尼·爱伦·舒尔兹(2005)：“人格是每个人都具有的，你的人格特点决定了你实现自己生命以及取得的成功和快乐的范围。毫不夸大地说，你的人格是你最重要的资产。它帮助你形成了你的生命并将在未来继续影响你的生活。”③

(10)许燕(2009)：“人格是个体在社会生活的适应过程中，对己、对人、对事、与物做出反应时，其自身所显示出来的异于别人的独特心理品质。”④

限于篇幅，不多罗列，由于人的问题上没有标准答案，直到目前为止，都没有一个为大家所公认的人格定义。人是如此复杂，而每个人格心理学家所关注的点不一样，就如同 Jerry M. Burger 所言：“一位理论家可能看重无意识机制，另一位可能关注学习过程，第三位则关注人怎样组织他的思维。”（Jerry M. Burger，2008）⑤而我们需要做的不是去找什么标准答案，而是要尊重人的多样性和复杂性。

因此，尽管由于每个心理学家的研究重点有所不同，使得有关人格概念的分歧依然存在，以至于至今仍然未能有一个为大家所公认的人格定义。上述这些有关人格的心理学定义却也表现出一些共同之处，即：

(1)人格是指个体所独具的各种特质或特点的综合体；

(2)人格是与人的个体差异有关的概念；

(3)人格是与人的行为模式有关的概念，人格决定并终身影响人的行为。

(4)人格是一种相对稳定的心理结构，但在与环境的互动中也会发生变化。

人格概念上的分歧表明了人格问题的复杂性，这使心理学者们开始放弃建立一个普遍适用的人格概念的努力。人格心理学家们开始致力于从自己的角度研究人格。但有一点却是大家达成共识的，那就是人格心理学应尽量从中性的角度去做研究，人格心理学研究应力求中性化，以避免与伦理学等研究重复。

这样的研究虽然能保持客观性，但随着研究的深入，却容易忽视活生生的

---

① 张春兴：《现代心理学——现代人研究自身问题的科学》，上海人民出版社 1994 年版，第 449 页。

② 黄希庭：《人格心理学》，浙江教育出版社 2002 年版，第 8 页。

③ Duane P. Schultz & Sydney Ellen Schultz：*Theories of Personality*，8th edition，US：Wadsworth，A Division of Thomson Learning ，Inc. 2005，p4.

④ 许燕主编：《人格心理学》，北京师范大学出版社 2009 年版，第 38 页。

⑤ ［美］Jerry M. Burger：《人格心理学》（2008，7th），陈会昌等译，中国轻工业出版社 2010 版，第 3 页。

人。以至于早在1971年，卡尔生向心理学理论研究的人格研究发出“人格研究中的人在哪里”① 这样的质疑。与此同时，心理学应用界的人格研究中对人的关注却日益增多，并逐渐形成了致力于调节人格的人格研究倾向。

第三节　心理学应用研究中的人格概念

现代人格心理学原本受惠于弗洛伊德的临床心理治疗，弗洛伊德从应用角度开创了心理学史中第一个重要的人格研究理论。随着心理测量学、行为主义、实验心理学、完形心理学以及现代心理学学术思想和其他新兴学科的多重影响。现代人格心理学的理论研究开始出现异化，越来越偏离活生生的人，而把人格作为机械分析与研究的对象。

但心理学应用中的人格研究则不然，随着时间的推移，越来越重视活生生的人本身，注意通过人格研究寻求实现人自身潜能以及提高人生活质量的方法。如临床心理学的人格研究中，在致力于通过治疗改变病态人格的同时，增加了对健康人格模式的研究与探讨；教育心理学的人格研究则日益重视通过人格教育提高个体的社会适应；法律心理学的人格研究注意对变态人格的预防与矫正；管理心理学中的人格研究致力于职工的选拔、安排以及培训；等等。因此出现了许多相应的有关人格的定义，例如：

(1)临床心理学的定义之一：“临床心理学中的人格，又称个性，它表现为个别差异，人与其他人相区别的特质或个人特征；是一个人在与其环境相互作用过程中所表现出来的独特的行为模式、思维方式和情绪反应的特征。一个人的人格表现在知、情、意等心理活动的各个方面，因此，认知能力的特征、行为动机的特征、情绪反应的特征、人际关系协调的程度、态度和信仰的体系、道德价值的特征等，就构成一个人的人格。”（张伯源、陈仲庚，1986）②

(2)教育心理学中有观点认为：“人格”指：“人格为个人行为的特征表现于需欲、情绪、性格、态度、道德、与信仰者。”（温世颂，1978）③

(3)法律心理学中的观点之一是：“人格”指“那些使每个人与别人不同的全部心理特征的总和。”（沈政社，1986）④

(4)管理心理学中的看法是：“人格”是指“在个体身上经常地、稳定地表

---

① Lawrence A. Pervin，Edited：*Handbook of Personality*：*Theory and Research*，New York：The Guilford Press，p11.

② 张伯源、陈仲庚编著：《变态心理学》，北京科学技术出版社1986年版，第162页。

③ 温世颂：《教育心理学》（台北）三民书局印行1978年版，第429页。

④ 沈政主编：《法律心理学》，北京大学出版社1986年版，第43页。

现出来的心理特点的总和，包括一个人怎样影响别人，怎样对待自己，以及他的可被认识的内在和外在的品质全貌。”（卢盛忠，1985）①

此外，笔者的观点是：人格是个体所有的比较稳定的心理特征的总和，但是在与环境的互动中仍然发生或多或少的变化。其中，“稳定的”是指：在绝大部分时候面对类似刺激时会有相同的反应；而“心理特征”则指：知、情、意的特点；而变化所以会“或多或少”不仅取决于个体差异，也取决于人与环境的交互作用。

上述心理学应用研究中的人格概念虽不同，但它们也有相似之处：即把人格分解成种种要素，如“认知能力”、“情绪反应”、“人际关系协调力”、“道德价值”、“情绪”、“性格”、“态度”、“一个人怎样影响别人，对待自己”，以及“才能”、“性格”等。由于这种分解，“人格”不再显得那么抽象而变得可操作了。人格的诸多定义的出现表明人格研究的扩展化，也标志着人对自身认识的深入。

随着时间的推移，人格研究的内容越分越细，以当代十几个研究主题为例（Jerry M. Burger，2008）②，它们包括：自尊、害羞、攻击、信任、支配欲、抑郁、智力、归因风格、道德、控制点、人格与职业选择、自我监控、外向、感觉寻求、随和性、心理复原力、未来时间洞察力、冲动、反社会倾向等，从这些研究题目上可以看出，研究者越来越重视活生生的人本身，重视从了解并且解决人的实际问题出发，可是与此同时，又出现了另一种倾向，那就是容易导致只见树木不见森林，导致完整的人格被切分为一个个缺乏有机联系的部分，因此，有心理学家如兰迪·拉森和戴维·巴斯提出要避免人盲人摸象般的人格研究，要在研究中重视人的整体性。（兰迪·拉森和戴维·巴斯，2009）③

第四节 人格与性格

从心理学应用研究的角度，谈人格就不能不涉及性格（character）。所谓性格，是指人对现实的较稳固的态度和与之相适应的习惯化行为方式。

在1998年积极心理学诞生之前以美国为代表的人格研究的心理学理论研究

---

① 卢盛忠主编：《管理心理学》，浙江教育出版社1985年版，第57页。

② ［美］Jerry M. Burger：《人格心理学》（2008，7th），陈会昌等译，中国轻工业出版社2010年版，第12页。

③ ［美］兰迪·拉森、戴维·巴斯：《人格心理学——人性的科学探索》（第二版），郭永玉等译，人民邮电出版社2011年版，第4页。

界[①]，人格研究中很少或几乎不提性格。如美国1990年版的《人格心理学手册》(由Lawrence A. Pervin主编)，在长达730多页的书中根本就查不到“性格”一词。国内目前出版的许多人格心理学学术专著也很少提及“性格”一词。

这是因为按照心理学理论研究的观点，人格是中性的，而性格存在道德评价，由于心理学理论研究界始终坚持研究人格时注意保持中立。因而很自然就回避了与伦理价值有关的性格问题。但对于活生生的具体的人而言，性格与人格的关系是根本无法回避的。

有关性格与人格的关系，有很多种说法，现举要如下：

(1)奥尔波特认为“性格”这个术语有些含糊，因为它意味着人们对某人的道德判断。例如，当我们说某个人具有“良好的性格”时就含有这种道德判断。他更愿意：“把性格定义为加以评定的人格，而把人格定义为不加以评定的性格。”(Allport，G. W. 1961)[②]

(2)“人格为个人行为的特征，表现于需欲、情绪、性格、态度、道德、与信仰者。”(温世颂，1978)[③]

(3)“性格是对现实的稳定态度以及与之相适应的习惯化行为方式，是人格的一个最重要的方面。”(林传鼎，1986)[④]

(4)“性格经常被用来叙述与核心价值观念有关的品质，这些品质包括：坚韧、机智、自信、宽容和忠诚等。”(怀特利，1993)[⑤]

(5)“性格是指人的一惯的和稳定的心理特性、思维和行为方式。性格的定义几乎与人格同义。然而它们是有区别的两个概念。与气质一样，性格也是构成人格的一个重要部分，所不同的是，性格是人格中涉及社会评价的内容，更多地受环境的影响，反映了社会文化的内涵。”(孟昭兰，1994)[⑥]

(6)“一种观点是将人格和性格二者视为同义语，或用性格取代人格，以便与具有道德含义的‘人格’做区别。……另一种观点是区分二者。这部分学者认为二者是相互联系而又有区别的概念。性格是个人的品行与具有道德评价含义的心理品质，是人格的下位概念。人格包含气质与性格，气质反映人的生理层面与情绪层面的成分较多，性格强调人社会层面和价值观的成分较多。”(许燕，

---

① 有必要说明的是，现代人格心理学理论得益于欧洲的临床心理，但由于第二次世界大战的原因，人格研究的重心逐渐转移到美国，目前在人格心理学领域，美国的研究居于发展之首。

② Allport. G. W.：*Personality and Growth in Personality*，New York：Holt Rinehart & Winston，1961，p32.

③ 温世颂：《教育心理学》，(台北)三民书局1978年版，第429页。

④ 林传鼎等主编：《心理学词典》，江西科技出版社1986年版，第277页。

⑤ 怀特利著，朱深潮等人编译：《大学生性格发展》，浙江大学出版社1993年版，第22页。

⑥ 孟昭兰主编：《普通心理学》，北京大学出版社1994年版，第478页。

2009)①

以上有关性格的论述有以下共同之处：一是都认为性格是人格的重要内容之一；二是视人格为一个人全部个体特点的总称，而性格则是其中有关个体的道德评价的那部分内容；三是人格与性格在很多时候是难以被完全区分的。

心理学理论研究的人格研究回避性格问题，是因为他们认为性格涉及人格中道德评价的那部分内容。综上所述，我们已能发现，按照性格的定义，性格也并非 100%关乎人的伦理价值，像性格中人的习惯化行为方式就与道德评价无关，如迟钝与敏捷、外向与内向、沉默与健谈等。因此，学术心理学在人格研究中努力绕开性格中已遇到的很多问题。如奥尔波特通过词汇研究法建立起的特质模式以及卡特尔的模式和诺曼等人的大五模式，他们所用以描述其模式的许多词汇不仅包括了性格中“人对现实的稳定态度”，如爱与正直；而且包括了“人的习惯化的行为方式”，如有目的、独处等等。

如果说心理学理论研究在进行人格研究时试图完全绕开性格的努力已遇到了困难，那么，心理学应用研究尤其是心理健康教育中的人格研究根本绕不开性格。以教育心理学和健康心理学为例，它们的任务是培养中立或中性的人，它们的任务是要培养健康的人格。而人格的核心正是人对现实的稳固态度以及与之相适应的习惯化行为方式，是人格结构中较易受环境影响的可变特征，不仅如此，还因为人格中的性格部分主要是后天形成的，是可以加以教化和矫正的，因此，对健康人格的培养自然涉及对健康性格的培养。

第五节　对健康人格的研究

目前，健康人格(health personality)不仅是教育心理学、临床心理学的研究内容之一。更成为健康心理学的重要组成部分。但就具体的“健康心理学”而言，“健康人格”的概念是远远早于其的创立的。

早在 20 世纪 20 年代，人格心理学家奥尔波特就在自己对健康人的研究中，提出了“成熟人格”的概念和模式，这被后人如舒尔兹当作最早的健康人格模式。(舒尔兹，1977)②

自奥尔波特以来，又有许多心理学家涉及健康人格的概念，他们中不乏在心理学界有声望的学者，如新精神分析学派的领导人物荣格，又如心理学第三势力的代表人物罗杰斯和马斯洛等，由于他们以及其他一些杰出人物的不懈努力，人

---

① 许燕主编：《人格心理学》，北京师范大学出版社 2009 年版，第 39 页。

② ［美］舒尔兹：《成长心理学》，李文湉译，生活·读书·新知三联书店 1988 年版，第 22 页。

们开始关注健康人格问题，但由于心理学理论研究传统的影响，人格研究中对健康人格的研究始终处于从属地位。

随着心理学中第三势力的发展壮大，健康人格的理念开始深入人心。1977年，美国当代心理学史家杜·舒尔兹发表专著《成长心理学》，介绍了7种健康成长的模式。1978年，美国心理学会建立了第38分支学会——健康心理学分会，并创办了健康心理学杂志。人们通常把美国健康心理学分会的建立视作健康心理学诞生的标志。

所谓“健康心理学的研究，旨在助人调试生活，预防疾病，提升病后复建工作的功效。”（张春兴，1991）[①]健康心理学关心的是人的身心健康，因而其具体的研究任务主要包括①与健康和疾病有关的行为卫生的研究；②为提供积极的预防措施而作的研究，如通过教育的方式使人养成良好的生活方式，以及培养健康人格并充分释放人的潜能等。健康心理学的确立有效地推进了健康人格的研究，与此同时，健康人格的培养与教育也受到更多的关注。

所谓“健康人格”，也与“人格”概念一样，其定义众说不一，现举要如下：

(1)乔拉德：“健康人格是人行动的方式，这种方式由理智所引导并尊重生活，因此人的需要得以满足，而且人的意识、才智以及热爱自我、自然环境和他人的能力都将得以发展。”（乔拉德，1980）[②]

(2)奥尔波特在研究中得出结论：“健康的人格不受无意识力量的控制，也不受童年心灵创伤或冲突的控制。心理健康者的功能发挥是在理性和意识水平上进行的。这意味着控制他们的力量是实际影响他们生活的那些因素，并且，他们的定向依据是当前以及自己对未来的目标。”[③]

(3)马斯洛：“自我实现的定义是各式各样的，但一致同意的坚实核心还是能看到的。所有的定义都承认或者都含有：①承认并表述了内部核心或自我的实现，即那些天赋能力、潜能、“完善的机能”，人类和个人实质有效性的现实化；②它们全都意味着极少出现不健康、神经症、精神病，以及人类和个人基本能力的缩减或丧失。”（马斯洛，1968）[④]

(4)舒尔兹：“健康人格的概念是至关重大的。其内容是困难的、引起争论的、复杂的，它充满未知的东西和部分真实的东西，并且毫无疑问也有某种一时的风尚和爱好，这样一种情况本身就反映出它试图包括的——人的人格的——论

① 张春兴：《现代心理学——现代人研究自身问题的科学》（1991），上海人民出版社1994年版，第31页。

② 乔拉德，兰兹曼：《健康人格》，刘劲等译，华夏出版社1990年版，第13页。

③ 转引自达阿尼·P. 舒尔兹：《心理学应用》，李德伟、金盛华、宋合义译，广西人民出版社1987年版，第129页。

④ 马斯洛：《存在心理学探索》，李文湉译，云南人民出版社1987年版，第178页。

题。”（舒尔兹，1977）[①]

此外如荣格、弗洛姆、弗兰克、帕尔斯、艾利斯和罗洛·梅等人，他们在推进健康人格方面做出了很多贡献，但他们有关“健康人格”的说法也不统一。尽管存在分歧，但有关健康人格的定义还是有一些共同之处的，如：①具备健康人格的人是有意识地控制自己的生活的。②具备健康人格的人具有自知之明并能接纳自己。③具备健康人格的人正视并生活于现实。④具备健康人格的人是有目的性的。⑤具备健康人格的人是富有创新和开拓精神的。

综上所述，由于人格是多学科的研究对象，因而其内涵广泛且复杂，仅就心理学研究而言，人格研究就分作：心理学理论研究的人格研究和心理学应用研究的人格研究两大块。

心理学理论研究的人格研究注重客观描述与研究人格的特点和结构，而心理学应用研究的人格研究中则又因研究对象的不同而不同，如临床心理学以对病态人格的研究和矫治为主，而教育心理学和健康心理学中的人格研究则以对健康人格的研究和培养为主。不论是心理学理论研究还是心理学应用研究，都还没有自己统一的人格定义，也许将来也难有，但在现有的人格定义中，也有一些相似之处，如：

在心理学理论研究中，人格被看作个体独具的各种特质的综合体，人格是与人的行为模式有关的概念，人格存在个体差异。

在心理学应用研究中，人格仍被看成是个体特点的总称；而性格则被看成人格的重要内容之一，是人格中有关道德评价的那部分内容。有时候，二者又是难以加以区分的。

“健康人格”是人格研究中逐渐产生并形成的一个新概念，同样由于研究者众，因而其定义众说不一，但各健康人格的定义也有重合与交叉之处，包括：公认健康人格者能有意识地控制自己的生活，具有自我同一性，能正视现实，具备情绪调节能力，有责任感，有目的性，有创新和开拓精神等。

由于笔者所做研究采用的工具主要是卡特尔16PF量表，因此，我们对健康人格所做的操作性定义是：所谓健康人格，是指如下人格特质：如乐群性（共情、利他、合作）、稳定性（良好的社会适应，自我悦纳与悦纳他人，情绪调节能力）、自律性（责任感、自我把握、道德感），以及上进心（成长的意愿和能力）、创造力（独立性、独立思考和问题解决的能力）等所组成的集合体。括号中是我们对每一个人格特质所做的分解，目的在于方便教学实践与研究。

有必要说明的是：人格研究中的学术角度和应用角度是没有严格界限的，它们是你中有我，我中有你的关系。不仅人格研究如此，健康人格研究也如此。心

① 舒尔兹：《成长心理学》，李文湉译，生活·读书·新知三联书店1988年版，第17页。

理学理论研究中就有不少人提出了健康人格的思想(如荣格、奥尔波特、马斯洛等)，而临床心理学家也有人做健康人格研究(如罗杰斯、艾利斯以及凯利等)。这是因为心理学理论研究中许多杰出的人格研究者来自于临床，而心理学应用研究中的人格研究者又以心理学理论研究为自己研究的理论基础。

第六节　美德伦理、优势性格与健康人格

谈健康人格，还应该介绍西方的美德伦理学与积极心理学所提倡的美德德目与性格优势说。1958 年，针对现代道德哲学“以规则为中心”而忽视个体，从而在道德生活与道德知识中造成的很多矛盾与困惑，伊丽莎白·安斯库姆(Elizabeth Anscombe)在英国皇家学会的《哲学》杂志上发表论文：“现代道德哲学”，发起了对现代西方道德哲学中理论缺陷的清算。

安斯库姆在其文章开篇即表明了她有关现代哲学的三大论点：“第一个是，从事道德哲学在目前来看对我们而言是不合算的；除非我们拥有一种令人满意的心理哲学——而这正是我们明显欠缺的东西——这一工作无论如何应当被放在一边。第二个是，如果在心理上可能的话，义务与责任——亦即道德义务与道德责任——以及道德上的对错之事、对‘应当’的道德意识的概念应当被抛弃；因为它们是一些残留之物，或残留之物的派生物，派生于一种先前的、不再普遍留存于世的伦理观念，而没有这种观念，它们都是有害无益的。我的第三个论点是，自西季威克以降，一直到当前，道德哲学方面有些名气的英语著作家们之间的区别是微不足道的。”(Anscombe，1958)①与此同时，她主张以 2000 多年前的哲学家亚里士多德所重视的种种具体的美德(virtue)为研究对象，并因此而开启“美德伦理”(Virtue Ethics)的时代：“如果人们总是提出‘不诚的’‘不贞的’‘不公的’这类概念，而不是‘道德上错误的’这样的概念，那会是一个重大的进展。我们应当不再追问某事是否是‘错误的’，这是直接从对一个行动的某种描述跳向了这种观念；我们应当追问的是它是否是不公正的之类的问题。而答案有时候则会立即澄明起来。”②(Anscombe，1958)

至此，安斯库姆在指出现代道德哲学在当时社会现实中所造成的问题的同时，也开启了对亚里士多德古典美德伦理学的复兴。“安斯库姆的这篇文章就为

---

① 伊丽莎白·安斯库姆：“现代道德哲学”，英国皇家学会《哲学》(1958)，见徐向东编：《美德伦理与道德要求》，江苏人民出版社 2007 年版，第 41 页。

② 伊丽莎白·安斯库姆：“现代道德哲学”，英国皇家学会《哲学》(1958)，见徐向东编：《美德伦理与道德要求》，江苏人民出版社 2007 年版，第 48 页。

美德伦理学在当代的复兴指明了方向，并设定了其基本议程。”[①]（徐向东，2007）在安斯库姆的影响下，西方伦理学界中那些对现代道德哲学日益不满的思想家，如菲利帕·富特(Philippa Ruth Foot)，迈克尔·斯托克(Michael Stocker)，阿拉斯戴尔·麦金太尔(Alasdair Macintyre)、迈克尔·斯洛特(Michael Slote)和罗莎德琳·赫斯特豪斯(Rosalind Hursthouse)等人，开始将批评的目标直指规范伦理学中以康德为代表的义务论和以边沁为代表的功利主义。

美德伦理学发展的第二阶段是西方一些伦理学家将主要精力从批评现代道德哲学转入发掘西方古典或现代美德伦理资源，并系统建构现代美德伦理的时期。

前面提到，1958 年安斯库姆在批评现代道德哲学的同时开出了她的处方，那就是：从亚里士多德的古典伦理学中寻找美德资源。与此同时，她的同事富特沿着这个方向为美德伦理学的奠基做出了很大的贡献。这之后，在建构具体的美德伦理学方面做出重大贡献的几位学者是：麦金太尔、安斯库姆和富特的学生——赫斯特豪斯与斯洛特。其中，麦金太尔与赫斯特豪斯的观点一脉相承，构建了规范美德伦理学，而斯洛特则独辟蹊径，从现代西方伦理学中寻找资源，发展出情感主义美德伦理学。

笔者的观点是，从实践层面看，赫斯特豪斯的新亚里士多德主义在当代美德养成上更具操作性。赫斯特豪斯曾从多方面论证美德的重要性，作为一名女性，她所引用的论据中还包括了 R. M. 黑尔有关好父母教育孩子美德的观察。不仅如此，赫斯特豪斯还探讨了一个非常值得深思的现象，那就是，为什么在罪恶横行的年代，在美德已经不再是实现幸福的可靠途径之时，仍然会有父母坚持培育孩子的美德？她的观点是：“怀揣着更好时代将会到来的希望，怀揣着最起码自己的子女将会享受这种时代的希望，许多父母，尽管他们生活在最压抑、最危险的体制下，却仍然努力培养自己孩子的美德。”（Hursthouse，1999）[②]她还发现：当人们不是处在说服别人而是处于抚养孩子或反思自己生活的语境中时，人们是能够相信“美德有利于其拥有者”[③]（Hursthouse，1999）以及“美德使其拥有者成为好的人”[④]（Hursthouse，1999）这样的命题的。

笔者的理解是，虽然美德很不幸地受制于运气(伯纳德·威廉斯，1981)[⑤]，并且从表观遗传学的角度看，“环境决定基因表达”（David Dobbs，2013）[⑥]，换言之，道德运气差的时代中，恶的基因会有更活跃的表达(如纳粹德国时期)，但是，从持续发展的角度看，有美德的人在缺乏道德运气的时代出于不得已而作

---

① 徐向东编：《美德伦理与道德要求》（导论），江苏人民出版社 2007 年版，第 19 页。

② ［新西兰］罗莎琳德·赫斯特豪斯：《美德伦理学》，李义天译，译林出版社 2016 年版，第 199 页。

③ ［新西兰］罗莎琳德·赫斯特豪斯：《美德伦理学》，李义天译，译林出版社 2016 年版，第 188 页。

④ ［新西兰］罗莎琳德·赫斯特豪斯：《美德伦理学》，李义天译，译林出版社 2016 年版，第 188 页。

⑤ ［英］伯纳德·威廉斯：《道德运气》，徐向东译，译文出版社 2007 年版，第 53 页。

⑥ David Dobbs：*The Social Life of Genes*，Pacific Standard：The Science Society，September 03，2013.

恶者仍然会是小概率。而这不仅有可能为缩短恶劣环境做出贡献——如欧洲纳粹时期各国的抵抗战士——同时也因为少作恶，个人可以避免厄运结束之后因为曾经违背良知而遗恨终生的后果。

作为一个长期从事一线教学的教师，笔者认为，在安斯库姆和富特影响下的赫斯特豪斯的处方——赫斯特豪斯的规范美德伦理学——最值得中国教育借鉴。笔者尤其赞成富有激情和信念的赫斯特豪斯的观点：“恶德并非我们内在的东西，而是可以避免的东西”（Hursthouse，1999）①，“人类并非在本性上就是一团乱麻，而是可以通过年轻时的正确的道德教育以及后来反思的、理性的自我矫正，实现一种能让自己在个体层面和社会层面都生活得好的和谐状态。”（Hursthouse，1999）②

笔者从应用心理学角度看美德伦理学所研究的问题，以为可以大致分作如下四个方面：①为什么道德哲学应该加入美德伦理学？②美德之于人和世界的意义？③美德的条目应该有哪些？④如何实现美德？

概括地说，美德伦理学家的主要贡献在于澄清了前两个问题，并对第三问题有所涉及：他们认识到当时西方现代哲学在社会实践中遇到挑战，不仅无法继续解释、解决并预测现实生活中的问题，甚至还可能制造一些问题。为此，他们最初的主张是从亚里士多德古典伦理学中寻求资源以突破当时的困境，其后他们中又有人从西方现代情感伦理学和女性主义关怀伦理学等理论中发掘资源，从而发展出各自的美德伦理学框架与条目。最重要的是，美德伦理学家针对西方现代哲学更多是抽象谈道德的现状，提出回到古希腊亚里士多德的理念中：关注个人人格——即重新提倡具体的美德德目，如公正、诚实、仁慈、勇敢、慷慨、忠诚、尊敬、无邪、慈善、友爱、正义、友善、节制、共情、关怀等具体的品格（character，又译性格），不仅使抽象的道德具体化，而且让人们认识到个体善对社会善的意义，以及社会的善反过来对每一个个体的意义。因此，有助于重新激活并完善人们的社群意识以在这个地球村中建立起“道德共同体。”（卢梭，1762）③

显而易见，美德伦理学家所提倡的美德德目与40年后积极心理学所提倡的优势性格说的基本内容是重合的。不仅如此，美德伦理学家的工作还是积极心理学家的灵感源泉之一。心理学家关心道德——笔者认为美德是道德的具体化——是因为他们发现道德有非常重要的心理保健功能和帮助人持续发展的作用。而美德伦理学家们对美德——优良品格/优势性格——的重新发现与提倡，为积极心

---

① ［新西兰］罗莎琳德·赫斯特豪斯：《美德伦理学》，李义天译，译林出版社2016年版，第293页。

② ［新西兰］罗莎琳德·赫斯特豪斯：《美德伦理学》，李义天译，译林出版社2016年版，第291页。

③ ［法］卢梭：《社会契约论》，何兆武译，商务印书馆2005年版，第21页。另注：麦金太尔的《追寻美德》中也引用了“道德共同体”的概念。

理学家们对美德的科学研究提供了理论资源①(遗憾的是，资料显示，美德伦理学家对积极心理学家们的贡献的了解却不够多)。

最让人振奋的是，1998 年诞生的积极心理学不仅大张旗鼓地采用了有关美德的核心概念：优势性格/优良品格(character strengths)，而且于 2004 年发展出一套可以评估同时培养优势性格的可操作方法。

美德是道德的具体化，同时也是组成道德的基本单位，而临床心理学界从弗洛伊德最早关注的“超我”开始，就是在研究道德(美德)对心理健康的影响，其后的心理学家们虽然开始关注道德的种种具体行为表现(如性格)，但是直到积极心理学才开始将对道德的研究具体化为对美德(分解后就成为各种具体的积极性格或者说优势性格)的研究。

积极心理学家马丁·塞里格曼(Martin E. P. Seligman)与克里斯托弗·彼得森(Christopher Peterson)于 2004 年对“优势性格”(character strengths)的定义是：“优势性格是用于定义美德的心理因素、过程或机制。换言之，它们是展示不同美德的不同途径。例如，智慧这样一种美德就是通过创造力、好奇心、热爱学习、判断力、开放的思想以及对生活的洞察力这些优势性格特点所组成的。”②(Peterson & Seligman，2004)所以，所谓优势性格，就是美德分解之后的积极性格德目表。

从弗洛伊德最早开始探索“超我”(良知、道德、美德)与心理疾病的关系，到拉特有关复原力的研究，100 多年过去了，心理学家们在各自的领域做了很多卓有成效的有关道德(美德)的研究，并最终结出了丰硕的果实——积极心理学的优势性格说——为培养美德的实践智慧提供了新的路径。

1998 年，塞里格曼出任美国心理学会主席，决心改变主流临床心理学家只关注心理障碍病理模式的一贯作风，而将培养人的优势、能力和美德作为预防精神障碍的重要方法(塞里格曼，2002)③，为此，他开始大力提倡积极心理学，在心理学领域领导了一场革命性的改变。塞里格曼在其著作中指出：过去的“心理学只关心一件事——心理疾病，而且做得不错。……但这种进步的代价很高：为了摆脱问题状态，我们会变得更痛苦，甚至还不如从前。人不只是要改正错误或缺点，还希望找出自己的优势和生活的意义。人都不愿意糊里糊涂过一生。你可能会像我一样，午夜梦回，躺在床上想自己的生活是如何越变越幸福，而不是一

① 注：塞里格曼与彼得森都在自己的著作中提到美德伦理学的重要人物：安斯库姆，并且介绍了她的主要观点。此外，从时间顺序上看，安斯库姆发声在先(1958 年)，而具体的“积极心理学”诞生在后(1998 年)，由积极心理学家们研发的美德量表则产生于 2004 年。在 2006 年出版的《积极心理学》中，彼得森还特别提到，“我们还相信，由 VIA(引者注：指积极心理学的重要研究成果——优势性格价值量表)计划引导的研究所得出的信息资源，非常值得那些对美德感兴趣的哲学家们关注”。(见该书第 99 页)

② Christopher Peterson，Martin E. P. Seligman：*Character Strengths and Virtues*：——*A Handbook and Classification*，Oxford University Press，2004，p13.

③ ［美］马丁·塞里格曼：《真实的幸福》，洪兰译，万卷出版公司 2010 年版，第 31 页。

天天减少痛苦。假如你真像我一样，你可能会对心理学有点失望，但是现在，它终于走到了解积极情绪，建构优势与美德(strength and virtue)，为亚里士多德所说的‘美好人生’提供指引的时候了。”（塞里格曼，2002)[①]

不仅如此，塞里格曼还明确宣布积极心理学的三大基石中的第二条是研究积极(人格)特质，而其中“最主要的就是(性格)优势和美德。”（塞里格曼，2002)[②]为此，塞里格曼郑重邀请同行彼得森与他组成了一个研究团队，这个团队的理论假设是：“情境因素或多或少会影响到生活幸福感，但是，好的生活反映了选择和意志。”[③]（Peterson & Seligman，2004)而正是积极的人格特质(positive personality trait)或说是优势性格/美德(strength character and virtue)决定了人的选择与意志，让人们可以拥有幸福。他们坚信美德可以开发并培养，而为了使对美德的发现与培养具有可操作性，就需要先找到具有普世价值的人类美德，从而“为积极心理学找出一个放之四海而皆准的评价标准”（塞里格曼，2002)[④]，开发一个“精神健康手册”。他们坚信，有了这样一个普世性评估标准，就有可能极大促进人类美德的开发。这就如同20世纪50年代以来精神卫生领域由于《精神疾病诊断与统计手册》(Diagnostic and Statistical Manual for Mental Disorders，DSM)的问世，极大地促进了世界范围内对精神疾病的预防、诊断与早期治疗一样。而积极心理学家设想中的“精神健康手册”与《精神疾病诊断与统计手册》的区别是：积极心理学家关注人的优势性格(美德)，而精神病学家关注的是人的临床障碍。[⑤]（Peterson & Seligman，2004)

塞里格曼宣布：“我们所做的一切都是为了幸福。……而积极心理学的第一步就是，把‘幸福’这个一元论概念分解成若干可以研究的术语。”[⑥]（塞里格曼，2011)塞里格曼等学者不仅了解美德伦理学的研究进展，同时也意识到它们的局限：“近几十年来，哲学界一直呼吁回归美德伦理。这起始于安斯库姆1958年那篇极有影响力的对当代道德哲学的批评文章。她指出，当代道德哲学是不完整的，因为其建立在没有立法者的法律概念之上。美德伦理学是当代哲学中研究优势性格的途径。我们相信，至少对哲学家而言，研究美德会远比研究律法更有趣，因为美德关系到人与生活。而对心理学家而言，为了帮助人们实现美好生

---

① ［美］马丁·塞里格曼：《真实的幸福》，洪兰译，万卷出版公司2010年版，第5页。

② ［美］马丁·塞里格曼：《真实的幸福》，洪兰译，万卷出版公司2010年版，第7页。注：积极心理学的三大基石：第一是研究积极情绪；第二是研究积极人格特质(其中最主要的是优势和美德)；第三是研究积极组织系统。

③ Christopher Peterson，Martin E. P. Seligman：*Character Strengths and Virtues：A Handbook and Classification*，Oxford University Press，2004，p12.

④ ［美］马丁·塞里格曼：《真实的幸福》，洪兰译，万卷出版公司2010年版，第138页。

⑤ Christopher Peterson，Martin E. P. Seligman ：*Character Strengths and Virtues：A Handbook and Classification*，Oxford University Press，2004，p12.

⑥ ［美］马丁·塞里格曼：《持续的幸福》，赵昱鲲译，浙江人民出版社2012年版，第9页。

活，我们需要淡化医疗处方的作用，而代之以强调优势性格的意义及其实现方法。”① （Peterson & Seligman，2004）

为了实现研究“优势性格与美德”的目标，为了建立一个与已被公认的美国《精神疾病诊断与统计手册》一样能被公认的有关心理健康的评估标准“精神健康手册”，塞里格曼接受其同事彼得森的建议，带领团队50多名专家以科学的实证研究为基础，先阅读世界上主要宗教和哲学派别的基本论著，列出它们所推崇的德性，找出各个宗教、哲学传统都赞成的美德。②（塞里格曼，2002）为了找到那些具有跨文化一致性的、具有普适性的美德，这个团队用三年的时间研读了世界各国古今3000年哲学与宗教的重要经典，其中包括亚里士多德、柏拉图、阿奎那、奥古斯丁、富兰克林，以及《圣经旧约》、《犹太法典》、《古兰经》、佛教经典和中国的《论语》与《道德经》等③（Peterson & Seligman，2004）。

在大量阅读经典和当代文化的过程中，他们剔除了只在个别文化中出现但不具有普遍性的美德词汇，从中挑选出具有跨文化一致性和跨时代一致性而普遍存在的200多个美德词汇——它们是各文化用于描述美德的高频词。他们将其归纳为6个核心美德维度，它们是：智慧与知识、勇气、仁爱、正义、节制与精神卓越。这6个美德维度中又包括了24个体现美德的具体条目，即优势性格——它们是实现美德的具体途径——例如：“爱与仁慈”这一美德可以通过“仁慈”与“爱”这两个优势性格实现。积极心理学家们有关美德与优势性格的发现如表1-1所示④（塞里格曼，2002）：

表1-1　6项美德24种优势性格

6项美德	24个优势性格
一、智慧与知识	1. 好奇心；2. 热爱学习；3. 判断力4. 创造力；5. 社会智慧；6. 洞察力
二、勇气	7. 勇敢；8. 毅力；9. 正直
三、爱与仁慈	10. 仁慈；11. 爱
四、公正	12. 公民精神；13公平；14. 领导力
五、节制	15. 自我控制；16. 谦虚；17. 谨慎
六、自我超越	18. 美感；19. 感激；20. 希望；21. 灵性；22. 宽恕；23. 幽默；24. 热忱

① Christopher Peterson, Martin E. P. Seligman: *Character Strengths and Virtues: A Handbook and Classification*, Oxford University Press, 2004, p10, p86.

② ［美］马丁·塞里格曼：《真实的幸福》，洪兰译，万卷出版公司2010年版，第138~139页。

③ Christopher Peterson, Martin E. P. Seligman : *Character Strengths and Virtues——A Handbook and Classification*, Oxford University Press, 2004, p50~80.

④ ［美］马丁·塞里格曼：《真实的幸福》，洪兰译，万卷出版公司2010年版，第147~167页。注：为方便阅读，笔者将其做成了表格，见表1-1。

在谈到具有普适性的六大美德产生的原因时，塞里格曼与彼得森推测：“这些美德之所以在世界范围内广泛存在，是因为从生物学角度看，人类在进化过程中为了物种的生存，需要用这些美德作为解决重要生存任务的工具。”① (Peterson & Seligman，2004)他们坚信：“如果人类在生物学上不存在可以帮助我们祖先产生、识别并且赞赏美德的机制，他们的社会团体就会很快消亡。我们相信，而正是普遍存在的美德让人类动物与自己心中最黑暗的部分进行斗争并取得胜利。”② (Peterson & Seligman，2004)所以，从演化心理学(Evolutionary Psychology，又译“进化心理学”)的角度看，美德为人类种群在这个资源有限的世界中生存提供了解决问题的前提条件，因此，我们对美德的需要超过了美德对我们的需要。

综上所述，心理学界对美德研究的贡献表现为以下四个方面：一是临床心理学家们在诊室中发现了道德的心理保健功能；二是儿童心理学家对道德发展阶段的研究结出了硕果；三是行为学派以及后来的其他治疗学派陆续发展出一套可为美德培养所借鉴的成熟的行为与认知训练方法；四是积极心理学家们开发出可以评估并且培养美德的量表与操作方法。这几点弥补了更多局限于理论研究而有可能流于纸上谈兵的美德伦理学的短板，两者合流，就可以为世界奉献真正具有实践智慧的美德教育学。因此，如果美德伦理学界的有识之士能够善用心理学资源，不仅可以完善自己的理论，而且会在切实推进美德的实践中做出更大的贡献。

笔者2010年左右看到积极心理学的优势行动价值量表时感觉非常振奋，因为印证了自己这几十年的努力方向与方法。2019年，因为工作需要，梳理美德伦理学的过程中再次收获巨大的惊喜。笔者从1985年开始为学生开设心理教育课程的过程中，逐渐设置了“健康人格”的目标。笔者与同事自1998年开始对学生做核心人格特质训练(杨眉、侯志瑾等，1999)③，笔者所提炼出的健康人格中的核心人格特质包括：教养、诚信、德行、自信、责任、上进、共情、感恩、自律等(杨眉，2008)④，显而易见，这些核心人格特质本质与美德伦理学中的美德条目或说是积极心理学中的优势性格有很大的重合。

看到自己在将西方人格心理学理论本土化的过程中与美德伦理学家和积极心理学家的努力殊途同归，让我对在中国大学生中继续推广健康人格心理学理论充满了信心和力量。不仅如此，2020年，笔者首次读到埃里克森的《洞见与责任》

---

① Christopher Peterson, Martin E. P. Seligman: *Character Strengths and Virtues: A Handbook and Classification*, Oxford University Press, 2004, p13.

② Christopher Peterson, Martin E. P. Seligman: *Character Strengths and Virtues: A Handbook and Classification*, Oxford University Press, 2004, p52.

③ 杨眉、侯志瑾等：《大学生健康人格塑造——一种促进心理健康的模式》，中国青年出版社1999年版。

④ 杨眉：《与未来中国的形象大使探讨生活——系列心理教育课程实录》，首都经济贸易大学出版社2008年版。

时也有非常惊喜的发现。我发现早在 1964 年埃里克森在论述人心理社会发展阶段及其相应积极人格品质的诞生时，用的是英文 virtue（美德），“我会将美德称为某些人类力量的品质。我也会将这些品质与自我力量阶段性发展和世代相传的过程联系起来。”① （埃里克森，1964）笔者现在没有找到埃里克森是否读过安斯库姆文章的证据，也许他读过，因为 1958 年安斯库姆在牛津发声时，引起西方学术界很大的反响，埃里克森也许因此而有所知晓。当然，也许埃里克森并不知道安斯库姆的观点，但这不重要，重要的是他们殊途同归；更为重要的是，笔者在遥远的中国，在黑暗中摸索了几十年，不仅意识到健康人格（是“美德”、“积极人格特质”或者“优势性格”的同义词）的重要性，而且发展出了很多可以操作的培养健康人格的方法。换言之，在西方哲学家和心理学家还停留在理论层面的时候，笔者已经开始在实践层面探索并且摸索出了一个比较成熟的健康人格培养体系，并且提炼出一个很有操作性的教学公式：

西方人格心理学理论介绍+核心人格特质的训练+调动学生的自我觉察和教育

第七节　心理健康与健康人格教育

一、有关心理健康的基本概念

目前为止，有关心理健康（mental health）的定义已有许多，现举要如下：

（1）心理卫生，“也指心理健康，是心理障碍的反义词。这个术语包括两种概念：①一种心理健康状态，个体处于这种状态时不仅自我情况良好，而且与社会契合和谐；②维持心理健康、减少行为问题和精神疾病的原则和措施。”②

（2）心理健康，指“一种生活适应良好的状态。大体而言，一个心理健康的人，多能符合下列若干条件：A. 情绪较稳定，无长期焦虑，少心理冲突。B. 乐于工作，能在工作中表现出自己的能力。C. 能与他人建立和谐的关系，而且乐于和他人交往。D. 对于自己有适当的了解，并且有自我悦纳的态度。E. 对于生活的环境有适切的认识，能切实有效地面对问题、解决问题而不逃避。”（张春兴，1992）③

（3）心理健康又译精神卫生，“精神卫生有狭义和广义两种含义。狭义的精神卫生指对精神障碍患者进行广泛的防治，积极地采取对策，改善他们的处境和

---

① 埃里克森：《洞见与责任》，世界图书出版有限公司北京分公司，Kindle 版本，2017，Kindle 位置第 1134~1135。

② 林传鼎、陈舒永、张厚粲主编：《心理学辞典》，江西科学技术出版社 1986 年版，第 63 页。

③ 张春兴：《张氏心理学辞典》，上海辞书出版社 1992 年版，第 403 页。

待遇，促进其康复，减少复发率，同时为患者自身及他人的安全实行必要的监护，对广大社会阶层和成员进行知识的宣传和普及，去除偏见，争取同情和支持，以及培训专业人员，开展有关的社会调查，推动各种社会保健工作。广义的精神卫生意味着使人们在一定的环境中健康生长，保持并不断提高精神健康水平，从而更好地生活和适应社会，更有效地服务于社会和对人类作出贡献。”(郭莲舫、张明园，1993)①

(4)“个人的心理是否健康，应视个人与环境的关系及个人对自身的认识而定，因此心理健康应含有客观与主观两类因素。个人的心理健康，多由在团体中人己的关系而表现，因此它还含有社会的意义。”（张春兴、杨国枢，1999)②

(5)“心理健康绝不仅仅是没有疾病，心理健康意味着能使人们得到更多——能使人深化他们的幸福感，他们的创造力、洞察力。能激发人的动机和效率，并能使人享受生活。”(Mills Roge，1995)③

从上述这些心理健康的概念看，它们具有不少相似之处，如大多强调良好的社会适应状态、稳定的情绪、自我认识、良好的工作能力以及保持心理健康的努力过程等。不仅如此，它们还包含以下一些共同的人格构念，如适应力、情绪调节力、自信、合作能力、生活与工作能力等。同样，这些有关心理健康的定义还告诉我们：心理健康对于人有多么重要的意义，它不仅可以有效地预防心理疾病和心身疾病，使人免受心理疾患之苦。而且更为重要的是，心理健康可以促进人的成长和发展，可以激发人的潜能并使人提高生活质量与幸福感。

西方曾有人提出这样一个问题：“心理健康的人是好人吗?”学者王登峰介绍了他们的研究：“‘心理健康的人是否是好人’这个问题不是我们提出来的，是西方学者提出来的，他们认为是不是社会所公认的遵守道德规范的人就是心理健康的人，或反过来问，那些违反社会公德、社会道德的人，能不能算是心理健康的人。西方学者的答案是一致的：心理健康的人一定是社会所公认的好人。”(王登峰，2005)④

因此，心理健康的人更可能是三观健康的人，所以也更符合社会与个人的进化方向。

二、30多年来中国与西方人格与心理健康等研究与人格教育的实践状况

国内外文献表明，尽管国外在对大中学生进行心理健康的教育中有不少涉及

① 郭莲舫、张明园主编：《精神卫生学》，上海医科大学出版社1993年版，第1页。

② 张春兴、杨国枢：《心理学》，(台北)三民书局1999年版，第481页。

③ Mills · Roger：*Realizing Mental Health：Toward A New Resiliency*，New York：Sulzburger and Graham Publishing. ltd，1995，p18.

④ 王登峰：“心理健康的含义”，见《北大讲座》编委会编：《北大讲座》(第三辑)，北京大学出版社2005年版，第131页。

健康人格特质的培养，如共情、创造力、合作、问题解决能力、自信力等，但却少有人直接把健康人格教育当作心理健康教育的切入点。以美国加州大学欧文分校怀特利教授等为例，他们自 1975 年开始对大学生进行系统的性格教育的实证研究，在促进学生健康成长中取得了很多成果，但即使是他们，也未明确地将健康人格教育与心理健康直接联系起来，而且他们实验的最终目的是："为使整个社会受益，而提高学生的道德推理水平。"①（John. M. 怀特利，1993）美国不少中学注重对学生进行性格教育，但通常只把其作为预防问题和加强学生学业成就的手段。Boele de Road 等人在一篇题为"综述：学习与教育中的人格"一文中报道②：在人们寻求非智力因素对成功学习的贡献时，第一个被单独注意到的因素就是 Galton（1907）和 Webb（1915）提出的"性格"概念。此文还提到 Smith（1967）报道的一个结论：他发现性格与学业成就有重要的相关。

这篇综述了近一个世纪有关人格与学习和教育状况的文章，主要从学业成绩考虑人格教育，提出成功的学校学习取决于很多人格特质，如：坚持、对学习的兴趣以及学习愿望和成就动机等。此文还介绍了 Taylor（1964）在对学生进行心理咨询和调查中的发现：高成就学生的人格特点包括严肃、认真、努力工作、始终如一、自我发动、追求卓越、学习有计划，有组织，负责任，坚持等。而低成就学生的人格特点则包括：考试焦虑，抑郁，对权威有敌意，缺乏决心，缺乏成就动机，无组织无计划等。

表 1-2 是笔者在中国知网的中外文文献中分别用中外文以以下主题："人格+心理健康"（Personality+Mental Health）、"人格教育+大学生心理健康"（Personality Education+Mental Health）和"人格教育+心理教育"（Personality Education+Psychology Education）等所查找的自 1984 年至 2020 年的文献情况。

表 1-2　1984—2020 年 8 月 21 日中国知网外文文献相关文章数统计③

主题词 / 年份	Personality+Mental Health	Personality Education+Mental Health	Personality Education+Psychology Education	Health Personality Education+Students
1984	17	无	无	无
1985	8	无	无	无
1986	11	无	无	无

① 怀特利：《大学生人格发展》，朱深潮等人编译，浙江大学出版社 1993 年版，第 4 页。

② Boele de. Road：*Personality in Learning and Educatin*：*A Review*，European Journal of Personality，Vol 10，1996.

③ 无论中外文，都在"主题"类中检索。

续表

主题词 年份	Personality+ Mental Health	Personality Education+ Mental Health	Personality Education+ Psychology Education	Health Personality Education+Students
1987	6	无	无	无
1988	11	无	无	无
1989	10	无	无	无
1990	11	无	无	无
1991	12	无	无	无
1992	9	无	1	无
1993	11	无	无	无
1994	12	无	无	1
1995	13	无	无	无
1996	13	1	1	无
1997	22	无	无	无
1998	22	无	无	1
1999	44	无	2	无
2000	31	无	无	无
2001	37	2	无	1
2002	57	无	无	无
2003	54	无	1	1
2004	69	无	无	无
2005	69	无	无	无
2006	69	无	无	无
2007	63	无	无	无
2008	80	无	1	无
2009	82	无	无	无
2010	85	1	无	无
2011	91	无	1	2
2012	142	1	5	无
2013	131	无	1	无
2014	166	无	3	无
2015	220	2	2	2

续表

主题词 / 年份	Personality+ Mental Health	Personality Education+ Mental Health	Personality Education+ Psychology Education	Health Personality Education+Students
2016	274	3	3	2
2017	233	无	2	3
2018	299	1	2	1
2019	302	2	2	2
2020	188	1	2	无
总计	2974	14	30	16

从表1-2可以看出：自1984年至2020年的36年间，西方学者涉及“人格与心理健康”主题的文章数量达2 974篇，同期他们涉及“人格教育与心理健康”主题的有14篇文章，涉及实践的“人格教育与心理教育”主题的文章有30篇，同样，涉及实践的“健康人格教育与大学生”主题的有16篇文章。按理说，西方尤其是美国的学校心理学已经有超过百年的历史①，虽然他们的学校心理咨询在帮助学生应对心理和学习问题方面做了很多卓有成效的工作，但是他们对人格教育的关注却实在太少。这表明，西方在理论上关注“人格与心理健康”，但在实践层面的关注和积累却很少。

比较起来，中国这三十多年尤其是近十多年来，对大学生人格教育主题的重视和相应的实践走在了西方的前面，这从表1-3可以看出。

表1-3　1984—2020年8月23日中国知网中文文献主题文章数统计

主题词 / 年份	人格+心理健康	人格教育+心理健康	人格教育+心理教育	健康人格教育+大学生
1984	无	无	无	无
1985	无	无	无	无
1986	无	无	无	无
1987	2	无	无	无

① 孙健敏：“美国学校心理学的发展、现状和未来”，《心理学动态》，1994年第4期，第55页。孙健敏的文章发表于1994年，当时他的说法是“已有近100年的历史”。据此推算，到2020年，应该是超过100年了。

续表

主题词/年份	人格+心理健康	人格教育+心理健康	人格教育+心理教育	健康人格教育+大学生
1988	3	无	无	无
1989	1	无	1	无
1990	5	无	无	无
1991	7	无	1	无
1992	4	无	无	无
1993	10	无	1	无
1994	10	无	1	无
1995	21	无	2	1
1996	25	无	3	2
1997	25	无	6	无
1998	34	无	5	2
1999	40	无	9	2
2000	66	无	12	3
2001	79	1	15	8
2002	105	无	15	4
2003	101	无	16	2
2004	125	1	15	6
2005	177	1	22	15
2006	226	2	16	22
2007	244	2	23	14
2008	234	2	24	24
2009	225	3	18	20
2010	236	1	16	30
2011	248	3	13	18
2012	223	无	16	13
2013	196	2	13	13
2014	181	无	11	9
2015	149	无	13	10
2016	155	2	12	10

续表

主题词 / 年份	人格+心理健康	人格教育+心理健康	人格教育+心理教育	健康人格教育+大学生
2017	103	1	7	2
2018	98	2	10	4
2019	119	1	11	4
2020	41	1	5	1
总计	3518	25	326	239

从表1-3可以看出：自1987年以来，中国对“人格与心理健康”的主题就给予了较多关注，在入选中国知网的期刊中发表文章3 518篇，但对“人格教育与心理健康”的关注却始于2001年，到目前为止，相关文章只有25篇。同期中国学者在“人格教育与心理教育”方面发表的文章有326篇。以“健康人格教育与大学生”为主题的文章有239篇。

为了更直观地看到中文与西文相关研究的异同，笔者将表1-2与表1-3的中文与外文文章总计数单独列出来(见表1-4)。

表1-4　1984—2020年8月23日中国知网中文与外文文献主题文章数统计

主题词 / 年份	人格+心理健康	人格教育+心理健康	人格教育+心理教育	健康人格教育+大学生
外文总计	2974	14	30	16
中文总计	3518	25	326	239

从表1-4总计数的对比，我们可以看出以下几个问题，一是中国与西方相比，对“人格与心理健康”的关注稍多，在“人格教育与心理健康”的主题上，中文与外文文章差异不大。而中国对“人格教育与心理教育”以及“健康人格教育与大学生”主题的关注都比西方更高，在这两类研究上，中文文章的数量都远高于外文。在“健康人格教育与大学生”这个主题上，中国学校心理学虽然只有239篇文章，但是比起西方学校心理学起步已逾百年所发表的16篇文章，我们对这个问题的重视要高得多。

需要说明的是，这些数字只反映出一种趋势，由于诸多原因，比如寻找资料时所用是“主题”还是“关键词”其搜索就会有差异，如英文与中文不同语言习惯也有可能对资料检索造成干扰，比如“心理教育”的英文有

“psychoeducation”，也有“psycho education”和“psycho-education”，所选英文不同，结果也有不同。再有，如果细看查询出的英文文章，还会发现这些文章中有的是讲对社工系学生进行心理教育的培训，还有的则是临床中心理教育降低症状的研究等，很少有对大学生心理教育的内容。

中文资料也一样，由于所选检索词的不同，结果也会有差异，此外，中国最早的心理教育文章最初可能并没有使用“心理教育”这个术语，故也没有被收录进来①，因此，笔者认为，这些数字只能反映一种趋势。而从中西文章检索中反映出的这种趋势看，中国30多年来对大学生人格教育的实践是走在了西方的前面。之所以能够如此，其原因可能有以下几点：

首先，国外心理学界更多是从心理疾病治疗的角度看人格与大中学生心理卫生状况的关系，教育界则更多地从学业成就角度谈人格对大中学生的意义。国外心理学与教育学分工明确，专业化程度很高，因此，心理学界不会去做教育实践，而教育界则将重点放在实践学业教育、品德教育与生活和社会适应上，很少有人尝试对大学生进行人格教育。中国情况不一样，在中国，最先对大学生进行心理教育和人格教育的不是心理学或者教育学出身的专业人士，而是一批热爱学生、尝试将德育工作科学化的一线辅导员、班主任以及德育工作者，大家为了做好学生工作，先是努力摸索、试错排错，直到从西方心理学中寻找到资源并用于实践，因此出现了较多非专业出身的心理教育人员，这是改革开放后中国高等教育史上的特色之一。这批最早对学生实践心理教育的一线教学人员在实践一段时间以后，开始关注人格教育。随着时代的发展，越来越多的领导也开始意识到西方心理学理论有助于中国思政工作的科学化，因此开始有意识地从心理学专业层面提升辅导员和班主任的专业水准。

以北京市为例，近十多年来，北京市教育工作委员会不仅从国外大量引进心理学专家为一线老师做各种心理学培训，而且从2009年起，还专门组织北京市的心理学专家开设《北京高校辅导员心理咨询专业培训班》，组织北京市高校的优秀辅导员和班主任接受系统的心理学培训，从最初的每年两次(一学期一次)，到2014年的每年四次(一学期两次)，每次6天，课程包括《辅导员的个人成长》《大学生心理健康》《心理咨询关系及沟通技巧》《心理咨询的理论流派》《团体辅导的理论与实践》《大学生心理测查》《高校心理危机预防与干预》。这些接受系统培训的辅导员、班主任中，有的原先就承担学校的心理教育课程，也有的在接受培训之后开始开设心理学选修课。

其次，科学心理学起源于西方，我们作为后学者，自然拥有较多优势，加之

① 例如笔者1989—1995年发表的三篇文章都与大学生的心理教育有关，却并未使用“心理教育”这个术语。如“青春期健康个性教育——一种促进大健康的模式”，《北京经济瞭望》，1995年第4期；“有关青年学生‘心理疾病’问题的思考和建议”，《北京财贸学院学报》，1989年第6期。

我们的思政工作体系有很多硬指标，为避免学生出问题，一线辅导员、班主任和德育工作者纷纷努力寻找有效的解决方法，结果大家殊途同归，不约而同地发现了西方心理学资源的有效性，因此在一线讲授心理教育课程的老师们都非常注重借鉴西方成果，理论联系实际的结果就是，我们在对大中学生心理教育与人格教育的实践中能够有比西方学校更突出的表现和成就。

最后是因为中国文化的特点。我们中国人在躯体疾病上素有“大医治未病”的理念和传统，注重预防为主，在对待学生的心理问题上也一样，一段时间的摸索之后，中国就有教师开始尝试从积极心理学角度去促进学生的健康成长：即将西方心理学理论以科普方式介绍给中国学生，以培养学生的健康人格并促进学生的成长，例如，笔者自 1985 年开始为非心理学专业的大学生开设人格心理学课程(最初称之为“个性心理学”，2000 年后更名为“健康人格心理学”)，采用的是苏联的框架，1996 年以后开始向学生介绍精选过的西方人格心理学家的系统理论，自 1999 年出版相关著作，到 2020 年这本即将出版的《健康人格心理学》的第三版，30 多年间，经过多次实证研究检验，证实将西方心理学资源用于大学生的健康人格教育可以取得非常显著的教学效果，不仅可以有效避免心理疾病，更可以促进学生的健康成长。

有必要澄清的是，人格研究的角度有很多种，最主要的包括理论研究和人格教育的实证研究。以上我们谈的是有关人格及其教育的实证研究。就人格的理论研究而言，万晓霞“以美国科技信息研究所出版的《科学引文索引》(SCI)为数据源检索人格心理学文献，并从文献量、学科、国家、作者、期刊、引文等多角度进行文献计量分析，结果显示：人格心理学研究近 10 年(1999—2009)进入了快速发展阶段，但论文数量与在高影响因子学术刊物中所占数量不相称；我国人格心理学研究在文献量等方面与国际先进水平比较有很大差距；人格与神经科学、精神机能障碍关系的研究是具有重要临床价值以及富有挑战性的研究重点。”①

此外，人格心理学理论研究中近些年还有一个值得关注的倾向，那就是将神经生物学引入对人格的研究，并且有了一些令人振奋的发现，例如亲子依恋关系中荷尔蒙的作用，再如在遗传影响环境的过程中，人格因素中的遗传变异发挥了一定的中介作用，还有就是情绪反应与特定神经基础的关系。② 再有近些年有关弗洛伊德的理论也有一些神经生物学的依据被证实。

---

① 万晓霞：“近十年 SCI 人格心理学研究文献计量分析”，《心理科学进展》，2009，17(6)：第 1281~1286 页。

② ［美］凯罗林·默夫，奥泽拉姆·阿杜克主编：《人格心理学新进展》(2007)，刘霞点评，申继亮审校，北京师范大学出版社 2010 年版，第 37~85 页。

三、笔者从人格教育入手促进大学生心理健康的实践

笔者自 1985 年 9 月开始为所在院校的非心理学专业的学生开设心理教育课程："个性心理学"，起初是按照苏联的模式，从气质、性格、兴趣、能力的角度做人格教育，当时的效果也不错。教材出于 1986 年，1987 年此教材在山东人民出版社正式出版。[①] 1990 年以后，因为来做心理咨询的同学增多了，于是笔者尝试从讲病态人格的危害性入手谈健康人格的重要性，希望以此帮助学生预防心理疾病。后来 93 级房地产一位同学的话提醒了笔者，她说："老师的课讲得很生动，但是，越听越觉得害怕，总觉得自己说不定哪天也会得心理障碍，结果心情很压抑。"这成为我重新认识和评价大学生心理健康水平，重新解读人格心理学并对人格心理学课做重大改进的转折点。之后笔者开始关注人格心理学家的健康人格观，加之笔者对大学生心理卫生水平的深入了解，笔者整个的教学理念都产生了重大的改变。

最早讲个性心理学的时候，笔者是从帮助学生健康成长的角度出发，那完全是凭直觉以及个人大学期间寻找人生目标的痛苦经验出发的，之后由于咨询的学生逐年增加，笔者把这门课的目标改作帮助学生预防心理疾病，但后来在学生的提醒下笔者发现，大学生不是心理疾病的高危人群。[②]（杨眉，1999）因此对大学生的心理卫生教育应以促进学生健康人格发展为主。之后笔者就开始关注从西方人格心理学家的理论中提取有益于对学生健康成长的资源，也就在那个时候，笔者发现了舒尔兹的《成长心理学》，这本书对确立笔者自己的健康人格心理学教学理念有非常大的帮助。从那以后，笔者从西方人格心理学家的理论中吸取菁华，从积极心理学角度高度概况他们有关健康人格的理念，然后将其系统介绍给学生。

人格是人的各种心理特点的总和，离开人格健康很难有心理健康，此外，健康人格也是心理健康的重要资源，再者，每个人都对自己的心理健康负有责任，但只有具备健康人格的人才最具备承担这种责任的自觉，因此，从培养大学生健康人格入手以增强大学生心理健康水平，可以帮助我们从一个更积极、更富有建设性的角度去实施对大学生的心理健康促进。当然，人格教育的任务是十分艰巨并且繁重的，短期内很难奏效，正因此，尽管大家对健康人格的重要性早已达成共识，实践中，它总是处于被"抽象肯定，具体否定"的地位，即使在 2020 年的今天，这个情况也没有太大的改善，人格教育始终是被当作教育的目标之一而很少被当作起点之一。

一个学期的人格教育的功效也许难以长久维持，但通过人格教育使学生具备更强烈的心理健康理念却是可行的，更何况，大学生常常在记忆中理解，今天我

① 郑杨眉（笔者曾用笔名）：《再塑一个你——个性心理探幽》，山东人民出版社 1987 年版。

② 杨眉："大学生不是心理疾病的高危人群"，《中国青年报》，1999 年 5 月 24 日。（注：这个观点在 1995 年左右产生，但是文章是后来才得以发表的）。

们埋下一颗种子——对健康人格的欣赏甚至向往，多少年后这颗种子也许就会生根、发芽、开花甚至结果。因为人格教育是有潜力和后劲的，它更具有持久性和高度的可迁移性。

1996 年笔者将课程更名为“人格心理学”，2000 年此课再次更名为积极心理学取向的《健康人格心理学》。①

35 年来，笔者在教学方法上也做了许多探索和尝试。直到摸索出如下的教学模型，即：

健康人格模型介绍+核心人格特质训练+调动学生的自我觉察与教育

此模式的主要意义在于它的结构。此教学模式的结构设计是针对青年学生发展中的特点——知易行难——强调知行合一(学进去，做出来)的教育方式。此模式在实践中具有的意义是：它使健康人格不再只是一个美好却十分遥远、抽象的概念，而是具象为一些可感、可塑、可分解、可操作的行为甚至语言。

后来，笔者又开设出另外四门心理教育系列课程：《社会心理学》、《心理卫生学》、《电影文本成长心理学》和《人际沟通分析学》。在后面四门课的教学中，笔者将上述教学模型更改为：

各相关心理学理论介绍+核心人格特质训练+调动学生的自我觉察与教育

此处的各“心理学理论介绍”是指根据课程分别向学生介绍“健康人格心理学”、“社会心理学”、“人际沟通分析学”等心理学理论中有关心理健康的理念和方法，以向学生提供较为宽泛的视野；核心人格特质训练是指在理论讲授之外，对学生的责任感、共情能力、自信心、合作能力、问题解决能力等做专门的训练，以促进学生的知行统一；调动学生的自我教育与体验是指把团体咨询的技术用到课堂上，充分利用团体动力，如通过课前短讲、课堂提问、讨论和作业分享等方式激励学生相互学习与自我教育。笔者所著《与未来的中国的形象大使探讨生活——系列心理教育课程实录》一书翔实展现了此教学方法的具体实施过程。“此教学模式是在综合的教育思想的指导下形成的。它吸取了永恒主义、建构主义、存在主义、人本主义、后现代主义的教育哲学思想的精髓，适应中国当前大学生心理健康教育的状况，从经典的心理学理论入手，在课堂教学过程中以学生为中心，激发学生的潜能，以积极建构心理学理论，并付诸实践，指导自己的生活。”②（徐辉，杨眉，2013）此教学模式与传统教学模式的不同之处在于它

---

① 杨眉、侯志瑾、李林英等：《大学生健康人格塑造》，中国青年出版社 1999 年版。注：此书的第一编与第二编(即理论部分)由杨眉独自完成。

② 徐辉、杨眉：“探求大学生心理健康教育的新方向”，《中国高教研究》，2013 年第 10 期，第 93-94 页。

不是单纯的理论讲授。在理论讲解的基础上，有目的地设置情景，利用团体动力，调动学生相互学习的积极性，促进学生主体性的发挥，在体验的基础上建构教师传递的心理学理论。此种教学方式可以概括为团体咨询的教学方式①(徐辉，2011)，就是把团体咨询的理念、方法和技术应用在自然班的教学中，在教学过程中注重团体的力量，激发学生的相互教育和自我教育。

从1999年起，笔者及其所在团队开始对心理学理论教育的教学效果进行定量与定性的实证研究，到2020年为止共发表12篇文章阐述我们的研究成果，都证实了这种以理论为主线的心理教育课程在帮助学生确立健康人格理念和促进学生成长方面起到了十分积极的作用，证明心理学理论教育对促进大学生心理健康、促进心理健康教育的学科发展是卓有成效的。

表1-5 杨眉从事心理学理论教育教学效果的实证研究和质性研究结果

心理教育课程	研究工具	差异十分显著因子	差异显著因子
健康人格心理学	SCL-90	心理健康程度提高 阳性项目数降，人际关系敏感，偏执，强迫，抑郁，焦虑，恐怖，精神病适应与焦虑性	躯体化 强迫观念 敌意 偏执
	成人内外控量表	内控倾向，外控得分下降	
	卡特尔16PF量表	专业成就因素，个人成长 内向与外向，兴奋性，聪慧性	稳定性
	质性分析方法	20.3%程度非常显著变化在如下因子： 同一性，完善性格，自我调节，接受对自己和他人人际关系	37.7%程度的显著变化在如下因子： 同一性，完善性格，自我调节，接受对自己和他人人际关系
人际沟通分析学	成人内外控量表	外控性下降，机能自主，环境控制能力	
	质性分析方法	80.3%的学生：个人成长 65.2%的学生：机能自主 56.1%的学生：环境控制能力	37.9%的学生：人际关系 36.4%的学生：自我接纳和生活目标

① 徐辉："团体咨询教学方式在心理健康课程教学实践中的应用"，《北京教育·德育》，2011年第9期。

由表 1-5 可以看出，笔者对心理学理论教育的教学效果进行了长期的研究，研究证实教学效果显著。笔者在教学研究中证实：心理学理论教育不仅降低了学生心理健康指标中的负性项目，具体表现为人际关系敏感、偏执、强迫、抑郁、焦虑、恐怖、精神病适应与焦虑性、躯体化、强迫观念、敌意、偏执等症状指标显著下降；而且其成长能力也有很多显著的进步，如外控得分下降，即学生有更多的自主性，更会为自己的行为负责。此外，大学生在心理健康水平、稳定性、内控倾向、专业成就因素、内向与外向，兴奋性，聪慧性、同一性、完善性格、自我调节、接受对自己和他人、人际关系、个人成长、机能自主、环境控制能力等方面都有显著提高。

四、笔者有关大学生健康人格教育的观点

（一）概念澄清

这里有两个主要的概念需要先澄清：

1. 心理教育（psychoeducation）

此概念诞生之初，特指针对有精神疾病的患者及其家属的一种特殊形式的教育，目的在于帮助其以清晰的方式了解精神疾病并掌握应付精神疾病及其影响的策略。心理教育的内容包括：①信息传递（疾病症状、原因、治疗概念等）；②有关情绪知识的了解；③医学与心理治疗对策；④向精神疾病患者及其家属提供自助策略。迄今为止，“心理教育”这一概念的内涵已经发生了变化。

精神疾病治疗中运用心理教育已有很长的历史（1911），随着时间的推移，心理教育不仅被用在精神疾病和心理疾病的治疗上，后来还用于以团体辅导形式解决青少年的社交技能、情绪管理、适应问题等一般心理困扰以及对青年学生的发展教育上。

目前，中国教育界自上而下都对对大学生实施心理教育的重要性达成共识，这从 2011 年以来心理教育课程被列为全国高校大学生必修课程这点上就可以看出。“但是，在心理健康教育课程作为大学生必修课的新时期，怎样使心理健康教育适应大学生发展的要求，怎样提高心理健康教育的效果，怎样完善和发展心理健康教育的学科体系，这些问题摆在心理健康教育工作者面前，成为我们必然要面对的问题。我们应站在新的高度和起点上，有意识地探索高等院校心理健康教育的发展道路。笔者及其团队经过近 30 年对大学生心理健康教育的实践和探索，认为高校心理健康教育应站在新的高度，实现从零散的心理学知识与心理调节方法的教学内容到系统的心理学理论教育转变，从强调活动和体验的教学模式到“心理学理论介绍+核心人格特质训练+调动学生的自我觉察与教育”模式的

转变。总之，大学生心理健康教育的新方向应强调和重视心理学理论教育。”（徐辉，杨眉，2013）①

2. 心理学理论教育

首先，这里的“心理学理论教育”是区别于心理学专业的心理学理论课程的，是专指心理健康教育中向非心理学专业的学生介绍系统的心理学理论，即把心理学中与大学生发展关系最密切的系统理论贯穿到对大学生的心理健康教育中，使对大学生的心理健康教育理论化、系统化，以帮助其把理论应用于自己的实际生活，从而促进其心理健康与个人成长。如笔者依据相对成熟的心理学分支之一——人格心理学理论构建的“健康人格心理学”课程，就是把西方人格心理学中的资源加以提炼，从培养健康人格入手以促进大学生的心理健康，此门课程就体现了完整的理论体系。

理论是人们在实践中借助一系列概念、判断、推理表达出来的关于事物本质及其规律的知识体系，是系统化的理性认识。理论是经过实践检验了的客观真理，是对某种自然现象或社会现象的系统说明，理论具有两个重要的功能：解释和预见。理论是“渔”而非仅仅是“鱼”，心理学理论教育可以帮助学生既见树木又见森林，理论的武装可以使学生超越狭隘的个人经验并实现教育的最高目标：调动学生的自我教育，使其成为自己的指导者和引领者。因此，仅仅教授心理调节的方法是不能达到心理健康教育的目的的，心理健康教育的最终目的和最高目标是“调动学生的自我教育”，而理论则可以帮助教师和学生有效达成这个目标。理论还可以对学生产生深远的指导意义，因为理论是有后劲的，它可以提升学生自我指导的能力，所以能对学生的成长做出持续的贡献。

笔者的心理学理论教育是系列心理学理论课程教育，即以系列课程的形式进行心理健康教育。“理想的心理健康教育应是具有体系的课程群，即依据不同年级大学生的需要，形成相互联系、循序渐进的课程体系，此课程体系是通识教育的重要组成部分。”②（徐辉，杨眉，2013）

总之，心理学理论教育是大学生心理健康教育的新形式，是在高等院校通识教育中以课程为形式的理论化、系统化的教育。

（二）笔者观点：对大学生的心理教育要加入心理学理论

目前中国高校对非心理学专业大学生的心理教育大多是以心理学专题为框架的，如学习、自我认识，人际关系、恋爱、情绪管理、压力管理、生命教育等。笔者认为，这些专题对大学生的成长是有帮助的，但是却难以满足大学生的成长

① 徐辉、杨眉：“探求大学生心理健康教育的新方向”，《中国高教研究》，2013年第10期，第93~94页。

② 徐辉、杨眉：“探求大学生心理健康教育的新方向”，《中国高教研究》，2013年第10期，第10页。

需要。在对大学生的心理教育中仅有心理学专题教育是不够的，一定要加入心理学理论的普及。这是因为：

1. 心理学理论教育存在必要性与可行性

笔者强调并提倡在大学生心理健康教育中进行心理学理论教育，是基于对大学生发展规律及其内在需要的考察和了解，也是基于对心理学学科的理解。在高等教育中，零散的心理学知识不足以满足大学生理论思考的需要和自我教育的需要，大学生需要心理学理论教育，并有能力接受理论教育，而且心理学已有比较成熟的理论资源，足以支持心理健康教育。笔者认为心理学要为人认识自己、实现自己，提升生活质量和幸福感做贡献。因此，大学生心理健康教育应加入系统的心理学理论教育。仅有心理调节方法不足以满足大学生成长和发展的需要。大学生渴望了解心理调节的方法，但更需要了解这些方法背后的理论依据，学生应该学习的是思考活动，而不是思考的结果，这样才可能举一反三，在生活中更好地运用其结果。

2. 零散的心理学知识不足以满足大学生成长和发展的需要

“大学生可以通过各种途径获得零散的心理学知识。人们对心理健康和生活质量已越来越重视，各种传媒广泛传播各种心理学知识，大学生能够通过非课程教育的方式获得相关知识。目前越来越多的中学已开设心理健康教育的课程，很多心理学方法和知识会与目前大学生的心理教育课程重合。此外，零散的心理学知识不足以满足大学生成长和发展的需要。”①（徐辉、杨眉，2013）

3. 大学生需要心理学理论教育

大学生处于青春期发展阶段，他们不仅需要了解心理发展的规律，需要对自我进行探索，需要掌握科学的心理保健方法以减少成长的烦恼，发掘自身的潜力，而且需要了解社会心理以及与人交往的心理学理论，以此提高他们的生活质量和幸福感。

按照积极心理学的视角，在大学进行心理健康教育不是以预防心理疾病为主，而是以促进学生的健康成长与发展为主。心理学理论教育可以满足大学生了解自身、他人以及社会的需要，同时还可以满足学生自我探索和培养审辩思维的需要。

4. 大学生有能力接受理论教育

大学生具备求知的渴望和理论学习的能力。从大学生的学习任务来看，在大学里，教育的目的是促进学生的思考，通过大学生的精神活动探索真理。因此，理论教育是大学教育的重要内容。从大学生自身的条件看，他们已经进入青春后期，通过10多年的学校教育已经具备了一定的理论学习能力，从实际教学经验

① 徐辉、杨眉：“探求大学生心理健康教育的新方向”，《中国高教研究》，2013年第10期，第93~94页。

来看，没有理论深度的教学无法满足大学生的认知需要。

理论教育不需要学生具有完全的能力，只要具有一定的能力即可。在这点上，维果茨基最近发展区理论在对大学生的心理教育中同样适用，维果茨基提出教育应该走在发展的前面，应着眼于学生的最近发展区，为学生提供带有一定难度的教学内容，这样才能够调动学生的学习积极性。“最近发展区学说和老观点不一样，它使我们可以推出一个相反的公式：只有跑到发展前面的教学才是好的教学。……教学的本质特征是教学造成了最近发展区，就是说，教学引起了、唤醒了、启发了一系列内部发展过程。”①（维果茨基，1934）所以，“对于这里提出的假设是最重要的下列原理：发展的过程并不总是符合教学过程的，发展过程跟随着建立最近发展区的教学。”（维果茨基，1934）②

同理，在对大学生心理教育的课程设置上，也应该设置一定的难度，没有难度就没有吸引力和学习的动力。大学生具有足够的思考能力和生活经验，完全有能力接受心理学理论教育。因此，大学心理教育的魅力和效果都在于能设置符合大多数学生最近发展区的课程，即在有一定难度的基础上确立恰当的心理学理论教育目标，这样才能够激活学生的学习兴趣，促使学生发挥自己的自主性，激发学生的潜能。

5. 人格心理学已有比较成熟的理论足以支持系统化、理论化的心理健康教育

笔者在从事心理咨询与治疗以及心理教育的过程中发现，一个多世纪以来，人格理论家和心理治疗家发现的许多有关“治未病”的有效的预防方法和促进人格健康成长的理论至今都未曾得到过普及，以至于很多人仍然还在黑暗中独自摸索，还在以试错排错的方式寻求解决自我疗伤和自我成长的方法。这造成了心理学理论资源的浪费。

心理学家们提出了许多有关人类行为和心理过程的本质的理论，这些理论不仅可以用来较好地解释人们的行为和心理，而且可以帮助人们预见属于大概率事件的人类行为和心理。提炼人格心理学家的心理健康理论，集中这些资源为大学生服务是大学心理健康教育的应有之意。教授学生心理学理论，是老师带领学生站在巨人的肩上继续前行，是最充分而有效地利用前人为我们留下的资源，从而可以对促进学生的心理健康和成长产生持续的作用。

因此，考虑到大学生的内在需求和学习能力，考虑到心理健康教育的体系完善，考虑到中学和大学心理健康教育内容的衔接，考虑到理论教育的优势，考虑到心理学已有的丰富资源，笔者强烈呼吁，中国高等教育中对非心理学专业大学生的心理教育要走出舒适区，走出简单的专题教育，要从“术”转向“道”，要信任学生的理解力和成长能力，要在对大学生的心理健康教育中强调和倡导心理

① 维果茨基：《维果茨基教育论著选》，余震球译，人民教育出版社 2005 年版，第 388~389 页。
② 维果茨基：《维果茨基教育论著选》，余震球译，人民教育出版社 2005 年版，第 390 页。

学理论尤其是人格心理学理论和社会心理学理论教育，因为这两种理论都有非常成熟的成果，可以让我们的大学生站在更高的平台上实现个人的成长。

五、有关本教材特点的介绍

“从健康人格教育入手促进大学生的心理健康并有效激活大学生的成长潜能”正是本教材的主要特点和目的。这本教材是笔者 35 年来学习和讲授人格心理学的过程和教学研究中提炼出来的。在学习中笔者发现，几乎所有的人格心理学家，他们或从对心理病人的研究出发，或从对正常人的研究出发，最后都逐渐提炼出了与“健康人格”有关的主要特质，他们殊途同归，在对健康人格特质的描述中有许多共同的发现，这使得健康人格的提法具有了可信度，健康人格不再是一个模糊不清的概念，在这多么人格心理学家的共同努力下，它变得日益清晰和明朗，并得到越来越多人的认同。

本书选择理论的原则是：只介绍这些人格心理学家与健康人格有关的发现，因此，所介绍的只是各学者思想的一小部分，但也是很重要的部分之一。以弗洛伊德为例，他在症状学和治疗学上的发现，都是极其重要并且也极具魅力的，但是，因为笔者所面对的是非心理学专业的学生的科普性质的心理学理论课程，因此全都省略不介绍。对其他人格心理学家的介绍也一样，都是只介绍其学说中与健康人格有关的内容，而对他们在其他方面的贡献几乎全部加以省略。

就所介绍的健康人格模型而言，笔者在这版中只介绍了 8 位人格心理学家的理论。此教材的第一版中笔者介绍了 14 位人格心理学家的理论，他们所提出的每种人格定义或者理论都发展、完善着对人的认识。例如：弗洛伊德认为人的行为受着不合理的、无意识的因素所影响；马斯洛相信大多数人的行为都有理由并且出于自由选择；荣格认为影响人格的重要因素在于集体无意识，而人格分成内向和外向两大类；罗杰斯认为，我们对过去事件的解释而非事件本身，才真正决定我们当前的情绪和行为；而斯金纳则独树一帜，坚持认为人格是环境的产物。这些人格心理学家对人格的具体看法和研究方法虽然有区别，但是也有一些共同之处，如：他们都强调人与人之间存在的差异；他们都同意人格是从对人的行为的观察中抽象出来的；他们也都同意人格代表着有机体与内外环境相互影响、作用的进化过程，这些影响包括：基因和生物学倾向，社会经验，以及变化着的周围环境等；他们都发现了健康人格在人与社会的进化上所具有的意义；他们都意识到只要个人采取有效的行动，就可以对自己的人格进行积极的调节等。

其实，他们每个人的观点都向我们提供了一种了解人格的视角、思路和框架，与此同时，他们每个人有关实现健康人格的方法的建议又都是促进我们心理健康的参照模式。

修订时之所以会删掉另外 6 位人格心理学家的理论，主要是因为我们这么多年的教学经验表明，在学校所能够给的32课时中，由于加入了讨论和训练，因此通常只能介绍8位心理学家的理论。

这种取舍绝不是因为那另6位心理学家的理论不重要，而是因为我们实在是没有足够的课时，因此，只能把我们认为大学生最需要知道的人格理论优先介绍给大家。被忍痛割爱的6位心理学家是埃瑞克·弗洛姆、高登·奥尔波特、伯尔赫斯·弗雷德里克·斯金纳、罗洛·梅、乔治·凯利以及埃瑞克·伯恩。他们都是非常杰出的人格心理学家，他们在对人格的研究上有很多独特的发现，这些发现对我们的自我认识与成长有非常重要的指导意义，只可惜笔者修订这版的过程中实在是没有时间了，为保证修订稿的质量，才不得不做此决定。

此外，笔者在近些年的人格教育课程中还发现了另外一个重要的资源，那就是我们中国文化中的心理学资源。科学心理学产生于西方，但是心理学思想应该是与人的诞生同步发生的，我们中国文化中也有很多非常重要的心理学资源，笔者第一次尝试将中国文化中的心理学资源用于人格教育是在2003年的一个中学课堂上，后来在大学课堂上也做了一些尝试，这些将在最后一篇中呈现给读者。

六、讲授心理学理论课程能够让教师产生幸福感

以下是笔者同事与笔者合作的文章片段(徐辉、杨眉，2013)①，现摘要如下：

“除实证研究展现的学生方面的效果外，心理学理论教育对教师的个人成长和发展也具有积极意义，它提高了心理健康教育教师队伍的水平，促进了本学科的健康持续发展。

目前我国高等教育中心理健康教育的教师水平有待提高。在高校从事心理教育的专职教师缺口大，很多非心理学科班出身的辅导员兼职从事大学生的心理健康教育。相比较而言，此类学科背景和岗位的教师比较容易胜任专题式讲座，而心理学理论的讲授对教师的要求较高，需要读一定的理论原著，要不断学习，提高心理学理论水平。这些压力将促进教师的教学水平和理论水平的提高，有利于个人与事业的持续发展。此外，被理论武装的老师有后劲，对心理健康教育的教师队伍建设也意义重大。

以笔者所在团队工作的经验来看，长期从事心理学理论教学的教师在专业水平上会有持续的进步以及个人的不断成长，个人幸福感也不断增强。笔者之一曾经与大家分享了这样一个体验：‘每年的开学之初，想到又要去见弗洛伊德、弗兰克、马斯洛等心理学大家，心里就充满了喜悦’，这样的课堂，不仅对学生而且对教师都是一种享受。

---

① 徐辉、杨眉：“探求大学生心理健康教育的新方向”，《中国高教研究》，2013年第10期，第93~94页。

存在—人本主义心理学坚信人有无限发展的潜能，学生如此，教师同样如此。教师在准备并讲授心理学理论所体现出的潜能会成为激励教师成长的强化物，进一步推动教师身体力行终身学习的理念。因此，心理学理论教育的受益者不仅仅是学生，也包括教师本人。

教育部颁布的《普通高等学校学生心理健康教育工作基本建设标准(试行)》明确规定，各高校必须设置 2 名专职教师，并依据学校具体情况配备兼职教师。这样一支教师队伍需要持续的发展和建设，讲授心理学理论对心理健康教育的教师队伍建设会有极大的推动作用。

总之，我们的实践和研究证实：为提升大学生的心理素质并促进其健康成长，对之进行心理学理论教育不仅是可行的而且效果十分显著，而且对教师的个人成长也有着十分重要的促进作用。因此，心理学理论教育能够促进高校心理健康教育的可持续发展，值得我们做更大面积的尝试，应成为高等院校心理健康教育的发展方向。”

图 1-1 是笔者心理教育思想概览，有助于读者对本书的理解。

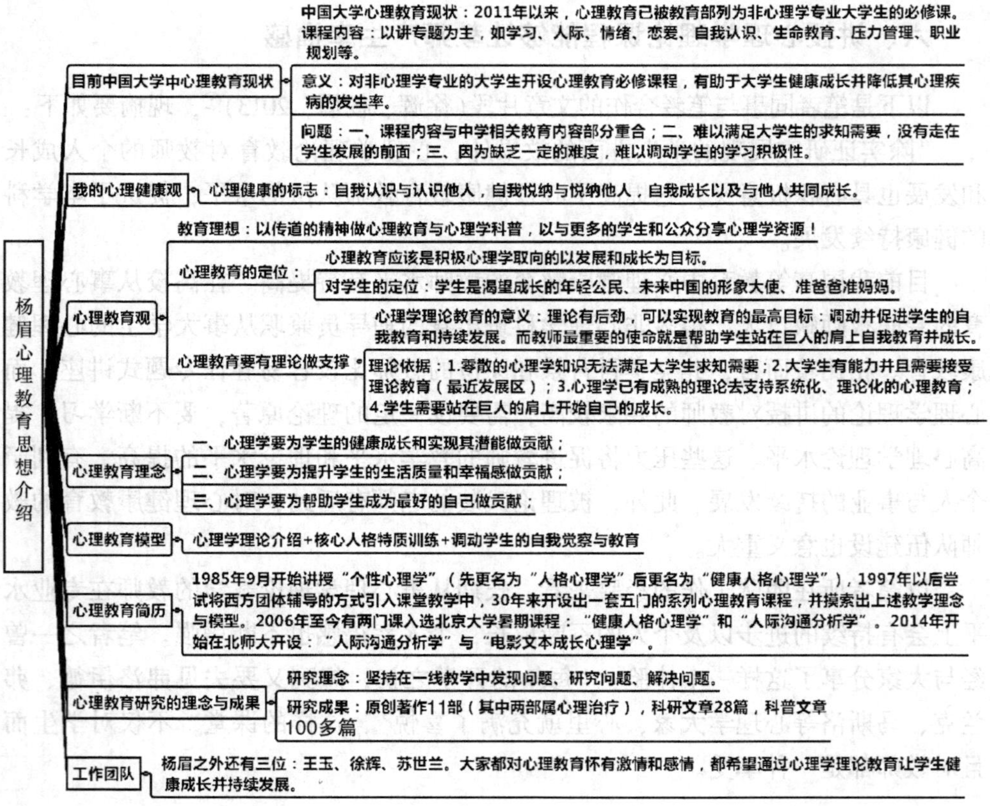

图 1-1　心理教育思想概览思维导图

这些年，大学生人格健康问题引起了越来越多人的关注，虽然按照笔者及其团队的经验与研究，大学生总体身心健康状况是基本良好的，但如同中国传统医学强调“大医治未病”，一个年轻力壮的青年人也需要知道有关躯体保健的常识和方法一样，大学生也需要懂得让自己的人格与心理健康发展与成长的常识和方法，从积极面看，这有助于大学生的自我认识和自我把握，有助于他们认识他人和理解他人，有助于他们的心理健康和持续发展；从消极面看，则可以对心理疾病起到防患于未然的重要作用。而无论从微观还是从宏观角度看，健康人格的重要性都不容置疑。

对于个人，不论我们在生活中会遇到什么，只要我们拥有健康人格这一最重要的内在资源，生活最终都会向我们展示它的美好，并帮助我们最大限度地实现我们来到这个世界的使命。

对于国家，具备健康人格的国民则是其得以成熟健全的形象立于世界民族之林的最根本保证。

当然，世界上不存在一劳永逸的健康人格，人与环境是难分难解地纠缠在一起的，这种互动导致了无穷变化。尽管几十节课不可能让一个学生的人格发生永久的积极变化，却完全有可能帮助学生树立起重视人格健康的理念，使大家了解健康人格是心理健康的重要基石，有健康人格做基石，一个人就可以进入“随心所欲，不逾矩”的境界，并且会保持持续的成长态势。

第二编
精神分析学派的健康人格观

第二章　弗洛伊德的健康人格模型：正视并建设性满足自己的人

“我们知道，人们的禀赋各异，承受应付文化要求的能力，各有其不同的限度。苛求于己，超过其本性所能承担，则将为心理症所苦。如果人们多容忍些自己的‘不完美’，日子就会好过得多了。”①

——弗洛伊德

第一节　弗洛伊德的生平

任何心理学家的学说都与他的个人经历有着密切关系，因此我们在介绍心理学家的观点前，会先介绍他们的生平，以帮助大家更准确地了解他们的理念及其理论。

① ［奥］弗洛伊德：《爱情心理学》（1908），林克明译，作家出版社 1986 年版，第 173 页。见其中所收“‘文明的’性道德与现代人的不安”。

西格蒙德·弗洛伊德(Sigmund Freud, 1856—1939)1856 年出生于捷克，父母都是犹太人。他 3 岁时随父母移居奥地利的维也纳，一生所受教育都在维也纳完成。因为学习成绩突出，于 1873 年被保送上大学。

虽然他家里的经济状况并不好，但是他“父亲却坚持要他按照个人志向选择终身职业。”[①]（弗洛伊德，1925）大学期间，他师从当时欧洲最著名的生理学家之一恩斯特·布鲁克(Ernst Brucke)，总是圆满完成老师指定的工作，受当时医学传统中有关精神病是纯生理原因引起的观念的影响，他对大脑解剖学产生了浓厚的兴趣，研究中，他试图通过对大脑生理结构的了解揭开精神病产生的原因并进而发展出有效的治疗方法。但是由于当时的各种局限，他有关精神疾病成因的发现很少，却在神经解剖学和生理学方面有一些突破。

弗洛伊德非常热爱研究工作，他原来一直希望能够在大脑解剖学理论研究上有所作为，但是 1882 年，他最推崇的老师恩斯特·冯·布吕克考虑到弗洛伊德家庭经济状况不够好(他是家中的老大，下面还有 7 个弟妹)，他需要帮助父亲养活全家人，因此力劝他放弃理论研究，到维也纳全科医院去工作，弗洛伊德考虑再三，接受了老师的忠告，非常不舍地离开实验室而改作临床医生，他从未想到这会成为他职业生涯中最有意义和价值的转折点。

弗洛伊德在医院期间积累了大量的临床经验，与此同时，他还在脑解剖研究所工作，由于他严谨的治学态度，工作不久，他就“以诊断的正确和病人死后解剖证实率高而闻名。”[②]（弗洛伊德，1925)

弗洛伊德在大学做博士研究期间，与维也纳“最受人尊崇的家庭医生之一”约瑟夫·布洛尔(Josef Breuer)大夫相识并成为朋友[③]，布洛尔大夫告诉了他一个很有意义的个案：1880 年至 1882 年间，布洛尔大夫有一个名叫安娜·O 的心理病人，每次她来就诊时都坚持向他描述上一次就诊以来的各种真实的或幻想的体验。一段时间之后，安娜的焦虑明显降低，布洛尔为了使安娜更多地倾诉，又在治疗中采用了催眠疗法，更奇妙的事因此而发生了，每当安娜讲出一件与症状初次发作有关的事，相应的症状就会消失，就这样，医生与患者共同努力，安娜的症状如麻痹痉挛、视觉失调、神经疼以及恐怖感都一一消失。安娜把这种方法称作“谈话疗法”或“扫烟囱法”，布洛尔大夫称之为“涤清法。”[④]（弗洛伊德，1925)

布洛尔大夫讲述的安娜的个案极大地启发了弗洛伊德，使他意识到心理病人表面上的荒唐行为与人的理性之间是存在联系的，鼓励病人倾诉，可以帮助病人

---

① ［奥］弗洛伊德:《弗洛伊德自传》，廖运范译，东方出版社 2005 年版，第 4 页。
② ［奥］弗洛伊德:《弗洛伊德自传》，廖运范译，东方出版社 2005 年版，第 7 页。
③ ［奥］弗洛伊德:《弗洛伊德自传》，廖运范译，东方出版社 2005 年版，第 16 页。
④ ［奥］弗洛伊德:《弗洛伊德自传》，廖运范译，东方出版社 2005 年版，第 20 页。

回忆起事件的来龙去脉，使其理清思路，并尽可能地接近事情的真相，只有这样才会有真正意义上的忘却。有意思的是，布洛尔大夫和弗洛伊德的发现其后又为德国心理学家蔡格尼克所发现的蔡氏记忆效应(Zeigarnik effect)①所证实，即人们对于尚未处理完的事情，比已处理完成的事情印象更加深刻。

1885年，弗洛伊德被任命为维也纳大学神经病理学讲师，同年，他带着奖学金到巴黎非常著名的萨伯特精神病院进行为期四个半月的学习，遇到了当时颇负盛名的夏科(Charcot)大夫。学习期间，他以开放的心态广泛接收信息，对夏科大夫用催眠疗法治疗癔症以及他有关性在癔症中的作用和癔症是心理失调而非器官失调的观点产生了特殊的兴趣。其后，由于毛遂自荐帮夏科大夫翻译其法文著作，因而得到其更多的指导。

1986年，弗洛伊德在维也纳开始正式行医。但是此时他有关夏科大夫的介绍以及他自己在歇斯底里症上的新发现却遭到维也纳医学界的强烈排斥。弗洛伊德“只好从学术性的生涯中撤退下来，不再参加那些有名的各个学会。”②（弗洛伊德，1925)之后，弗洛伊德全力投入到自己的医疗实践中，同时与布洛尔大夫共同研究安娜的个案以及歇斯底里症的治疗与发作机制。在自己的医疗实践中，他也采用了布洛尔大夫的催眠下的谈话疗法。这段时间，他按照自己的治疗理念，接待了很多由于性的问题而导致的癔症和其他神经症患者，这类病人接触得越多，弗洛伊德就越坚信压抑尤其是性的压抑在神经症形成中具有极为重要的作用。

1895年，弗洛伊德说服布洛尔与其合作出版了《癔症研究》一书，此书通常被认为是精神分析学的开端③，但是由于此书的个案大多是描述性压抑与癔症的关系，并且其中的癔症转换理论明确提到性压抑在癔症形成中的作用(布洛尔，弗洛伊德，1895)④，因而受到不少非议，布洛尔大夫起初还尝试以他的个人影响全力支持弗洛伊德，但一段时间后，由于压力太大而退却，并与弗洛伊德分道扬镳。弗洛伊德也因此被维也纳医学会除名，但是他仍然坚持自己的研究方向：在生物因素与病态行为的关系之外，加入经验或说个体经历的研究。

与此同时，弗洛伊德在经过又一段实践后发现，布洛尔大夫谈话疗法的效果是有其局限的，因为每当触及病人最深刻的经历或体验时，病人就出现拒绝等阻抗现象。于是他决定把病人的阻抗当作研究心理障碍的关键。为此他发展出“自由联想法”(free association)，即要病人在治疗期间就某一观念或事件进行广泛

① 张春兴：《张氏心理学辞典》，上海辞书出版社1992年版，第712页。

② ［奥］弗洛伊德：《弗洛伊德自传》，廖运范译，东方出版社2005年版，第12页。

③ 高宣扬编著：《弗洛伊德传》，作家出版社1986年版，第96页。

④ ［奥］约瑟夫·布洛尔、弗洛伊德：《癔症研究》，金星明译，见车文博主编：《弗洛伊德文集》(第一卷)，长春出版社1998年版，第150页。

的联想，然后说出他想到和感受到的一切，不论它们听起来有多荒谬也决不能遗漏。这就是精神分析治疗中的宣泄法(Catharsis)，2006年，心理学家海特介绍了心理学家Jamie Pennebaker一个有关宣泄法的实验研究，结果支持弗洛伊德提出的宣泄法，也就是能表达自己情绪的人比较健康。Pennebaker的研究进一步指出，使宣泄法产生疗效的机制是：在宣泄情绪的过程中找出意义。①

1896年，弗洛伊德的父亲去世，这成为弗洛伊德精神分析学研究中的一个重要的关键点。弗洛伊德父亲去世时81岁，在当时也算是高龄了，弗洛伊德自己也已人到中年，按理说，可以比较平静地接受这个现实。但是弗洛伊德就是长时间缓不过来，弗洛伊德自己也很奇怪，他觉得自己和父亲的关系非常好，也是个懂事的长子，与父亲分担了养家的责任，对父亲的照顾也很周到，没有留下什么遗憾，可为什么父亲去世后这么长时间自己都还无法释怀？就这样，他开始了自我分析，其中也包括对自己的梦的分析，在这场耗时2年多的自我分析中，弗洛伊德发现了“俄狄浦斯情结”(又译恋母情结)和“幼儿性心理发育学说”(这两部分理论既是精神分析最大的特色也是后来精神分析运动出现分裂的最主要原因)。他发现，人类自幼年时就受性力驱使，但由于社会的种种强力约束，人的性力的表现受到阻碍，冲动被人们从意识压制到无意识中，被压抑的冲动在人的内心深处不断地酝酿着不安、困扰、自责甚至恐惧，加之环境的影响，严重的就有可能发展成心理疾病。就这样，通过严谨的自我分析与探索，弗洛伊德不仅治愈了自己的丧父之痛，而且在学术上有了重大的发现。

几乎与此同时，弗洛伊德发现梦的重要性。梦可以成为了解人潜在动机和内心冲突的钥匙，于是他大量复习有关梦的文献，虽然他当时已经有1 000多个神经症患者的析梦资料，但是为了避免将来被别人质疑梦的解析不适应健康人，因此，他决定尽量不使用这些资料，而更多地分析自己和周围人的梦。②(弗洛伊德，1900)在《梦的释义》一书中，他最先分析的就是自己所做的有关一位叫伊玛的病人的梦，他把这个梦视作“揭穿梦的开端”③。1900年，弗洛伊德发表了他的杰作《梦的释义》。在这本书中，弗洛伊德指出：梦是一种受压抑的愿望的歪曲的满足。为了解析梦，弗洛伊德发展出一套符号系统，通过对梦的解释帮助当事人了解自己内心深处的愿望与冲突。“梦的解释是达到对我们精神生活中无意识成分的认识的道路”(弗洛伊德，1900)④，此书揭示了人类心灵深处的奥秘，它让我们认识到，我们在梦中所体验到的生命信息往往比意识所提供的更为

---

① ［美］乔纳森·海特：《象与骑象人——幸福的假设》，李静瑶译，浙江人民出版社2012年版，第162页。

② ［奥］弗洛伊德：《梦的解析》，张燕云译，辽宁人民出版社1987年版，第96页。

③ 高宣扬编著：《弗洛伊德传》，作家出版社1986年版，第110页。

④ ［奥］弗洛伊德：《梦的解析》，张燕云译，辽宁人民出版社1987年版，第567页。

恰当和准确，它不仅为无意识学说奠定了基础，而且是探讨无意识过程的新起点。按照弗洛伊德的传记作家欧内斯特·琼斯的观点：“总之，《梦的释义》不但为人类无意识的学说奠定了稳固的基础，而且也建立了探讨此一远比人类的意识对实际行为更有影响的无意识界的典范”①，而在弗洛伊德之前的科学的基本观点是：“潜(无)意识的世界本身是完全被动的，完全消极的，它只是衰老麻木了的生活，是被弃置在一边的过去，因此它对我们现在的精神世界没有任何影响和作用力。”②（斯蒂芬·茨威格，1920)但是，《梦的释义》这本被弗洛伊德本人认为最重要的学术著作发表后却受到学术界的漠视，偶有评论，也是对此书做很不负责任的恶评。此书首次印刷的600本是在8年后才售完的，十年之后，这本书才受到重视，在弗洛伊德的有生之年，这本书又再版了8次。

《梦的释义》出版之初受到冷遇和批评的最主要原因，一是学术界的人将弗洛伊德的释梦行为等同于民间的“解梦者”（弗洛伊德，1925)③，认为这很不专业，甚至是误入歧途，二是因为在《梦的释义》中涉及被压抑在无意识中的性；三是人们认为弗洛伊德此书更多关注的是有问题的人。

为了说明其所发现的人类心理活动的规律同样适用于普通人，弗洛伊德于1904年发表了他的《日常生活的心理分析》一书，在这本书中，他把他在治疗与日常生活中所发现的口误、笔误、失语、遗忘、误读、遗失、失手打翻东西、事故或记忆错误等现象罗列出来，指出这些看起来像是偶然的现象，其实是人们自己没有意识到的隐秘的内在愿望使然，通过这些现象揭示出的人最深层的愿望证明了无意识是人类心理活动的基础。而且不论是基本健康的正常人还是有心理障碍的人，都受制于自已的无意识心理活动。由于这本书非常接近人们日常生活中的经验，引起了读者的共鸣，因而其在普及精神分析学上以及帮助弗洛伊德正名方面产生了积极的作用。

即使屡遭质疑甚至抨击，弗洛伊德还是渐渐有了自己的追随者，成立了“心理学周三学会”（精神分析学会的前身)，又于1908年召开了第一届精神分析学会。弗洛伊德在世时共召开了12次大会。

1909年，美国克拉克大学校长霍尔邀请他去美国讲学，并授予其名誉博士学位，美国之行不仅使精神分析学在美国的地位从此一直“屹立不动”（弗洛伊德，1925)④，而且弗洛伊德在欧洲的状况也因此好转。第一次世界大战之后，医生们在对战场神经症的观察中，认识到神经症中心理因素的重要性，与此同

① ［英］恩斯特·琼斯：“弗洛伊德的一生”，见《弗洛伊德自传》之附录一，廖运范译，东方出版社2005年版，第125页。

② ［奥］斯蒂芬·茨威格：《精神疗法》，王威译，西苑出版社1998年版，第255页。

③ ［奥］弗洛伊德：《弗洛伊德自传》，廖运范译，东方出版社2005年版，第44页。

④ ［奥］弗洛伊德：《弗洛伊德自传》，廖运范译，东方出版社2005年版，第55页。

时，精神分析学中的一些观念，如“生病的好处”和“逃到病里去”等说法流行起来，弗洛伊德的学说开始广为传播。1915年，弗洛伊德在维也纳大学开设“精神分析学引论”，这标志着他被欧洲学术界正式承认。就这样，弗洛伊德一步一步地接近自己的信念：医生可以通过理性的分析揭示非理性的人即精神疾病患者的内心世界，并最终治好心理疾病。

1923年，弗洛伊德得了下颌癌并做了手术，之后的16年间他共做了33次手术[①]，带着巨大的病痛，弗洛伊德仍然笔耕不辍，撰写了大量的著作与文章。1923年之后，他将精神分析理论同时用到更为广阔的文化分析之中，他“更清楚地发现，人类历史的各项事件，人类天性间的各种作用，文明的发展以及人类原始经验的累积(最明显的例子是宗教)等，都不过是自我、本我、超我这三者之间冲突斗争的反射而已。”[②]（弗洛伊德，1925）1930年，弗洛伊德因其学说对文学、艺术的巨大影响而获得“歌德奖”。1936年，弗洛伊德80寿辰时，全世界200多名最杰出的艺术家和作家如罗曼·罗兰、维吉妮亚·吴尔芙、斯蒂芬·茨威格等集体署名赠送弗洛伊德生日礼物，由作家托马斯·曼面交，他们在给弗洛伊德的贺信中写道：“……这位无所畏惧的预言者和治疗者在整整两代人的时间里，一直是我们探索人类灵魂未知领域的向导。……我们可以肯定，如果世间有什么行动可以被永远记住的话，那就是他对人类心灵的洞察。”[③] 1938年，为避免纳粹的迫害，弗洛伊德全家在朋友的帮助下流亡英国，一年后因其下颌癌严重恶化，在家庭医生的帮助下安乐死[④]，享年83岁。

弗洛伊德去世后，他的女儿安娜·弗洛伊德——弗洛伊德事业的衣钵传人——在其父在奥地利的故居——维也纳第9区贝尔格街19号——成立了弗洛伊德故居博物馆。1953年世界卫生组织在其门前立了纪念碑。1982年安娜·弗洛伊德去世后，他们在英国的故居于1986年被开辟为弗洛伊德博物馆。[⑤]

弗洛伊德一生非常勤奋，目前出版的他的英文版全集共24大卷，他文笔流畅、生动并且清晰，他总是在不断地完善他自己的理论，直到他83岁去世之前，他仍然在写作。他对这个世界的影响是异常全面的，他不仅是精神分析学家、心理治疗家、哲学家和文学家，他对社会风尚、道德伦理、教育和社会科学都有广泛而深入的影响。而他学说中最主要的贡献便是他的人格观、发展观和心理疾病与心理治疗

---

① Duane P. Schultz & Sydney Ellen Schultz：Theories of Personality，8th edition，US：Wadsworth，a division of Thomson Learning，Inc. 2005，p45. 北京大学2007影印版。

② ［奥］弗洛伊德：《弗洛伊德自传》，廖运范译，东方出版社2005年版，第79页。

③ ［美］欧文·斯通：《心灵的激情》(下)，朱安、姚渝生、武国强等译，中国文联出版公司1986年版，第550页。

④ 高宣扬编著：《弗洛伊德传》，作家出版社1986年版，第312页。

⑤ 见路透社7月31日电：“奥地利精神分析家弗洛伊德在伦敦的住所已作为博物馆开放”，转引自：《参考消息》，1986年8月19日。

观，这些学说和论述使他开创了用心理治疗法治疗精神疾病的先河。

弗洛伊德在心理与精神疾病成因上的发现具有划时代的意义。在此，我们有必要简要回顾一下欧洲精神病学史。古希腊罗马时代，精神疾病被看成是人体体液失调的结果。而自公元3世纪直到17世纪这长达1500年的欧洲中世纪时期，精神病被当作"魔鬼附体"的产物，因而对待精神病人的方法也很残酷，如用长针穿舌头或用烙铁烙以及拷问、审讯，有时甚至还实施火刑并送进监狱。精神疾病被当作见不得人的耻辱。

17世纪以后，随着工业革命导致的科学进步，人们对精神疾病的看法有所改变，除少数人认为精神疾病是由罪恶或心地不善引起外，大多数大夫认为是由躯体疾病引起的。

19世纪中叶以后，随着自然科学技术的发展，基础医学中的解剖学等医学理论也得到了发展，大夫们在积累了许多临床资料后，得出精神疾病是由脑病变所致的结论。这就是弗洛伊德所处的时代，那个时代的人们更多地倾向于从生物学角度解释精神疾病，尽管确实有些精神疾病是由生理原因所引起的，但更多的精神疾病则不然，所以这也是弗洛伊德那个时代精神病学家陷入困境的原因所在。生物学角度已无从进一步解释精神疾病，不论大脑解剖学在研究精神疾病上取得了多少进展，但在当时它表现出明显的局限性，如果不另辟道路，精神病学就会走进一个死胡同。

弗洛伊德正是率先开辟另一思路的先行者。他发现了研究精神疾病这一黑箱的更好方法，即从心理的、社会的角度入手。他的方法使精神疾病这一黑箱向灰色和白色转化，他开创了在诊断和治疗方面具有划时代意义的研究心理障碍（神经症）的崭新思路。

弗洛伊德发表自己的观点之初，正值维多利亚女王遗风犹存时期，因此遭到许多人的指责和攻击。按照弗洛伊德自己的说法：人类的自尊心曾经先后从科学内受了两次重大打击。第一次的打击来自于哥白尼，他宣称地球不是人们原以为的宇宙中心，这和人类原有的自我中心观相抵触；第二次打击来自于达尔文等人的进化论，指出人类不是上帝的特殊创造物，人是从低等动物进化而来的，人同样具有不可磨灭的兽性。"然而人们的自尊心受到了现代心理学研究的第三次最难受的打击；因为这种研究向我们每人的'自我'证明就连在自己屋里也不能自为主宰。"①（弗洛伊德，1915）两年后，弗洛伊德再次生动地指出：性本能的活动不能被完全抑制住，"自我不是自己家里的主人。"②（弗洛伊德，1917）这样的说法对自恋的人类显然是极为重大的打击，为了维护自己最后的"尊严"，人

① ［奥］弗洛伊德：《精神分析引论》，高觉敷译，商务印书馆1984年版，第225页。

② ［奥］弗洛伊德："心理分析的困难之一"，见《弗洛伊德论创造力与无意识》，孙凯祥译，中国展望出版社1986年版，第4~7页。

们对精神分析学说展开了围攻，多少谴责甚至辱骂扑面而来，多少同行离弗洛伊德而去，但弗洛伊德毫不动摇，他为宣传并捍卫无意识学说一直孤军奋战了很长时间。

弗洛伊德的发现不仅使精神病学和心理学受惠，而且对文学、历史、人类学、哲学、社会学等几乎一切人文学科都产生了巨大的影响，使西方这些学科的视野大开并结出了丰硕的果实。就心理治疗而言，弗洛伊德尤其伟大，他的伟大不仅仅在于他的开创性发现本身。例如，对梦的解释已有几千年的历史，但因为医生们怕“神秘主义”和“非科学”的帽子而不敢深入研究。此外，与他同时代的人中也不止一位精神科大夫注意到性在精神疾病成因中的作用，但当他们发表自己的观点而遭到批评时立刻选择了沉默或者放弃。而弗洛伊德则不然，他不仅发现而且忠实地坚持甚至捍卫自己的发现，面对指责，他只把精力更多地投入到修正和完善自己的学说中。

精神分析学说确实有需要修正和完善的地方，它的一些观点失之片面甚至极端，但这不影响弗洛伊德的伟大，在他之前，人们只知道从迷信的、宗教的、伦理的、生物学的角度看精神疾病，而精神分析学为人们开创了一种全新的认识精神疾病的视角。正是这一富有独特性的发现，开创了心理治疗的先河，使无数精神疾病和心理疾病患者从中受益。“弗洛伊德的个案研究使对个体的研究达到了前所未有的深度，而在这之前，我们只有在电视、小说或者某人富有激情的忏悔中，才能见到如此透彻的剖析。”① （埃里克森，1964）更重要的是，继精神分析治疗学派之后的几大学派，如认知治疗学派，行为主义治疗学派，存在—人本主义治疗学派等都得益于弗洛伊德的思路，都是在对精神分析疗法进行批判、拓展、改造或者革新的产物。由于弗洛伊德开创的心理治疗观，才使今日的我们在遭遇心灵痛苦之时，拥有许多更能抚慰我们，帮助我们走出困境的治疗方法。

今天，越来越多的人认识到弗洛伊德的贡献对于人类自我认识和把握的重要性，他给予人类的是正视自己的勇气和接纳自己的信心。为此，不仅心理学家厄内斯特·琼斯，而且像斯蒂芬·茨威格以及欧文·斯通这样两位杰出的传记作家也都充满激情地为弗洛伊德作传，感念他所发现的新视角，感念他的坚持，感念他为促进人类的心理健康所作出的恒久而巨大的贡献。

第二节　弗洛伊德的健康人格观

弗洛伊德的学说博大精深，我们在这里仅选取对普通人健康成长意义重大的

① 埃里克森：《洞见与责任》，世界图书出版有限公司，Kindle 版本，2017，Kindle 位置 386-388。

部分，下面将主要介绍弗洛伊德庞大思想体系中的人格观与心理健康观，正是这一部分内容，对基本健康的普通人而言，有非常重要的意义，它们不仅可以帮助我们有效预防心理疾病，而且可以帮助我们更清晰地认识自己，而只有认识自己的人，才更有可能实现心理健康并成为最好的自己。

一、健康与不健康是一个连续谱

要了解弗洛伊德的健康人格观，先要了解弗洛伊德的连续谱思想。

弗洛伊德从典型的神经症(现在被称作“广泛焦虑障碍”)个案研究入手，结果不仅揭示了神经症的病因学，而且逐渐发现，心理病人与心理正常的人之间并无本质的不同。以下笔者将罗列弗洛伊德最有代表性的著作，介绍弗洛伊德有关健康与疾病之间是一个连续谱的思想。

早在其1900年出版的《梦的释义》一书中弗洛伊德就指出：本质上，正常人和歇斯底里症患者的梦的形成机制是一样的，“导致神经症的精神机制并不是占据了精神生活的病态障碍的新进创造，而是现成地存在于我们精神机构的正常构造中的。”①（弗洛伊德，1900)他指出：“神经症的、正常的和病态的状态间，分野是很模糊的。”（弗洛伊德，1904)②随后他又提出：“我们不再认为健康和疾病，正常人和神经症病人之间有鲜明的区别，我们不再认为神经症的特性必须视为普遍低级的证据。”③（弗洛伊德，1910)在《精神分析引论》中，弗洛伊德再次提出连续谱的思想，他指出，健康人在精神生活中存在形成梦或症状的因素，健康人也存在压抑，他们的无意识中也储存着被压抑的冲动，他们冲动中的力比多也有一部分不受自我的支配，而且健康人也有许多琐碎而不重要的症候。“我们可以推想现在的正常人们，也必曾有过倒错的现象和俄狄浦斯情结；所不同的，只是有正常人的梦的分析所发现的情感，在神经症病人身上则变本加厉而已。”④（弗洛伊德，1915)

在其晚期著作《精神分析引论新编》中，他更明确地指出：“病理的和所谓正常的历程密切相关，或竟是根本相同。从此，精神分析变成了深度心理学。”⑤(弗洛伊德，1933)

为了帮助大家更好地理解弗洛伊德的观点，笔者设计了下面这个心理状况显示图(见图2-1)：

---

① ［奥］弗洛伊德：《梦的释义》，张燕云译，辽宁人民出版社1987年版，第566页。

② ［奥］弗洛伊德：《日常生活的心理分析》，林克明译，浙江文艺出版社1986年版，第168页。

③ ［奥］弗洛伊德：“列奥纳多·达·芬奇和他童年的一个记忆”，《弗洛伊德论美文选》，张唤民、陈伟奇译，知识出版社1987年版，第97页。

④ ［奥］弗洛伊德：《精神分析引论》，高觉敷译，商务印书馆1984年版，第269页。

⑤ ［奥］弗洛伊德：《精神分析引论新编》，高觉敷译，商务印书馆1987年版，第115页。

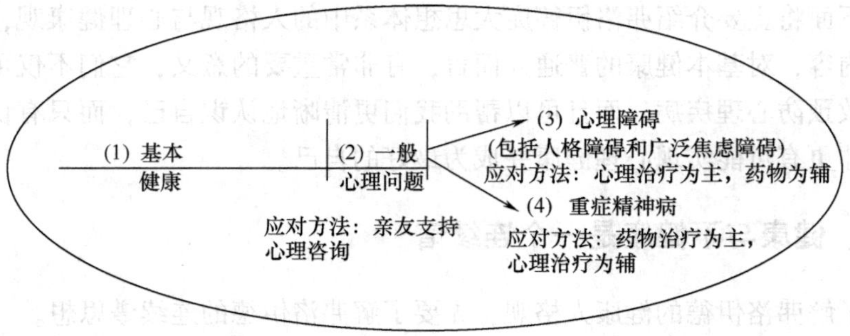

图 2-1　心理状况显示图

图 2-1 可以更形象并且清晰地表达弗洛伊德的观点：世界上不存在绝对的心理健康或心理不健康，因为心理健康与心理不健康以及心理疾病之间不是截然分开的，它们是一个动态发展的连续谱。

如果我们要求自己在 100%的时间内都保持良好的生活适应状态，这既不现实，也不可能。因为我们总会遇到生老病死，这样的时刻，出现暂时的情绪问题是很正常的，因此，在生命中绝大部分的时间内，在没有事件发生的时候，我们能具有一种基本良好的生活状态，那就是正常而且健康的。

但是，如果我们平时不注意自己的心理健康，那么，状态(1)有可能会变成状态(2)或状态(3)或状态(4)；如果我们注意自我心理保健，那么就不仅有可能避免变成状态(2)或状态(3)或状态(4)，而且即使已处于不良状态，也可以重新获得基本健康状态，如：使状态(2)或状态(3)重新回到状态(1)，或使状态(4)回到状态(2)等。

总之，心理健康与心理不健康之间并不存在万丈深渊，相反，它们是一个连续谱，健康人蕴藏着不健康的因子，而病人也包含着健康的素质，健康的人若自处不当会变成不健康者，而绝大多数病人只要能在医生或药物的帮助下有效处理自己的情绪与问题，就能重新拥有健康。所以，弗洛伊德关于连续谱的发现不仅鼓舞了有心理障碍的人，不仅有助于消除人们对精神疾病患者的偏见甚至歧视，而且也可以让基本正常的人有所警觉。

二、健康人格者的基本特征

需要说明的是，弗洛伊德本人没有对健康人格者的特征做具体罗列，笔者是在阅读其大量著作后归纳出来的。

(一)认识自己

弗洛伊德在努力探索精神疾病成因的过程中，发现了无意识心理过程对心理疾病的重大影响，并提出“了解和治疗几乎是携手并进的，实际上是由此及彼的。”①（弗洛伊德，1933）按照斯蒂芬·茨威格的说法：“只有对内心冲突的自我认识——这是精神学说上的弗洛伊德公理——才能成功地战胜它：要治病，首先要了解疾病的意义。”②（茨威格，1920）

此外，加之前面大量介绍过的弗洛伊德有关连续谱的思想，据此我们可以推断：如果说认识自己可以帮助心理疾病患者疗愈，那么认识自己同时也是帮助心理基本健康者预防心理疾病的重要途径。因此，我们也可以说：不仅了解就是治疗，了解还是预防甚至是成长。

（二）接纳自己

弗洛伊德在研究中发现，神经症患者通常都是由于无法接纳自己而将很多能量用于自我压抑，强加于自己很多的责任和义务，最常说的话就是：“我应该”或者“我不应该”，时间久了，就会出现症状。所以弗洛伊德的建议是：“我们知道，人们的禀赋各异，承受应付文化要求的能力，各有其不同的限度。苛求于己，超过其本性所能承担，则将为心理症所苦。如果人们多容忍些自己的‘不完美’，日子就会好过得多。”③（弗洛伊德，1908）而健康人的重要特点是，不把能量用于自我压抑，他们更能够接受自己的局限性，他们在追求卓越的过程中懂得接纳并且容忍自身的不完美，懂得把能量用到成长而不是过度压抑自身上。

不接纳自己者和上述接纳自己者的最大区别是：不接纳自己者总把能量耗费在一个人的战争上，结果不仅是用于成长的能量会极大地减少，而且由于过多的自我苛求和压抑，极大地增加了罹患心理疾病的可能性。

（三）能对自身的能量做建设性分配

如果说心理疾病患者是把能量用到了过度压抑自己上，那么有健康人格的人则会以更有建设性的方式处理自己的内心冲突并分配自己的能量，为了适应社会，他们会分配一部分能量到自我压抑上，同时，他们会分配一部分能量到爱世界与身边的人身上，不仅如此，他们还会将一部分能量用于工作甚至是创造，使其能量因此而升华为各种能够为社会造福的有形产品。

---

① ［奥］弗洛伊德：《精神分析引论新编》，高觉敷译，商务印书馆 1987 年版，第 199 页。

② ［奥］斯蒂芬·茨威格：《精神疗法》，王威译，西苑出版社 1998 年版，第 294 页。

③ ［奥］弗洛伊德：“‘文明的’性道德与现代人的不安”，《爱情心理学》，林克明译，作家出版社 1986 年版，第 173 页。

第三节　实现健康人格的方法

弗洛伊德精神分析学最迷人的地方就是，他把无形的心理有形化，从而为我们认识自己深层的无意识心理开辟了一条道路，更重要的是，他有关人类无意识心理的发现与描述极大地激活了我们自我认识与完善的动机。

弗洛伊德的理论体系博大精深，本书只侧重介绍其对基本健康人群有重大意义的研究发现，以后介绍其他心理学家也一样，我们只提取其与健康人格有密切关系的部分，而对他们的心理治疗理论则不涉及。

笔者讲授弗洛伊德到第十轮时才突然发现，对于普通人而言，弗洛伊德理论中的心理结构、人格结构、自我心理防御机制说是与人的自我认识关系最密切的概念系统。

一、心理结构

弗洛伊德认为人的心理可以分作以下三部分。

(一)意识(consciousness)

弗洛伊德称那些“我们能够觉察到的观念为意识性的”[①]（布洛尔、弗洛伊德，1895），指人心理中能被人们觉察和感知的过程与内容，如记忆、态度、观念等。我们清醒时对自己的意识很清楚，并且能够调控它。比如：我们能轻易回忆起的很多人与事(记忆)，我们知道自己喜欢或者不喜欢某个人或者事(态度)，我们知道自己有哪些基本的做人原则(价值观)。还有现在非常流行的“生涯规划”“个人成长”“修行”“自我认识”“长期主义”“持续发展”等，都属于意识部分。

弗洛伊德早年轻视“意识”，但是1933年出版的著作中弗洛伊德对此做了明确的更正：“我们从前或许轻视意识以为不足以为准，因为它是不可以信赖的，但是这样做是错误的。意识正与生命相同：价值虽不多，然而我们除了它便一无所有。”[②]（弗洛伊德，1933)人的成长过程是不断扩大并运用意识部分的过程，由于意识的指引，人才能有自主的生活，而每一次意识的扩大都赋予人更多的自由和自主。

---

① ［奥］约瑟夫·布洛尔、弗洛伊德：《癔症研究》，金星明译，见车文博主编：《弗洛伊德文集》(第一卷)，长春出版社1998年版，第195页。

② ［奥］弗洛伊德：《精神分析引论新编》，高觉敷译，商务印书馆1987年版，第54页。

（二）无意识（unconsciousness，又译潜意识）

用弗洛伊德的话说，“一种历程若活动于某一时间，而在那一时间之内我们又一无知觉，我们便称这种历程为‘无意识的’”① （弗洛伊德，1933），具体地说，无意识是指意识中深藏不露的潜隐部分，它在意识的最深处，最关键的是，它不是一般的潜伏的观念，而是虽然潜伏但仍具有强烈活力的观念（因此才有神经症的出现）。无意识包括各种先天本能和被意识（各种社会规则和观念）压抑到无意识中的心理活动，一些由创伤事件造成的被压抑的情感和欲望，还有让人感觉羞耻的、恐惧的、不合理的、自私的、不道德的和具有攻击性的愿望。

弗洛伊德认为，无意识中包含着人类所有行为的驱动力，并且是我们无法看见和控制的某种精神力量的储藏所。因此，无意识是精神分析学研究的焦点。举例说，一位事业有成的男士在遇到一些挫折后突然变得特别怕上高处，每逢到了高层建筑上，他就担心自己会掉下去，即使在远离阳台的室内，他也会控制不住地要这样想，而且每次都把自己吓出一身冷汗。如果用弗洛伊德的学说来分析这个个案，那么，这位男士的无意识部分正被巨大的焦虑所折磨，事业上的挫折使他有了强烈的危机感和不安全感，他无意识中非常害怕自己的事业出现闪失，但是这种担心和害怕被他的男性自尊和自制压抑得很深，于是便以这样一种看起来很荒谬的方式表现了出来，如果没有心理治疗师的帮助，他是很难了解自己内心深处的这些真实担忧的。

弗洛伊德认为，无意识在人的精神生活中占有极重要的地位。人的原始冲动、欲望和一些被当事人认为是痛苦的、令人生厌的或者见不得人的事或观念被压抑在无意识中后，由于能量不变，它们时时作祟，严重的便导致精神症状。而精神分析法就是通过释梦、自由联想以及移情分析等技术把致病的无意识内容变作意识的内容，通过这种去压抑的方式消除症状。

对一般人来说，了解无意识学说同样意义重大，因为当我们认识到无意识的存在及其作用后——“无意识是不可毁灭的，在无意识中没有会终结的事情，也没有已经过去或被遗忘的事情”② （弗洛伊德，1900）——我们不仅可以极大地增加对自身的认识，同时也扩大了了解他人的视野，更重要的是，无意识说让我们意识到我们自己并不像自己认为的一样是自己的主人，这个认识会让我们对自己的生命有更多的尊重和好奇，并引导我们做更主动的自我认识和发现。例如，广告就是针对人的无意识做工作的，它们通过无数次的重复而进入人的无意识，在无形中给人埋下了很多远远超出需要的欲望，使我们以为自己只有被满足了这些无休止的“需要”（其实是欲望）后才能幸福。比如，我们以为我们仅仅拥有苹

① ［奥］弗洛伊德：《精神分析引论新编》，高觉敷译，商务印书馆 1987 年版，第 55 页。

② ［奥］弗洛伊德：《梦的释义》，张燕云译，辽宁人民出版社 1987 年版，第 539 页。

果手机是不够的，只有拥有最新款式的苹果手机才是有价值的等。如果我们现在能够意识到广告产生作用的机制，我们也许就会少很多苦恼。

（三）前意识（preconsciousness）

前意识即指虽然潜隐，但在某种条件下却可以成为意识部分的心理内容，这个“条件”包括通过特别努力的回忆或者别人的提示或者治疗师的帮助而记起来的往事，又如通过梦或者笔误、口误、遗忘、过失等所显露出的自己在清醒时不知道或者没有想过的一些念头或者愿望。前意识处于心理构成的中间部分。

有这样一个个案，一个平时非常自律、学习也很好的同学，最近几天总做被警察抓走的梦，了解后得知，他的家族、邻居和熟人朋友中从来没有人遇到这样的事，仔细分析后发现，原来这位同学在某一门功课上卡壳了，有同学曾经建议他考试时抄别人的，当时他反应很强烈（很有道德感，用术语表达即为：超我很强），义正词严地反驳了那个同学，但从那以后，他就老做被警察抓走的梦，显然，这位同学不知道，虽然他的道德感很强，在意识中当即否认了抄袭的建议，但他无意识中还是希望通过抄袭解决问题的。无意识中，他的愿望和他的道德感发生冲突，由于他的道德感大于他想要抄袭的动机，于是他的梦就用一种歪曲的方式表达了他的愿望：他因为抄袭这样的错误被警察抓走。

再看“酒后吐真言”，对当事人来说是前意识，而旁观者看到的是意识。

说到口误的例子，弗洛伊德曾在其《日常生活的心理分析》[①] 一书中举过别人谈到的一个例子，一个大会主持者在本该宣布大会开始的时候却说“现在我宣布大会结束”。按照提供个案者的分析，此主持者认为这次会议于他自己没有什么特殊利益，以至于他在无意中以这种口误的方式表达出他希望早点结束这种劳累的愿望。（弗洛伊德，1904）

（四）各种意识之间的关系

弗洛伊德 1895 年的著作中曾经将意识和无意识比作树干和树根的关系，意识在亮处，而无意识在暗处；又曾将其比作一个建筑物和它的黑暗的地下室。[②] 1915 年，弗洛伊德在其《精神分析引论》一书中将意识、前意识和无意识又做了另外的比喻[③]，把意识系统比作一个“大房子”，“意识”处于接待室的位置，一个“守门人”把着门，负责检验考查各种在大房子内想要往外冲的兴奋；被守门人允许冲入接待室并被意识注意到的兴奋，是“前意识”；而被守门人严格

---

① ［奥］弗洛伊德：《日常生活的心理分析》，林克明译，浙江文艺出版社 1986 年版，第 48 页。

② ［奥］约瑟夫·布洛尔、弗洛伊德：《癔症研究》，金星明译，见车文博主编：《弗洛伊德文集》（第一卷），长春出版社 1998 年版，第 201 页。

③ ［奥］弗洛伊德：《精神分析引论》，高觉敷译，商务印书馆 1984 年版，第 233 页。

限制在大房间内的兴奋就是“无意识”。为了说明“无意识”与“意识”之间的层级关系，弗洛伊德还曾用过“地形学”（topographical）这一概念。①

美国心理学家霍尔在介绍弗洛伊德的观点时将意识、前意识与无意识的关系比作“冰山”，即意识只是露在水面上的那个小山尖，前意识是水面下的一小部分，而无意识则是水下冰山的巨大主体。有关“冰山说”，笔者要做一个特别说明：很多东西方的书上所谓弗洛伊德将心理三层面即意识、前意识和无意识的关系比做“冰山”的说法是误传。事实是，是美国心理学家霍尔在介绍弗洛伊德的意识结构时，用了“冰山”这个比喻，他的原话是：“弗洛伊德认为，意识不过是人的整个心理中的一小部分，这就如同一座漂浮的冰山，意识只是水面以上的部分，而水面以下的大部分则是无意识。”② 笔者认为，霍尔所以用“冰山”比喻心理结构很可能是受弗洛伊德所用的“地形学”的说法的影响。

三种意识之间保持着一种动态平衡的关系。意识有可能下降到前意识甚至无意识中，如一个中国孩子想要痛快玩的意识往往会在大人的压制下降到意识的深处甚至无意识部分，以至于当他长大成人有条件玩时，却丧失了玩的愿望和能力。无意识也有可能在一些特殊事件的刺激下或者心理分析的帮助下上升到前意识甚至意识部分。例如，前述那位男士可以在心理治疗师的帮助下了解自己真正担心的是什么，并通过采用建设性的方式解决问题，从根本上消除焦虑。

说到意识与无意识之间的关系，利普顿还有一个非常形象的比喻：当一个球飞过来，我们是靠无意识而不是意识察觉到这个威胁物的，因为“潜(无)意识心灵是我们的自动驾驶仪；而意识心灵是我们的人工控制。”③（布鲁斯·H. 利普顿，2005）不仅如此，他还指出：这两种意识还组成了“动态配对”和“相互合作”的关系。

弗洛伊德有关无意识的学说对人类的自我认识和把握有着很重要的意义。在我们不了解无意识之前，我们都以为自己是完全有意识的，以为自己在与环境无关的问题上都是自己在做主。但是事实上，我们一直被无意识左右甚至控制而不自知，而认识无意识才真正是我们可以把握自身甚至命运的起点。

即使在与环境的交互作用中也一样，过去我们总以为环境的力量非常强大，但事实是，如果没有我们自身无意识的配合，环境能够对我们产生的影响其实是有限的。这也就是为什么同样是上山下乡的知识青年，或者同样生活在逆境中，有的人可以如凤凰陧槃般再生，有的人却永远地消沉下去一样。

---

① ［奥］弗洛伊德：《精神分析引论新编》，高觉敷译，商务印书馆，1987年版，第233页。

② ［美］C. S. 霍尔：《弗洛伊德心理学入门》，陈维正译，商务印书馆1985年版，第45页。注：有人曾经提出是琼斯有关弗洛伊德的传记中用了冰山的比喻，时间上不对，因为琼斯的传记出版于1955年，而霍尔的书出版于1954年。

③ ［美］布鲁斯·H. 利普顿，《信念的力量》，喻华译，中国城市出版社2011年版，第157~158页。

弗洛伊德终其一生都在努力探索个体心理的奥秘，不断完善并发展自己的理论，20世纪20年代以后，他的研究重点开始从心理结构转向人格研究，并逐渐建立其被称作“自我心理学”的人格理论。

二、人格结构

(一)本我

本我(id)又译伊特，是指人格中原始的非理性的冲动和本能，弗洛伊德的早期学说将本能分作求生本能和性本能，而在其后期学说中，他将求生本能和性本能合并为生本能，同时还增加了一个死本能。

生本能是指“施加趋向生命的延长的压力”(弗洛伊德，1920)[①]，与之相关的情感有：爱、渴望、嫉妒、痛苦和悲哀等，生活中那些乐观积极、具有更多正能量的人，那些乐于与人合作和共享的人，那些总是朝着成长的方向成长的人，都是有很强生本能的人；死本能是“指施加趋向死亡的压力”(弗洛伊德，1920)[②]，与死本能相关的情感有：恨、暴怒、愤怒和攻击冲动等，那些具有消极生活态度、更容易从悲观的角度看世界的人，以及那些难以与人相处甚至总和人发生冲突的人，那种动辄用极端伤人和自伤方式解决问题的人，学校中的霸凌、网络中恶意攻击他人和造谣中伤者，通常都是死本能更强的人。

本我代表不肯驯服的激情，弗洛伊德喻之为“一大锅沸腾汹涌的兴奋”。(弗洛伊德，1933)[③]本我不知道价值、善恶与道德，它信奉唯乐原则，“它所有唯一的内容，据我们的观点看来，就是力求发泄的本能冲动”[④](弗洛伊德，1933)，而这些冲动便构成了基本的心理能量，或者说是驱力源：力比多(libido)。本我由于被压抑的缘故，处于人心理中的无意识层，但是压制并不能使之消亡，它总是试图冲破压抑表现自己，因此作为人格中一个永久存在的成分，本我在个体的精神生活中永远扮演着重要的角色。

日常生活中，凡是那些特别容易冲动的、以自我为中心的人，那些常常会与别人发生很大冲突的人，那些不知道顾及他人感受的人，那些不懂得调和个人需要与社会规则间关系的人都是本我没有得到适当控制的人。当今社会，那些任性妄为的“官二代”“富二代”，那个不知道自律的“郭美美”，还有那些在虚拟空

---

① ［奥］弗洛伊德：“超越唯乐原则”，《弗洛伊德后期著作选》，林尘等译，上海译文出版社1986年版，第47页。

② ［奥］弗洛伊德：“超越唯乐原则”，《弗洛伊德后期著作选》，林尘等译，上海译文出版社1986年版，第47页。

③ ［奥］弗洛伊德：《精神分析引论新编》，高觉敷译，商务印书馆1987年版，第57页。

④ ［奥］弗洛伊德：《精神分析引论新编》，高觉敷译，商务印书馆1987年版，第58页。

间就会丧失自律的人，都是本我较强的典型。可以想象，如果人人都只按本我行事，这个世界是难以正常延续下去的。

与此同时，本我还有它的另一面，那就是本我特别强的人更富有想象力、创造力和行动力。最典型的应属艺术家，他们的“不拘小节”和他们在艺术上所表现出的创造力之间是有联系的。本我的另一面提示我们，任何事物都有两面，关键在于我们怎样更多地正视并约束其消极面，同时发挥其积极面。

（二）超我

超我(superego)是人格中的良知部分，是社会道德的代表，是许多小的社会公理的集合。超我超越生存需要，渴望追求完美。超我的最初表现就是父母的各种要求与约束，渐渐地，它才被内化为人自己的道德准则。“超我是一切道德限制的代表，是追求完美的冲动或人类生活的较高尚行动的主体”① (弗洛伊德，1933)，超我的作用是：“监视和判断自我的活动和意图，行使稽查员的功能。”② (弗洛伊德，1930)

人的超我是一个人在父母、老师等的影响下逐渐积累并形成的关乎好坏善恶的观念。弗洛伊德特别提到，不论父母自身的超我和自我有什么样的关系，他们在教育自己的孩子时都是严厉认真的，会充分模拟他们各自的父母从前对自己的严格管束。后来的美德伦理学家霍斯特豪斯也提出了完全一致的观点。因此，超我中保存了历代相传的风俗习惯。父母、老师以自己的超我为模型教育儿童，因此，“超我的意识形态保存过去，保存民族的传统”③ (弗洛伊德，1933)，但是从另外一个角度看，超我也包括严苛的压制，过度的超我会使人感觉紧张、害怕甚至伤害。

超我按道德原则行事，超我的大部分处于无意识中。如果一个人从小接受了较好的教育，他就会具备基本的超我，他会懂得遵守规则，懂得用道德与纪律约束自己的行为，懂得自我教育，学校中，学生干部和学霸通常都属于超我较强的人；也有的人，由于从小缺乏教育，没有建立起适当的超我，会表现出缺乏自律和自控，和人相处时会有攻击性，同时更容易出现侵犯他人利益的行为，如霸凌和偷窃等，而在非常严格严厉的家教中长大的人，则会形成比一般人更多的超我，他们内在的“道德焦虑”会很强，表现为既苛求自己又苛求他人，会被“应该”和“必须”紧紧束缚，会为了追求完美而使自己精疲力竭，他们会比一

① ［奥］弗洛伊德：《精神分析引论新编》，高觉敷译，商务印书馆1987年版，第52页。

② ［奥］弗洛伊德：“文明及其缺憾”，杨韶刚译，见车文博主编：《弗洛伊德文集》（第五卷），长春出版社1998年版，第283页。

③ ［奥］弗洛伊德：《精神分析引论新编》，高觉敷译，商务印书馆1987年版，第52页。

般人有更强的自罪感，因此有人说："罪恶感是理想主义者为约束本能而付出的代价"①（霍尔，1954），而罪恶感又是构成焦虑的主要因素。所以，虽然超我强大的人通常会有更好的进化表现，但是如若过度，则有可能被强迫症等心理疾病所俘获。按照弗洛伊德的观点，这类心理疾病产生的机制是由于一方面当事人的超我太强，另一方面由于各种主客观因素的限制，人无法做到完美，通常一般人都可以接受这种现实，而超我太强的人则会因此而产生自罪感，久而久之，他的无意识决定让他罹患心理疾病——于是他的病让他实现了自我惩罚——以惩罚自己的不完美。不仅如此，为了更多地惩罚自己，他们无意识中拒绝放弃疾病的痛苦，这也是为什么强迫症等神经症患者的痊愈不那么容易的原因所在。

笔者在咨询与教学中为学生总结出一个便于记忆的遵守底线伦理(超我)的方法："不以任何理由伤害他人，正当防卫除外；不以正确的理由做错事，救人除外。"一个人如果想对自己的超我做自我觉察，最好的方法就是：认真回顾并写下自己的家规，同时与底线伦理和公民权利与义务相比较，从中你就可以发现自己具备哪些超我，缺少哪些必要的超我。笔者认为：积极心理学中的"优势性格量表"可以作为一个基本的参照。懂得同时又注意不让"应该"和"必须"异化自己，就是一个人的超我可以成长的方向。

(三)自我

"自我代表可以称作理性和常识的东西，它们与含有感情的本我形成对比。"②（弗洛伊德，1923）要注意，此"自我"与自然语言中类似于自我中心的"自我"不是一个概念。

弗洛伊德学说中的自我(ego)是人格中理智而又现实的部分，它的主要功能是用现实可以接受的方式满足本我，自我产生于本我，它借助压抑和抵抗与本我的一部分脱节，所以它只是部分处于意识，其大部分则处于前意识和无意识中。自我按现实原则行事。生活中，那些理性且成熟的人，那些能以建设性方式处理问题的人，那些注意调节个人需要与社会需要间关系的人，那些能与他人友好合作的人，那些能有效处理人际关系的人以及能保持持续成长的人，通常都是有较成熟的自我的人。

经验丰富的中学老师会观察到一个现象，那就是初一时男孩子通常很淘气，但是到了初三左右，假设没有外界的不良干扰，大部分男孩子会"突然发力"，变得好学上进并且自律。其实这个"突然发力"本质上就是这个阶段的男孩子

---

① ［美］C. S. 霍尔：《弗洛伊德心理学入门》，陈维正译，商务印书馆1985年版，第58页。

② ［奥］弗洛伊德："自我与本我"，《弗洛伊德后期著作选》（1923），林尘等译，译文出版社1986年版，第173页。

的“自我”（ego）开始趋向成熟，开始能够自律和自我管理。自然语言常常用“早熟”和“晚熟”来形容男女孩子的成长状态，其实讲的就是“自我”的不同发育阶段。

（四）人格中“三我”的关系

本我是天生的，超我是父母、社会自幼灌输给孩子的，而自我是后天从本我中生长出来的。本我注重享乐，超我注重是非判断，而自我注重现实的合理性。本我容易被感情打动，超我只被道德打动，自我则更欣赏理性的说服。“三我”的关系如图 2-3 和图 2-4 所示。

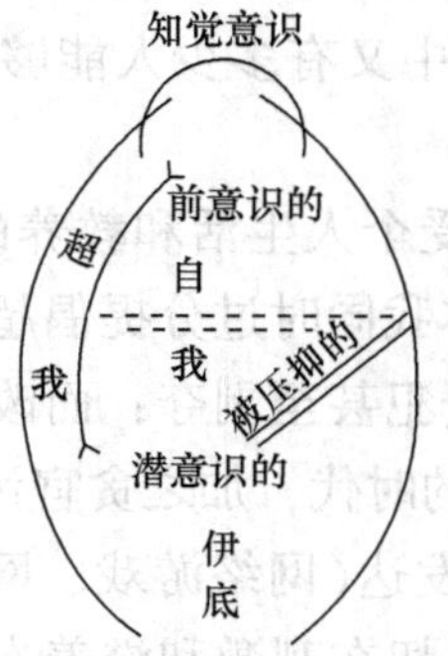

图 2-2　弗洛伊德的心理与人格结构图（一）（弗洛伊德，1933）①

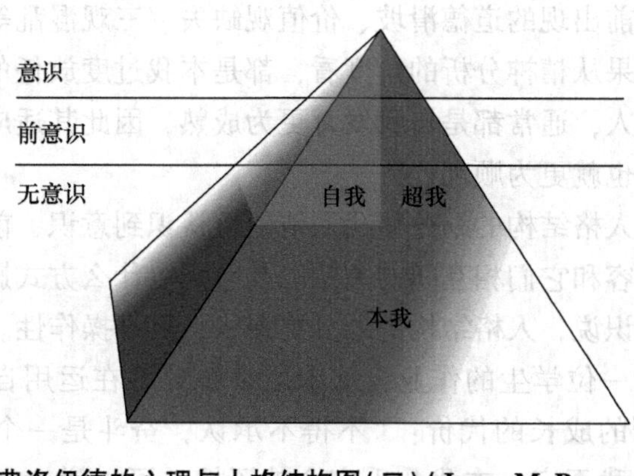

图 2-3　弗洛伊德的心理与人格结构图（二）（Jerry M. Burger，2008）②

中国古典名著《西游记》中的四人组合中，唐僧的超我最强，沙僧的自我很成熟，猪八戒的本我很突出，孙悟空起初表现的是极强的本我，但是五行山下

① ［奥］弗洛伊德：《精神分析引论新编》，高觉敷译，商务印书馆 1987 年版，第 61 页。

② ［美］Jerry M. Burger：《人格心理学》，陈会昌等译，中国轻工业出版社 2010 年版，第 28 页。

被唐僧救下后陪唐僧西行取经的过程中(取经本身就是一个走向超我的过程)，在唐僧(超我)的约束下，其自我逐渐发展成熟。

若在一个集体中看“三我”，我们就能发现：那些任性的、喜欢感情用事的人大多是本我较强的人，那些既苛求自己又苛求别人的人一定是超我较强的人，而那些总出面做调节工作的成熟的人，通常都是自我比较成熟的人。

“三我”中任何一个过度发展，都有可能导致心理问题。比如，美剧《生活大爆炸》中，理工男谢耳朵(谢尔顿)的本我很强，是典型的“本我中心”者(自然语言中称之为“自我中心”)，他同时又有很强的超我，可是他的自我很不成熟，因此他就只有躲在他的强迫症(一种心理疾病)中。好在他心地善良，周围的人又特别包容，因此还能够有最基本的社会生活，从而使他的心理问题不至于更严重，可是现实中又有多少人能够有幸遇到如此包容的舍友和同学呢?!

一个人三我的比例，不仅受个人生活和教养的影响，而且也受时代的影响。“文革”前的中国，过分压抑本我同时过分提倡超我，人人都被要求“狠斗私字一闪念”，导致对人性的严重侵犯甚至剥夺；而改革开放后的中国则处于一个压抑超我同时张扬甚至放任本我的时代，加之贪官污吏所造成的极为糟糕的坏榜样效应，还有就是近些年网络的发达(网络游戏、网购、网络暴力、网络成为信息来源的主要渠道等)，所有这一切在刺激和滋养本我的正反方面上都起了极大的推动作用。如果没有超我的监督和自我的自律，本我的消极面就会由于被过度释放而导致失控，目前出现的道德滑坡、价值观缺失、三观混乱等人类精神成长出现退行的现象，如果从精神分析的角度看，都是本我过度放任的表现。一个健康进化的社会或者个人，通常都是自我发育更为成熟，因此其适应社会的能力更具弹性，其发展自然也就更为顺利。

弗洛伊德有关人格结构的划分使我们清楚地认识到意识、前意识与无意识中三我的具体活动内容和它们相互间的关系以及它们以什么方式影响着人，比起弗洛伊德早期的无意识说，人格结构的划分更深入，更具操作性。

这里引用笔者一位学生的作业，从中可以看到她在运用自我处理本我与超我的关系中体会到的成长的代价：“不得不承认，奋斗是一个痛苦的过程，超我会不断地进行自我否定，本我几乎完全被压抑。可以说，每一天对我来说都是一场战争，理性和惰性不断斗争。在斗争的过程中，我会感到焦虑，但是每次理性占上风，我最终选择做自己该做的事情时，偶尔会有压抑感，但大多数时候感到的是坦然。回想起来，没有这个过程，我便不可能从实质上摆脱自卑。在我看来，自卑源于能力或经验的匮乏，因此也只有能力的提升、阅历的丰富才能让人真正自信起来。所以我觉得，当时的痛苦是值得的。”(2006级外语系，王喆)

三、焦虑与自我防御机制

（一）焦虑

要谈自我防御机制，不能不先了解焦虑这个概念。所谓焦虑(anxiety)，从症状上看，主要是是指一种复合情绪，它由紧张、不安、担心、恐惧等主观感受和一些程度不同的躯体反应与外部表现，如心跳加速、发热或发冷、胃肠不适、胸闷、发抖、头晕、脸发白或发红等构成。焦虑使人警觉将要面临的问题，并对之做出相适应的反应或说是准备。因此，焦虑不足会使人在面临问题前准备不足；而焦虑过度，又会抑制人能力的发挥。例如一个课本学习能力一般的学生在大考前一点都不紧张(焦虑不足)，他的考试成绩通常会有问题，而另外一个学生在小考前都紧张得坐立不安(焦虑过度)，他的考试成绩同样会出问题。这说明，焦虑适时适度就好，不足与过度都不好。

弗洛伊德将焦虑分作“客观焦虑”（又译：现实焦虑)、“神经症性焦虑”和“道德焦虑。”①（弗洛伊德，1933)客观焦虑好理解，是指现实困境或危险引发的紧张和担心；神经症性焦虑表现为毫无理由的焦虑甚至恐惧；道德焦虑表现为担心自己做出违反超我的事，道德焦虑最常表现为罪恶感和羞耻感。弗洛伊德一生重点研究的是“神经症性焦虑”。在研究中他发现了与过度焦虑密切相关的一种心理过程和防御机制：即性力(力比多)受到现实约束不得不压抑自己，结果产生焦虑，为了缓解焦虑，无意识中发展出一套心理自我防御机制。这就如同手碰到开水会无意识中缩回来一样，人的心里遇到“开水”也会产生一种无意识的自我保护机制。用弗洛伊德自己的话来说，“神经症的历程共分二期。第一期完成了压抑作用，使力比多转变而成焦虑，而焦虑则针对着外界的危险。第二期是建造种种防备的壁垒，以避免与外界危险的接触。……他种神经症则利用其他的防御系统来阻止焦虑发展的可能性了。”②（弗洛伊德，1915)弗洛伊德上述“防御系统”后来发展成系统的“自我防御机制”说。

其后，他的女儿安娜·弗洛伊德又在其《自我与防御机制》一书中对其做了完善，继其父弗洛伊德的防御机制说之后，又补充了几种防御机制。安娜的这本书受到广泛称赞，有学者认为这本著作是安娜·弗洛伊德对精神分析理论的最重要的贡献(Duane P. Schultz & Sydney Ellen Schultz，2005)。③

以下笔者将把弗洛伊德以及安娜·弗洛伊德有关自我防御机制的理论综合起

---

①［奥］弗洛伊德：《精神分析引论新编》，高觉敷译，商务印书馆1987年版，第63、69页。

②［奥］弗洛伊德：《精神分析引论》，高觉敷译，商务印书馆1987年版，第63、69页。

③ Duane P. Schultz & Sydney Ellen Schultz：Theories of Personality，8th edition，US：Wadsworth，a division of Thomson Learning，Inc. 2005，p81. 北京大学2007影印版。

来介绍。

(二)自我防御机制

自我防御机制(the mechanisms of defense)是指人无意识层中一套自动发生作用的、非理性的、应付焦虑的心理适应过程，自我通过言语、行为、思想、情感等虚构或歪曲现实，以达到其协调本我、超我与现实的关系的目的。自我防御机制是一种无意识的生存策略。

弗洛伊德曾非常形象地将人格中三我之间的关系比喻为“一仆三主的关系”①（弗洛伊德，1923）：自我是那个不堪重负的仆人，它要服侍的三个主人一是任性的本我，二是总站在道德制高点上监视本我和自我的超我，三是不讲情面的现实。自我的功能有三重：应付外界的现实，感受并尽可能满足本我的需要，同时接受超我(道德良知)的监督。换言之，自我需要同时侍候三个主人(本我、超我以及现实)并须尽力调和这三“主”的主张和要求，由于此三“主”的要求常发生分歧甚至冲突，以至于自我常常疲于奔命，苦不堪言。可以想见，天天在三个这样的“主人”之间做斡旋，自我的压力该有多大。

按照精神分析学的观点，焦虑是自我在应付三“主”时的产物。精神分析中所说的三我本来是无形的，但是弗洛伊德上述形象的比喻却使我们很容易就了解三我间的关系。举例说，一个平时不好好学习但又希望有好成绩的学生在考试前，其三我往往就会产生很强烈的冲突：他的本我会说：“我要作弊，这样我才可以过关”，他的超我会说：“那怎么行！作弊是不道德的！”而此时现实正冷眼注视着他：“你敢作弊，我就要抓你！”这时，一直在紧张关注着这场争执的自我站出来，试图调节本我和超我间的冲突，同时又要尽量避免被现实处罚。如果这场无形的冲突以本我的胜利结束，那么，这个学生就会去作弊，直到被抓住并被处罚；如果这场无形的冲突以超我的胜利为结束，那么这个学生就会充满了自责和内疚，并因此而影响他的考试情绪；如果这场无形的冲突以自我的胜利结束，那么这个学生就会在现有的情况下尽最大可能抓紧时间查遗补缺，这样多多少少也能补上来一点，不仅如此，他还会从中吸取教训，并从此变成一个懂得对自己的学习负责任的人。就这样，按照精神分析的观点，自我总是在三“主”之间进行斡旋。

由于本我遵循享乐原则，不间断地要求满足自己的需要，从不顾及现实世界的游戏规则，结局自然就难逃被罚。为了保护个体不被损害，自我就要努力调解本我和现实的关系，力求使本我以社会所能接受的方式获得满足。但由于本我太强大而且又任性，因而常常给自我造成很大很多的麻烦与困扰。

---

① [奥] 弗洛伊德：“自我与本我”，《弗洛伊德后期著作选》，林尘等译，译文出版社1986年版，第206页。

在应付超我时，自我同样也充满了艰辛。超我规定行为规则，不论本我或外界给自我造成多大的难题，超我都要求自我按道德以及规则行事(“你必须！你应该！”)，若自我没有按它的要求做，它就会惩罚自我，使自我产生道德焦虑，这主要表现为强烈的内心冲突——社会心理学称之为“认知不协调”——以及强烈的自卑感与自罪感。就这样，自我受本我的推动，受超我的包围，受外界的挫折，举步维艰，为了避免紧张、自责与不快，为了有效应付各种使人焦虑的烦恼甚至威胁，自我采用了两种方式：一是用现实的方法去解决面临的现实问题，去控制危险；如果自我面临的是难以在现实中解决的问题，比如本我总想突破外界已有的非常明确的不可逾越的规则，自我便会采用否认甚至用歪曲现实的方式去解决内心冲突，于是就会在无意识中调动自我心理防御机制，以此减少焦虑，保护内心的平静。

人人都有自我防御机制。我们每个人在遇到挫折时(我们的心碰到“开水”时)，如果用理性的方式不能降低焦虑，便会在无意识中调动起自我心理防御机制，因此，它有非常重要的自我保护功能，积极心理学的提倡者之一彼得森将其比作心理弹性(resilienc，又译复原力)：“从另外一种视角对弹性(复原力)进行的研究，是从弗洛伊德防御机制开始的。防御机制对于每一位学习心理学或者甚至是生活在当今世界的每一个人都非常熟悉的词语，弗洛伊德用这个词来形容人们用来保护自己避免焦虑的一种潜(无)意识的策略，现在这个词已经成了我们的日常用语之一。”① (彼得森，2006)

防御机制是我们的自我心理保护机制，它能缓解焦虑情绪，但若过度过频被激活，则会使人因过分消耗心理能量以及脱离现实而陷入更大的困境，严重的就可能出现心理问题。因此，如果我们能对自身的自我防御机制有一个了解，将有助于我们把在无意识层中发生的心理活动调到意识层面，这不仅能使我们更深入地认识自己和自己的防御机制，而且有助于我们学会以恰当的方式处理问题并解决问题。

以下便是自我最常调动的一些防御机制：

1. 压抑

压抑(repression)是指自我把意识所不能接受的冲动、情感和记忆抑制到无意识层中的过程和结果，同时也包括由于意识的检查作用而无法进入意识的无意识的心理活动。压抑是一种动机性遗忘，它是一种最基本的防御机制，其他的防御机制都是在压抑的基础上才发生的。所以，“和其它的防御机制比较，压抑具有独一无二的位置。”② (Anna Freud，1937)

---

① [美] 克里斯托弗·彼得森：《积极心理学》，徐红译，群言出版社2010年版，第173页。

② Anna Freud：*The Ego and the Mechanisms of Defense*，International Universities Press，Inc，US，1966，p49.

压抑有双重性，一个社会和一个人要健康正常地发展，是需要一定的压抑的，这是人作为社会人而存在所必须付出的代价。按照弗洛伊德的观点，文明就是建立在压抑个人欲望的基础上的。另一方面，压抑如果过度，又有可能为心理疾病所困扰。过度的压抑会使人失去与自身的连接，同时还会极大地消耗人的能量，结果便是阻碍个体的发展与成长。

压抑不等于克制，克制是在意识中发生的，是自主行为，而压抑是在无意识中不自觉地发生的，是不由自主的，但是它们之间又有密切关系，很多时候，是先有克制，然后才有压抑的，比如外界的多种约束导致人的自我克制，时间长了，成为习惯，就变作压抑了，也就是进入“从来不需要想起，永远不会忘记”的状态。压抑的目的是自我要保护自己免受本我的攻击。但是压抑的东西不会因为压抑而消失，它仍然会在无意识中影响我们的行为。比如，一个从小受到虐待的人，他有可能因为那段记忆太痛苦而压抑了那个记忆(完全遗忘)，但是长大后这些被压抑的内容一定会在他难以处理人际关系的问题上表现出来。再如神经症性厌食，起初是为了某种原因而自我克制，时间久了，就被压抑到无意识中，以至于即使后来意识部分决定恢复饮食，但无意识中却会产生巨大的阻抗，以至于只有在专业人士的帮助下才能够逐渐恢复正常。

在当代中国，最普遍发生的压抑便是父母们以“为孩子幸福的名义”逼着孩子学习，结果造成对孩子天性的严重压抑，同时也造成孩子对父母愤怒的压抑。父母们原是为了让孩子“不要输在起跑线上”才去逼孩子学习，但是他们不知道，这种逼迫的结果是：孩子渐渐就失去了体验快乐的能力。以至于真的有一天孩子得到了父母认为会让孩子终生幸福的一切，如学历、学位、金钱、地位等时，他们的孩子却有可能出现如下两种极端情况，一是因为压抑的太久以至于丧失了体验并且享受生活的能力甚至愿望，最典型的表现就是在有时间玩的时候却不会玩儿了，或者把玩本身也当作了任务。另外一个极端则有可能是在遇到诱惑时完全失去控制地投入，比如那些陷入网瘾的大中学生。

此外，中国文化中强调的“男儿有泪不轻弹”也导致中国男性对自身情感的严重压抑。它不仅造成了男性自身的很多问题，而且也妨碍了男女两性之间的有效交流与理解。再如“文革”前中国人受环境影响对本我的过度压抑是今日中国出现拜金主义的渊源之一：过度的压抑导致有机会时就会表现出过度的反弹。“压抑是最早受到弗洛伊德关注的防御机制之一，压抑这一概念已久经临床实践和实验研究的锤炼，其本质是潜意识地遗忘或忽略。”①（南希·麦克威廉斯，2011）

---

①［美］南希·麦克威廉斯：《精神分析诊断：理解人格结构》，鲁小华，郑诚等译，中国轻工业出版社2018年版，第132页。

2. 置换

置换(displacement，又译替代作用、转移、替罪羊)是改变冲动的方向，将能量从一个地方转向另外一个更为安全的地方的过程。比如，个体把无法对某人或事直接表达的情感(通常都是负面情绪如愤怒、妒忌和憎恨等)置换到另一个安全的人或事上去表达的过程，以此达到减轻精神负担和维护内心安宁的目的。

所谓踢猫效应，就是一种典型的置换现象：一位被老板指责的男士回到家里对着儿子，儿子气得踢猫，而猫吓得往外逃时则吓着了一个邻居的孩子。路怒症也是典型的置换现象。恋物癖则是一种病态的极端置换。做梦也是一种置换现象。比如，一个孩子小时候总喜欢吃手，大人也总是严厉制止，这个孩子长大后会将他这方面的能量置换到抽烟、喝酒、唱歌、吃泡泡糖、爱说话等方面。

现实生活中，假如一个家庭中的老大总被父母指责甚至打骂，他不敢直接对父母表达自己的愤怒，便把怨恨与愤怒发泄到父母喜欢的弟弟妹妹或某个东西上，于是，弟妹或者某个东西就成为这个总挨打的孩子的替罪羔羊。再如，老师偏心某个学生时，其他学生有可能会集体冷落甚至攻击这个被老师偏心的学生。特别要说明的是，大部分时候，被当作替罪羊的人为了适应新情况，会变得低调以保护自己，但是也有个别替罪羊会在偏心他的人面前恃宠而骄，结果导致别人对自己的惩罚升级。

我们有没有在心情不好的时候摔门、砸东西的情况？若有，这就是你的自我防御机制正发生置换作用，也就是用一种精神宣泄替代另一种精神宣泄。由于置换作用，我们真实的愿望和冲动被压抑了，而由一种较安全的方式所取代。社会生活中的种族歧视、性别歧视、年龄歧视、地域歧视、疾病歧视、阶层歧视等也都是置换的表现，是需要我们加以警觉的。特别需要提出的是，2020 年新冠疫情期间，由于内心的极度焦虑，很多人把对疾病的恐惧转移到对武汉人和湖北人的歧视上。有文章指出，“新冠肺炎疫情期间，针对武汉人、湖北人的群际歧视现象受到社会关注。疫情时期的群际歧视主要表现为语言轻蔑、过度回避、扩散信息、标签污名和粗暴对待；原因是地域歧视和疾病歧视叠加下个人心理因素与社会群体规范因素的共同影响。”①（佐斌，温芳芳，2020）显然，由于内心的恐惧，有些人把武汉人和湖北人当作了替罪羊。而要消除这种对武汉和湖北人的歧视，学者们给出的建议之一就是要：“聚焦‘中国人’共同身份认同，……(因为)这一身份所形成的共同目标认同与内群体偏爱可以有效预防群际歧视。”②(佐斌，温芳芳，2020)

---

① 佐斌，温芳芳：“新冠肺炎疫情时期的群际歧视探析”，《华南师范大学学报》(社会科学版)，2020 年第 3 期，第 70~78 页。

② 佐斌，温芳芳：“新冠肺炎疫情时期的群际歧视探析”，《华南师范大学学报》(社会科学版)，2020 年第 3 期，第 70~78 页。

这里提到的“认同”也是我们下面要介绍的自我心理防御机制之一。

3. 认同

认同(identification)是指个体无意识中出于一定的动机有选择地模仿某个人的某些特征、行为风格，以加强自身特色，从而使自己与所模仿的对象趋于一致的一种心理过程。

上面在介绍置换这一防御机制时，笔者提到有学者提出，为了消除对武汉和湖北人的歧视，我们要“聚焦‘中国人’共同身份认同”。这个建议非常必要并且重要，这就是通过意识层面的工作调动唤醒我们无意识层面的共同身份认同。这不仅对当前的武汉和湖北人有重要的意义，更重要的是，也可以有效预防将来可能发生的新疫情。我们是中国人，我们是一家人，我们要守望相助。2003 年 SARS 在北京，2020 年新冠在武汉，谁也不知道下一次疫情会在什么时候什么地方发生，如果我们遭遇疫情时，由于焦虑，只知道去找替罪羊，不仅于事无补，还会伤害我们自己。我们都生长于东方古国华夏大地，我们都是血脉相连的一家人，这个共同的身份让我们在遭遇疫情时能够共克时艰，能够“一方有难八方支援”，能够相互支持与安抚，这才是解决问题的正道。从演化的角度看，“基于地方的身份认同是在进化中形成的人类心灵深处最根深蒂固的特征之一，不属于那些相对较晚时因使用语言而形成的软性价值观。”①（保罗·科利尔，2018）

当然，我们也要警惕过度的共同身份认同，因为所有身份认同都具有排他性，都有可能走向极端，因为“历史地看，最具破坏性的对立性身份认同是种族、宗教、民族等大群体认同。这些认同导致了大屠杀、“圣战”和世界大战。”②（保罗·科利尔，2018）

认同在人的成长中有很大的作用，因为每个人都会模仿他心目中的榜样。人在童年时通过认同父母老师的价值观和行为规范以获得奖励、减少惩罚，并在认同父母老师的过程中发展个人的超我。长大后，认同感还可以满足人的归属需要和一定程度的成就需要。例如，当代青年人中流行的各种“粉丝群”和“追星族”等都是年轻人认同行为的表现，他们在认同各类人的过程中获得满足的不仅有归属感和价值感，还有很强的意义感、成就感以及存在感。心理学家南希提出：“青少年崇拜偶像，可以是努力适应迫在眉睫的、复杂的成年人生活的自然反应。这种现象亘古不变。西方当代青少年对英雄偶像的不满与最近数十年青少年自杀率显著升高可能不无联系。”③（南希·麦克威廉斯，2011）因为缺乏值得

---

① ［英］保罗·科利尔：《资本主义的未来》，上海三联书店，Kindle 版本，2020 年，Kindle 位置 1073~1075。

② ［英］保罗·科利尔：《资本主义的未来》，上海三联书店，Kindle 版本，2020 年，Kindle 位置 922~923。

③ ［美］南希·麦克威廉斯：《精神分析诊断：理解人格结构》，鲁小华、郑诚等译，中国轻工业出版社 2018 年版，第 150 页。

认同的人，一些青年人的生活失去意义，于是就走了极端。中国成语中的“邯郸学步”和“东施效颦”讲的都是认同过程中出现的偏差，也就是说认谁和同谁，以及怎样认和怎样同，都是需要我们三思而后行的。

在社会生活中，大到国家小到集体，都会选取一小部分人作为榜样供大家学习、认同，如2020年新冠疫情期间，报纸广播报道的大量抗疫英雄事迹也都极大地感染着中国人，成为很多中国人的认同对象。所以，看一个人认同什么样的人，选择什么样的人做自己的榜样，可以对这个人的未来发展趋势做出明显预测。一个人若选错了认同的对象(如少年团伙的认同目标)，其后果就非常糟糕。极端的如青少年犯罪。所以，负责任的父母在孩子进入青春期(12～22岁)时都会特别留心孩子所结交的朋友和所阅读的书籍，其用意就在于避免孩子选择有问题的认同对象，同时也要引导孩子选择积极向上的认同对象。

也有些时候，一个人选择什么样的认同对象不完全由他自己决定，比如，在当前中国的高考制度下，只用课本成绩或者说是分数这一个标准衡量学生，有些成绩不好的学生往往不仅受老师歧视，还受同学的排挤，成为被孤立的对象，久而久之，为了满足自己的归属需要，他们只有到社会上去找朋友，这样就有可能陷入犯罪团伙。还有在认同流行的问题上，很多年轻人仅仅因为怕被别人说成是“OUT了”，就总是追着流行跑，结果被愚昧无知甚至下流绑架了还不自知。例如，2012年左右，中国青年人中开始流行一个词“×丝”(笔者所以不把那个字写出来，是因为上幼儿园的时候老师和父母就说过：不可以重复不对的话和脏话)，这第一个字就是那个中国人偶尔会用来骂人的脏字，是一个比国骂要脏很多的字，这个字在中国被使用的频率远不如国骂高，在中国的各个阶层通常都是最没有教养的人才会用的字，现在据百度百科说这个词却被很多年轻人用来自嘲。

笔者的观点，认同自我贬低者很有可能导致退化的结果，因为某种意义上，这意味着这个人在无意识中放弃进化，放弃向更好的方向发展，如此，他还能指望什么样的结果呢。中国有句话：“人皆立于所欲立之地，欲为英雄则为英雄，欲为豪杰则为豪杰”，还有一句话：“取法上仅得中，取法中仅得下”，同理，认同×丝，甚至一副“我是×丝，我怕谁”的架势，一个人取法下下，或说干脆“自甘下流”，他能够吸引来什么样的眼光？得到什么样的资源和支持？别人的尊重？钦佩？还是同情？怜悯？甚至是轻视和厌恶？有人说，现在社会就是这样，这样的流行词过几天就没有人用了，我们也就是说着好玩而已，可事情可没有那么简单，我们以为说说而已的事，却会在无意识中重新分配我们的动机和注意力，使我们越来越接近我们的玩笑，中国有句话“一语成谶”，佛家强调的“不妄言”都是同样的道理。

自重者人重，一个自我贬低者，不论他内心多么渴望美好的生活，他用如此糟糕的词形容自己的这个行为，显示出他的不自重，他都不肯尊重他自己，还怎么指望别人尊重他？所以，个人在进化道路上的一切努力，除了种种学习工作中的奋斗之外，还包括认同积极向上同时懂得自律的榜样。

另外还有一种病态认同，被称作“斯德哥尔摩综合征”，最初特指被抓的人质出于恐惧而在无意识中采取认同绑架者的方式以保护自我（由于第一例个案发生在斯德哥尔摩的一次绑架案中，故此命名）。后来也被用于指无论如何也要留在家庭中与施暴者继续生活的被施暴者。认同暴徒，是生活中的特例，他们无意识的动机，是要通过这种方式降低暴徒的暴力并获得确定性，更为重要的是，比起外部世界的不确定，他们认为这样更为安全。

4. 投射

投射（projection）有非防御与防御之分。非防御性投射是指一个人误把自己内部的心理过程看作来自外部，比如，自己觉得糖好吃，投射出去，会以为别人也都爱吃糖。再比如，自己不喜欢运动，就以为别人也都不爱运动。非防御性投射有推己及人的性质，也是构成共情的基础。另外，所谓仁者见仁，智者见智，以及杜甫的“感时花溅泪，恨别鸟惊心”，也都是非防御性投射的表现。

防御性投射是指自我无意识中把自己的过失或为社会所不能接受的冲动和欲望转嫁到他人身上，说成是他人有此欲望和冲动，以此降低自身焦虑。日常生活中那些种总认为别人嫉妒自己的人，往往是将自己内心对别人的嫉妒投射到他人身上，从而被自己对他人的嫉妒所控制。还有一些总认为别人看不起自己的人，也往往是由于其被深刻的自卑所控制，从而投射到他人身上，说成是他人看不起自己，这样就可以在一定程度上减轻自身的焦虑。还有日常生活中我们看到的单相思，其原因之一，往往也是自身的投射。弗洛伊德在其著作中谈到一类投射，我们在生活中也常常能够看到，即某个已婚人士暗恋上了另外的人，为了降低内心的焦虑和自责，他有可能会投射为自己的配偶有了婚外恋。①（弗洛伊德，1915）

中国成语中的“以小人之心度君子之腹”说的就是防御性投射。中国文化中另有一种正性防御性投射，如中国士大夫常歌颂松、竹、梅的品行高洁，其实植物哪有品行？那完全是一种个人追求的投射。按照中国的传统，一个人不能直接夸奖自己，更不用说歌颂自己品行高洁，所以无意识中便以对松、竹、梅的赞赏表达了自己对高洁品行的认同和向往。

5. 反向形成

反向形成（reaction formation），又译反向作用，是指无意识中把人的思想以相反的形式在意识中呈现出来，或说自我为了控制某些不被允许的冲动而无意识

① ［奥］弗洛伊德：《精神分析引论》，高觉敷译，商务印书馆1984年版，第198页。

地做出相反方向的过度举动。例如，我们常常会遇上这样的情况：自己明明不喜欢甲，但见到甲时却热情非常，事后我们会很自责，会认为自己很虚伪。但事实上这不一定就是虚伪，因为在无意识中超我不允许本我对别人有反感的情绪，自我出面调节，为降低焦虑而在无意识中调动起了反向的表现，即以超出常态的热情掩饰并且补偿自己内心对对方的不满。如黛玉明明十分喜欢宝玉，却常常表现出对宝玉的各种挑剔和不满，这也是一种反向表现。在那个时代，一个女孩子如果直接表露对一个异性的喜欢(本我)，是会被看作缺乏教养的(超我)，无意识为了调节这种内心冲突，自我便以反向形成的方式加以解决。

那么，我们究竟该怎样区别一个人的情感到底是真实的还是反向形成呢？一个标准是看自己或者他人的表现与事实是否匹配，你帮了别人的忙，别人见到你后特别热情地致谢，这就很正常，你明明什么都没有做，别人见到你热情万分，这就值得思考。另外一个重要的标准是看其情感表现的程度与事实是否匹配，一般说来，受反向形成作用驱使时，人倾向于过度或者说夸张地表达自己的情感，例如，你在见到一个你不太喜欢的人时反倒表现得特别热情与周到，以至于事后你自己都不知道自己是怎么了。或者你对一个你内心喜欢的人却不由自主地表现出特别的冷淡或拒绝。这就是反向形成机制在发生作用了。

此外，就个人自身而言，按照弗洛伊德的观点，越是表现得循规蹈矩，很有可能其内心拥有着越强烈地想要突破规则的愿望。比如那些洁癖患者，如果用精神分析的观点看，是由于其内心充满了(自认为的)不洁的念头；那些过分的温情和体贴，也往往是努力压抑内心内疚甚至是敌意的反向表现；而那些咄咄逼人总爱和别人对着来的自负者，则常常是过度自卑的反向形成的表现。更为极端的，比如一个强烈反对同性恋的人，和一个总是想要表现自己男子气的人，某种意义上也是反向表现，前者是用强烈反对同性恋来抵制自身的同性恋倾向，而后者则是通过过分强调自己性别特征的方式来抵制内心的自信不足。

6. 白日梦

白日梦(day-dream 或 fantasy)是指人沉湎于幻想之中，以至于对现实视而不见，成为脱离现实的人。通常孩子的白日梦会比大人多，因为孩子的控制力不够，因此会用幻想去弥补。“让我们来了解一些白昼梦的特点，首先，我们可以说，幸福的人从不幻想，只有感到不满意的人才幻想。未能满足的愿望，是幻想产生的动力；……夜间梦同白昼梦完全一样，是欲望的满足。”[①]（弗洛伊德，1908)虽然弗洛伊德在这里所说的“幸福的人从不幻想，只有感到不满意的人才幻想”这句话太极端，幸福的人同样会有很多有关美好未来的幻想，但是，幸福的人会更多地付诸行动，从而使白日梦成为自己努力追求的愿景，而不幸的人却

① ［奥］弗洛伊德：“诗人同白昼梦的关系”，见《弗洛伊德论创造力与无意识》，孙凯祥译，中国展望出版社 1986 年版，第 41 页。

更容易躲进白日梦中而无法自拔。

白日梦通常有两类：

A：强者型：在幻想中自己无所不能，屡战屡胜，总拯救他人于水火。

金庸、古龙、梁羽生的武侠小说帮助多少当代中国人集体做白日大梦，书中那些义士身怀绝技、见义勇为和叛逆造反的行为，满足了多少中国人行侠仗义、替天行道的侠客梦需求。而西方最典型的强者型白日梦者莫过于塞万提斯笔下的堂吉诃德了，他生活在主观的幻想中而不能自拔，他怀着无比善良而又美好的愿望，想要把别人从痛苦中解救出来，结果却常常碰壁。《伊索寓言》中那个卖牛奶的女孩儿所做的也是一个强者型的白日梦，头上顶着一个牛奶桶，心里却有着那样美好的憧憬。很多人读这个故事都只看到她的虚荣和失误，而没有看到她的志向，其实她需要调节的不是她的梦想，而只是实现梦想时要注意的事项。表面上看，形而下是绝大多数人的生活状态，实际上，真正美好的形而下的生活一定是有形而上做支持的，这个卖牛奶的女孩儿正因为有她的白日梦做支撑，她的形而下的生活才有了意义。

现在的很多青少年人特别迷恋电脑游戏，原因之一就是他们在电脑游戏中不仅可以逃离现实，可以实现很多在现实中无法实现的宏伟愿望。

B：弱者型：在幻想中自己历尽磨难，受尽欺凌，总等着别人来拯救。

某种意义上，德国作家格林兄弟应该说就是这样的白日梦者，我们去看他们收集的童话故事，里面那些最著名的人物，不论是灰姑娘、小红帽，还是青蛙王子或者白雪公主，他们都是受尽凌辱并在别人的拯救下重获新生的。格林兄弟如此热衷这种类型的传说，与他们早年个人生活以及他们所处时代的艰难不无关系。再如前些年中国非常流行的韩剧，对很多中国女性来说，那简直就是白日梦大全，其中以灰姑娘为主题的类型片，更是吸引了无数中国女性。

青春期是白日梦的频繁发生期，比如，现在流行的“中二病”之说，其中很重要的一个特征就是“白日梦”。再如，心理学大家荣格在其自传中也曾多次谈到他青少年时的白日梦，例如他高中阶段，为了抵御对漫长上学路途的厌烦，他总是刚迈出校门就立刻进入他白日梦中每天都在发生重大变化的“自己的城堡”。但是也有的青少年会由于白日梦的过度发生而干扰到正常的学习和工作，这里笔者给大家介绍一个用于自我调节的方法，首先我们要知道，白日梦不仅是帮助我们保持创造力的非常重要的手段，而且满足了进化的需要，正是白日梦或者说是幻想帮助我们发现并且实现了我们的很多潜能。当然，白日梦如果过度，又会影响我们的学习与工作，因为任由白日梦代替思考，人就会脱离现实。所以，每当自己意识到刚才因为白日梦而浪费了很多时间时，不要自责，当我们从某个过长的白日梦中“醒”来时，我们可以对自己说：“没关系，就是做了个白日梦，我现在开始继续我的学习和工作就可以”，我们不用花时间自责，我们在清醒后把能量再次投入到我们的学习和工作中，这样，我们不仅可以节约出自责的时间，而且也节约了由于自责而消耗的能量以及为了调节自责而不得不付出的更多的时间。

7. 合理化

合理化(rationalization)，又译文饰作用，是指通过歪曲现实达到降低焦虑和保护自己自尊心的作用。例如，《伊索寓言》里那个“狐狸和葡萄”的故事。狐狸想方设法也没吃到树上的葡萄，于是使用歪曲现实的方式安慰自己——对自己说：那个葡萄是酸的，没什么好吃的。这样一来，它就不会再为吃不着葡萄而感觉焦虑，当然更不会因此而丢面子了。

学生在学习上经常用“合理化”替自己辩护：“今天我没考好，是因为老师的题出得太偏”或“是因为我今天不舒服”等。当然，在受到老师批评的时候，学生也常常会采用合理化方式替自己辩解。成人也常常会用合理化方式替自己辩护。比如，中国家长包办孩子的一切，包括替孩子做主报高考志愿被合理化为“为孩子好”。还有，50 多年前中国发生的“文化大革命”仍然是当前很多 70 岁左右的人为自己辩护时的借口，有时候，一句“都是文革耽误的”，简直有神奇的安抚作用，不仅可以立刻缓解当事人的焦虑，也能使别人立刻噤声。中国小说中最常使用“合理化”机制的典型当首推阿 Q。

当代中国出现道德滑坡，其重要原因之一，首推贪官污吏太多，社会榜样太坏。其次便是很多人在放任自己时会不由自主地与贪官比较，比起贪官污吏所犯下的罪行，普通人的小恶当然算不了什么(合理化)，然而，正是大恶与小恶的不断积累，使目前的中国出现底线伦理被一次又一次地突破，各种安全问题层出不穷，结果最终最先受到损害的还是普通老百姓自己。

8. 退行作用

退行作用(regression)，又译极端退缩，是指个体面临应激事件时，为降低焦虑，放弃已学到的成熟的应付方式，通过使自己倒退到儿时的幼稚状态，以回避现实危机和困难。“一种冲动的较为发展的机能，若遇有外界强有力的障碍，使它不能达到满足的目的，它便只有向后转的一个办法。”①（弗洛伊德，1915）研究表明，“越是敏感的婴儿越容易产生退缩行为。此类素质的个体有丰富多彩的内心幻想，并认为外部环境艰难险阻，因而望而却步。”②（南希·麦克威廉斯，2011）成年人出现退行的时候往往是在社会或人际情景，例如，工作场合中那个总是远离他人的员工；再如，婚姻关系中那个完全沉浸在自己世界(书籍、工作、电脑、电视)的配偶，往往都是用退行逃避现实的人。

① ［奥］弗洛伊德：《精神分析引论》，高觉敷译，商务印书馆 1984 年版，第 271 页。

② ［美］南希·麦克威廉斯：《精神分析诊断：理解人格结构》，鲁小华、郑诚等译，中国轻工业出版社 2018 年版，第 132 页。

按照精神分析的观点，一个人出现什么样的退行行为，取决于其性心理的发展阶段，不同发展阶段中的固着会导致不同的退行表现。出现退行的人往往会用较原始和幼稚的方式去应付自身愿望或冲动引起的困难境遇，例如，两个成年人发生冲突时，大吵大闹甚至大打出手。还有只要夫妻闹矛盾，妻子立刻就躲回父母家。这类用幼稚的方式解决问题的行为都是退行的表现。再如生病后变得不讲理的人或者被称作“老小孩儿”的老人。

人在遭遇重大生活事件时特别容易出现退行。中国 2003 年的 SARS 期间和 2020 年新冠疫情初期，那些惊恐到失态的成年人，不停地测体温，不断地洗手，打个喷嚏就怀疑自己被感染了，以至于出现情绪崩溃，表现出的就是退行。再有就是各种成瘾行为，如网瘾、酒瘾、烟瘾和毒瘾等，也是退行的表现。现在网络发达，常常能够见到有人在网上吵群架甚至骂架，那样的时刻，双方的表现都是典型的退行。

人群中还有极少数非常富有才华的人，也往往会表现出部分退行，他们除了在自己所钻研的方向上有超常的成熟外，在其他方面如日常生活与待人接物方面却表现得不谙世事，显得特别的单纯和幼稚，例如数学家陈景润。

9. 升华

升华(sublimation)是指被道德约束压抑的原始冲动或欲望另辟蹊径，用符合社会认同的建设性方式表达出来，具体说是指个体在某事上受重创后(弗洛伊德通常是指力比多的冲动)，把原有的能量与愿望转移到另外的、社会能接受的、有利于文明的对象上，并因此而有所作为。在弗洛伊德看来，力比多即性力的受压抑是人类进入文明社会所不得不付的代价，为了避免由于这种压抑而产生的心理疾病，人们有意或无意地采用了很多方法：“这些防止疾病的历程，其中有一种在文化的发展上占着特殊重要的地位。……这个历程，叫做升华作用。”[①]（弗洛伊德，1915）升华是较为高级的转移现象，因为它使能量转向了从社会角度看更为有益的方向。因此在弗洛伊德看来，升华是“缔造文明中最庄严最美妙的成就”的历程。[②]（弗洛伊德，1908）

例如有攻击冲动的人去做警察、军人、足球队员，再如失恋后转而发奋读书与创作，从而成为学者或艺术家等，这种通过职业以及科学、艺术或运动等创造性活动释放出原有能量的方式，就是升华。有一位诺贝尔化学奖得主就是这方面的典型，他在失恋后发奋，结果得了诺贝尔奖。再如“化悲痛为力量”，也是一种升华。

弗洛伊德认为在所有防御机制中，升华是一种成熟的且富有建设性的心理防御机制。升华“可以把性目标转化成一个更远大的更具有社会价值的目标，也许

① ［奥］弗洛伊德：《精神分析引论》，高觉敷译，商务印书馆 1984 年版，第 275 页。

② ［奥］弗洛伊德：《爱情心理学》，林克明译，作家出版社 1986 年版，第 143 页。

我们把最高的文化成就归功于以这种升华作用的方式释放的能量。”①（弗洛伊德，1910）司马迁在《史记》中所描述的：“古者富贵而名摩灭，不可胜记，唯倜傥非常之人称焉。盖西伯(文王)拘而演《周易》；仲尼厄而作《春秋》；屈原放逐，乃赋《离骚》；左丘失明，厥有《国语》；孙子膑脚，《兵法》修列；不韦迁蜀，世传《吕览》；韩非囚秦，《说难》《孤愤》；《诗》三百篇，大底圣贤发愤之所为作也”，都是升华的表现，而司马迁自己也是一个升华的典范：他是在承受了对一位男性来说是耻辱的宫刑之后写出了流芳千古的《史记》。司马迁的故事为弗洛伊德有关升华意义的说法提供了最经典的论据。

说到“升华”产生的机制，西方学者霍华德有一个非常形象的说法：“人的内在世界最深处是野蛮的，没有社会性，自私，而且具破坏性。如果由一个人的本我来支配他的行为，其结果将会是灾难性的。所幸，‘超我’产生了，起到作为个体良心的作用，而建立起来的“自我”在本我与超我的需求之间起到协调作用，并以现实的方式与外界世界打交道。作为健康个体的人有能力将本我的利比多能量‘升华’于比较社会化的渠道。然而，在最底层，潜伏着未驯服的 野兽，人们可以在梦、幻想或自由联想中略见其一斑。”②（霍华德，2008）

有关升华笔者有一些不同的看法，虽然弗洛伊德认为升华导致最高的社会文化，另外也有学者提出：“升华是自我发育进入了新的高度”③（南希·麦克威廉斯，2011），可是，过度升华导致工作狂，而工作狂对个人身体和家庭生活的消极影响也应该被考虑到。

10. 抵消

抵消(undoing)是指以象征性的行为来抵消已经发生的不快，以此降低焦虑与自责。弗洛伊德提出：“抵消是一种消极的巫术。其做法是力图借助于运动象征作用，不仅‘消除掉’某些事件的后果，而且‘消除掉’事件本身。”④（弗洛伊德，1926)例如：中国小孩子打碎了东西，按中国的传统，老人常常会说一句“岁岁(碎碎)平安”，以此抵消打碎东西造成的不安。再如中国人丢了钱，不仅当事人自己而且周围的人都会用“破财免灾”的话去安慰他，而被安慰者的懊丧感往往立刻就能缓解很多。中国有的地方有一种风俗，如果一个小孩子受到惊吓，大人会摸着孩子的脑袋说“摸摸毛，吓不着”等，这也是抵消的表现。

---

① ［奥］弗洛伊德：“精神分析五讲”，贺岭峰译，见车文博主编：《弗洛伊德文集》（第三卷），长春出版社 1998 年版，第 42 页。

② ［美］霍华德·基尔申鲍姆：《卡尔·罗杰斯传记》，熊然译，中央编译出版社 Kindle 版本，2016，Kindle 位置 4605-4608。

③ ［美］南希·麦克威廉斯：《精神分析诊断：理解人格结构》，鲁小华、郑诚等译，中国轻工业出版社 2018 年版，第 132 页。

④ ［奥］弗洛伊德：“抑制、症状与焦虑”，杨韶刚、高申春译，见车文博主编：《弗洛伊德文集》（第四卷），长春出版社 1998 年版，第 229 页。

此外，中国小孩子打喷嚏，老人会马上说一句“长命百岁”，最普遍的一种说法是，可能是因为小孩子身体弱，如果打喷嚏，大人担心是得感冒甚至肺炎的前兆，因此赶紧说句“长命百岁”以做抵消。很有意思的是，西方人打喷嚏时，其周围的人也会条件反射般说一句：“Bless You”或“God Bless You”（上帝保佑你)，这也是一种抵消的表现。一种说法是，打喷嚏会把人的灵魂从身体内逼出来，说“上帝保佑你！”就是不让魔鬼把你的灵魂带走。另外一个说法正好相反，打喷嚏是要把身体里邪恶的魔鬼赶出去，所以说“上帝保佑你！就是不让邪恶的魔鬼逃回你的身体里去。”①

强迫症患者往往会表现出非常频繁的抵消行为，比如用反复洗手或其他仪式行为去抵消其无意识中不洁、害怕、焦虑甚至恐惧的念头。这次新冠疫情中，有人因为恐惧而不断用消毒液洗手，欲罢不能(起初是出于意识，后来就是出于无意识中的防御)，结果导致皮肤变色。其他如烧香拜佛、老人在家里发生重大变故后吃素；再比如，有的学生通过熬夜抵消玩手机的内疚感等也都是抵消行为。

有学者提出，抵消行为的背后隐含着全能幻想，即认为通过抵消行为，眼前的不快甚至不幸就会消失殆尽。

11. 隔离

隔离(isolation)是指人在无意识中把部分事实在意识部分中加以回避，以此避免引起不快。用“隔离”机制时，通常都是有所忌讳。凡是有忌讳的地方就有禁忌。禁忌是人类普遍具有的文化现象。每个国家、每种文化在关乎生、死、生命或者权威等大问题上都有自己的禁忌，从而保持社会的秩序不被扰乱。弗洛伊德指出：“禁忌(Taboo，音译：塔布)是表示有关人，一个地方，一件东西或者一种暂时性的情况，它们具有这种神秘力量的传导作用或者本身是这种神秘力量的来源。同时它也代表了由这种事物禁忌预兆所产生的禁制。最后要说明的是，这个名词的内涵包括了‘神圣的’和‘超出寻常的’及‘危险的’、‘不洁的’和‘怪诞的’等意义。”② （弗洛伊德，1913）

比如，我们中国人忌讳说“死”字，因为那既意味着‘神圣的’，又意味着‘危险的’，因此，在说某个人去世时，常常用“走了”、“去了”或者“仙逝”来代替。再如，很多社会禁止公开谈私生活，则是为了保护个人生活的神圣性。还有公开场合禁止说脏话，不仅是为了避免脏话造成的‘不洁’和社会退化，而且是为了保护个人的尊严甚至生命安全，因为脏话很容易激活他人的愤怒从而置说脏话的人于危险之中。有时我们喜欢用“那个”代表很多难以启齿的事，以避免社会公认的‘不洁’。

西方人忌讳数字 13，因而很多高楼在 12 层之后直接就是第 14 层，而中国人

① 这个常识是笔者以“西方文化，打喷嚏，上帝保佑你”为关键词在多篇网上文章中查到的。

② ［奥］弗洛伊德：《图腾与禁忌》，杨庸一译，中国民间出版社 1986 年版，第 36 页。

对数字4有所忌讳，因为其与“死”谐音，因此很多时候也会想法回避数字4。再如《红楼梦》中第三十九回刘姥姥在大观音正给贾母讲村里的故事，外面人声嘈杂，贾母问出了什么事，丫鬟答：走水了。这里的“走水了”就是古人为了避讳“失火”这样的词而采取的隔离对策。还有《哈利波特》中的大反派伏地魔因为魔法很厉害，大家通常都不敢直接叫其名字，要么叫他“神秘人”，要么叫他“那个人”，以此避免不吉利。再如SARS（全拼是：Severe Acute Respiratory Syndrome，SARS，直译是严重急性呼吸综合征，又译传染性非典型肺炎）期间，人们用很多种方式对之进行隔离，以下是对这四个英文缩略词所做的富有创意的重构：

SARS=Smile and Remain Smile

SARS=微笑并且持续地保持微笑

SARS=Sacrifice Appreciation Reflection Support

SARS=献身 欣赏 反思 支持

SARS肆虐时期，这种对“SARS”的全新诠释通过手机短信或者口口相传的方式给了多少人温暖而又令人振奋的鼓舞。

这次新冠疫情中，澎湃新闻报道：“不少医护工作者处在高度与自己内心恐惧隔离的状态，他不能让自己体会到内心的自我感受，把自己隔离在‘我是责无旁贷，我有使命感，有职业道德’的位置上，但不代表他内心没有压力。”①用崇高的目标隔离现实中的危险，这是很多从事高危工作的人常会在无意识中使用的防御机制。

此外，我们在电影中看到的外科医生，有时会在手术时有说有笑地聊闲篇，不知道的人会以为他们不负责，其实他们如此做，正是无意识中调动了隔离这种防御机制，以保护自己的专业态度不受个人情感的影响，只有这样，他们才能够有足够的勇气、理性和力量去实现“救死扶伤”。

说到隔离，特别要提到当代中国的一个现象，那就是由于拜金主义的泛滥和贪官污吏的盛行，人们开始变得百无禁忌，表现为什么都敢说，什么都敢做。例如，由国外传到国内的一款“天黑请闭眼”的游戏，大家为了省事，干脆就叫其“杀人游戏”，公共场合中笔者不止一次听到有成年人毫无顾忌、兴高采烈地和别人说起：“我们玩儿了一晚‘杀人游戏’特过瘾！”一个社会对“杀人”这样的词都已经全无隔离，这个社会的安全可想而知。这个逻辑关系是这样的：如果在人们心中杀人都已不是问题——虽然只是嘴上说说，虽然只是游戏而已，但是听到“杀人”这样的词不是出现条件反射似的震惊、心惊胆战、担心、害怕甚至恐惧，而是完全没有感觉，甚至是兴奋无比，它在无意识中不仅反映了人们

---

① 见王选辉 实习生 曾璐姚文章：“面对新冠病毒疫情，医护、病患、公众如何调整心态”，澎湃新闻，2020-02-04，10：49。

对生命的漠视，同时也可能进一步降低人对生命的畏惧和恭敬，这样的情况持续久了，社会又怎么可能不是人人自危？像各种食品造假、严重污染环境这种过去想都不敢想的事，现在全都被做了出来，成为中国人不得不面临的现实。这应该是隔离的反例了。

不仅社会百无禁忌时会非常危险，个人也一样，不知道怕、不知道有所忌讳的人是最容易出事的人。以肆虐全球的新冠病毒为例，国外目前214个国家和地区的确诊人数已达2 913万人，累计死亡人数超93.5万①，而我们中国目前为止基本只有输入型并且也基本全面复工。这当中的巨大差异，除了文化差异之外，很重要的一点就是与“不知道怕”有关，因为不知道怕，国外很多人不仅拒绝保持社交距离，还常常有大规模聚集性活动，结果导致惨重代价。

再如中国民间的说法“淹死会水的”，就是典型的不知道怕的结果。再比如，小孩儿刚会走路时喜欢用手指到处乱捅各种小洞，有的孩子就因为用钉子去捅电门导致手指被烧焦。现在的安全设施要全面得多，有专门为孩子设计的安全插座。再举一个极端的例子，2003年，中国出过一个恶性连环杀人案，凶手黄勇在网吧、游戏厅和录像厅前后骗了17个15~22岁的人到他家里，然后将他们中的16人杀害。这些被骗者的共同特点是：缺乏对陌生人最起码的警觉和不安，不知道戒备陌生人。究其根由，重要原因之一是总在虚拟世界活动，对虚拟世界中的暴力和血腥完全脱敏，并误以为自己可以无往不胜而且可以有无限的机会重新来过，结果在现实世界中不知道怕为何物，从而付出生命的代价。

12. 补偿(compensation)

补偿是指因先天(或自认为的)身心缺陷或不足而感到焦虑，无意识中在其他能够获得成功的方向做出努力从而代偿原先的缺陷，以此降低焦虑和自卑感。补偿有正反之分，升华则专指能量的正向转移。比如，有攻击冲动的人受挫后做了维护社会安全的警察、军人、特种兵，就是升华；而如果他做了打家劫舍的强盗，那就是补偿。

日常生活中，积极的补偿可以帮助人克服其弱点。比如，海伦·凯勒因为失明、失聪等严重躯体缺陷，在她的老师莎莉文的引导下发展出超常的教育与写作能力，从而补偿了她身体上的严重残疾。消极的补偿则会深化人的自卑感，严重的甚至会给人类带来灾难，如有关希特勒个人发展史中有一个说法，希特勒成为战争狂人与他早年在美术上被否认和拒绝有关，他以在政治上的极度发挥补偿他美术天赋的不足。

日常生活中我们能够见到的补偿包括：孩子闯了祸，为了弥补过失，他会变

① 见《财新网》2020年9月16日的报道。

得特别听话与顺从；先天家庭状况不好的人往往会以超常的毅力和努力去改变自己家庭的社会地位；自认为长相不好的女孩子往往会在学习上特别用功；高考连续失误的人有可能成为考证强迫症；还有就是暴发户，一旦有了钱，往往会通过炫富来补偿他极度缺乏的自尊感。

电影《查理和巧克力工厂》里讲了一个极端补偿的故事，查理的爸爸是牙医，为了保护查理的牙齿，他不许查理吃糖，而且给查理戴上牙套和头套，让他无法吃糖，更不用说巧克力了，查理长大后则开了一个巧克力工厂作为补偿！中国的网购也引发了一种新型补偿形式：买买买，这类人通常缺乏生活意义和职业同一性，在生活中积累了很多压力和不满，无意识中用大量网购的方式补偿自己，从而进入购物成瘾的恶性循环之中。

13. 否认

否认(denial)是指个体在现实生活中遇上痛苦得难以接受的事实时，会在无意识中对之加以拒绝和承认。当一个人无法面对某个现实或真相时，往往会在无意识中调动否认。否认可以帮助自我暂时逃离无法应付的现实，起到暂时降低焦虑和痛苦的作用，同时还帮助自我重新聚集勇气和力量。比如，罹患癌症时，人们的第一反应通常都是："不可能！一定是医生搞错了。"而遇到灾难时，这种最初出现的否认对当事人是有重要的保护作用的。再比如，有的未亡人会像什么也没发生一样，完全否认她的配偶已经消失的事实，因此吃饭时不仅会摆上逝者的碗筷，而且会不断地对着空位子劝对方"多吃点"。很多人不了解否认这个机制，在未亡人出现否认时，执意要向其说明真相，结果往往会对当事人会造成新的创伤，否认让当事人有时间去慢慢接受现实。他需要否认帮助他渡过最艰难的时刻。

否认可以在一定程度上保护遇到重创的人，使其有更多的时间去准备面对现实，尤其在灾难太大或者已经成为不可逆的事实时，比如，与亲人的永别，面对这样的伤痛，机体最好的防御机制就是否认——否认灾难发生，而"麻木"正是否认的主要表现之一。这是有机体自动调节的产物，是有助于生命复原的重要机制。这样的创痛，唯有先以否认去应对，才有可能重新赢得生存的勇气、能量和动机。可以说，否认保护了受创者，使他们以为这一切都不是真的，为他们的身体赢得了喘息的时间，为将要面对的惨痛设置了一个缓冲，为不得不承担的继续生活的重任积蓄着能量。如果轻易打破当事人的"麻木"，等于提前让当事人面对他们的伤痛，这是非常危险的。他的身心都还没有准备好应对这个创痛，伤口却被打开，而打开伤口的人又没有可能为他包扎，势必造成二次创伤。所以，对于处于否认阶段的人，只需要耐心陪伴，不去触碰他们的伤口，给他们尽可能多一些缓冲时间。

当然，如果否认的时间太长，则需要去医院找大夫做鉴别。那么，我们该如何区别“否认”和“谎言”呢？由于否认是在无意识中发生的，常常表现为不假思索的脱口而出或者是某个压力事件面前条件反射般的反应。而谎言由于是在意识层面的，往往都是深思熟虑的后果，因此表面往往看来似乎无懈可击。

14. 幽默

幽默（humor）是指以玩笑的语言或行为去应付令人尴尬或者难堪的情境。弗洛伊德认为，“幽默可被视为这些防御过程的最高级形式。……它是通过发现一种把已处于准备状态的能量从不快乐的释放中撤出，并通过释放而将其转变为快乐。”[①]（弗洛伊德，1905）

日常生活中，幽默较多涉及性、人类的各种弱点、窘境以及与攻击冲动有关的话题，尤其是通过幽默表达攻击性或性欲望以及掩饰窘境时，可以不必担心自我或超我的抵制。侯宝林相声中那个形容破自行车的段子：“除了铃不响，哪里都响”，可以成为一个只能买二手自行车的人自嘲时套用的模板。

幽默是自我在与本我、超我和现实发生冲突时降低焦虑时急中生智的表现，那种谈笑间化干戈为玉帛的幽默则更是人类智慧的体现。值得一提的是，一个人要在瞬间于无意识中对某件事做出幽默的反应，是需要有文化与修养的底蕴的，否则，情急中瞬间的玩笑反应则有可能是庸俗甚至低俗的了。如果按照防御机制的框架去看庸俗的笑话与幽默的区别，那么，前者是退行的表现，而后者则是成熟的表现。

如果大家到网上以“幽默”这一关键词去搜索，会发现大多数所谓的“幽默故事”都是庸俗甚至低俗的。而如果大家以“政治家的幽默”为关键词去查，则可以查到很多值得欣赏的段子。关键时刻的玩笑反应是否得体更多地取决于日常生活中我们知识与教养的积累。

15. 利他

利他（altruism）作为防御机制，又称利他性屈服（altruistic surrender）（Anna Freud，1937）[②]，表现为为他人的利益而压抑自己的冲动、牺牲自己的利益去服务或成全他人，并在这一过程中降低焦虑与不安，同时还会产生自我满意感。有时候，利他性屈服还有可能是一种降低对他人敌意和攻击性以及克服自身自恋倾向的反向表现（Anna Freud，1937）[③]，因而是一种缓解内疚的无意识行为。

利他行为作为一种社会现象，在日常生活中随处可见，利他行为同时还是社会学、社会心理学以及社会生物学等学科的研究内容。从社会生物学的观点看，

---

① ［奥］弗洛伊德：“诙谐及其与潜意识的关系”，彭舜、杨韶刚译，见车文博主编：《弗洛伊德文集》（第二卷），长春出版社1998年版，第450页。

② Anna Freud：*The Ego and the Mechanisms of Defense*，International Universities Press，Inc，US，1966，p123.

③ Anna Freud：*The Ego and the Mechanisms of Defense*，International Universities Press，Inc，US，1966. p173.

利他是动物以个体的“自我牺牲”换取物种存在和延续的一种本能，是亲缘选择导致的绝对利他。而从社会心理学的角度看，利他则是一种社会交换，是进化博弈中形成的最佳行为模式——互惠利他，可以是物质交换物质，也可以是精神交换精神，或者是物质交换精神、精神交换物质，这种交换导致自我价值感的增加，同时兼有降低焦虑的作用。

为了区分作为防御机制的利他性屈服和健康正常的利他行为，有必要先对它们的概念做个澄清。生活中我们常常可以看到很多利他行为，日常生活中人们的相互帮助与重大事件时的相互支持，再如各种志愿者等。此外，生活中还有一类超健康的利他行为，周恩来当年的“为中华崛起而读书”，董存瑞的“为了新中国”，史怀哲在非洲的贡献，特瑞莎修女所播撒的仁爱等，都是健康利他的典型表现，这些利他行为的原因多种多样，有的是出于信仰，有的是从小受到父母邻居急公好义榜样的影响，有的是由于教育，也有的是出于感恩，还有的是天生具有分享与社会公正的意识，它们与作为防御机制的利他性屈服有一个很重要的区别，那就是前者是意识行为，而后者是在无意识中发生的，作为防御反应的利他是本我、超我、现实给自我施加压力时才会发生的。

有意识的利他，比如雷锋的利他精神和行为，主要是意识层面的，他有意识地去帮助人，并且也享受助人的过程，他在日记中不仅记录自己助人的过程，而且不断激励自己去更多地助人，这都是他有意利他的表现。当然，他在利他的过程中形成道德习惯，从而使利他成为行为本能，这是后话。中国学者许又新曾谈到雷锋助人利他的心理基础：人有追求道德愉快的本能，利他可以增进其幸福感。

西方对健康利他的行为有一种专门的说法，称这类有献身精神的人为有“使徒性格”的人，我们中国的说法则是“菩萨心肠”。如果用弗洛伊德的观点看利他，那是一个人的生本能占上风的表现，因为利他是“倾向于和社会中其他人相结合的冲动。”①（弗洛伊德，1937）

世界上有各种各样的人，有只专注于一己私利的人，也有具有奉献精神的人，还有既关注一己私利也关注社会利益的人。理论上，虽然人存在自私的基因，但是笔者认为，自私是一个中性词，健康的自私——也就是要想有持续发展的自私——是一定会走向利他的。如果一个人因为狭隘的个人经验就否认有健康利他者的存在，这种否认其实只是为了降低自身焦虑而采取的防御反应，我们对此应该有自我觉察。如果有可能，我们最好能够在利他中做到双赢，如果没有可能，我们至少要对有更多利他精神的人心怀敬意和恭敬，而不能因为我们自己缺乏利他精神就否认这世界有肯于为公众利益而舍生取义的人。

---

①［奥］弗洛伊德：“文明及其缺憾”，杨韶刚译，见车文博主编：《弗洛伊德文集》（第五卷），长春出版社 1998 年版，第 287 页。

比如，我们全体中国人在2020年新冠疫情期间所做的种种利他行为：4万医护人员驰援武汉，火神山、雷神山医院十天建成的神奇速度，湖北、武汉大批志愿者为保障市民正常生活所做的贡献，全国大量心理援助热线的成立，全中国14亿人为抗疫而自觉居家隔离，春节后该复工的单位居家上班，全中国大、中、小学生在家上网课，所有这些为抗疫而做的努力和自律都饱含了深厚的利他精神，也让我们无比深切地意识到"无穷的远方，无数的人们，都和我有关。"①（鲁迅，1936）

无意识利他作为一种防御机制，有很多种动机，按照安娜·弗洛伊德的观点，利他作为防御机制与死亡恐惧有关，因为在利他的过程中，一个人内在有关生命的恐惧被投射到他人身上，在关心他人安全（与幸福）的过程中，个人对死亡的恐惧被缓解。② 按照精神分析的框架，我们还可以说，在利他过程中，人的攻击冲动和自恋倾向也得到了缓解，通过利他，一个有攻击冲动和自恋倾向的人不仅缓解了焦虑，而且找到了宣泄能量的建设性方法。有时候，作为防御机制的利他也有可能是一个反向表现，与此同时发生的防御机制还有压抑、替代和升华。

防御性利他的表现主要有：在与人交往的过程中不由自主地总要帮助别人，比如总是抢着付账、总是抢着干脏活累活，以及即使自己力不从心也总是抢着帮助弱者，或者是以完全没有必要的自我毁灭的方式帮助别人。一旦自己冒出享受生活的念头，就会产生内疚感，对自己非常的苛刻，把自己置于一种道德制高点，使周围人因为他的存在而感觉压力。防御性利他发展过度，有可能成为病态利他，不仅自己总抢着做各种利他的事，而且还强迫别人接受自己的利他行为，严重的甚至侵犯到别人，比如那种不由分说一定要你接受其帮助和馈赠的人，他们像是拯救者，随时准备帮助一切人，只要听说有人出事，就会特别兴奋地扑上去，好像只有这样他们自己才有存在的价值。

笔者2013年北京大学暑期班的学生张玮对此曾有如下表述："……我通常很怕麻烦别人，能自己做的事尽量自己做，特别是对那些慷慨相助的人，我会非常不好意思去麻烦他，相反，如果一个人显得有些'自我'，会适度拒绝，（如果必要）我到更愿意麻烦他。思考背后的原因，最初我认为在于我不愿意亏欠别人，而'无私奉献'的人相比'自我'的人，更容易让我感觉亏欠他人情，而且不知道该怎么还。不过现在我发现另外一个原因：是稍显'自我'的人比'无私奉献'的人更适合助人，因为'无私奉献'的人一方面可能是因为不懂拒绝别

① 鲁迅："且介亭杂文末编之'这也是生活'"，《鲁迅全集》（第六卷），人民文学出版社1958年版，第486页。

② Anna Freud：*The Ego and the Mechanisms of Defense*（1937），International Universities Press，Inc，US，1966，p133.

人的请求，另外一方面可能是过分追求‘助人不求回报’的道德制高点，反而容易引起求助者的排斥，因为正是这种‘深不见底’的包容和帮助，让人无意识中产生畏惧。当然，助人者本身也是无意识的。”这段话很形象地描述了防御性利他给被帮助者造成的心理压力。

特别要说明的是，大规模的病态利他是社会文化的产物，比如改革开放前的中国就是一个鼓励过度利他，并且严格压抑本我的社会，因此而导致了很多不必要的牺牲。那时候有个说法："这是一个英雄辈出的时代"，这种片面鼓励人人都去做英雄的做法可以作为一个社会鼓励病态利他的典型。

谈到利他防御机制的产生，除了安娜·弗洛伊德的解释之外，我们还可以参考另外一个精神分析学家霍妮的观点。她认为，童年有过重大创伤的人，在其生长过程中发现，如果他压抑自己的需要，打不还手骂不还口，就可以避免更多伤害，于是他在与人相处的过程中，无意识中就会有这样的念头“如果我放弃自己，我就不会受到伤害。”①（卡伦·霍妮，1950）于是在与人交往时，他无意识地会选择无条件、无边界地牺牲自己的要求，屈己从人。这样的人，很显然就是病态利他者了。所以，利他分作几类：建设性利他，防御性利他，凡是利他行为都是超我较强的结果。防御性利他如果过度，就会发展成病态利他。

16. 理智化

理智化(intellectualization)是指思考、逻辑与理性压过了本能的冲突。理智化是“逃进理性中”（flight into reason)的表现，具体是指当一个人遇到重大的情绪冲突时，无意识中通过对事物进行冷静、客观的思考而将自己与情绪隔离，当人只聚焦于事实和逻辑时，可以逃避体验情绪和压力，从而降低焦虑。

安娜·弗洛伊德在其著作中专门有一章讨论理智化这一防御机制②，她的观点是，理智化是人在青春期发展起来的一种防御机制。在这个生长阶段，人的性力的表现开始变得旺盛，青少年前所未有地开始意识到自己身体的存在，与此同时，他们也开始了解社会有关性的禁忌——比如20世纪80年代左右的中国父母和老师往往会用“早恋”这样的词去定义青春期中孩子对异性的好奇并同时采取非常严厉的打压政策。面对如此困境，很多青少年于无意识中启动了理智化的防御机制，即逃到理性中，逃到学习与思考中，逃到对知识和成就的渴望中，以此降低生理冲动所造成的困扰和焦虑。如此，自我便通过思考、逻辑的手段掌控了本能。

精神分析的这个视角很容易让我们想到中国老师和父母多年来的一个经验："不用担心小学时男孩子不好好学习，到了中学一开窍，自然就好了，到时候学

① ［美］卡伦·霍妮：《我们时代的神经症人格》，冯川译，贵州出版社1988年版，第75页。

② Anna Freud：*The Ego and the Mechanisms of Defense*，International Universities Press，Inc，US，1966，p158~165.

习就会嗖嗖地上去”。也许正是因为中学时期男孩子的生理冲动更明显，有更强的性冲动和攻击冲动，因此在13岁左右，自我为了逃避本我与超我和现实的冲突所可能造成的麻烦，他们中大多数于无意识中启动了理智化的防御机制，突然对学习和成功产生了非常强烈的兴趣，从此将力比多升华至一件很有社会意义的事，如果再加上客观条件允许，他们中大多数人都能在此时为未来的学业和事业奠定坚实的基础。当然，也有过度者，日后就有可能成为俗话所说的“书呆子”或者“工作狂”，他们由于种种原因成为过度理智化者，从而忽视了人生中至关重要的主题：亲情、友情、兴趣和爱好等。

前段时间网上流行的清华理工男的段子[①]，就是理智化过度的书呆子所特有的与情感隔离的例子。由于过度理智化，即使意识中想要结交女孩子，但在事情发生时却不由自主地以理智化方式去应对：忘了情感，只剩理智。

理智化是在青春期发展起来的，但是当有些成年人在遇到重大生活事件尤其是情感事件时，往往会在无意识中过度使用理智化，从而逃到理智中、逃到工作中、逃到一切可以回避痛苦情感体验的事件中。有时候，理智化也与社会环境息息相关，比如“文革”时期，年轻人个个争当思想家、革命家，个个以思想深刻和情感淡漠为时尚。

以上我们介绍了弗洛伊德及其女儿安娜·弗洛伊德有关防御机制的主要发现。他们之后又有很多心理学家提出不少防御机制，例如布莱克曼在其《心灵的面具——101种心理防御》一书中就提出了很多防御机制[②]，下面只介绍人本主义心理学家马斯洛提出的一个防御机制。

17. 去圣化

“去圣化”（desacralization，又译：非神圣化）这个概念最初由罗马尼亚宗教学家伊利亚德谈及现代人时所提出，马斯洛将其用到日常生活中所观察到的一个重要的心理现象中。马斯洛用“去圣化”这一概念描述这样一个现象：有些“青年人怀疑价值观念和美德的可能性。他们觉得自己在生活中是受骗了或受挫了。……这些年轻人已经学会把人还原为具体的物，不看人可能成为什么，或不从人的象征价值看人，或不从恒久的意义看他或她。”[③]（马斯洛，1972）

具体说就是，去圣化使很多人不相信生活中还存在值得珍视的、神圣的、诗意的、具有永恒意义的事物。他们用虚无和冷漠包裹自己，使自己免受伤害，“比方说，纯真可以重新定义为愚蠢，忠诚可以叫作轻信，坦率称为缺乏常识，

---

① 请以“然后就没有然后了”为关键词去网上查。

② ［美］J. 布莱克曼：《心灵的面具——101种心理防御》，毛文娟、王韶宇译，华东师范大学出版社2011年版。

③ ［美］马斯洛：“自我实现及其超越”，林方译，见林方主编：《人的潜能和价值》，华夏出版社1987年版，第263页。

而慷慨可称为易受愚弄”①（马斯洛，1966），顺着马斯洛的思路，我们还可以补充当代人日常生活中的很多去圣化思维和现象：诚实的劳动者是傻子，会钻空子的是聪明人，纯真的爱情不存在，人与人之间只存在相互利用的关系。还有网上的“杠精”、闪婚闪离、生活中各种流行的粗俗甚至下流的语言等。

导致去圣化的原因很多，马斯洛的观点是，启动去圣化防御机制的年轻人是由于其父母本身具备混乱的价值观，他们要么对孩子的美好感情加以讽刺，要么对孩子的不当行为仅只局限于吃惊，而从不给予孩子正确的指导，导致这些孩子先是在家里鄙视父母，进而泛化为看不起一切大人及大人制定的规则。笔者认为，除了马斯洛所说原因之外，导致去圣化的一般原因还有：儿时创伤、不幸的生活经历，还有糟糕的坏榜样（如贪官污吏），以及价值混乱、底线失守的社会环境等。

马斯洛的框架同样可以用于解释今日中国的去圣化现象，今日中国的去圣化已经不局限于年轻人，而是几乎整个社会，一个非常重要的原因就是贪官污吏的榜样太糟糕，导致很多人中国人难以相信还有神圣和崇高，以至于很多人都学会了用虚无和冷漠自我包裹，拜金主义盛行（金钱神圣化）的同时，对大自然的去圣化、学习去圣化、工作去圣化、友情去圣化、恋爱去圣化、婚姻去圣化等现象比比皆是。举例说，前段时间流行的“宁在宝马上哭，也不在自行车上笑”可作为一个爱情去圣化的例子；在物质上的去圣化则表现为很多人丧失了对他们所拥有的一切的珍惜感，东西要越多越好，房子要越大越好，手机、轿车要越新越好，由此造成了触目惊心的环境污染和动物灭绝……

2020 年这场席卷全球的新冠疫情，“截至北京时间 8 月 26 日晚，根据约翰斯·霍普金斯大学统计，全球累计确诊新冠肺炎 2 393. 33 万例，累计死亡 82. 03 万例”②，但是全球疫情仍然还没有进入拐点。这场横扫全球的疫情引起全世界人对自身生活方式的反思，可以预见，人们会重新恢复对大自然的敬畏，同时也会为了生态平衡而对自己的行为加以约束。

此外还有一种值得警觉的去圣化现象，那就是目前非常普遍的各种“百无禁忌”现象，比如 2013 年前后网上出现的“脏话狂欢”现象；学业、学术上的百无禁忌则表现为各种抄袭与作弊行为，近来较多发生的随意自杀和他杀则是对生命失去敬畏的最为极端的表现。人类社会所以会有禁忌，是世世代代的人在无数次痛苦的生活经历中总结出的血的教训，被禁忌的事一是关乎生命与死亡这样的

---

① ［美］马斯洛：《科学与科学家的心理》，邵威等译，北京大学出版社 1989 年版，第 159 页。

② 记者宿慧娴：“大流行手记：8 月 26 日：美国多所高校暴发疫情　韩国首都圈学校恢复网课”，财新网，2020 年 8 月 27 日。顺便说一下，“截至 2020 年 8 月 25 日（见财新新冠肺炎确诊病例实时动态），中国累计确诊 84 990 人，死亡 4 634 人。”此外，中国目前除了少数地区如新疆外，其他地区基本全部复工。9 月份大中小学生也将复学。

大主题，人们以恭敬和敬畏的态度对待之，不仅是保持对逝者的尊重，也是为了希望得到在天之灵的佑护；此外，有些禁忌是为了更好地生活，比如禁止近亲结婚是为了保证优生，而对家庭中人际关系的一些限制，如对父女关系、母子关系以及翁媳关系中的一些规矩和限制，则是保证家庭人伦关系正常发展的基础。懂得遵守禁忌的人不会乱来，而乱来是会出事的。那样的社会不仅对个体而且对群体都是十分不安全的。

当然，适度的去圣化是有进化上的意义的，如果我们一味只遵守规则，我们今天有可能仍然如我们的原始祖先一样还生活在树上。正因为每一代都有一定程度的去圣化，人类才达到今天的进化水平。但是任何事物都有其度，“过犹不及”，如果去圣化过度了，那么人类又有可能出现退化的情况。为此，马斯洛在同一篇文章中还提出“再圣化”（resacralize）的建议，也就是“愿意再次从‘永恒的方面’看一个人，……那就是说，能看到神圣的、永恒的、象征的意义。”①例如，我们能否在一个孩子灿烂的微笑中看到生命的美好？能否从一个温暖的问候中发现生命的意义？在花开花落中感受时间的存在和生命的有限，在云卷云舒中体验生命的美丽与宝贵？或如英国诗人布洛克所言：能“在一粒沙中见到整个世界，在一朵花中看到一个天堂，在手中握住无限，将一瞬化作永久？”②

以上介绍了17种对人们意义重大的防御机制。防御机制是人类自体心理保护的奇妙机制，由于它的介入，自我在遇到高焦虑的时候，才有了可以缓解压力和紧张的方法，所以，我们首先要感谢我们自己所具备的这种心理自修复和自调节能力，它与我们的躯体所具有的奇妙的自修复和自调节能力一样，对我们人类的进化与健康成长产生了积极的作用。与此同时，我们也要注意问题的另一面，任何事都有一个度的问题，自我防御机制亦然，一个人如果过度或过频出现防御反应，常常就意味着他正面临着较大的心理冲突或者他已经有了心理问题。

举例说：我们先来看“压抑”。适度的压抑是人适应社会的前提，也有助于人超我的形成和人与人之间的合作与共享。但是，一个人如果把过多的能量消耗在长期而广泛的压抑上，他就没有足够的能量去成长并与外界进行积极的交换与交往。因为自我为了对抗过度压抑所造成的反弹，不得不长久地耗用能量，以致让人筋疲力尽。

以一个超我过强的人为例，他把很多时间花在压抑自己上，不放过自己的任何问题，不原谅自己的任何差错，不敢有丝毫懈怠，他以完美主义的标准要求自

---

① ［美］马斯洛：“自我实现及其超越”，林方译，见林方主编：《人的潜能和价值》，华夏出版社1987年版，第264页。

② W. B. Yeats Edited：*William Blake Collected Poems*，London and York：Routledge Classics，2002，p88. 原诗见“纯真的预言”中的第一段：“To see the world in a grain of sand，And a heaven in a wild flower；Hold infinity in the palm of your hand，And eternity in an hour.”

己，他确实做得很好，但是他的代价是：他绷得太紧了，他已经没有任何余地去容忍变化了，以至于他随时都有可能被一个突发事件击垮。此外，他的人际关系也一定会有问题，因为他太苛刻了，他已丧失了理解和包容的能力，更不用说去沟通与合作了。

以“替代”为例。瞬间发生的替代的确有很好的缓解焦虑的作用，但是如果一个人总要为自己的挫折寻找替罪羊，那么，他不仅无法从根本上解决他所面临的挫折，还会形成恶性循环，因为没有一个人总是甘心做别人的替罪羊的，他迟早也是要反抗的，至于总拿东西发泄怨气，一是完全于事无补，二是会造成很多不必要的经济损失。

以“内摄或认同”为例。人，尤其是青少年，是最需要认同对象的，认同榜样的优劣甚至会决定一个青少年未来一生的走向。榜样虽然重要，但他只是我们成长和发展的参照之一，如果一个学习榜样的人只知道模仿他人而不知道坚持自我，那么这种认同显然就过度了，过度认同他人的人有可能产生很多问题，如丧失自我，妨碍自身的成长等。有些极端的认同甚至是以生命为代价的，如当前恐怖主义分子中的“人体炸弹”们，再如跟着轻生的影星而轻生的青少年人。最极端的认同表现本身就是精神病症状了，如血统妄想或先知、伟人妄想。

现在我们来看“升华”。弗洛伊德认为在所有防御机制中，升华是一种正常并且富有建设性的心理防御机制。但是事实上未必如此。表面看起来，升华的确是很富有建设性的一种防御机制，但任何事物如若过分，都会走向它的反面，升华也是如此。一个人遇到挫折后把能量转移到有益于社会的事情中固然很好，但是如果过度了，就有可能成为一个工作狂，虽然当前看来，社会仍然会受益，但是从长远看，这个人因为只知道工作而造成的对自身其他需要的压抑，会给他留下很多隐患，如使他失去亲友的理解和支持，使他失去健康，使他失去良好的人际关系等。而这些都将在他不再能工作时以各种方式显露出来，其结果不仅是他个人要付出代价，他的家庭和社会也要间接付出代价。

“补偿”的过度使用对人造成的危害同样不小。心理学上的几个术语——“自卑情结”“优越情结”都是过度补偿的结果。它们不仅给个人造成很多苦恼，极端的还会给社会造成很大的灾难，如希特勒。再如“去圣化”，由于当代中国的现状，再加上后现代观的影响，人们对以往许多被视为庄严和神圣的事物做各种去圣化的解构，虽然这在一定意义上起到了刺激批判性思维的作用，却也在一定程度上使人仰望星空的需要受挫，人们为此所付出的代价就是：丧失意义感和幸福感。

其他如合理化、退行、抵消、隔离、否认等防御机制过度使用所导致的负面影响都是显而易见的，此处不赘述。

（三）了解自我防御机制的作用与意义

1. 了解可以促进正视与接纳

曾经有不止一个人问道：既然人的防御机制是在无意识中发生的，并且当我们意识到它时，它已经完成，那么我们了解它除了可以降低自罪感外还有什么其他用处？

安娜·弗洛伊德曾经谈到过在治疗中了解病人防御机制的意义："分析家的第一任务是认出防御机制的存在，当他这样做时，他就已完成了一部分（对病人的）自我的分析。他的下一个任务就是解开防御机制做了什么，去发现和恢复通过压抑被抹杀的东西并带领病人回到真相中。"① (Anna Freud, 1937)

那么，我们普通人了解防御机制有什么意义，尤其它总是发生在无意识中？我们了解它，不仅是为了降低自罪感，更是因为可以帮助我们了解自身很多情绪的真相，然后将自己"带回到真相中"，从而降低困扰和焦虑。真相在很多时候意味着力量，因为在不了解真相前，我们所面临的不确定会让我们无所适从，而了解真相后我们就可以有的放矢，获得主动权。尤其在关乎自我认识的问题上，了解防御机制的存在对于自我接纳有着非常重要的意义。例如，以往我们对一个我们不喜欢的人表现出特殊的热情后，我们会很自责，会认为自己太虚伪，但是现在我们了解了防御机制说，我们知道，这种过度的热情并不是出于虚伪，而只是我们感到焦虑时出现的反向作用，它是自动发生的第一反应，它来自于三我之间的迅速自调节，是紧张情境中很自然的情绪反应和心理防御，因此我们没有什么可以自责的，不过就是我们感觉焦虑了而已。这样去看自己的反向表现，我们就会感觉释然，就会接受自己为降低焦虑而无意识采取的反向表现，就不会再责怪自己虚伪，会停止面对自己的一个人的战争，并且也会因为更清楚地察觉了自己对他人的情感而感觉轻松。

了解防御机制说还可以增加我们对他人的理解和包容，从而在与人交往时也能够更为放松。例如，我们周围如果有人总是指责或者怀疑我们看不起他，没有学过防御机制前，我们会想着替自己辩解，时间久了，还会尽可能回避与这样的人交往，但是我们现在了解防御机制说了，我们就要考虑他是不是正被自卑所折磨，以至于总是把对自己的轻视投射为别人对自己的小看，这样去看有点敏感和多疑的人，我们以往因为被怀疑而产生的不舒服感就会荡然无存，而且还会尽可能鼓励对方，帮助对方发现自己的长处。

所以，了解防御机制，不仅可以帮助我们更好地察觉自己，正视并且接纳自己，帮助我们把原来用于压抑自己的能量进行重新分配，而且还可以帮助我们更

① Anna Freud: *The Ego and the Mechanisms of Defense*, International Universities Press, Inc, US, 1996, p14~15.

好地接纳他人。

2. 了解可以帮助我们跟上第二反应

所谓第二反应说是针对第一反应的，第一反应是指瞬间出现的条件反射似的自动反应，如各类防御机制的产生，而第二反应则是指在第一反应发生之后，人在意识层面对所发生的事进行的察觉、反思和自我调节。了解防御机制的最重要的意义在于，可以让我们日后在遇到同类问题时能够有健康的第二反应。

“第二反应说”是笔者在教学、咨询与治疗中发现并且提炼出来的，在日常生活实践中很有操作性。以下是笔者的博客，是有关第二反应的描述，全文如下：

“2020 年 2 月，我最初听说学校要改为线上教学时的第一反应是退行和回避，我当时的想法是：“算了，我放弃了，我把课撤了吧，我不上课了。”虽然我无比热爱我的教育事业，但是上网课对我而言，难度实在是太大了。

我是 1955 年生人，是典型的“网络难民”。云课堂对原来的我而言，难度近乎蜀道。但是很幸运，仅仅一闪念之后，我的第二反应就跟上了：我是老师，我要为人师表，我绝不能在这样的时刻放弃教学，我要用我尽职守责到底的公民行为为学生做出表率。

然后就有了后来艰难的开课过程，先是看超星老师的网课技术讲座录像，反复看，后是读网课实操手册，反复读。最后在张颖老师和超星客服王老师以及往届学生王茉同学无限耐心的帮助下终于迈出了第一步：学会了录课。录第一个 15 分钟时，我用了 8 个多小时。

从 2020 年 3 月 5 日我为第一个班开设网课到 2020 年 7 月 21 号北京大学暑期班结束，疫情期间，我完成了三个班的网课教学。从最初的只会用录音方式上网课，到最后可以直播。不仅如此，在教育部华中师大心理热线的督导志愿者工作过程中，我还学会了在网上做督导。我想，经过疫情期间的密集训练，可以说：我从网络难民变成了网络移民。除了顺利完成教学任务和督导任务之外，我还为三个班的同学编辑了三本纪念册，为同学们留下了大家的思想闪光以及疫情期间的个人历史记录（见图 2-4）。

图 2-4　为同学们编辑的纪念册

新冠疫情是一次重大的集体创伤，由于我及时跟上了第二反应，并且做出了正确的决定，我没有浪费这次巨大的危机，我实现了创伤后的成长。

所以，这个第二反应不仅会帮助我们增加对问题的觉察力，而且也有助于增加我们的自我调控水平。简言之，通过这样的自我察觉、自我分析和自我调控，我们就可以避免被防御机制的过度反应所左右，使自我能以更健全的态度选择更恰当的方法看待自身的防御反应，同时也能够在日后对自己的行为有更多的调控。

谈到第二反应，有必要介绍许又新大夫的一篇文章："'相对不随意'在心理治疗中的应用"①。下面完整节录这篇文章中的两段：

"1985年，在达拉斯举行的美国精神病学会上，G. E. Vaillant② 对防御机制提出了新的定义，他用'相对不随意'（relatively involuntary）取代了'无意识'（unconscious）。这可以视为一次突破，是经验研究和现象描述对假设性构想的突破，是重视意志对认知心理学的突破。

G. E. Vaillant 的定义如下：'防御机制是情感、思想或行为的各种模式，它们是相对不随意的，也是心理危险之知觉引起的反应。防御机制是为了掩盖或缓解冲突或应激所引起的焦虑'。

……

基于防御机制的相对不随意性，把握对不随意如何由随意转变而来，以及如何把这一过程加以逆转，也许是神经症心理治疗的一个关键。这跟所谓'无意识'（意为'不知道'）完全不是一回事。"

这篇文章的要点是用防御机制的'相对不随意'发生说取代'无意识'的发生说，可以凸显意志的作用，治疗中也更容易调动病人的自主性。

笔者的观点是，承认防御机制的无意识发生说与治疗中或者日常生活中调动人的自主性是不矛盾的。防御机制是无意识发生的，如果适度，那就正好，如果过度，那我们也可以根据所学的知识用健康的第二反应去应对。比如，如果我们是基本正常的人，那么，我们可以根据某段时间过度过频的某个防御反应做自我觉察和自我调节；如果我们是病人，则可以在大夫指导下观察分析为什么这段时间这种防御反应会频发，然后采用建设性方式去应对防御反应后面的焦虑甚至恐惧。

笔者坚持防御机制的无意识说，还因为这不仅不影响人行使自由意志去进行自我调节，而且可以节省大量用于自责甚至自罪的能量。仍以反向作用为例，发生之后，我不花时间自责，因为那是无意识中发生的，是我不能左右的，但是发

---

① 许又新："'相对不随意'在心理治疗中的应用"，见《第二届中国精神分析年会论文集》，2009年9月18，中国：上海。

② Vaillant，George E.：*Ego Mechanisms of Defense*，American Psychiatric Press，1992.

生之后，我意识到了，我就要对它负责了，如果它是过度的，我就要分析它为什么会发生，并且找到不让它再次过度发生的建设性方法，久而久之，我还可以把这种方法迁移到其他方面，不仅对自己的不适应行为而且对我看到的别人的不适应行为都做到“不二过”，所以，第一反应是无意识的，第二反应跟上，就成了意识的了，因此，不去纠结第一反应，只去注意自己的第二反应，如此，我们就可以进入“我的行为、我的人生我做主”的境界。

3. 了解自我防御机制有助于我们的人际关系

首先，自我防御机制说帮助我们更好地认识和理解他人，看到别人有“古怪”的行为举止时，我们可以大致判断对方正在使用哪种自我防御机制，同时也可以反思自己的行为是否是引起对方防御反应的原因，从而调节自己的行为。

其次，在表达不同观点时，我们也会因为了解防御机制产生的原因而注意以得体温和的方式表达自己的观点，从而有效避免激活对方的防御反应，从而实现非暴力沟通。

最后，当我们看到别人与我们交往中的过度反应，我们可以推测其近期压力过大，因此出现防御过度的情况。

（四）弗洛伊德的处方：如何正视并接纳自己

正视并接纳自己就是能正视自己的本我或者说本能愿望和冲动，不是压抑它们而是不带偏见地看待它们，尽可能用理性的眼光或者说意识去看待无意识中被压抑的东西，然后以社会和个人都能接受的方式妥善地表达并满足内心的愿望。换言之，就是把原先用于压抑自己的能量进行重新分配，学习正视自己，不再与自己为敌。

笔者的观点：对心理能量做建设性分配，是弗洛伊德用其一生的时间所做研究而得出的最重要的结论之一。很多心理疾病患者产生问题的根源在于不能正视甚至是害怕看到自己的内心，他们常常会被自己内心深处冒出的一些所谓的恶念吓住。因为他们的超我把恶念与恶行等同了起来，他们不知道，其实人人都有恶念——一些会妨碍社会整体发展因而被社会所约束的想法和念头，如想要任性妄为、想要为所欲为等。但是，一个人被社会评判为好人还是坏人，并不以其内在的念头为标准，因为内在的念头是看不见的，人们在评判人时是根据其外显的念头亦即行为的。所以，一个人，不论他有什么样的不好的念头，只要他能约束自己不采取相应的行动，他就不会被人们看成是坏人。另一方面，如果他不仅能约束自己的恶念，而且还能尽可能地去做有利于他人的好事，那么，他就会被看成好人。说到底，好人不是没有恶念，而是较少恶行；而坏人不是没有善念，只是缺乏善行。

既然很多人是因为不能正视自己的内心而出现心理问题，那么，正视自己自然就是我们走向心理健康的第一步了，这就是弗洛伊德学说给我们的第一个提示。

然而，这还不够，人还要学会接纳自己，用弗洛伊德的话说就是："人们的禀赋各异，承受、应付文化要求的能力，各有其不同的限度。苛求于己，超过其本性所能承担，则将为神经症所苦。如果他们多容忍些自己的'不完美'，日子就会好过得多了。"① 霍尔曾经把弗洛伊德心理结构说比作冰山，如果按照这个比喻来解释他有关正视和接纳自己的观点的话，那么我们可以这样说：人的成长过程其实就是不断降低水线的过程，也就是意识不断扩大、无意识不断缩小的过程。同时，人的成长过程也是不断接受自己的局限性和不完美的过程。中国哲学家孔子的"四十不惑，五十知天命"，说的也是这个道理。

弗洛伊德以治疗神经症著称，而神经症患者心理问题的最大特点就是：既不能正视自己又不能接纳自己。弗洛伊德从实践出发，发现了"正视并且接纳自己"在实现心理健康中所具有的重要地位。

为什么"正视并且接纳自己"对人的心理健康会有这么大的意义？其实这就是一个去压抑的和正视现实的过程，很多人之所以不能"正视并且接纳自己"，其根源在于他们的超我把恶念与恶行等同了起来，在于他们被超我压制得太厉害，以至于从最初的丧失正视自己的勇气和愿望，到丧失正视自己的能力。可是，就如同物质不灭一样，精神也是不灭的。人的"本我"不会因为人不敢看、不去看就消失，相反，作用力等于反作用力，一个人用多大的力气逃避本我，本我就会用多的力量去对抗和反抗；一个人用多大的力量去压制并且否认本我，本我就会用多大的力量去表现自己。久而久之，人就会陷入情绪的恶性循环之中，就会被看不见的无意识所左右。而正视自己，正视自己的深层心理，则可以使人的精神获得解放

首先，过去每个个体探索自己的时候，因为是独自上路，常常会被自己所发现的内心的欲望和冲动吓住，并且因此而停止认识自我的脚步。而弗洛伊德的发现使人们认识到，原来人人都有一些见不得人的恶念，原来很多看起来很荒唐的个人行为却只是一个人无意识中调动了自我保护的表现。弗洛伊德的发现使很多问题正常化(人有恶念是正常而且普遍的，人有防御反应也是正常而且普遍的)，这在帮助人们减压并且降低自责与自罪感方面有着极为重要的作用。因此，很多学习了弗洛伊德理论的人常常会情不自禁地感叹：学习弗洛伊德的过程，是自罪感释放的过程，是减轻自责的过程，是重拾信心和自尊的过程。正是从这个意义上，认识我自和正视自我成为自我解救的第一个途径。而认识并且正视自我的一个重要途径就是了解自己的心理防御机制。

---

① ［奥］弗洛伊德："'文明的'性道德与现代人的不安"，引自《爱情心理学》(1905)，林克明译，作家出版社 1986 年版，第 173 页。

其次，弗洛伊德的发现还让我们意识到：人没有必要为自责和内疚而耗费大量能量，也没必要为压抑自己而烦恼重生，那样做的结果从好里说会付出精神疾病的代价，从坏里看则可能引起仇恨、暴力甚至战争。面对自己无意识中的阴暗甚至是恶，人要停止对自己进行一个人的战争，把能量用到建设性的或者说是有意义的事上，使能量得到积极的宣泄。具体说就是：学会爱与工作。

1. 学会爱

人原本受性力驱使，只想获得一己的满足，但是这就使其面临两种困境：一是陷入对所爱对象的依赖中而使自己变得脆弱；二是如果只顾自己的满足，那么社会或者说文明就会终止对他的保护，他的处境就会变得很不安全。为了使自己避免被社会排除在外，一个人就需要扩展自己的爱，需要为一己的性力寻找一个更安全的出口。而把自己融入他人和集体中是一个人建设性转移自身性力的途径之一。

这里有必要对弗洛伊德的性力(libido，又译：力比多)概念做一个澄清。由于弗洛伊德最初是从病例研究入手发现性力的，他只注意到自我对性力的压抑在形成神经症中的作用，在后来对群体心理的研究中，弗洛伊德发现，一个群体之所以能够存在，是因为其内部存在力比多的联系，也就是说，力比多在分配给两性爱之外，同时还将其能量投入到自爱、对亲人的爱、友谊以及对整个人类的爱。“精神分析的研究表明，所有这些倾向都是同一类本能冲动的表现。在两性关系中，这些冲动竭力要求达到性的结合，但在其他场合，它们的这个目的就被转移了，或者其实现受到阻碍，不过它们始终保持这自己原来的本性，足有使自己的身份可以被辨认(例如像渴求亲近和献身的特征)。”[①]（弗洛伊德，1921）

在同一篇文章中，弗洛伊德还说过，其实他提出的力比多的概念与柏拉图的“爱的本能”（Eros)的概念是吻合的。他还提到，虽然他的“性本能”的提法引起了很多人的误会，甚至有“泛性论”之嫌，可他还是坚持决定用“性力”的提法。在这点上，弗洛伊德表现出决不妥协的坚定。[②] 笔者认为，也许这是因为弗洛伊德最早发现性力对人的影响，是通过研究与治疗神经症患者，因此，在对性力的解释上，比起一般的“爱的本能”的说法，他还是更倾向对性力做偏于生物性而非精神性的解释。

现在我们再来看弗洛伊德的处方之一，他主张，在将能量分配到正视和接纳自我之后，我们还可以做的是：将自己的能量分配到宽泛的爱之中，即自爱、两性爱、对父母子女的爱以及对集体中他人的爱。

---

① ［奥］弗洛伊德：“集体心理学和自我的分析”，引自《弗洛伊德后期著作译》，林尘、张唤民、陈伟奇译，译文出版社 1986 年版，第 97 页。

② ［奥］弗洛伊德：“集体心理学和自我的分析”，《弗洛伊德后期著作译》，林尘、张唤民、陈伟奇译，译文出版社 1986 年版，第 98 页。

人是社会的人，有很多需要和愿望是要在与他人的合作与共享中才能获得满足的，因此，在爱自己之外，转移一部分能量去爱他人，不仅可以释放自身的能量，而且可以与人建立持久而巩固的合作关系，从而促进个人与社会的持续发展。而一个只知道满足自身愿望的人，其发展是很难持续下去的，因为他只顾自己不顾他人的所作所为迟早会受到环境的强力制约。“在整个人类的发展进程中，如同在个人的发展进程中一样，唯有爱才是促进文明的因素。因为它使人从利己主义走向利他主义。”①（弗洛伊德，1921）所以，因为爱自己而爱他人，在爱他人中爱自己，把小爱扩展为大爱，让大爱惠及小爱，这是一个人释放力比多的又一个极富建设性的方式。

2. 学会工作

弗洛伊德在研究神经症的过程中发现，性力的能量实在太大，还需要更多的方式去加以疏导，否则，社会约束所造成的个体的痛苦仍有一部分无法解决。为此，他给出的方法是：升华。也就是把个体无意识中的心理能量力比多投入到有意义的工作中。升华使力比多不再执着于本我的目标，这样就可以降低因被社会或者说超我制约而产生的挫折感。“防止痛苦的另一种技巧是通过使用我们的心理装置所容许的力比多转移，用这种方法使其功能极大地增加了灵活性。在这里它的任务是，以这种方式使本能的目的改变方向，使它们不受外界阻挠。本能的升华作用对完成此任务助了一臂之力。如果一个人能充分提高他从心理的和智力的工作资源中获得快乐的能力时，他的收获就是最大的。在这种情况下，命运对他几乎无能为力。”（弗洛伊德，1930）②

按照弗洛伊德的观点，如果一个人有能力从工作中获得快乐，那么，他受命运摆布的可能就会变小，因为他可以通过内部的精神过程寻求满足，从而使自己独立于外部世界。

通过对工作的享受，我们不仅可以转移一部分能量，还可以体验幸福感，而后者正是心理健康的标志之一。

弗洛伊德的处方旨在帮助人们预防心理疾病。而弗洛伊德所提处方的意义就在于，他提供了一个建设性避免心理疾病的思路。但是，对人类心理有着深刻洞察的弗洛伊德同样发现，并不是所有人都可以通过升华宣泄性力的，就如同不是所有人都可以通过正视和接纳自己以及通过爱而使自己的能量的得到有效转移一样。他在提出上述各种建议后，提醒人们：“在我们已经发现幸福可以获得的有限意义上，幸福是每一个人利用力比多的经济学问题。在这方面我们没有适合于

---

① ［奥］弗洛伊德：“集体心理学和自我的分析”，《弗洛伊德后期著作译》，林尘、张唤民、陈伟奇译，译文出版社1986年版，第110页。

② ［奥］弗洛伊德：“文明及其缺憾”，杨韶刚译，见车文博主编：《弗洛伊德文集》（第五卷），长春出版社1998年版，第230页。

每一个人的特别的诀窍；每个人必须为自己找到他可以借以获得幸福的特殊方法。”①（弗洛伊德，1930）

这就是说，在采用哪种方法分配力比多从上，人们是存在个体差异的。中国有句古话：“行行出状元”，不是只有科学艺术才可以帮助我们转移力比多，任何行业，只要我们专注并且投入，都是可以在帮助我们分配力比多的同时让我们收获很多美好的副产品的。如果一个人愿意选择心理健康，他就可以有意识地做出灵活的选择，甚至创造更多可以促进自身心理健康的方法的。

此外我们还要注意，弗洛伊德时代的人更多地用压抑的方式解决内心冲突，而今天的人们其状况有所不同，虽然宽泛地说压抑仍然是存在的，但是比较而言，选择压抑的人少了很多。放眼中国各种媒体和网络，更多的人似乎都更愿意选择自由表现自己的冲动，从各种让人触目惊心的贪官劣迹，到各种赤裸裸的欲望宣言，从各种完全缺乏自我保护意识的网上晒，再到各种没有底线的争吵甚至对骂，简直是一派的完全去压抑，完全无压抑，因此，我们这个时代或许更应该提倡的是超我和自律才是。

以上重点介绍了弗洛伊德的心理健康观以及他的心理结构、人格结构说，尤其是介绍了他有关焦虑与自我防御机制学说，并且补充了弗洛伊德的女儿安娜·弗洛伊德以及马斯洛有关防御机制的理论。

人都愿意相信自己是完全有意识地、自主地生活着的，但是弗洛伊德的发现让我们知道，人的很多问题和困扰其实都起源于人的无意识，人因为对自己和对人类缺乏认识，结果使得自己在生活中不仅很被动，而且受到各种无法控制的力量的操纵。但是弗洛伊德的发现使人们认识到：人的无意识层中虽然存在非理性的成分，但由于它们遵循着某些规律，因而人是可以理性地了解它们的，一个人如果学会认识并且正视自己无意识中的种种欲望和冲动，学会接受自己的不完美，学会把自己的能量转移一部分到建设性的事情上，如爱他人以及从事有意义的工作或学习等，就可以避免心理疾病并获得心理健康。

弗洛伊德的学说博大精深，以上介绍的只是其人格理论的一部分。弗洛伊德对人类的最大贡献在于他拓展了人的意识，从而使人类在自我认识的问题上前进了一大步。

2006 年，弗洛伊德诞辰 150 周年之际，他的故乡奥地利、他的第二故乡英国，以及美国和中国都举行了弗洛伊德诞辰 150 周年纪念仪式。100 多年来，弗洛伊德理论在心理治疗上的巨大开创性意义及其人格理论的巨大价值早已被公认，经典精神分析学说对世界哲学、文化、思想的巨大影响也同样被公认。经典精神分析这 100 多年来所遇到的最多的质疑是有关其学说科学性的问题。且不说

① ［奥］弗洛伊德：“文明及其缺憾”，杨韶刚译，见车文博主编：《弗洛伊德文集》（第五卷），长春出版社 1998 年版，第 234 页。

在人的问题上是否存在标准答案(这是科学性最为看重的)，只从研究的角度看，目前为止，对精神分析理论科学验证的研究从来没有中断过，并且取得了一些令人振奋的研究结果。这其中最主要的是以下几点：

一是神经生物学(生命科学的分支)在对创伤的研究中发现："巨大的压力或精神创伤能在生理上损害大脑。……加利福尼亚大学圣迭哥分校精神病学家默里·斯坦博士发现，儿时曾屡遭性虐待且至今有创伤后应激障碍(PTSD)的妇女，海马体(笔者注：大脑中司记忆的部位)体积缩小了百分之七"(丹尼尔·格尔曼，1995)①，同一篇文章中还介绍了其他研究者相同的发现。这些研究结果证实了弗洛伊德当年从大量经验中总结出的童年创伤对人生影响很大。二是生物化学在对创伤的研究中发现，创伤会导致人体生物化学上的变化："掌管'战或逃'的荷尔蒙，即肾上腺素和去甲肾上腺素，作用于杏仁核中神经通道，储存对引发情绪波动事件的记忆。……可以使动物深刻地记住最令其恐惧的事件和环境。"②(丹尼尔·格尔曼，1994)以上研究结论从科学角度证实了弗洛伊德从经验角度对童年创伤对人的巨大影响的发现。

再有就是"压抑的机制在现代神经科学的研究中得到了进一步证实"③。(徐云，2011)压抑是精神分析理论的基础，弗洛伊德的整个学说都是建立在这一基石上的。对压抑机制的证实同时也是对弗洛伊德学说科学性的证实。

1999年，一本可以证明精神分析学说生命力的杂志——《神经精神分析学》(*Neuropsychoanalysis*)创刊，2000年，国际神经精神分析学会在伦敦建立。神经精神分析学的首创者是纽约精神分析研究所的阿诺德·普费弗(Arnold Pfeffer)。"神经精神分析学是一个在整合神经科学与精神分析学的基础上而形成的新兴的跨学科研究领域。神经精神分析学运用神经科学的方法与成果，试图检验、修正、扩展、完善弗洛伊德精神分析学，来实现对人类深层心理的动态研究。"④(刘将，葛鲁嘉，2010)此外，"进入21世纪后，若干领域新的研究结果正在为潜意识理论恢复名誉。……最新(大脑)扫描研究更加引人注目，研究表明大脑在潜意识状态下处理所获信息。"⑤(弗兰克·塔利斯，2002)

特别值得一提的是，美国神经生物学家、2000年获得诺贝尔生理学与医学

---

① [美] 丹尼尔·格尔曼："严重精神创伤会伤害脑细胞吗?"，张旭东译，见《纽约时报科学版：大脑》，长春出版社2001年版，第124页。

② [美] 丹尼尔·格尔曼："情感的构造原理"，1994年10月，见《纽约时报科学版：大脑》，张旭东译，长春出版社2001年版，第51~52页。

③ 徐云："从压抑的认知神经科学观点看精神分析的发展"，《医学与哲学(人文社会医学版)》，2011年4月第32卷第4期总第426期，第3页。

④ 刘将、葛鲁嘉："神经精神分析学的兴起与展望"，《西北师大学报》(社会科学版)，2010年5月，第47卷第3期，第74页。

⑤ [英] 弗兰克·塔利斯："科学证明弗洛伊德是正确的"，《星期日泰晤士报》，2002年2月10日文章，转引自《参考消息》，2002年4月2日。

奖的埃里克·坎德尔(Eric Kandel)的研究。他是现代神经生物科学领域最有影响力的人物，他与弗洛伊德的经历恰好相反，他是先从事精神病研究并在其岳父的影响下成为精神分析师①，然后于20世纪60年代由于一个进实验室的机会转而从神经生物学角度研究记忆。坎德尔在其 *The Age of Insight*(《洞见的年代》，也有的译做《思想的年代》)一书中深入探讨了20世纪初的欧洲文化中心维也纳的弗洛伊德等五位科学家、医生与艺术家如何相互影响，从而给人类的思考方式所带来的革命性变化。在这本书中，坎德尔谈到弗洛伊德如何用他对无意识的洞见——人类无意识的冲动与欲望是如何被压抑和伪装在梦与行为中——震撼了世界。②

2012年4月7日，美国记者乔纳·莱勒在就坎德尔的著作《洞见的年代》采访其时问"你认为弗洛伊德会怎么看当代神经生物学"时，坎德尔回答："我想弗洛伊德会喜欢当代神经生物学。……弗洛伊德当年是希望有一天能够发展出脑科学的。……他尝试过但是失败了，他那个时代的生物学研究水平还远远达不到他的需要。……事实上，环顾四周，你会非常惊异地发现，我们有关大脑的认识在很大程度上都遵循着弗洛伊德的思想框架。我们现在知道了意识确实是冰山一角，也十分清楚地认识到了本能冲动的重要性，我们现在已经将其定位在下丘脑和杏仁核。我们现在也知道了童年存在性冲动。在从无意识进入到意识的心理过程中，存在着一种传播效应。我们在生物学基础上认识到超我与道德观在大脑中的定位。"③(Jonah Lehrer，2012)再如，心理学家詹姆斯彭尼贝克和他的同事研究性侵受害者由于羞耻和罪恶感选择保守秘密时会发生什么④，得出的结论是："不向他人透露事件可能比事件本身的伤害更大，……他和他的团队发现，一旦当事人说出或写下了她们内心深处的秘密，她们的健康状况就能改善，寻求医生帮助的次数减少，压力激素水平也有明显下降。"这个研究结论同样证明了弗洛伊德心理治疗中宣泄技术的重要性。

援引这些神经生物学角度所做的有关精神分析概念的研究及其研究方向，是

---

① 见："Interview with Eric Kandel：I see Psychoanalysis，Art and Biology Coming Together"，DER SPIEGEL，10，11，2012. 网址：D：\ Interview with Eric Kandel Psychoanalysis，Art and Biology Come Together-SPIEGEL ONLINE. mht.

② 见 *The Age of Insight—The Quest to Understand the Unconscious in Art，Mind，and Brain，from Vienna 1900 to the Present* 一书的英文版介绍，by Eric Kandel，Random House，2012. 网址：http：//www.randomhouse. com/book/89556/the-age-of-insight-by-eric-kandel.

③ Jonah Lehrer："The Age Of Insight"，04. 07. 2012，Wired Science Blogs. D：\ The Age Of Insight Wired Science Wired_ com. mht.

④ 大卫·伊格曼：《隐藏的自我：大脑的秘密生活》，唐璐译，湖南科技出版社2013年版，第118~119页。

希望让读者更多地了解精神分析理论的生命力。[①] 其实按照笔者个人的观点，用是否具备科学性来评判弗洛伊德学说是值得商榷的，因为在人的问题上是很难具备统一的标准答案的，不论治疗理论还是人格理论，不是只有经过科学验证才有存在的意义的，就如同守护了我们中国人几千年的中医常常被指责为不科学是一样的。一个被时间证明有效的治疗理论或者方法能够被科学证实固然是不错的，但是如果因为其尚未被证明就对之加以批判甚至否认，那就太舍本求末了，一个治疗理论和人格理论最重要的"本"在于：它能否并且是否治病救人，它能否让人因此而更健康，如果答案是肯定的，那么能被科学验证就是锦上添花，而不能被验证也没什么，大千世界本来就存在脉络清晰与模糊混沌这两面，我们需要怀有如下的信念：被经验证明的真理和被科学证明的真理具有同样的价值，都是能够促进我们健康成长的最重要的资源。而弗洛伊德发现并教会我们一套深入我们自身无意识的语言系统：性力、意识、无意识和前意识；本我、超我和自我；自我心理防御机制，等等，不仅使得掌握这套符号系统的人在认识自己和发现自己的时候可以少走很多弯路，而且让其后继者得以发展出更多有助于改善心理疾病并促进人类心理健康的理论和方法，弗洛伊德在心理治疗上所做出的开创性贡献值得我们永远地感念！

本章术语

释梦；宣泄法；恋母情结；精神分析；连续谱；心理结构：意识、无意识、前意识；人格结构：本我、自我和超我；焦虑；自我心理防御机制：压抑、置换、认同、投射、反向形成、白日梦、合理化、退行、升华、抵消、隔离、补偿、否认、幽默、利他、理智化、去圣化。

思考题

1. 结合个人生活实践谈谈弗洛伊德防御机制说给你的启发。
2. 弗洛伊德心理结构说给你的启发有哪些？
3. 弗洛伊德人格结构说给你的启发有哪些？
4. 怎样理解弗洛伊德有关"健康与不健康是一个连续谱"的思想？
5. 为什么自我认识与自我接纳会产生十分重要的心理保健功能？

---

① 关注此问题的读者还可以去看：(1) 李晓驷："精神分析理论生物学基础断想"，《中国心理卫生杂志》，2005，19(7)：504-507。(2) Susan Kruglinski：" Interview：Nobel Laureate Eric Kandel——Does psychotherapy work?"，DISCOVER——The Magazine of Science，Technology，And The Future，Sunday，April 02，2006. 网址；http：//discovermagazine. com/2006/apr/eric-kandel. (3) Mark Solms 的中文版系列文章："弗洛伊德重出江湖"，《科学》2004 年第 7 期。

第三章　荣格的健康人格模型：个体化的人

一个不懂得自己的人是不可能懂得别人的。在我们每一个人身上都有另一个我们不认识的“他”——他在梦中向我们说话，他告诉我们，他看我们的方式是怎样迥然不同于我们看自己的方式，当我们处在无法解决的困境中，他有时就能闪现出光亮，而这光亮将极大地改变我们的态度——那使我们走入困境的态度。①

——荣格

第一节　荣格的生平

卡尔·古斯塔夫·荣格(Carl Gustav Jung，1875—1961)出身于瑞士边界的一个乡村。父亲是一个贫穷的乡村新教牧师，荣格父母双方家族中共有9个牧师。

① ［瑞士］荣格：“心理学的现代意义”，《荣格文集》，冯川、苏克译，改革出版社1997年版，第151页。

他儿时家庭生活拮据，9岁之前没有兄弟姐妹(9岁之后才有了一个妹妹)，他父母的关系很紧张，加之家庭浓郁的宗教气氛，使荣格长成一个敏感、孤独、有强烈不安全感的孩子。小时候他用以自娱甚至自救的方式包括画画、长时间的做白日梦以及用砖头建房子和做手工等。

9岁时，为了抵御强烈的不安全感，荣格在尺子上刻了一个小人儿，他为他做了礼服、帽子、靴子和一件小大衣，然后又从河边为他找了块光滑的长方形黑石头并把石头染成彩色，他把这块石头和他的小人儿放在铅笔盒里藏在阁楼上，每当他的心情不愉快或者感情受到伤害时，他就想一想自己的小木人儿，或者会找出小人儿和石头玩一会儿。写回忆录时提到这个儿时的玩具时，他认为那是他无意识中制作出的一个古代神灵——传说中的医神：一个披着大氅的小矮人①，“由于这一次对童年事件的回忆，我第一次坚信，远古年代的心灵成分没有传承关系也能进入到个体的心灵之中。……我还是孩子的时候，也发生过类似于我后来在非洲土著民族那儿所看到的事情：一开始他们做一件事，却不知道是为什么，直到很久以后才对此加以思考。”②（卡尔·古斯塔夫·荣格，1961)荣格的这段话对于理解他日后发现的人类集体无意识有很重要的作用。

童年时的孤独无助感使荣格早早就迷上了诗歌、历史、戏剧、宗教以及哲学著作。由于涉猎广泛，荣格一度从一个胆小羞怯、充满不安全感的孩子变作一个开朗、自信的少年，他不再因为家庭的贫困、父母的不和而感觉苦恼，他开始鼓足勇气与同学交流，向同学介绍他读过的书，但没想到却遭到同学的嫉妒，后来荣格用心写的一篇非常棒的文章被老师认定为抄袭，这让荣格很受伤害，从而再一次退回到自己的内心世界。

荣格12岁时因为恐惧数学而开始厌烦上学，恰在其时发生了一位同学将他撞倒在地的事件，从那以后整整半年的时间，只要父母让他上学或者做作业，他就会昏厥。为此他休学在家，那6个月中，他沉浸在父亲的图书馆和大自然中，其余的时间他做白日梦、画画并且思考。直到有一天听见父亲忧心忡忡地对朋友说：“如果这个孩子以后不能自食其力，那后果将不堪设想”，那一瞬间，荣格自述“如被雷击一般，脑子里冒出一个念头：‘噢，我不能再这样下去了’”，此后不久他重返学校，并且再也没有复发。③ 这次学校恐惧症是荣格第一次体验到的神经症，也是少年荣格第一次行使自由意志，让自己从疾病中康复。

---

① 荣格后来的传记作者之一芭芭拉·汉娜在其著作中称，这是荣格无意识中要做医生的第一个象征。见：[英] 芭芭拉·汉娜：《荣格的生活与工作——传记体回忆录》，李亦雄译，东方出版社1998年版，第63页。

② [瑞士] 卡尔·古斯塔夫·荣格：《梦、记忆、思想——荣格自传》，阿尼拉·杰菲记录和出版，陈国鹏、黄丽丽译，国际文化出版公司2011年版，第33页。

③ [瑞士] 卡尔·古斯塔夫·荣格：《梦、记忆、思想——荣格自传》，阿尼拉·杰菲记录和出版，陈国鹏、黄丽丽译，国际文化出版公司2011年版，第38~40页。

荣格小时富于幻想并且有各种神秘体验。12 岁时他觉得自己其实是两个人，一个就是当前的 12 岁的小学生，对自己毫无把握并且不太适应世界；另一个则是生活在 18 世纪的一位老人，一个重要的、有权威的人，一个可以把握自己的人。他常常产生前世感，他在朋友餐桌上随意编的故事也常常会非常诡异地道出他自己完全不知晓的这个家庭的某个令人难堪的秘密。此外他还有过许多怪诞的、有预见性的梦，如他在自传中谈到，他曾梦到第一次世界大战即将发生，欧洲将血流成河。用今天的说法，荣格应该是一个有特异功能的人，但他与一般有特异功能的人的不同之处在于，他十分执着地分析、研究自己的种种神秘体验和梦，他不仅把它们当作自我认识与认识世界的重要资源，也把它们当作某种启示甚至指导。

荣格与其父母的关系在使其具备独立思考和审辩思维能力上也有重要作用。荣格的父亲在教育小荣格上很开明，也很包容，但荣格注意到他的父亲作为一个牧师，在其信仰产生动摇时，却选择了盲从而不是思考[①]，这让荣格感到很失望，促使荣格独立思考以寻找自己的答案。荣格对母亲的感情比较复杂，一方面，他认为母亲非常的善良和温暖，有明显的文艺天赋、鉴赏力，同时也有不少神秘体验；另一方面，他又注意到母亲有非常威严的一面，当她表现出这一面的时候，荣格会觉得“阴沉可怕”，母亲的不可捉摸成为促使荣格独立思考的又一个重要因素。

荣格上大学前，其父母曾经多次问他想成为什么样的人，由于兴趣非常广泛，荣格同时感兴趣的领域包括考古、自然科学、历史和哲学，但是由于家庭经济状况的限制，荣格不得不首先将考古排除在外，因为他所在城市的大学没有考古专业，而如果到外地上大学，他们家的经济状况又不允许。他当牧师的舅舅极力主张他去读神学，但是他的父亲告诉他，“你可以从事任何职业，只要不做神学家就好”[②]，这点荣格和父亲的观点一致，因此他选择了学医。在医学院时，他原打算学外科，后来受老师的影响一度又决定学内科。之后，荣格经历了几次神秘体验，这对他日后的专业选择产生了决定性作用。那是他大二时的暑假，他正坐在屋里看书，忽听饭厅一声巨响，他冲出去后发现家里一张已有几十年历史的硬胡桃木餐桌自动裂开了一条缝，这件事情发生两周后，他们家餐柜里一把餐刀在一声巨响中裂成了几块碎片。这两件事让荣格非常困惑，就在这时，他一个亲戚家里来了位 15 岁的女巫师，荣格开始定期参加这位巫师举行的降神会。

这几次神秘体验使荣格对心理学产生了兴趣，就在同一年的秋天，荣格遇到

① ［瑞士］卡尔·古斯塔夫·荣格：《梦、记忆、思想——荣格自传》，阿尼拉·杰菲记录和出版，陈国鹏、黄丽丽译，国际文化出版公司 2011 年版，第 90 页。

② ［瑞士］卡尔·古斯塔夫·荣格：《梦、记忆、思想——荣格自传》，阿尼拉·杰菲记录和出版，陈国鹏、黄丽丽译，国际文化出版公司 2011 年版，第 75 页。

了影响他职业规划的最后一件事：那就是他为了应付考试而读到的一本精神病学教科书，作者序言中把精神病称作“人的疾病”，这句话一下子就击中了荣格，他立刻意识到他要选择精神病学做自己的专业，因为“我想弄明白，人类的心灵在面对他自身的毁灭时会有怎样的反应。”① （荣格，1961）在当时，这是一个需要付出代价的重大决定，因为当时的医学界十分轻视精神病学，精神病院的医生和病人被关闭在城郊的医院里，与世隔绝，精神病医生本人也被看作怪人。当时没有人愿意多看一眼精神病人，所以当荣格告诉他的内科学老师他最后的决定是选择精神病学时，老师的失望和惊讶瞬间激活了荣格幼时常常会有的被疏远甚至孤立的体验，可是现在的他是成年人了，他终于明白自己为什么会再一次面临这种被疏远的处境，首先是因为他选择背离在主流世界看来非常有“前(钱)途”的内科专业，其次，“我明白，我明显又走进了一条没有人能够或愿意跟随的羊肠小道。但我知道，没有人会有我这样的坚信，他们无法让我偏离目标，我的决定是坚定的，命中注定我该做出这样的选择。”② （荣格，1961）就这样，荣格追随他的内心，坦然接受了他与众不同的职业选择所带来的再一次被视作另类的后果，平静而坚定地开始了他的精神病学和心理治疗学的研究，直到生命的终结。

1900 年，荣格获医学博士学位并取得行医资格后在苏黎世郊区的布勒霍尔兹利精神病院(这是欧洲当时最负盛名的一所精神病院)当了一名精神病医生，1905 年，荣格成了苏黎世大学的精神病学讲师。1909 年，荣格辞去在精神病院的职位，开始私人执业，从事心理治疗。

在专业上对荣格有重大影响的首先是弗洛伊德，荣格自当精神科医生以来，不仅从头阅读 50 卷本的《精神病学概论》，而且认真研读弗洛伊德的著作，他十分赞同弗洛伊德有关强迫症的理论。1906 年，他冒着学术前程会被断送的危险为当时孤立无援的弗洛伊德做辩护；1907 年，荣格把自己的《精神分裂症心理学》一文(又译《早发性痴呆心理学》)寄给弗洛伊德；同年，弗洛伊德邀请他去自己家做客，他们一见如故，然后不间断地谈了 13 个小时。荣格非常钦佩弗洛伊德，但是即使在第一次见面时，荣格就已表现出他对弗洛伊德性理论及其将一切精神活动都归结于性力(注：指弗洛伊德不仅将心理疾病归结为性压抑，而且将艺术和智慧归结为性欲压抑后的升华)的质疑，他在与弗洛伊德第一次会面时就发现了他们决裂后他才梳理清楚的对弗洛伊德的印象：弗洛伊德对性力理论怀有宗教般的热情，而在荣格看来：“把性欲抬到如此高的地位，那一般人只能胆

① ［瑞士］卡尔·古斯塔夫·荣格：《梦、记忆、思想——荣格自传》，阿尼拉·杰菲记录和出版，陈国鹏、黄丽丽译，国际文化出版公司 2011 年版，第 108 页。

② ［瑞士］卡尔·古斯塔夫·荣格：《梦、记忆、思想——荣格自传》，阿尼拉·杰菲记录和出版，陈国鹏、黄丽丽译，国际文化出版公司 2011 年版，第 105 页。

战心惊、退避三舍。”①(荣格，1961)

弗洛伊德起初对荣格的欣赏非同一般，他“在这段时期写给荣格的一封信中，称荣格是他的过继长子，他的王储和他的继承人。”②（霍尔，1973）最为特别的是，弗洛伊德在成立国际精神分析学会时，不仅不考虑自己作为精神分析奠基人的身份，而且不顾维也纳精神分析同行的反对，坚持让荣格任学会的第一任主席。但是，弗洛伊德对自己理论的近乎强迫性的执着和荣格自小就具备的独立思考和不断探索未知事物的特点实在大相径庭。1912 年，荣格在经过长期的内心冲突后发表了与弗洛伊德观点相去甚远的著作《力比多的变化与象征》，在这本书中，荣格提出一些与弗洛伊德有重大差异的观点，如力比多并非仅仅代表性能量，而是更为广泛和普遍化的生命能量的形式等。此书发表后，俩人的关系破裂，荣格一度又陷入被孤立的状态，“所有的朋友和熟人一个一个都先后离我而去，我的书也被贬为胡言乱语。”③（荣格，1961）

尽管与弗洛伊德分道扬镳是荣格自己做出的选择，但是这件事仍然对他的情绪产生了很重大的负面影响，与弗洛伊德关系的破裂以及随之而来的被同行以及病人孤立让他不堪重负，他感觉无所适从并且突然丧失了对生活的兴趣，他意识到自己正走向精神崩溃，今天看来，这是荣格经历的“中年危机”。④1913 年，出于教师的责任感——他认为自己当下的状态已经不适合继续做老师——他决定辞去在苏黎世大学编外讲师的教职，他自 1905 年开始在那里工作了 8 年。后来有学者如安东尼·斯托尔称荣格这一举动是牺牲了他的世俗目标(做教授)而最终成为他自己。⑤ 之后，荣格又辞去国际精神分析学会主席的职务，并退出学会。

以后的四年中，为了自救，也为了认识并把握自己，他开始努力发掘并正视自己的无意识(他的梦、童年和当下的幻觉)，以此抵御精神趋于崩溃的现实。在这个过程中，他又有过很多次神秘体验，包括出现很多奇异的幻觉和各种奇特

① ［瑞士］卡尔·古斯塔夫·荣格：《梦、记忆、思想——荣格自传》，阿尼拉·杰菲记录和出版，陈国鹏、黄丽丽译，国际文化出版公司 2011 年版，第 138~139 页。

② ［美］霍尔等：《荣格心理学入门》，冯川译，生活·读书·新知三联书店 1987 年版，第 16 页。

③ ［瑞士］卡尔·古斯塔夫·荣格：《梦、记忆、思想——荣格自传》，阿尼拉·杰菲记录和出版，陈国鹏、黄丽丽译，国际文化出版公司 2011 年版，第 152 页。

④ “中年危机”这个概念最早出现在 1965 年，由精神分析师 Elliott Jaques 提出，当时他在《国际精神分析杂志》上发表了一篇题为“*Death and the Middle Crisis*”（《死亡与中年危机》）的文章，他在文章中提出自己的假设：中年危机始于三十四、五岁。后来这个概念引起了广泛的讨论和质疑。劳赫于 2018 年提出“中年消沉”以替代“中年危机”之说，他认为中年是重启而不是危机的时期。见乔纳森·劳赫：《你的幸福曲线——每个人 35 岁后都要了解的人生策略》，Kindle 位置 696/3261；401/3261，浙江教育出版社 2019，Kindle 版本。笔者的假设是：中年消沉是大概率事件，而中年危机则是小概率事件。换言之，中年危机是存在的，却是小概率事件。

⑤ ［英］安东尼·斯托尔：《荣格》，吴琼译，昆仑出版社 1999 年版，第 82 页。

的梦境，最严重的一次幻觉中，也就是 1913 年 10 月，荣格看到了“人类文明的碎片和成千上万具被淹死的尸体都漂浮在水中，这一汪洋变成了一个血海”①，两周后，同样的幻象再次出现，荣格当时非常恐惧，他觉得他需要认真考虑他会得精神病的可能性。1914 年第一次世界大战的爆发，不仅使荣格彻底摆脱了自己有可能得精神病的恐惧，而且使他前所未有地意识到自己的潜能——一种可以预见未来的能力。从此，他开始自我肯定，把自己的天赋异禀当作资源。他学会听从内心的声音，他努力分析这些幻象与梦给予他的启示，直到他梦到他称之为“费勒蒙”的内在心灵导师。

荣格自小就有很多特异体验，虽然他对此有过很多困惑甚至挣扎，虽然他一度非常希望能够成为和大家一样的“正常人”，但是值得庆幸的是，他最终学会了接受自己并珍惜这些体验，并把它们当作自我认识和自我启迪的象征。而与弗洛伊德分裂后梦见的费勒蒙，则被荣格视作他内在的导师(再往后，他发现每个人都有自己内在的导师，他称之为自性(self)——每个人内在的神性)，他在幻觉中与自己的导师进行对话、交谈，从而对无意识有了真正深入的认识和了解，这个过程中，他还先后遇到了其他意象②，并画出了他的第一幅曼荼罗——一种自性和实现个体化的象征。顺便说一下，2003 年，在索怒教授和斯蒂夫 · 马丁的倡导下成立了费勒蒙基金会(又译“腓利门基金会”)，专门负责编辑整理出版荣格的遗著和信札。③

说到荣格的自救，还要特别提到荣格个人经历中一个值得关注的重要细节，那就是他自小就具备的对石头与建筑的热爱——有学者称之为“石头情结”④，这种热爱不仅激发了荣格思考中的很多灵感，给予他很多重要的启迪，而且成为荣格人生中不可或缺的治愈系，终其一生，在荣格面临重大困惑甚至心理危机时，他对石头与建筑的热爱成为他自我疗愈的重要方式。

1916 年，荣格遇到一个精神分裂症病人，他多年来一直被一种特殊的幻象所困扰，起初荣格虽然无法理解这位病人，但他对病人心存关怀，后来他读到一本书，这本书中居然有与此病人一模一样的幻象描述(这本书是在病人谈及其幻象后 4 年才出版的)，后来荣格又遇到过类似的令人惊讶的个案，这促使他决定：

① [瑞士]卡尔 · 古斯塔夫 · 荣格：《梦、记忆、思想——荣格自传》阿尼拉 · 杰菲记录和出版，陈国鹏、黄丽丽译，国际文化出版公司 2011 年版，第 158 页。

② 此处的意象(英文：imagery)是指在想象中所看到、感受到的某种对产生意象者意义重大的图像。意象来自无意识，是我们的无意识给予我们的某种具有启发意义的信号。因此，意象可以被看成是有寓意之象。荣格自我认识和认识世界的方式之一，就是借助梦与幻觉产生的意象，他研究它们、分析它们，然后从它们之中寻找他对世界的答案以及对自己的认识和把握。

③ [瑞士]卡尔 · 古斯塔 · 荣格：《红书》(注：这是荣格的一部未完成手稿集。首版：2009 年)，周党伟译，机械工业出版社 2019 年版，第 78 页。

④ 申荷永：《心理分析理解与体验》，生活 · 读书 · 新知三联书店 2004 年版，第 107 页。

“在没有理解精神病人的象征含义之前，我无法治疗潜在的病人，所以，当时我就开始着手研究神话学。……(因为)心灵不仅属于个人，也是一个世界性的问题，精神病学家要用整个世界的观念去理解它。”①（荣格，1961）

1917 年，荣格在经历了一场历时几年的深刻的情绪危机之后重又振作并且活跃起来。几年来，他对自己无意识所做的全神贯注地观察与研究，使他实现了与无意识的深入对话，这期间他发表了大量有关无意识的著作。这段探索自身无意识和意象的过程不仅帮助荣格疗愈了他所出现的精神危机，而且为其日后的理论奠定了坚实的基础，正如荣格自己所说：“我探索内心意象的那些年头是我一生中最重要的时期，所有根本性的东西都是在那时确定下来的。一切都是在那时候开始的，后来的工作都是一些细节末梢，只是作为补充说明而已。我全部后来的工作都是在对那些年从潜意识中提取出来的、最初差点把我给淹没了的东西进行加工。这就是我终生进行研究的原始素材。”②（荣格，1961）

1920 年之后的几年间，荣格先后到北非的阿尔及尔、突尼斯、埃及和伊朗的苏萨，研究当地的小说、艺术、习俗、仪式、典礼、神话、宗教以及炼丹术等，因为在他看来，人的无意识最清楚地体现在这些领域。他在研究中发现，不论在世界何处，上述这些文学艺术或宗教作品在一些有关生命、存在、信仰等人类基本问题上都有惊人的相似之处。例如，圣经里的上帝用泥土造人，中国神话中的女娲亦用泥土造人；再如，世界各国对母亲近乎相同的称颂与描绘等，这使他证实了人类有一个共同的、普遍的精神源泉，他称之为“集体无意识”。荣格的旅行使他对人类的原始精神和集体无意识有了切身的接触，这种原始文化之旅帮他挖掘并感受到集体无意识，使他在继续深入认识自己的同时，对人格也有了新的理解。更重要的是，他在接触非洲和美洲原始部落中的人与文化的过程中，对人自身存在的神性有了真正深刻的体验和发现，这些都成为他后来思想的重要源泉。

1927 年，荣格在继弗洛伊德、费勒蒙之后，遇到了对他的学术思想有重大影响的第三个人(严格说是第二个人，因为费勒蒙是荣氏幻象中的人)：德国著名汉学家理查・威廉(他的中文名字是：卫礼贤)③。与热爱中国文化的理查・威

---

① ［瑞士］卡尔・古斯塔夫・荣格：《梦、记忆、思想——荣格自传》，阿尼拉・杰菲记录和出版，陈国鹏、黄丽丽译，国际文化出版公司 2011 年版，第 123 页。

② ［瑞士］卡尔・古斯塔夫・荣格：《梦、记忆、思想——荣格自传》，阿尼拉・杰菲记录和出版，陈国鹏、黄丽丽译，国际文化出版公司 2011 年版，第 179 页。

③ 德国汉学家理查・威廉(Richard Wilhelm，1873—1930，其名又译：理查德・韦尔海姆、理查德・威廉、理查德・维尔海姆以及理查德・韦尔赫姆)，中文名：卫希圣，字礼贤。据政协山东省委员会机关报《联合日报》(2013. 3. 31)张墨英文：卫礼贤先生自“1899 年 5 月受基督教同善会差遣从德国抵达中国青岛，1920 年离开青岛回国，第二年受德国政府派遣担任德国驻华公使馆科学顾问，并应蔡元培邀请兼任北京大学教授，1924 年回到德国并继续从事汉学教学、研究、著书等事业，终其一生。”

廉的友情不仅让荣格了解并且熟悉了中国文化，更关键的是，他向荣格介绍中国古代道家炼金术的文章《金花的秘密》时①，正值荣格对自己对无意识的发现感觉不够确定之际，而这篇中国千年以前的文章让荣格为他的观点找到了他梦寐以求的论据，他多年来的思考与发现在中国的道家文化中得到了证实，“这篇文章给我带来了一种意想不到的东西，它证实了我有关曼荼罗和围绕中心点的想法。这是打破了我孤独的第一件事，从那以后，我不再感到孤独，有人与我有共识。”②（荣格，1961）后来荣格将这种个人内心感受与外在真实事件具有对应性和平行性的情形称之为“共时性”（Synchronicity，又译：同步性、同时性、共时现象、同步原理）。

1925—1937 年，荣格先后到北美新墨西哥州拜访了印第安人，后来又去了非洲的肯尼亚和乌干达，1938 年又拜访了印度，对欧洲之外未开化地方的探索和与各地原住民的交往与交流在帮助荣格在丰富其理论方面有着巨大的意义。尤其是对印度桑奇佛塔（Buddhist Monuments at Sanchi）的拜访，使荣格产生一种非常强烈的被启示的感受：“佛教在这里向我呈现出一种新的现实。我把释迦牟尼的生活理解为是自性的现实，这种现实贯穿于个人生活中，也是自身之所需。”③（荣格，1961）这期间，荣格又深入研究了理查·威廉（汉语名字：卫礼贤）翻译的《易经》，这同样给荣格带去了极大的震撼与感动：“很可能再没有别的著作像这本书那样体现了中国文化的生动气韵。几千年来，中国最杰出的知识分子一直在这部著作上携手合作、贡献与努力。它历尽沧桑岁月却依然万古长青，永葆其生命与价值。”④（荣格，1930）后来在纪念去世的理查·威廉时，荣格谈道：“威廉的毕生工作对我具有如此巨大的重要性，因为它大大地澄清和确证了我在努力缓解欧洲人的精神痛苦时所一直寻找、追求、思考和致力的许多东西。……

---

① 这里有一个非常奇异的共时性现象：按照荣格传记中的说法，收到理查·威廉翻译的《金花的秘密》之前，荣格自己也写了一本题名为《金花的秘密》的书。见卡尔·古斯塔夫·荣格：《梦、记忆、思想——荣格自传》，阿尼拉·杰菲记录和出版，陈国鹏、黄丽丽译，国际文化出版公司 2011 年版，第 176 页。

② ［瑞士］卡尔·古斯塔夫·荣格：《梦、记忆、思想——荣格自传》，阿尼拉·杰菲记录和出版，陈国鹏、黄丽丽译，国际文化出版公司 2011 年版，第 177 页。

③ ［瑞士］卡尔·古斯塔夫·荣格：《梦、记忆、思想——荣格自传》，阿尼拉·杰菲记录和出版，陈国鹏、黄丽丽译，国际文化出版公司 2011 年版，第 245 页。

特别指出这一点是因为，在荣格的学说中有着佛教的印记，了解这点，对了解荣格的思想是有帮助的，就如同冯川曾经指出的，“当我们竭力理解集体无意识究竟何所云谓的时候，我们没有料到：它的先驱居然是印度大乘佛教所说的阿赖耶识”，见《荣格文集》之附录：“重返精神家园：荣格述评”（冯川），冯川、苏克译，改革出版社 1997 年版，第 566 页。

④［瑞士］荣格：“纪念理查．威廉”，见《荣格文集》，冯川、苏克译，改革出版社 1997 年版，第 296~297 页。

以致在我看来我从他那儿接受的东西，比从任何人那儿接受的都多。”[①]（荣格，1930）

从那以后直到他1961年逝世，荣格不断向世界奉献他的研究成果。而他最重要的贡献便是对集体无意识的揭示与其个体化理论的建立。值得一提的是，荣格自从与弗洛伊德决裂后，俩人就再也没有过来往，虽然二战时期，荣格曾经试图帮助弗洛伊德脱离危险，他邀请弗洛伊德到瑞士避难，却被弗洛伊德断然拒绝。但是很有意思的是，晚年荣格在其自传中谈道：“回首往事，我可以说，我是唯一一个对弗洛伊德最为感兴趣的两个问题进行深入研究的人：‘远古遗迹’的问题和性欲的问题。”[②]（荣格，1961）不仅如此，他对弗洛伊德也有很高的评价：“他对我们文明的推动来自他发现了一条通向潜意识的途径。确认梦是了解潜意识过程的最重要信息源，他挖掘出那些似乎已无可挽回的事情的往日和遗忘之物的价值。”[③]（荣格，1961）比较而言，弗洛伊德就没有这么大度了。

由于荣格不同寻常的特异禀赋，他曾被正统心理学看作异教徒。因此，荣格在其个人成长与学术研究的过程中，无数次面临他“唯一难以忍受的痛苦，不被理解的痛苦。”[④]（芭芭拉．汉娜，1976）他既要保持现实感又要保持与自己内心的联结，包括把非常独特的个人特异体验当作研究的第一手资料，他最终选择了忠实于自己，忠实于自己的信念和感觉，忠实甚至是依赖自己非常独特的个人经验，不因为自己的与众不同而自我否认，而是不断地思考、质疑、寻找，找自己、找真理，努力地跟着自己的心走[⑤]，在其强烈的个人体验和经验之上发展出自己的心理学理论，直到为人类的自我认识做出重大的贡献。与此同时，荣格在努力实现自身神性上也为我们树立了榜样：他从孩提时代起，就知道尊重自己的天赋，虽然他在看待自己天赋的过程中有过困惑，却没有动摇，他跟从自己的内在导师——自身内在神性——的引导，努力去求证自己个人独特甚至奇特的经验，并最终实现了自己的天赋——为人类的自我认识提供了一个非常独到而又深入的个案。

---

①［瑞士］荣格：“纪念理查．威廉”，见《荣格文集》，冯川、苏克译，改革出版社1997年版，第305页。

②［瑞士］卡尔·古斯塔夫·荣格：《梦、记忆、思想——荣格自传》，阿尼拉·杰菲记录和出版，陈国鹏、黄丽丽译，国际文化出版公司2011年版，第152页。

③［瑞士］卡尔·古斯塔夫·荣格：《梦、记忆、思想——荣格自传》，阿尼拉·杰菲记录和出版，陈国鹏、黄丽丽译，国际文化出版公司2011年版，第153页。

④［英］芭芭拉·汉娜：《荣格的生活与工作——传记体回忆录》，李亦雄译，东方出版社1998年版，第111页。

⑤谈到如何忠实于自己，还请读者参考笔者博客（杨眉心理学科普博客）上的一篇文章：“你要珍惜并热爱你的‘不一样’——看菲比梦游奇境”（2009.8.27）。

第二节 荣格的健康人格观

一、个体化概念[①]

在荣格看来，有健康人格的人是在追求个体化过程中实现自性的人。谈到个体化(Individuation)这个概念，用荣格自己的话说就是："我使用'个体化'这个术语来意指一个过程，人通过这个过程成为心理学说的'不可分割的'(in-dividual)，换言之，独立的不可分的统一体或者'整体'。"(荣格，1959)[②]

荣格所指的个体化是指人寻求生命意义时的探索过程和结果，在这个过程中，人既要成为独一无二的他自己，同时又要将自身意识与无意识之间的冲突进行整合，从而最终成为一个独立、整合与自性(self)[③]实现的个体。荣格认为："我的心理学发现中最核心的是内心转换的过程：个体化。"(荣格，1961)[④]

荣格认为，人在成长的过程中面临着一个非常特别的情况，那就是人的意识和无意识之间存在极大的冲突，人们以为无意识什么都不是，而实际上，人们的行为和思想都受无意识的影响而不知，而且"意识总是容易屈从于无意识的影响，……同样经常发生的是，无意识动机支配我们的意识决定，尤其是至关重要的事情上。事实上，个体的命运在很大程度上依赖于无意识因素。"[⑤](荣格，1959)

正是因为意识与无意识常常处于冲突甚至分裂的状态，因此个体化的过程就是促使人实现意识与无意识的整合，并最终实现人格进化的最高形式——自性实

---

① 国内学者申荷永主张将荣格著作英文译本中的"individuation"译为"自性化或自性化过程"(见申荷永：《心理分析理解与体验》，生活·读书·新知三联书店2004年版，第139页)。但是笔者考虑再三，还是决定忠实于英文原文，选择译为"个体化"。此外，也因为在荣格的"individuation"理论中，个体化是一个过程，而自性(self：自身的神性)的实现则是个体化过程所追求的目标。

② [瑞士]荣格：《原型与集体无意识》，见《荣格文集》(第五卷)，徐德林译，国际文化出版公司2011年版，第219页。

③ 目前国内更多地将self和ego都翻译成"自我"。但有学者将self译为自身(陈仲庚)或自性(冯川)，其中的"自性"是"自身的神性"的缩写。西方心理学家对"self"的解释也有所不同(参见《剑桥心理学词典》)，荣格认为"self"是集体无意识中的原型，是人生而有之的神性，追求并且实现自身的神性是人类生活的目标。所以笔者的观点是：将self译作"自身的神性"(简称"自性")更为准确，同时也便于与ego(自我)译法的区分。因此，笔者将过往人们所称的"自我实现"(self-actualizing)译为"自性实现"，或者说是"自身神性的实现"。

④ [瑞士]卡尔·古斯塔夫·荣格：《梦、记忆、思想——荣格自传》，阿尼拉·杰菲记录和出版，陈国鹏、黄丽丽译，国际文化出版公司2011年版，第181页。

⑤ [瑞士]荣格：《原型与集体无意识》，见：《荣格文集》(第五卷)，徐德林译，国际文化出版公司2011年版，第228页。

现(self-realization，注：以往这一直被翻译成“自我实现”)——一种各方面都处于和谐、充实和完满的人格状态。

实现个体化者通常都是在中年之后，按照舒尔兹对荣格理论的总结(舒尔兹，1977)①，他们的标志是：具有高度的自我认识、自我认可和自我整合，与此同时，他们也能够认可并容忍他人，有共情能力(一种能设身处地为他人着想的能力)。不仅如此，他们还具有认可未知和神秘事物的特点。说到这最后一点，笔者认为显然与荣格个人的经验有密切关系，荣格自己是那种可以有效整合意识与无意识资源的人，因此，遇到很多被称为“神秘体验”的事，只是一般人还没有能够认识到的事物，而实现了个体化的人就可以从中吸取丰富的资源。因此，个体化的人“不仅坚定地立足于外部世界，同时也坚定不移地植根于内部世界。”②（荣格，1933）

用荣格的理论去衡量，中国的孔子、老子，外国的特瑞莎修女和甘地，心理学家中的弗洛伊德、阿德勒、弗兰克、荣格自己、埃里克森、罗杰斯、马斯洛等，以及普通人中做成了最好的自己的人，都是实现了个体化的人。

二、个体化理论产生的背景

荣格有关个体化的概念既有其个人经历的基础也是其临床观察与研究的产物。芭芭拉·汉娜曾如此评价荣格的心理学理论：“在他的心理学中，没有空洞的理论，一切都是在最基本的经验基础上被发现的，并且是彻底真实的。”③（芭芭拉·汉娜，1976)

我们在介绍弗洛伊德的理论时，各位一定已经注意到心理学大家的个人经历对其理论的影响，在荣格这里也一样，他所遭遇的中年危机对他发展他最重要的理论——个体化理论——同样具有非同寻常的意义。十多年后，荣格在他的著作《探索心灵奥秘的现代人》中还特别提到：“社会上是否有一种专为 40 岁左右的人开设的大学，用以告诉他们即将面临的人生？就如同通常专为青年人准备的大学，传授给他们有关社会、人生的一切知识那样？不，这样的大学是没有的。在毫无准备的情况下，我们踏入了生命的下午。更糟的是，当我们踏入之时，总有个错误的幻想，认为我们所知道的真理与理想，一定能适用于这个阶段的人生。然而事实上，我们不可能根据生命的早晨时的计划去度过生命的下午的，因为早

① ［美］舒尔兹：《成长心理学》，李文湉译，生活·读书·新知三联书店 1988 年版，第 200~202 页。

② ［瑞士］荣格：“心理学的现代意义”，见《荣格文集》，冯川、苏克译，改革出版社 1997 年版，第 152 页。

③ ［英］芭芭拉·汉娜：《荣格的生活与工作——传记体回忆录》，李亦雄译，东方出版社 1998 年版，第 167 页。

晨看了美好的东西，到傍晚时会变得无用。在早晨是真实的东西，到傍晚会变得虚伪。”①（荣格，1933）

荣格之所以会得出这样的结论，与他个人的自我探索经验和治疗经验有非常密切的关系：荣格的病人中有 2/3 的人已年过中年，并且他们也都遭遇着荣格中年时所感觉困扰的问题。

在荣格那个时代，能够寻求心理治疗的人通常都是有钱有闲的人，这样的人大多事业有成，可是为什么这样的人会来寻求心理帮助呢？这个现象引起荣格的思索，使他发现年龄在心理症中有重要的象征意义。后来他得出结论：人生可以分作四个部分：童年、青年、中年和老年。其中最重要的两个阶段是年轻时和中年后，年轻人的人生目标是要约制自己的本能，更好地适应社会，并将能量更多地用于向外的发展和奋斗，去拥抱人生和世界。这个年龄段如果产生心理问题，“弗洛伊德或者阿德勒的学说就够用了，因为他们的治疗方法往往能够帮助病人恢复到适应社会生活，以及走上正常的人生道路，不会产生不良后果。”②（荣格，1933）因为不论是弗洛伊德还是阿德勒，其学说都有助于年轻人将力比多能量做建设性分配，从而实现个人与社会的双赢。但是谈到中年病人，荣格则认为弗洛伊德和阿德勒的学说就不够用了。

因为按照荣格临床上的观察与研究，一个中年人的成就基本已成定局，他的身体在走下坡路，他开始有力不从心的感觉，加之中年人的父母相继离世后所不得不面对的有关死亡的问题，都会使中年人重新思考生命的意义，可是由于惯性，也由于时代风气的缘故，如果一个中年人的抱负与志向仍然固着在年轻时的目标上，就很有可能产生心理问题，“凡是把早晨的法则，即自然的目的带入下午的人，一定要付出其灵魂受创伤的代价，正如一位发育中的青年，如果幻想在他幼稚的自我主义中避难，也必须为这一错误付出社会上失败的代价一样。”③（荣格，1933）因此，对中年人心理疾病患者的治疗对策就是要帮助其向内探索，去发现自己内在的神性，并使自己与之协调一致，只有这样，才能过有意义的生活。人到中年时转向内在探索自我（ego）、走向自性（self）的过程，就是“个体化”过程。

说到“中年危机”，有这样一个资料值得注意：“新华社伦敦 2011 年 6 月 20 日电（记者黄堃）……英国沃里克大学日前发布公告说，该校研究人员和德国同行调查了欧洲 27 个国家约 3 万人的生活状况，结果显示，欧洲成人中有约十三分之一在接受调查前的 12 个月中服用过抗抑郁药物，而在中年人群中这一比例达十分之一。研究人员按年龄段绘出了服用抗抑郁药的比例曲线，结果显示出明

① ［瑞士］荣格：《探索心灵奥秘的现代人》，黄奇铭译，社会科学文献出版社 1987 年版，第 102 页。
② ［瑞士］荣格：《探索心灵奥秘的现代人》，黄奇铭译，社会科学文献出版社 1987 年版，第 55 页。
③ ［瑞士］荣格：《探索心灵奥秘的现代人》，黄奇铭译，社会科学文献出版社 1987 年版，第 103 页。

显的‘中年危机’，即 40 多岁的人群抑郁程度最高……”①

2020 年 1 月发表于美国国家经济研究局官网的《各地的幸福都呈 U 型吗？132 个国家年龄和幸福感的关系》一文中，美国经济学教授 David G. Blanchflower 通过对 132 个国家居民的调查描绘出一条“幸福曲线”②，以人的一生为时间轴，幸福程度随着年龄的增长呈 U 型。“没有如果，没有但是，幸福在年龄上呈 U 型。在这篇论文中，我承担了 Deaton（2018）所称的一项“艰巨的任务”，即通过数据文件和国家对不同定义的幸福感与年龄之间的关系进行系统比较。我在 132 个国家找到了证据，包括 95 个发展中国家和 37 个发达国家。我在欧洲、亚洲、北美洲和南美洲、大洋洲和非洲发现了它。我在欧盟的每一个成员国以及另外 13 个欧洲国家都确认了它。……总之，研究发现，132 个国家的人都有幸福曲线。没有（例外的）神话。”③（David G. Blanchflower，2020）这个数据再次证实了人到中年，大概率上会有一断时期的消沉和低落，也就是处于幸福曲线的 U 型低谷带，严重的也许就会出现“中年危机”。

笔者认为“中年危机”不是必然的，如果青春期能够解决基本的同一性问题，就可以有效避免“中年危机”（这点我们将在介绍埃里克森的理论时谈）。当然，如果我们的青春期同一性没有解决，那么，荣格的处方——在中年时努力追求个体化，转向内心，重新定义价值——也可以成为很好的补救方式。2019 年网上流行的“30 岁实现财务自由，辞职去做自己喜欢的事”不仅是一种预防中年危机的方法，而且也是让人生更有意义的方法。所以，如果我们把这种预防方法前移到孩子小的时候，做父母的注意观察孩子的兴趣爱好，在孩子高考之前一直注意观察或者培养孩子的兴趣，让孩子上大学时就能够选择自己有兴趣的专业——心理学术语叫具备“职业同一性”——至少不要去选择“虽然时尚但是不喜欢”的专业，这样就有可能让孩子拥有理顺了的人生，而理顺了人生的人是可以有效避免“中年危机”并具有幸福感。

最初荣格是从治疗角度研究人的个体化的，他发现心理疾患的核心现象是分裂，是意识失去了与无意识的联系，同时却又被无意识所主宰，因此，要帮助一个人恢复心理健康，就要帮助他与自己的无意识重新建立联系，并最终帮助患者实现其个体化。但在后来的研究中他也如弗洛伊德一样发现，健康与不健康是个

---

① 见新华网：“调查显示欧洲十分之一中年人服用抗抑郁药”，2011 年 6 月 22 日。

② “幸福曲线”是指人的年龄与幸福感的关系呈 U 型曲线。幸福的低谷在 40 岁末和 50 岁初之间，亦即人生的中年时期。2018 年，乔纳森·劳赫综合各国调查样本和幸福曲线的主要研究者奥斯瓦尔德和布兰奇弗劳尔的研究发表著作：《你的幸福曲线——每个人 35 岁后都要了解的人生策略》（浙江教育出版社 2019，Kindle 版本，Kindle 位置 699-702）。

③ David G. Blanchflower：*Is Happiness U - Shaped Everywhere? Age and Subjective Well - Being in 132 Countries*，NBER Working Paper No. 26641，P18-19，January 2020，JEL No. I31，J01.

连续谱，“心理疾病只是正常过程的紊乱而绝不是心理本质上所特具的现象”①(荣格，1935)，所以，心理障碍只是一个相对的概念，其实每个人在相对意义上都既是病人又是正常人。随着对个体化研究的深入，荣格发现，个体化是每个人与生俱来的先天倾向。尽管在现实生活中，每个人实现个体化的程度不同。但是个体化作为人心理发展的内在趋势，不仅一直存在，而且还很顽强。这种实现自性的先天倾向在面对外界环境的分裂力量时一直顽强地做着重返自己内心和重建自己的努力。

就人能否充分实现个体化这一点而言，荣格的观点是，虽然个体化在一定程度上取决于每个人的遗传、环境和所受到的教育，但是更取决于个人的自觉。如果一个人具备自觉意识或一个人通过教育具备自觉意识，他的人格系统就能进入个体化并实现人格的健康，否则则难以实现个体化。而谈到自觉，人是有年龄差异的，在荣格看来，人通常只有在中年时才会有实现个体化的自觉意识和行动。荣格的这个观点是很令人振奋的，在此之前，人们有一个根深蒂固的看法，似乎人在很小的时候就定型了，例如中国的说法就是“三岁看大，七岁看老”，而弗洛伊德的观点更是激进：人格的发展止于5岁。用这种观点看人，人生就显得很可悲，因为所有一切似乎都在我们具备并懂得行使自由意志之前就决定了，剩下的就只能是听凭早年经历的摆布。如果事实真是如此，人就完全是被动和无望的了。

但荣格不然，荣格提出人格是持续发展的，而其关键期是在35~50岁这个中年阶段。他提出，人格发展始于童年期，青春期是个体“精神诞生”期，为适应社会，立足社会，青年人注重追求物质与事业成功。但到40岁左右的中年期，人格却往往面临一次新的危机：此时，青年时代外向和物质化的目标开始丧失吸引力，因为人开始发现自己的局限性，如世界太大、自己太小；世界太丰富，自己能占有的则很少；再有就是身体的局限性开始变得明显。于是人的兴趣开始发生转移，开始关注内心，如果此时一个人能为自己的生活找到新的意义，按荣格的观点，最好能具有一定的宗教情感，如相信来世、相信精神生活，更多地听从内心深处无意识——自性——的呼唤，那么，他的人格就能充分发展并实现个体化，他就能有完满而充实的后半生，反之则会陷入沮丧与绝望。

说到荣格主张的“具有一定的宗教情感，如相信来世”这一点，对生长在提倡无神论并且主张共产主义理想的新中国的青年学生来说，有可能会产生一些理解上的歧义，为此笔者想多做一些解释。

其实，“宗教情感”的本质是爱与意义，而“相信来世”的本质则是相信持

---

① ［瑞士］荣格：《分析心理学的理论与实践》，成穷、王作虹译，生活·读书·新知三联书店1991年版，第2页。

续的爱与意义。从这个本质出发，这世界上所有真正的信仰[1]都是一致的。例如我们已经看到，当代人对环境缺乏关爱所造成的恶果，也能看到这个恶果在影响我们对后代的持续的爱与意义中所产生的巨大的破坏作用。因为不“相信来世”或者说是不相信持续的爱与意义，当代人在今天做下了多少毁坏甚至断送持续的爱与意义的错事甚至坏事。多少物种在当代人的手中灭绝，多少爱与意义在当代人的手中被毁灭，多少后代的资源被当代人提前支取……如果我们相信来世，也就是相信持续的爱与意义，也许我们就不会这样为所欲为、任性妄为，不会如此急功近利、不择手段。

其实，就是从唯物主义的角度，我们仍然可以说人是有来世的，因为对每一个个体而言，宽泛地并且象征性地看，一个人的老年是他的青年时期的来世，一个人的中青年是他童年时的来世，而他的子孙就是他的来世。更进一步看，一个人死后留下的他的口碑也是他的来世，他因为自己的存在而在他身后仍然影响到的人也是他的来世，而这就是一个人存在的意义，他以他的爱使他的生命有了意义，他以他的爱使他自己和他周围的人的生活有了意义。

一个人并不是要做什么惊天动地的事才能留下口碑或者影响后人的，一个虽然一字不识却被历代晚辈们当作行为楷模而活在后人心中的老祖父或者老祖母[2]，一个文化程度不高却因其敬业乐业的精神而被用户由衷钦佩的修理工，一个普普通通的老师，一个平平常常的农民……所有的人，只要他是认真并且负责任地生活的，他都有可能留下口碑并且影响后人，这就是爱的意义，这就是爱与意义。从这个角度理解荣格关于“宗教情感”和“相信来世”的说法，我们可以发现，他所提倡的本质上就是要人为了爱与意义而负责任地生活，提倡从人自身去发掘其与生俱来的神性——对生命和对世界的敬畏、热爱与追随。这也是信仰为什么具有重要的心理保健功能的原因所在。也正因为如此，我们可以不信某个具体的宗教，却不能没有宗教情感。

总之，荣格认为个体化既是人走向健康的过程，也是人实现心理健康的标志。尽管荣格人格发展观中有关中年期人格发展方向的提法也有其局限性，但人格是持续发展的并且其关键期在于中年的提法给人以信心，而其对整合并实现个人独特性的强调则给人以希望和力量。

---

① 笔者认为，“真正的信仰”有两个核心标志，一是提倡爱与意义，二是对其他宗教采取包容与学习的态度。而凡是主张唯有自己所信奉的宗教才是“真正的”“唯一的”宗教的，在笔者看来都非“真正的信仰”。

② 建议各位去读一读倪萍的《姥姥语录》（中华书局 2011 年版）。这本书为我们当代人提供了一个非常立体的好祖母的形象，用荣格的话说就是：一个典型的智慧老人。

第三节　实现个体化

一、为实现个体化需要做的准备

（一）调节生活目标

为实现个体化，荣格的处方是：转向内心，使自己从环境的种种束缚中解放出来。环境的束缚表现在很多方面，一是诸如二战或者文革，环境对人的影响大到随时可以决定一个人的生死；二是当物质极大丰富时，各种诱惑（如各种时尚标准和当前无孔不入的网络环境等）对人心所造成的束缚。不论哪一种，都不仅会影响人的自性的实现，同时也导致人丧失幸福感。

在荣格的理论框架中，追求个体化的人大致可以分作两类，一是由于心理疾病的困扰而开始寻找自性的人，他们会在心理治疗师的帮助下实现个体化目标；二是自己意识到自己需要调整，从而开始自我摸索走上个体化道路的人。而不论是哪类人，他们实现自性的方法都要从调节自己的生活目标做起，要以对精神的追求取代对物质的追求。也就是说要重新回归自己的内心，重新思考生命的意义和发现精神生活的必要性。从操作上看就是，要部分放弃早年使自己获得成功的生活态度和目标，改变自己年轻时的片面发展，把精力更多地用在关注和了解自己内心深处上。基于对人性的深刻了解和研究，荣格知道这样的目标对于一个青年人来说是很难做到的，因此他的观点是："个体化始于中年"。

笔者在心理咨询与治疗的实践中发现，当前中国知识分子的生命无意义感在提前，很多大学生——准知识分子——不是在走入社会、进入中年后才会体验到荣格时代中年知识分子才会体验到的那种困惑和茫然，相反，他们中有相当一部分人在学校时就已经被这种无意义感所击中。

按照笔者的观察与研究，这当中最重要的原因在于中国当前的高考制度所导致的种种异化，其中之一便是当代中国的很多大学生所学的都不是自己真正喜欢和向往的专业，他们往往是按照父母和高中老师的意见选择专业，而父母和老师帮助孩子选择专业的标准是：是否名校和有钱途，至于孩子个人的兴趣爱好或天赋，却往往不在考虑之中。在这种时代风气的影响下，对很多中国大学生及其家长而言，上大学已不再是满足求知欲和自性实现需要的过程，而成为一个实实在在地获得好工作和好收入的手段，在这种状态下进入大学的学生，他越努力，他创造并且体验幸福的愿望和能力也就越小，他离自己和生活也就越远。

不仅学校，整个社会亦然，物质极大丰富和心灵日益空虚形成的强烈反差使很多人丧失了体验幸福的能力。一个正常健康的社会中，人为了做成最好的自己而奋斗(自性实现)，社会受益的过程中，个人的名利也会以副产品的方式自然产生。但是当前由于各种当下的诱惑以及各种负面社会影响的原因，人们的生活目标完全功利化了，奋斗不再是为了实现人与社会和环境最美好的一面，而只是为了满足人永无止境的虚荣和物欲，这样做的结果不仅是人越努力就越加速自己的异化，环境与社会也因此而在不断付出巨大的代价。

这样的时刻，如果能让自己静下来，学习将自己的一部分能量转向内心，那么，不仅可以有效避免心理疾病、中年危机，也可以让自己体验到生命的意义和幸福感。

(二)转向了解自己的无意识

从操作上看，转向内心就是转向了解自己的无意识。荣格从自己的切身经历(即他陷入中年危机后的种种自救)及其后来的治疗与研究中发现，无意识才是真正决定人类行为的根本原因："我们称无意识为'零'，但是它实际上却是一种事实。我们明天要思考的思想，我们要采取的行为，甚至我们要悲叹的命运，统统都无意识地存在于我们的今天之中。……同样经常发生的是，无意识动机支配我们的意识决定，尤其是在至关重要的事情上。事实上，个体的命运在很大程度上依赖于无意识因素。"① (荣格，1959)了解无意识不仅是为了帮助我们深入地认识自己，也是要我们从无意识中吸取可以健康成长和发展的资源与支持。

说到了解无意识的方法，荣格认为有三种分析的方法可以做到这点，那就是"语词联想法"、"主动想象法" 和 "梦的解析法"②。(荣格，1935)前两种方法太专业，要在专业人员的帮助下才能够进行，而对自己的梦进行分析则是我们自己也可以尝试的，但是，如果这个梦的象征意义太浓，隐喻的成分太多，就要求助于专业的荣格学派的心理治疗师。

荣格强调对梦的关注，因为他认为，这是帮助人进行自我反思的重要方式，他认为梦是无意识心理的自发产物，关注梦就是关注人最内在的生命，"梦是纯洁的自然；它把天然而未经粉饰的真实显现给我们；它因此能够在我们的意识太远地偏离了它的基础和走入死胡同时，把一种本然的、符合我们基本人性的态度还给我们。"③ (荣格，1933)显然，在荣格眼中，梦更是一种资源，而不像弗洛伊德所认为的那样仅仅是对 "愿望的歪曲满足" 的产物。为了帮助人们更好地

---

① ［瑞士］荣格：《原型与集体无意识》，见《荣格文集》(第五卷)，徐德林译，国际文化出版公司 2011 年版，第 222~224 页。

② ［瑞士］荣格：《分析心理学的理论与实践》，成穷、王作虹译，生活·读书·新知三联书店 1991 年版，第 48 页。

③ ［瑞士］荣格："心理学的现代意义"，见《荣格文集》，冯川、苏克译，改革出版社 1997 年版，第 146 页。

认识自己的无意识，荣格呼吁人们与他共享他的研究发现。

站在巨人的肩上是我们了解自身的捷径同时也是我们有效继承前人智慧的过程，虽然人总是要独自走上自我认识的道路，但是这种自我了解会像在黑暗中摸索一样，是一个艰难的试错排错的过程。而借助前人的经验则不然，那可以帮助我们少走很多弯路，如果这位前人还是一位专门研究人的思想家，那他给予我们的启发就更具有重大的指导意义。当然，这仍然不能取代我们的独立思考。因为我们每一个人都是这个世界独一无二的个体，别人的发现，不论它有多么深刻和全面，都只是笼统的、一般性的人格描述，都不可能穷尽对人的认识。更何况，认识自己、寻找自己直至最终的实现自己是我们每个人的天赋权利和义务，也是一个人所能拥有的最激动人心的人生经历之一。所以，既参考他人对人研究的成果，又努力深入并且探索自己的内心，我们就不仅能体验思考的幸福，而且能收获发现并且实现自己的喜悦。

荣格认为，人格是由许多不同的部分组成的，其中有些还是相互冲突的，最突出的就是意识与无意识的冲突，由于意识与无意识都是生命的一部分，因此，过度压抑或者放任某一方都是不利于心理健康的，如果让意识与无意识在冲突之外还有合作——这就是“个体化”过程——人才能拥有真正的健康。具体的个体化就是正视并整合人格中各个部分的过程，最终使人趋向完整和统一。

二、正视并了解自己人格中的各个部分

按照荣格的观点，人格分作三个层次：意识、个人无意识和集体无意识。而意识与无意识之间能沟通是心理功能良好的表现。

（一）意识与自我

荣格有关意识(conscious)的观点与弗洛伊德有关意识的概念有很多相同之处。他也认为，“意识是人心中唯一能够被个人直接知道的部分。”[①]（霍尔，1973）他提出：意识来源于三个部分，一是通过思维、情感、感觉和直觉这四种对外的心理功能的运用而逐渐发展起来的。[②] 二是包括记忆和判断过程；意识内容的第三个源泉则是无意识。荣格认为，与意识关系最为密切的就是“自我”(ego)，而“‘自我’是一种复合的东西：首先是你对自己的身体、自身存在的一种意识，其次是你的记忆材料；你对已有的一连串记忆的某种观念，这两类就

① ［美］霍尔等著：《荣格心理学入门》，冯川译，生活·读书·新知三联书店1987年版，第30页。

② 这里有必要对荣格的“直觉”一词稍作解释。荣格在其1935年出版的《分析心理学的理论与实践》一书中谈道：直觉是一种可以帮助人预见某种未知事物的心理功能，像预感性的梦、心灵的遥感现象，都属于直觉。他提出：“我们应该感谢上苍给了我们直觉，这种功能如像某种光明，能为我们照亮那些还看不到的事件。”

是我们叫作自我的主要构成物。”①（荣格，1935）

尽管自我在人格中只占很小一部分，它却起着保证人格同一性和连续性的作用。自我就如同一个过滤器，面对个体每天面临的无数体验进行筛选，只让极小部分进入意识，从而避免了让个体被每天的经验所淹没的结局。

荣格认为自我总是处于我们的注意和欲望的中心，并且是意识的绝对撇不开的中心。日常生活中，人们通常总以为“自己的意识自己做主”，以为只要没有外界的干预，自己的所作所为都是自己自由意志的体现，以为自己就是那个决定自己可以做什么不可以做什么的人。而在真正遇到外界影响的时候，又觉得自己只是在服从命运而已，自己在强大的外界压力下别无选择。其实不然，不论有否外界压力，我们做出的选择都与我们的无意识密切相关，压力越大，我们被自己无意识的影响也越大。这在弗洛伊德那里就已经得到了证实，而荣格的表述则更为直接：“意识总是容易屈从于无意识的影响。”②（荣格，1959）

举例说，现在的很多年轻人在意识部分非常向往成功和优秀，白天他在自己的单位和人群面前会表现得很有教养、积极并且进取，但是晚上面对自己的电脑时，他却会不由自主地跟着别人去骂人、用最低俗甚至下流的方式自嘲（如自称“x丝”等），而那使他欲罢不能的下滑趋势往往正是他无意识中的暗影（这个概念将在后面介绍）在作祟。再比如，那些思辨能力强而行动力却很差的人，如果用荣格的框架分析，也是由于无意识的暗中阻拦。如果再往前追溯，又可以发现他早年的不幸经历使他无意识中形成一种宿命观和习得无助感，他很小就在无意识中认定，自己无论做什么都不会有用，因而表现出来的就是：缺乏行动力。

我们再看林妹妹和宝玉的关系，看他们的故事时，我们往往看得很着急，不明白林妹妹为什么总要生出那么多事来，而宝玉又为什么总是那么缺心眼，殊不知，他们都被自己的无意识所左右，无论他们的意识中多么希望与对方亲近，但是他们的无意识却总是无情地把他们向着相反的方向拖拽。

（二）个人无意识与情结

荣格的个人无意识（the personal unconscious）观与弗洛伊德相似，即个人无意识中储存着那些不能被自我认可而被压抑、遗忘或忽视的个人经验或体验，如痛苦、沮丧、绝望或难以处理的问题等。“无意识通常以相当混乱和不系统的方式显示自己”③（荣格，1959），而健康的方式就是让无意识顺其自然地涌现，不压

---

①［瑞士］荣格：《分析心理学的理论与实践》，成穷、王作虹译，生活·读书·新知三联书店1991年版，第8页。

②［瑞士］荣格：《原型与集体无意识》见《荣格文集》（第五卷），徐德林译，国际文化出版公司2011年版，第224页。

③［瑞士］荣格：《原型与集体无意识》，见《荣格文集》（第五卷），徐德林译，国际文化出版公司2011年版，第221页。

抑、不逃避，以接纳和学习的态度去面对在我们眼前涌现的无意识的象征，如：梦、幻想、幻象、情绪、奇怪的思想等，只有这样，我们才能和自己的无意识建立起连接，并了解无意识所提供给我们的信息。在荣格看来，个人无意识属于无意识的表层，“个人无意识的内容主要由‘带有感情色彩的情结’所组成。”①（荣格，1934）

荣格指出：“情结(complex)是联想的凝聚——一种多少具有复杂心理性质的图像——有时具有创伤的特征，有时具有痛苦和不同凡响的特征。而凡是不同凡响的东西都最难把握。”②（荣格，1935）有关情结，舒尔兹的表述也值得参考：“情结是指围绕着一个共同主题的一群情绪、记忆和思想。它的特点是强烈地全神贯注于某物。”③（舒尔兹，1977）

有必要指出的是，荣格在他的一次演讲中提出，“在我看来，自我是一种情结。当然，我们所珍爱的最亲近的情结就是我们的自我。自我总是处于我们的注意和欲望的中心，并且是意识的绝对撇不开的中心。”④（荣格，1935）这样看来，“自我”有着双重身份，一方面，它是意识的重要特征；另一方面，它又是无意识所牢牢关注的对象。联系现实，自我的确是我们每个人所最为执着而又不完全自知的情结。因此，不论是宏观的人类还是微观的个体，不论是在人类或个体的哪个发展阶段，都会常常发出“我是谁，我从哪里来，我将往何处去”的疑问。“自我”是我们永远关注和求解的问题。因此，把“自我”作为一种情结来看待，有助于我们对自身问题的自觉。

说到“情结”，弗洛伊德早在其研究中就有许多极为经典的个案分析，其中最著名的就是他在自己的父亲去世后在对自己的分析中发现的“俄狄浦斯情结”(又译恋父恋母情结)。

情结会强烈地影响并控制着当事人的行为，由于这种控制是在个人无意识层面中发生的，因而人们自己并不知道。如一个有自卑情结的人，他在与人相处时有可能十分多疑，总担心别人看不起自己，甚至把别人善意的玩笑误解为对自己的讽刺或贬低，而在与自己相处时又极为苛刻、挑剔，自己做事不成功，会自责“我天生就这么笨!”，做成功了则会说：“这只是运气好而已”，不相信自己值得人尊敬，也不相信别人会尊敬自己。再如一个有权力情结的人，为了获得权力，他会不择手段甚至不惜牺牲亲友去达到目的，而他在得到权力之后往往又会滥用

① ［瑞士］荣格：“集体无意识的原型”，见《荣格文集》，冯川、苏克译，改革出版社 1997 年版，第 40 页。

② ［瑞士］荣格：《分析心理学的理论与实践》，成穷、王作虹译，生活·读书·新知三联书店 1991 年版，第 76 页。

③ ［美］舒尔兹：《成长心理学》，李文湉译，生活·读书·新知三联书店 1988 年版，第 179 页。

④ ［瑞士］荣格：《分析心理学的理论与实践》，成穷、王作虹译，生活·读书·新知三联书店 1991 年版，第 8 页。

手中的权力，以至于给社会造成极大伤害。

在弗洛伊德的框架中，情结是创伤的结果，因此是心理问题的根源所在，比如纳博科夫的小说《洛丽塔》中的男主人公，因为 15 岁时的初恋女孩儿死于伤寒，从此其生命中与女性交往的那部分就固着于 15 岁这个年龄，以至于在他 40 多岁时仍然只爱 15 岁左右的女孩儿，为此甚至不惜犯罪。如果我们从这个故事的结尾开始看，我们会觉得这个 40 岁的男性极端病态，会觉得这个人问题很严重，但是当我们知道导致他病态的原因后，我们对他的批评就不会再那么尖锐。再比如，一个从小由于贫困而受尽凌辱的人，比起一个养尊处优长大的人或者一个虽然贫穷但是没有受过欺负的人比起来，更容易形成金钱情结或者权力情结。

以上是用弗洛伊德的框架看情结，但是在荣格的框架中，情结除了问题的一面，也有建设性的一面。比如一个有艺术家情结的人，就很有可能成为一个杰出的艺术家。再如一个有名校情结的高中生，往往会更加发奋，因此更有可能考上名校。与此同时，也要注意问题的另一面，如果他们在实现了自己的愿望后能够将心态放平和，他们就能够有很好的发展，但是如果他们仍然执着于“艺术家”和“名校”本身，就有可能影响到他们的持续发展。因为正如荣格所说：凡是不同凡响的东西都最难把握，因此要懂得一个“度”，对自己情有独钟的某件事，要特别注意把握适度原则，否则就有可能走向事物的反面，或者是乐极生悲或者是片面甚至畸形发展。

为了更多地了解自己的无意识，我们除了要去学习了解自己的梦、幻想、幻象、情绪、奇怪的思想等之外，还有必要学习分析自己所具有的情结。辨别自己是否具备某种情结的线索可以从当前人们时常会遇到的情结入手，比如自己是否有金钱情结、权力情结、文凭情结、大房大车情结和奢侈品情结等，如果你在面对这类问题时有一种欲罢不能的冲动，一种非如此不可的决心，一种无论如何也要付诸行动的意志，和一系列似乎身不由己的相应行动，那么，你就正被情结所掌控，此时的你不再是你所熟悉的自己，而是被情结所裹挟的一个奴隶。以金钱情结和权力情结为例，即使你已经腰缠万贯或者位高权重，也仍然控制不住地想要更多更高，并为此而不惜铤而走险，这表明你已经陷入情结状态，如果不加以调节，就有可能会做出极端行为，此时你不仅会付出心理障碍的代价，大概率上也会被现实如法律所制裁。

现在我们来看影响了很多大学生的“名校情结”。很多二类、三类院校的大学生最需要面对的就是自己的“名校情结”，其表现是，认定只有上了名校才有前途，同时认为由于自己没有上成名校，这辈子就全完了，结果是一方面对名校的同学怀着羡慕嫉妒，一方面对自己所在的院校充满不满甚至怨恨，以至于无意识中将几乎所有能量都用于此，凡是涉及学校学习的时候，立刻就会条件反射般产生痛苦、抵触、抱怨甚至愤怒。30 年来，笔者在心理咨询室中见到很多为名校情结卡住而停止成长的大学生。他们中有的人在大三时会突然醒悟，奋起直追；也有的则一直抱怨到大学毕业时，有的甚至是在毕业前夕发现自己荒废了学业拿不到文凭时才惊觉自己白上了四年大学。

笔者在多年的教学与观察中发现，其实全世界的好老师与好学生都是一样的，不一样的只是基本比率，而最终导致名校与非名校学生差异的最主要原因并非资源占有上的差异，而主要在于社会期待与自我期待上的不同和能否自律自强。上了名校的学生，其老师、父母、亲友均引以为荣，并寄予更高期望，学生自信心受到鼓舞，其自我期待自然也随之上升，行为的积极性也因而得到极大强化，不仅如此，每个学生的高自我期待也会相互影响，提高大家的自律与自强，从而在名校中形成一种有助于学生奋发向上的良性循环的学习与发展氛围。而上了非名校的学生，其老师、高中父母和亲友的失望与失落，加之与名校同学所得到的社会赞许存在巨大反差，使其自信心极大受挫，自我期待随之下降，严重的还会产生自我怀疑甚至放弃。于是就有可能应了马太效应："因为凡有的，还要加给他，叫他有余，没有的，连他所有的，也要夺过来。"①

因此，与其在"名校情结"中虚度光阴，不如通过调整自我期待而使自己重新振作并奋发，久而久之，还会改变社会期待。要知道，上名校虽然好，但是名校不是人生目标，只是实现人生目标的方式之一，因此，按照"取法乎上，仅得为中；取法乎中，仅得为下"的古训，我们的自我期待可以是：不论身在何校，我选择做最好的我自己；不论身在何处，我都选择成长与进化。如此，我们就可以将名校情结化作发展的动力。

以上介绍了对情结的自我辨别与分析法，现实中对情结的分析要复杂很多，因为导致情结的原因很多，并且常常是创伤经历的结果。因此，如果我们自觉正为某种情结所困扰而无力自拔时，我们还可以去寻求心理治疗师的专业帮助，在专业人员的帮助下将自己的情结调到意识层面，解决可以解决的(心理学上称未完成事)，同时接受无法解决的。

荣格在探讨无意识中"情结"产生的原因时，最初的结论和弗洛伊德的一样，即同样认为情结源于早年的创伤性经历。但在更为深入的研究中，荣格发现情结起源于比早年经验更为深邃的原因，就这样，荣格发现了人格的第四层内容，即集体无意识："个人无意识有赖于更深的一层，它并非来源于个人经验，并非从后天获得，而是先天地存在的。我把这更深的一层定名为：'集体无意识'。"②（荣格，1930）

---

① 见吕新思译：《新约圣经》中"马太福音"第 25 章第 29 节。

② ［瑞士］荣格："纪念理查·威廉"，见《荣格文集》，冯川、苏克译，改革出版社 1997 年版，第 39 页。

（三）集体无意识与原型

所谓集体无意识(collective unconscious)，荣格的定义是："集体无意识是精神的一部分，……集体无意识的内容从来就没有出现在意识之中，因此也就从未为个人所获得过，它们的存在完全得自于遗传。个人无意识主要是由各种情结构成的，集体无意识的内容则主要是'原型'。"①（荣格，1936）

说到人与人在集体无意识上的相似性，荣格曾经有一个很形象的比喻："正如眼睛、耳朵、心脏等器官除了细微的个人差异外都具有解剖学上的一致性一样，心灵也同样有其基本的共性。在这个集体的层次上，我们不再是些独特的个人，而就是一个人。"②（荣格，1935）换言之，通过集体无意识，我们得以分享已逝去的祖先的集体灵魂。这就意味着，在这个世界上，不论是东方人还是西方人，不论是古代人还是现代人，人类都分享着一个共同的无意识——集体无意识，所有人的意识都扎根于这个继承与遗传得来的集体无意识之中，就如同树木扎根于大地。

笔者这些年对搜集有关集体无意识的论据产生了兴趣，找到一些可以证明集体无意识的日常生活证据，比如，我们中国小孩子常常会用的"拉钩保证"，美国片《麻辣宝贝》和《卑鄙的我》中也有："pinkie promise"。再如影片《叫我第一名》中的"Rock，paper，scissor，shoot！"和我们中国孩子小时候常常玩儿的"石头、剪刀、布"也基本相似，只不过他们的游戏中"布"换做了"纸"。还有短片"*with a piece of chalk*"中的"跳房子"，也是我们中国孩子过去最喜欢玩儿的游戏之一。

2008年《参考消息》上一篇文章介绍"法国巴黎一家上诉法院认定，针刺以法国总统萨科齐为原型的'巫毒娃娃'侵犯了总统尊严，但没有理由禁止销售这种玩偶"③，我们不评价这个判决如何，只是这条信息让我们知道：原来远在千里之外的法国也有巫毒娃娃。再往前追溯，1858年的法国婴儿和我们中国古已有之的习俗一样：是要被裹在蜡烛包里的，读者如果有兴趣可以去看卢梭在其《爱弥尔》一书中的那段描写④，那简直是标准的中国老人给婴儿做的蜡烛包！

2013年7月，北京中国国家博物馆与法国凯·布朗利博物馆共同主办的"面具·灵魂的艺术"的展览中，那近100个来自非洲、美洲、亚洲与大洋洲的

① ［瑞士］荣格："集体无意识的概念"，见《荣格文集》，冯川、苏克译，改革出版社1997年版，第83页。

② ［瑞士］荣格：《分析心理学的理论与实践》，成穷、王作虹译，生活·读书·新知三联书店1991年版，第43页。

③ "法院拒禁萨科齐巫毒娃娃"，《参考消息》，2008年11月30日。

④ ［法］卢梭：《爱弥尔》（1858），上卷，李平沤译，商务印书馆1978年版，第15页。

面具让笔者发现了面具的另一面。过去我们总认为面具是不得已而为之的选择，面具展让笔者发现，原来面具诞生之初，更多地是帮助一个族群获得安全感和汲取正能量的方法！面具展让笔者再一次发现，尽管地理位置相距如此遥远，但是人类的精神需求却如此相似。不论在哪个地方和国家，面具所具有的功能中都一定包括了祈福、力量、寻求佑护、治病、表达感恩以及自我防御等这些基本的元素。此外，“大部分面具与不可控的，而又必须加以驯服或平息的自然之力量相联系。……展览为观众展示了世界不同文化是如何再现神祇与灵魂的面孔，从而与这些不可见之力实现沟通。”①

笔者还有两个非常有意思的经历，同样可以作为存在集体无意识的论据，一是 2012 年 8 月，笔者在非洲东部国家肯尼亚的那瓦沙酒店，见到一位年轻的非洲服务员坐在客房户外的木质楼梯上怡然自得地玩翻绳，那个瞬间，那种惊讶和亲切并存的感觉笔者一直记忆犹新。二是笔者在英国伦敦温布利公园地铁站附近见到的一个名为“the Early Bird”的食品店，第一次见到时立刻忍不住笑起来，因为马上想到了中国那句俗话：“早起的鸟儿有食吃。”其实，荣格的发现如果不是受达尔文的启发，那么就是对达尔文学说的心理学证实。达尔文 1859 年出版的《物种起源》中就提出了“共同祖先”（Common Ancester）的假说②，其要点为：同一类生物有着共同的祖先。这个假说在 1987 年由美国加利福尼亚大学生化系教授威尔逊等三人提出的线粒体“夏娃理论”而获得证实。③ 2013 年又有报道说，对 Y 染色体的新研究发现了有关人类共同祖先的新线索：“Y 染色体序列的多样性，首次提供了重要的证据证明人类父系共同祖先并不早于人类母系共同祖先。”④ 既然我们拥有共同祖先，那么共同继承并且遗传一部分共有的文化也是理所当然的了。

说到情结与集体无意识以及人的意识之间的关系，由各种创伤构成的情结往往会在一些特殊刺激的作用下影响甚至控制意识，而一个人之所以会形成某个情结，又与集体无意识有着密不可分的原因。举例说，一个人幼年时由于贫困而受欺凌的经历很容易导致“金钱情结”，而这个情结又起源于集体无意识中人们的拜金主义；再如，一个有“权力情结”的人正不可避免地受着“有权力就有一

---

① 见中国国家博物馆官方网站“面具：灵魂的艺术”的前言。

② ［英］查尔斯·达尔文：《物种起源》，舒德干等译，北京大学出版社 2005 年版，第 73，98，99，181，213，249，252 页。此外，1871 年，达尔文在其《人类的由来》一书中还提出了人类具有单一源头的假说，这个假说在 1987 年由美国加利福尼亚大学生化系威尔逊等三位教授提出的“线性夏娃理论”而获得证实。

③ “虽然自 1987 年以来对这个理论的质疑不断，基于线粒体 DNA 提出的‘夏娃理论’还是得到了国际分子生物学界和欧洲考古学界、古人类学界绝大多数学者的支持。”见唐红丽：“非洲‘夏娃’是现代人类始祖吗”，《中国社会科学报》，2012 年 12 月 7 日。

④ 见 2013 年 8 月 4 日《参考消息》第七版（科技前沿版）文：“Y 染色体研究揭秘人类祖先”，本文摘自 2013 年 8 月 1 日的美国每日科学网站。

切”的集体无意识的影响。中国学生的“名校情结”与中国文化中“万般皆下品，唯有读书高”以及“学而优则仕”这些深入中国人骨髓的集体无意识更有密不可分的联系。再如，为什么很多人习惯于待在舒适区而惧怕改变？为什么很多人一听到“改变”就心情不好？这是因为我们的祖先在面对改变时由于缺乏应对资源，因此惧怕改变。

荣格是在对梦、童话、原始文化、人的行为方式以及各民族神话传说和宗教的研究基础上提出集体无意识这一概念的。在弗洛伊德的学说中，无意识中储存的是一切被人们所害怕、恐惧和不喜欢或者不屑的垃圾，是需要被约束与警觉的冲动。但是在荣格的学说中，无意识中还包含了另一种成分，那就是集体无意识，在其中虽然也有一些属于阴暗面的成分，更多地却是对于人有极大意义的思想宝库，那里面蕴藏着每个人天生被赋予却从未被意识和开发的大量的智慧和力量，那是自然赋予人的神奇的礼物，因此，就这点而言，荣格在完善弗洛伊德的无意识说上做出了巨大的贡献。顺便说一下，几十年后的马斯洛也在其著作中谈及：“对于弗洛伊德做出过的伟大发现，我们现在也能够有所添加。我们现在正在改正他的一个大错误，那就是他认为无意识仅仅是不合乎需要的恶。但无意识也含有创造、欢乐、幸福、善和它自身的人的伦理和价值等的根苗。我们现在知道，有健康无意识这种东西也如有不健康的无意识一样。”① （马斯洛，1971）

在荣格看来，集体无意识是一个储藏库，它储藏着人类祖先的种种经验，这种普遍的经验作为一种先天倾向性，促使个体以祖先同样的方式对世界做出反应。集体无意识由各种原型（archetypes，又译原始意向）组成，“原型是经验的集结，它们像命运一样降临在我们头上，其影响可以在我们最个人的生活被感觉到。”②（荣格，1934）“生活中有多少典型环境，就有多少个原型，无穷无尽的重复已经把这些经验刻进了我们的精神构造中，……当符合某种特定原型的情景出现时，那个原型就复活过来，产生出一种强制性，并像一种本能驱力一样，与一切理性和意志对抗，或者制造出一种病理性冲突，也就是说，制造出一种神经症。”③ （荣格，1936）

按照荣格的定义，有多少典型环境就有多少种原型。最常见的原型应该包括：母亲原型、父亲原型、子女原型、英雄原型、统治者原型、清官原型、力量原型、智慧老人原型、救星原型、正义原型、死亡原型以及邪恶原型等，由于它们是全人类已有的共同经验的结果，因而这些原型在全人类基本上都是相同的，

① ［美］马斯洛：《人性能达到的境界》，林方译，云南人民出版社 1987 年版，第 174 页。

② ［瑞士］荣格：“集体无意识的原型”，见《荣格文集》，冯川、苏克译，改革出版社 1997 年版，第 69 页。

③ ［瑞士］荣格：“集体无意识的概念”，见《荣格文集》，冯川、苏克译，改革出版社 1997 年版，第 90 页。

这从各民族的史诗、神话、童话、传说以及宗教中即可看出，如我们中国西藏的史诗《格萨尔王》和蒙古族的史诗《江格尔》，不仅它们的故事神奇壮观，就是它们所产生的方式本身也神奇无比。《格萨尔王》的流传本身就充满了神秘奇幻的色彩，某一天，某一个可能一字不识的西藏人，因为生病或者因为某个重大事件，突然间，毫无预兆地，就成为可以吟诵《格萨尔王》的行吟诗人，不了解的人称《格萨尔王》这样的史诗为神授的诗篇，而若从集体无意识的角度看，其实就是古代英雄主义的原型借助某个现代人在现代的重现。正如荣格所说："事实上，早期人们并没有反思神话的象征；(因为)人类与象征共存，尽管人类没有意识到，但象征的意义却使人类生活生机盎然。"[①]（荣格，1961）

谈到原型对个人的意义，荣格曾有一段非常富有激情的描述："每一个原始意向中都有着人类精神和人类命运的一块碎片，都有着在我们祖先的历史中重复了无数次的欢乐和悲哀的一点残余，并且总的说来始终遵循同样的路线。……一旦原型的情境发生，我们会突然获得一种不寻常的轻松感，仿佛被一种强大的力量运载或超度。在这一瞬间，我们不再是个人，而是整个族类，全人类的声音一齐在我们心中回响。"[②]（荣格，1922）举例说，我们的远古祖先惧怕黑暗，因而我们继承了同样的先天倾向，使我们在学习惧怕黑暗方面比学会惧怕白天容易。这与人对死亡的惧怕一样，也是我们的远古祖先给我们遗传的先天倾向，使我们不需要经历死亡也知道畏惧它、敬畏它。再如一个身处异乡的游子，"故乡"这个原型会成为激励他的永恒源泉。而一个驻守边防的战士，"祖国"这个原型则会成为鼓舞他的最坚定的力量。还有，当国歌响起时，"中华民族"这个原型会在瞬间击中我们，使所有肃然站立者立刻凝结成一个巨大的整体。那时，在我们心中回响的就是我们整个民族的屈辱与抗争，光荣与梦想。按照集体无意识说，我们在很多方面都已被预先安排好了，我们所有的观念最终都是建立在原型之上的，只是由于各人的环境不同，因而所要表达的先天倾向的内容和程度不同。

荣格认为所有原型中对人影响最大的是以下几种：

关键原型一：人格面具

所谓人格面具(persona)，最早是指演员戴的面具，"是个人调试系统或者我们应对世界的一种手段。因此，几乎每个职业均有其独具特色的人格面具……危险只是在于，人们与其面具相合一，比如教授与其书本、男高音与其声音的合一……人们可能稍有夸大：人格面具是一个人本非如此，但他以及其他人认为他

① [瑞士] 荣格等：《人类及其象征》，张举文，荣文库译，辽宁教育出版社1988年版，第62页。

② [瑞士] 荣格："论分析心理学与诗歌的关系"，见《荣格文集》，冯川、苏克译，改革出版社1997年版，第226页。

是如此的。”[①]（荣格，1961）在荣格看来，人格面具是一个人为适应外在环境所扮演的角色。人格面具描述的是一个人公开或者说是面向他人的自我。有研究者指出，在荣格之前，人们早已把人格面具看作社会生活的重要条件，但唯有荣格指出，“这种适应机制实际上乃是一种与生俱来的原型表现。”[②]（霍尔，1973）

事实上，人格面具是真实的个人特点与社会期待之间的妥协，在这种妥协中，人们通常会优先考虑社会期待。人格面具可以分解为人的职业、头衔、角色和相应的社会行为习惯。面具兼具保证社会秩序并保护个人隐私的功能。从社会心理学的角度看，人格面具实际上就是人的社会角色。因此，有多少种典型环境，就有多少种约定俗成的人格面具。人格面具作为一种与生俱来的原型的表现，实质上是人的一种适应机制，它不仅有利于个体也有利于种族，是社会生活和公共生活的基础，因而是人生存所必需的。比如，每个社会都有一些基本的人格面具，要求人们在公共场合不做私事，比如，女性工作人员在办公室里不可以织毛衣，夏天时对男性工作人员着装也有基本要求，还有对办公室恋情的成文或不成文禁止等。再比如，英语中有一个短语：public displays of affection（简称PDA），译为“当众表露情感”（注：现在有人翻译成：秀恩爱，我个人认为这个翻译不准确）。英文中还有一个专门的短语“get a room”，通常用来指当一个人看到某人在公众场合做过度的情感表露时（PDA），他会说：（你们）去找一个私人空间。总之，在我们认为非常随意的西方，其实在正式场合，除非特别激动人心的事情发生，否则当众过度表达情感（如公共场合长时间接吻、拥抱等）会被认为是不雅的事。不论东西方，这些规则不仅是为了让我们自己有一个良好的公共形象，也是为了避免由于公私不分，让别人无所适从。

每个人的一生都扮演很多角色，因此每个人都有很多个人格面具，诸如：父母子女、兄弟姐妹、配偶、上级下级、朋友、同学同事等，每一个特定的社会场景中就会有对应的人格面具。每一个具体的人格面具都是通过约定俗成的特有的言语和非言语表现的。例如，全世界的电影在表现知识分子时，往往都会有眼镜、西服、文绉绉的语言、文雅的身态语以及书本、书房等道具符号。

荣格在谈及人格面具时所提到的“危险”是指面具的膨胀，也就是指一个人过度使用或认同自己的某个人格面具，以至于将自己与面具合而为一，使自己固着在某个面具之中而无法自拔，这就是危险和有害的，因为他的人格的其他方面会因此而受到排斥，结果会导致人格面具的过度膨胀，使人疏远自己的本性，使人出现异化。荣格是在自己的治疗过程中，从来访的病人身上发现膨胀的人格面具的危害性。例如一个工作狂，由于其过分执着于工作角色，不仅

---

① ［瑞士］卡尔·古斯塔夫·荣格：《梦、记忆、思想——荣格自传》，阿尼拉·杰菲记录和出版，陈国鹏、黄丽丽译，国际文化出版公司 2011 年版，第 365 页。

② ［美］霍尔等：《荣格心理学入门》，冯川译，生活·读书·新知三联书店 1987 年版，第 51 页。

使自己与自己的情感处于隔离状态，而且会疏远亲友，缺乏对亲友的温暖与关爱，从而使亲友痛苦不堪并反过来疏远他、孤立他。此外，由于他过分看重工作，当他工作受挫时，就会产生沮丧与自卑，还有可能用破坏性的方式处理问题。再如一个大学生，如果过度使用或认同自己的学生角色，就有可能成为一个只会读书的书呆子，在真实的生活中就难免会处处碰壁。

年轻人在听到“人格面具”这个概念时，往往会将其与虚伪联系起来，认为人不应该要什么面具，只需要率真做人就好。为此笔者曾和学生有很多有意义的讨论，以下介绍 2013 年 7 月 16 号在北京大学暑期班上，笔者和学生就此进行的讨论和最终达成的共识，在此与大家分享。

当时我们先讨论了一个此时此地处于进化状态的人会有什么样的人格特质，全班同学罗列了一大堆相应的概念，最后我们在这些概念中选择了 6 个词（见图 3–1）。

此时此地 一个进化的人 会有的人格特点	责任感　向上　感恩 共情力　合作　思辨力

图 3–1

然后我们又讨论了，在这些基本的人格特质之上，如果我们要戴上以下面具，我们需要额外加些什么特质？结论是：

学生	配偶	父母	同事
勤奋	忠贞	关爱	互助

以下黑板照片即当时的具体讨论结果（见图 3–2）：

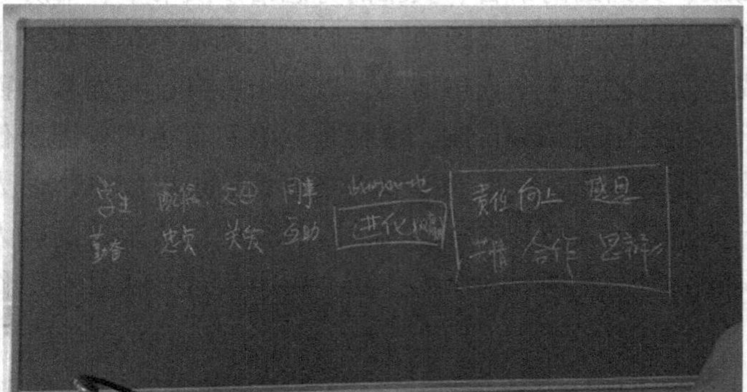

图 3–2

讨论结束后，大家发现，如果一个人做好了渴望成长者该有的 6 条后，其他角色都非常容易了，有时候甚至都不需要再加什么了。比如，做学生的如果真是有责任感并且向上的，那么自然就会勤奋了；做配偶亦然，有责任感和共情能力的人也一定能够做到忠贞和关爱；而有责任感又有合作能力的人，在做同事时也一定懂得互助。感恩与思辨力无论做什么角色时都是需要的。

如此一来，大家就意识到，其实讲到人格面具，最关键的还是讲做人，人做好了以后，人格面具就只是不同环境中的不同游戏规则而已，它在个体与世界间维持着一个恰当的距离，成为个体与世界之间的中介。如此去看人格面具，执行起来就没有什么特别的难处和不适了。而如果人没有做好，只是功利性地到一个地方临时戴上相应的面具，一是一定戴不好，因为没有“人品”做底子，那个面具就很难戴好，因此很自然就会陷入虚伪，久而久之，别人也会识别并且远离我们。

笔者 2013 年在北京大学暑期班上的学生周兆璇同学就面具有一段精彩的解释，与大家分享：“说到人格面具，我一直都觉得面具多一些少一些都没有关系，只要有利于社会生活便是了。但是如果有一些面具一直贴在脸上摘不下来或者有另外一些面具一直破旧得戴不上，那就不太好了。比如，一些不招人喜欢的‘女强人’，她们不就是‘严厉、凌厉、强势、专断’的面具摘不掉而‘温柔、体贴、包容’的面具没法戴上吗？”

2019 年，笔者与学生就人格面积还有一个有意思的讨论，最后的结论是：《学生手册》就是有关学生面具的规则。从操作上看，人格面具就是讲人的社会角色和需要承担的相应的社会责任。从这个角度看，面具就是游戏规则。我们到一个陌生的环境中，起初常常会有不适应甚至手足无措的感觉，就是因为我们不了解对方的规则，也无从知道自己该如何应对。

同样是 2019 年，我们在课堂上讨论女性夜晚出门的着装与人身安全问题时，一位女同学从女性主义角度谈道：要求女性晚上出门注意着装不要太暴露是不公平的，一位实施性骚扰的男性不是因为女性的着装，而是因为他自己有问题，所以，不去约束男性而只要求女性自己注意着装，是对女性的不尊重。笔者从集体无意识角度提醒这位同学：成千上万年形成的女性人格面具中有约定俗成的夜晚着装规则，因为这样可以减少被冲动性骚扰的可能性。虽然我们有着装的自由，但也要知道别人与我们在女性着装上有不同的解释，加之集体无意识的强大影响力——暴露 = 诱惑——已经刻在男性无意识中成千上万年。所以，为了尽可能降低被冲动性骚扰的可能，在陌生的环境和夜晚，女性有必要考虑着装习惯与安全的关系。

总之，人格面具是我们从远古祖先那里继承下来的一种原型，它总在寻求表现，如果我们懂得用有节制的方式去表现它，并明了真实自我与人格面具之间的关系，知道人格面具是真实自我在不同环境中的不同侧面，了解自我，又了解自己扮演的各种角色，我们就能在适应环境的同时保持自我，能做到这点的人就是健康的人，否则，把人格面具当成了自己，把自己当成面具的附属品，那么人就出现了异化，就会产生空虚和无意义感，严重的还有可能陷入病态。

笔者个人的经验：如果我们在原则上遵循古训中的仁、义、礼、智、信，在方法上遵循温、良、恭、俭、让，如果我们在原则问题上做到了表里一致，前后一致，那么就没有必要特别考虑什么人格面具的问题，只是到了不同环境注意尊重别人的习惯就可以了。供大家参考。

当前社会中，与人格面具有关的另一个极端也是需要警觉的，那就是有些人在网络的虚拟世界中完全抛开人格面具的现象。

在网络虚构出来的现实生活中，不少人摘下所有的人格面具，随心所欲甚至任性妄为地做本我的表现，从而使一个人在真实人生中积累起的社会化水平急剧下降。尽管网络上的百无禁忌在当时的确有减压作用，但是那种缓解情绪压力的作用只是暂时的，相反，虚拟世界中的肆无忌惮会在无意识中瓦解人的超我，积累到一定时候，这种自甘下流的做法就会在现实生活中表现出来，尤其当一个人陷在这种虚构的境界中无法自拔，把网络当成了真实，把人格面具当作了负担，把发泄负能量当作自己生活的主旋律，那么他的社会适应力就会退化，社会功能就会受到损害，他对现实的适应就会成为一个问题，其结果不仅是他个人的发展和进化会受到严重的影响，而且使整个人类千百万年来的进化成果都受到威胁。所以，不论是人格面具过分膨胀还是过分丧失，都是会妨碍人的健康成长的，也都是需要警觉的。

关键原型二：女性意向或男性意向①

荣格最初对女性意向的发现起于他自己的幻觉。他在自己的传记中谈到，继费勒蒙和另外一个他称之为“护卫灵”的幻象之后，他遇到了他心中的女性意向②，他称之为阿妮玛(anima)，在与“阿妮玛”有过一段内心对话之后，他又发现了女性身上的男性意向，他称之为阿尼木斯(animus)。

在谈到荣格的幻想及其对自己幻象的运用上，笔者特别要强调的是，这是荣格学说中一个非常突出的特色，在面对各种幻象和奇异的梦境时，他虽然有过自我怀疑，但是最终他选择信赖自己，并因此而对世界有非常特殊的贡献。日常生活中，我们有些人也有可能会遇到这样的时刻，此时，我们究竟应该选择相信自

① 荣格自己较多论述的是女性意向(见荣格：“集体无意识的原型”，《荣格文集》，冯川、苏克译，改革出版社 1997 年版，第 66~72 页。)，荣格自己对男性意向的论述却不多，倒是其他学者根据荣格的思路对男性意向有较多的补充。如安东尼·斯托尔、舒尔兹。

② ［瑞士］卡尔·古斯塔夫·荣格：《梦、记忆、思想——荣格自传》，阿尼拉·杰菲记录和出版，陈国鹏、黄丽丽，译，国际文化出版公司 2011 年版，第 167~169 页。

己还是怀疑自己，有一个最基本的衡量标准，那就是：检视我们自己的社会功能是否仍然健全，比如，我们是否能够一如既往地履行自己对家庭和社会的责任，如果可以，那么我们就可以放心地信赖自己所出现的与众不同的想法甚至幻象；如果我们自己的生活因此而一团糟，我们就有必要去寻求专业的帮助。因为正常与不正常往往只是一线之隔，而那个衡量的标准就是你的社会功能是否基本正常。荣格自己用以平衡自身特异之处与其现实生活的关系的最重要的方式，按照他自己的说法，就是他自己的家庭生活。

荣格在谈到其所发现的女性意向——阿妮玛——时曾经说："我必须强调阿妮玛概念是一个纯粹经验性概念，其唯一目的是替一组相关或者类似的精神现象命名。"[①]（荣格，1936）笔者对此有不同看法，因为人类早有双性同体的神话，最经典之一即《圣经》中夏娃诞生的故事。

女性意向（anima，音译：阿妮玛，又译：阿利玛、阿尼玛）是指男性心理中的女性原型。其正面特征包括：信仰善与美，感情丰富，忠实于传统，神秘的，常常以极端的方式守着人类早期的习惯不放，与人性最深处的情感紧密相连；而其负面特征则有可能包括：保守，非理性，喜怒无常，情绪化，软弱，虚荣以及过于敏感的和感情易受伤害的等。我们中国成语中的"侠骨柔情"常常就用于形容具备适度女性意向的男性。

男性意向（animus，音译：阿尼木斯，冯川译：阿利姆斯）是指女性心理中的男性原型。其正面特征包括：信仰力量、富于理性、争强好胜、喜欢思辨，而其负面特征则包括：固执己见、理性而至于冷漠、缺乏共情能力。中国古代替父从军的织女花木兰所代表的恰恰是女性身上男性意向的正面典型；而当代中国俗语中的"女强人""女汉子"则往往用以描述那些男性意向偏多的女性。

我们每一个人都具有异性的身心特征。从生物学角度看，男性会分泌雌性激素，女性也会分泌雄性激素，心理上亦然，每一个人的集体无意识层面都潜伏着一个异性原型，因此每一个人都天生具有异性的某些精神特征。其实如果按照荣格的思路，我们可以直接从西方的《圣经》中为荣格的这个观点找到论据，那就是亚当夏娃的故事。夏娃是上帝用亚当身体的一部分（肋骨）所变成的，这既可以看作是物质上的两性合一，也同样可以看作是精神上两性合一、对立统一的象征。人类是在自己的内心深处遇到了自己性别的另一面，男性遇到了他们的阿妮玛，女性遇到了她们的阿尼木斯。这种两性原型是我们远古的男性祖先和女性祖先在共同生活和相互交往的经验中发展起来的。每个人身上的这种异性原型使两性间的协调和理解成为可能。

因此，阿妮玛和阿尼木斯原型具有重要的适应功能。但是，如果一个人不能

---

① ［瑞士］卡尔·古斯塔夫·荣格："关于原型，特别涉及阿尼玛概念"，《原型与集体无意识》，徐德林译，国际文化出版公司 2011 年版，第 46 页。

充分发展或过度发展自己无意识中的异性原型，就有可能产生不协调。比如，一个男性过度发展自己的阿妮玛原型，就可能显得多愁善感、优柔寡断并且心胸狭隘，而如果他过分压抑自己的阿妮玛原型，则可能显得冷酷、偏执并具有攻击性。另一方面，如果一个女性的阿尼木斯过度发展，则她会显得冷漠、固执、专横和跋扈。

青年人在适应自己的异性原型时常常容易陷入误区，以往最常见的表现就是排斥自己身上的异性特点，并且往往以极端的性别表现为荣。尤其是男性，会追求极端的男子气并对同性或者自己身上表现出的温和与关怀产生抵触情绪，会对一切多愁善感的表现表示不屑和嘲讽，会过分夸大力量、勇气、冒险和反抗的意义。而女性也更注重表现自己的女性特点，并常常把具有果断、冷静和理性特质的同性看作另类。中国改革开放这几十年来，青春期的人在适应自己身上的异性原型上又有了新的趋势，不少青年人开始有意识地发展自己身上的异性成分，以至于使自己更趋向于中性，也有的青年人则有意过度发展自己身上的异性成分，从而出现较多的男性女性化和女性男性化的表现。导致这种趋势的原因很多，一是多元价值观的出现，二是媒体提供的种种榜样，较典型的要算 2005 年超级女声优胜者的男性化打扮对很多青春期少女的影响。

特别要指出，荣格在其治疗情境中发现年轻男性在 35 岁之前为了成为一个真正的男人，努力摆脱阿妮玛的控制不是大问题，因为那往往代表对母亲羁绊的摆脱，那是成长所需要付出的代价。然而，人在进入中年之后，就应该能够与自己内在的阿妮玛会合或者说是重建，否则“进入中年以后，阿妮玛的持久丧失则意味着生命力、适应性及人类善良的渐弱。”①（荣格，1936）

笔者的观点：人当父母后可以有效唤醒身上的异性倾向：妈妈变得勇敢(为了保护孩子，而爸爸变得温柔而有耐心(懂得关爱孩子)。当一位男性开始认可女性意向时——敢做家务，敢与妻子分担养育孩子的责任——标志着他的成熟。所以，从荣格的框架看，一位成熟男性人到中年后由于成家立业、生儿育女等原因而变得柔软温和，是因为与自己的阿妮玛会合。与此同时，如果一个年轻人注意适当发展自己身上的异性原型，也有助于一个人更顺利地适应自己未来的父母角色。

我们在自己身上排斥异性原型的结果会妨碍自己成长，同样，在自己的身上过度发展异性原型也会有碍成长。在此我想特别谈一下有关两性差异的问题，本来差异是客观存在，而且差异本身也是一种美。女性主义当年的本意要解决的是男权社会中女性因为其客观差异而长期被压迫的政治问题，解决因为客观上的差异而导致的政治与经济权利上的不平等。但是发展到今天，有的女权主义者一定

---

① ［瑞士］卡尔·古斯塔夫·荣格：“关于原型，特别涉及阿尼玛概念”，《原型与集体无意识》，徐德林译，国际文化出版公司 2011 年版，第 58~59 页。

要强调两性间一致的方面，故意忽视甚至排斥两性间差异的一面，比如，现在的“田园女性主义”所主张的一切，我个人认为是走极端了。为女性争取平等平权和尊重两性之间的客观差异是不矛盾的，花有花的美，树有树的美，大家各美其美，美美与共，或许才是一种更合适的选择。

心理健康的标志是能恰到好处地协调并表现自己天性中的两性特征。在维护自己先天性别特征的同时适度发展自己身上的异性特征，如此，一个人不仅能较好地体现自己的性别特色，而且也具备了足以充分理解异性的心理特点。这样就有可能实现两性间的有效沟通与合作，也更容易与异性建立健康的两性关系。

关键原型三：智慧老人(wise old man)

荣格是在对欧洲、亚洲(印度、中国)、南、北美洲的童话研究中提炼出“智慧老人”这样一个重要的原型的。在这些童话故事中，主人公在遭受厄运之时，往往就会有一位充满智慧的老人出现，为他指点迷津，使他摆脱困境。荣格总结智慧老人的特征是：“代表知识、反省、洞见、智慧、聪明和直觉，另一方面代表善意、助人为乐等道德品质，从而使他的精神性格十分平易近人。”①（荣格，1936)同时，就像任何原型都有其另外一面一样，老人也会有负面和不利的地方，比如会有偏见、固执甚至有时候也会是邪恶的象征，如一些故事中有些老人会是邪恶的魔法师。

阅读荣格的传记可以发现，荣格自己是在12岁时在自己的内心遇到其智慧老人原型的，当时他曾经感觉自己是两个人，一个是当前这个学生，另外一位则是生活在18世纪的睿智老人。不仅如此，当时的荣格还常常把他所在的1886年误写成1786年。②

说到智慧老人的形象，苏俄作家高尔基三部曲之一《童年》中所描写的他的外婆，是一个典型的智慧老人。海明威的《老人与海》中也有一个具象的智慧老人。日本岛田洋七所著《佐贺的超级阿嬷》和中国台湾罗志祥所写《逻辑课：24个妈妈教我的街头智慧》则是日常生活中真实智慧老人的肖像。

笔者观点：我们当代中国最值得大家一读的有关智慧老人具象的书，首推倪萍写的《姥姥语录》。倪萍的姥姥是个文盲，可是那位老人所表现出的生活智慧和生活艺术，尤其是其做人哲学和教育儿孙的方法与智慧，却让人发自内心地钦佩和敬重。这里摘录几段：“有一碗米给人家吃，自己饿肚子，这叫帮人，一锅米你吃不了，给人家盛一碗，那叫人家帮你”③；“粮食就是你的命，你不爱惜粮

---

① ［瑞士］卡尔·古斯塔夫·荣格：“第五部分　童话中灵魂的现象学　论魔法师的性力学”，《原型与集体无意识》，徐德林译，国际文化出版公司2011年版，第176页。

② ［瑞士］卡尔·古斯塔夫·荣格：《梦、记忆、思想——荣格自传》，阿尼拉·杰菲记录和出版，陈国鹏、黄丽丽译，国际文化出版公司2011年版，第41~42页。

③ 倪萍：《姥姥语录》，中华书局2011年版，第44页。

食就是不爱惜你的命"[1]；"天黑了就是遇上挡不住的大难了，你就得认命。认命不是撂下，是咬着牙挺着，挺到天亮。天亮就是给你希望了，你就赶紧起来去往前走，有多大的劲儿往前走多远，老天会帮你。别在黑夜里耗着，把神儿都耗尽了，天亮就没劲儿了。孩子，你记着，好事来了还预先打个招呼，不好的事咣当一下子就砸到你头上了，从来不会提前通知你！能人越砸越结实，不能的人一下子就被砸倒了。"[2]

笔者看来，荣格从古代传说、宗教、神话和个人生活体验中所提炼出的智慧老人的原型，本质上与美国人类学家莱斯利·A. 怀特等人所创现代文化学（culturology）中提出的社会遗传（social heredity）概念是一致的。所谓社会遗传——"是指人的实践能力或社会文化成果的传递和积累"[3]——即通过符号、文字、信仰、传说、行为和教育等文化形式在代际间传递和积累经验与知识，这是一种超生物和超有机体的后天能力的传递。"文化的出现将演进过程提高到一个新水平。对人类种系而言，他不再需要经由生物界的迟缓演进历程以获得新的理论与技术，他现在已经具有一种其自身能够自由成长的、超有机体的适应与控制机制了。"（莱斯利·A. 怀特，1949）[4]

荣格理论体系中的智慧老人本质上就是千百万年来人类文化的体现者，荣格主张人们从自己的梦与意象中发现并体验智慧老人的教诲，而他本人所遇到的最主要的智慧老人就是他自己所遇到的幻象：费勒蒙。人的智慧来自于时间的积淀，时间赋予智慧老人无法超越的经历，而他们在自省中将经历提升为经验。我们中国人集体无意识中最典型的智慧老人就是孔子、孟子、老子和庄子，而西方人中最典型的智慧老人则是苏格拉底、柏拉图等先贤。

荣格是有特殊性的，他得天独厚天赋异禀，他从儿时就有的特异体验是一般人所没有的。因此，对大多数人而言，体验智慧老人的方法可能还需要从文化学的角度，也就是说，对大多数人而言，可以通过主动继承文化的方式——如接受教育、阅读经典等站在巨人肩上的过程中——去认识、了解、体验外在的智慧老人，一段时间的有意识积累之后，也许就有可能逐渐接近自己内在的智慧老人。

了解外在智慧老人原型对当代中国人尤其意义重大，当代中国由于网络的高度发达，"微博"、"微信"、"微小说"等碎片阅读和功利阅读正日益成为中国人的阅读主流，即使在最注重薪火相传的高校，肯静下心来读经典的学生也越来越少，肯指导学生读经典的老师也越来越少。有人质疑："碎片阅读是否会带来思

---

① 倪萍：《姥姥语录》，中华书局2011年版，第174页。

② 倪萍：《姥姥语录》，中华书局2011年版，第82页。

③ 刘福森、张静："历史进化的谜底：社会遗传"，《理论探讨》，1995年第6期，第78页。

④ ［美］莱斯利·A. 怀特：《文化的科学——人类与文明研究》，沈原、黄克克、黄玲伊译，山东人民出版社1988年版，第373页。

考危机？”[1] 碎片阅读是否会带来思考危机是需要时间检验的，而当前最严峻的问题是：碎片阅读已经影响了当代中国人对人类文化的继承，并有可能因此影响中国人的社会遗传与社会进化。

没有继承难有真正的发展，继承的最重要的意义在于，不仅可以帮助我们少走很多弯路，而且可以帮助我们站在巨人的肩上，这样才是最有效率的发展和成长，因此，我们要通过经典接近我们文化中的智慧老人，通过经典与智慧老人对话，了解并继承人类文化中最主要的成果和人类文明的智慧结晶，并通过对身边智慧老人的了解与连接，而逐渐发现自己内在的智慧老人原型。

关键原型四：暗影

暗影(shadow，又译阴影、动物影迹)，是人类精神中最隐蔽、深奥同时又最强有力的部分，暗影是我们从人类动物祖先身上遗传来的具有一切动物本能的集体无意识的组成部分。按照舒尔兹的说法：“它是特别令人烦恼的原型，因为它包含着必然会表现出来的这样两个方面，人性最好的方面和人性最坏的方面。”[2](舒尔兹，1977)荣格指出，暗影里包含着令人惊异不已的东西，那是一片充满着前所未有的不确定性的无边之域。从积极方面看，暗影是自发性、创造力以及生命力的原动力。从消极面看，暗影包括所有社会认为是邪恶、有罪和道德败坏的那些冲动，如攻击性、破坏性。

我们在世界各地的文化中都可以看到暗影的消极面的代表。丹麦王子哈姆雷特的叔叔的阴险，中国传说中桀纣的残暴，希腊俄狄浦斯王的错误，西方人类始祖亚当夏娃的过失，等等，无一不体现着暗影的力量和影响。现实中大到欧洲猎巫运动、德国纳粹对犹太人的大屠杀、中东战争、对少数族群的迫害如种族压迫等，小到贪官污吏、腐败堕落、校园霸凌，以及人与人之间的欺骗、谎言、仇恨、嫉妒、伤害、怀疑、抱怨等，也都是暗影消极面的表现。

荣格指出：“每个人都有他的暗影，这暗影越是较少出现在个人的意识中，便越是黑暗和浓重。……如果暗影受到压抑，被孤立于意识之外，那么它就永远得不到纠正，而且很可能在不知不觉中突然爆发。无论如何，它构成了无意识的暗礁，阻碍着我们最具善意的意图。”(荣格，1937)[3]对此，研究荣格的学者哈里·A. 威尔默曾有一段非常精彩的描述：“我们都有一个阴影。人格越庞大，阴影就越大。公开的人格面具越高尚，内心的阴暗面就越奸诈。关键在于要承认这个方面，并且欢迎揭露我们的阴影。”[4]

---

① 李龙：“电子阅读警惕‘肤浅’披上‘便捷’外衣”，《广州日报》，2013 年 7 月 23 日。

② ［美］舒尔兹：《成长心理学》，李文湉译，生活·读书·新知三联书店 1988 年版，第 185 页。

③ ［瑞士］荣格：“心理学与宗教”，见《荣格文集》，冯川、苏克译，改革出版社 1997 年版，第 383 页。

④ ［美］哈里·A. 威尔：《可理解的荣格——荣格心理学的个人方面》，杨韶刚译，东方出版社 1998 年版，第 256 页。

我们可以从能量守恒原理理解这段话，一个人越是表现出较高的社会化程度，表明其压抑自己越是严重，因而其暗影就越是巨大。如果他的生活一帆风顺还好，但是，一生一帆风顺的概率实在太小，而当他遇到问题时，常年积累的压抑有可能以一种非常突兀而又强烈的方式暴发，从而给他自己和周围人带去问题甚至灾难。这个小理论也可以用来解释日本人在侵华战争中的残暴和德国人在二战时对犹太人的屠杀，这两个民族都有着比其他民族更为压抑的日常生活在日本，是日常生活极端注重礼仪礼节，而德国人日常生活中则有着非同一般的严谨与精确，这类过度中规中矩的日常生活是很容易导致暗影的被严重压抑的，因此一旦有机会，这两个民族都以极端异乎寻常的方式释放出几乎淹没整个世界的巨大暗影。再以笔者在精神病院实习时的所见为例。在精神病院，由于大多数病人的大多数意识都处于失控状态，你既可以看到比在日常生活中多许多的单纯和率真，同时也会看到许多完全不加掩饰的暗影：愤怒、仇恨、贪婪、妒忌、专横和跋扈等。所以，完全压抑或过度发展暗影都是不合适的。过度压抑暗影不仅会使一个人或者一个民族变得平庸并丧失活力，而且会使其在无意识中累积暴戾之气。同样，过度放任暗影则会助长个人和集体的攻击性和原始冲动，从而造成与社会的冲突和自身的病态。暗影与我们意识中所接受的一切相去太远，人们通常愿意相信自己是善良并且正直的。暗影的消极面先于积极面，因此人们在与自己的暗影相遇时的第一反应往往是震惊和害怕，与暗影的相遇常常吓退很多人，"人与自己的遇会首先是与自己的阴影的遇会。那阴影是条狭路，是一道窄门，任何走下深井的人都逃脱不掉那痛苦的挤压。"① （荣格，1933）荣格认为，正视暗影，是对人勇气的第一次考验，人应该不仅正视暗影而且容忍暗影的存在，要能够带着暗影往前走。"因为暗影是人格的有机部分，因此它希望以某种形式与人格聚合一体。"② （荣格，1933）我们可以把这段话理解为：荣格认为，对暗影的完整认识与体验是通向真实自己的道路。

为此，荣格开出了自己的处方："如果我们能够看见阴影，并且能够容忍有阴影的存在这一事实，那么问题的一小部分就已经得到了解决。"③ （荣格，1933）因为使暗影意识化也就是使问题意识化，而任何被意识到的暗影都很难继续控制我们于无形。不仅如此，一个没能处理好自己暗影的人，不仅会被自己的暗影所控制，而且常常会把自己的暗影投射到他人的身上，并因此而把一切责任推到他人身上。一个人如果敢于正视自己的暗影，他不仅会对自己内心深处的问

---

① ［瑞士］荣格："集体无意识的原型"，见《荣格文集》，冯川、苏克译，改革出版社 1997 年版，第 60 页。

② ［瑞士］荣格："集体无意识的原型"，见《荣格文集》，冯川、苏克译，改革出版社 1997 年版，第 59 页。

③ ［瑞士］荣格："集体无意识的原型"，见《荣格文集》，冯川、苏克译，改革出版社 1997 年版，第 58 页。

题有足够的警觉，有可能有效地处置自己暗影，知道对自己的行为负责，而且不会再把自己的问题投射到他人身上，不仅如此，他也会降低被他人的暗影所诱惑的可能。例如，现在很多肆无忌惮的如诽谤、造谣中伤、辱骂、攻击等行为，其重要原因之一就是当事人自己有很多没有解决的问题，积累了很多的怨气、不满和愤怒，在现实世界中不敢发泄，于是就滥用网络便利和匿名的条件。

我们还可以从以下方面认识了解暗影的重要性：

尽管暗影的存在不仅向整个人类提出挑战，同时还使人意识到自己的无能为力，但是对暗影的了解可以有效地产生减压作用，在了解暗影具有普遍性之前，一个与自身暗影消极面相遇的人往往会被自己的暗影所吓住甚至击倒，他会因为看到了自己的恶而以为自己是个天生的坏人，但是荣格有关暗影的普遍性的发现使暗影正常化，这对降低人的自罪感有很重要的意义。

认识问题并不等于解决问题，但是没有认识就永远不可能解决问题。认识暗影，接受它存在的现实，然后选择让暗影处于我们意识的关注与警觉之下，对自己的暗影负起责来，那么，暗影中那些会淹没和腐蚀我们的力量将不复存在，而我们也将获得把握自己的自由。套用哈姆雷特的名言：“被暗影控制，还是不被暗影控制，这将不再是一个问题。”举例说，有些人在出了问题后便自暴自弃，放弃成长，这就是被暗影所控制的一种表现。其实人因为人性的弱点而在某个时刻屈服于环境的诱惑是正常的，关键在于平时在行为上要懂得并能够自律。如果真有了过失，能够做到不二过就可以，不仅对自己，对别人的过失也要有这样的宽容精神，如此，才能够把暗影对我们的负面影响降到最低。不仅个人，一个社会对待暗影的态度也很重要。举例说，社会对刑满释放者的态度是包容仁爱还是拒绝苛求，是既往不咎只重当下表现还是对其曾经表现出的暗影采取绝不宽恕的态度，这不仅关系到刑满释放者本人的发展，而且对社会本身的发展也意义重大。包容与仁爱往往会结出善的果实，因此更容易导致一种双赢局面；而苛责与拒绝则有可能导致再一次的犯罪，其结果就是非常不幸的双输。

说到暗影，特别有必要提一下这几年引起热议的即将到来的人工智能时代（Artificial Intelligence，缩写为 AI），尤其是 2020 年 8 月 29 号埃隆·马斯克发布最新一代侵入式脑机接口设备，并展示了在猪脑内的初步试验成果。这个接口设备的外观看起来只有一枚硬币大，未来可以植入人的头部，全天无间断地采集大脑信号，虽然有评论认为马斯克这次并没有什么本质上的创新[1]，其实技术上现在能否成立并不重要，重要的是从科技伦理的角度看，这种技术和整个 AI 时代有可能释放出多大爆炸当量[2]的暗影？技术是双刃剑，技术水平越高，其正负能量都会越大，越是高科技时代，越要注意科技伦理，越要警惕人类暗影的冲击

---

① 见“邵恒头条”，得到 App，2020 年 9 月 2 日。

② 爆炸当量，一种用于衡量炸药爆炸造成的威力的单位。

力，否则潘多拉的盒子打开后，后果不可想象。这方面最典型的例子就是原子弹的发明。如果脑机接口真的实现，如果人类真的被赋予了超能力，又怎么可能避免人类之间毁灭性的互相残杀。不仅如此，技术有可能给人带来的所谓各种便利也值得思考。生活本是一个过程，如果一个普通人的全部家务都被机器人代劳，生活还有什么乐趣？如果一个普通学生用脑机接口的方式掌握知识，那学习的乐趣又从何体验？虽然普通人无法左右科学家的工作，但是普通人对AI时代的思考和反应却可以影响自己的生活与未来，因此，要想保持生活的乐趣和意义，我们需要对AI时代持审慎、审辨甚至警惕的态度。

有关暗影，我们还可以从另一个角度去看，按照荣格的集体无意识说，人类集体无意识中存在着一个成熟的良知系统。因为人类在进化过程中意识到，每个人如果都率性而为，社会就会出现混乱，结果就必然会影响到社会和每个人的发展。因此，一个人如果想要持续发展，就需要以一定程度的自我约束去换取社会对自己的保护，于是就产生了社会契约，而长期的社会契约中，人们渐渐养成了一定的道德习惯并最终发展出较为成熟的良知系统(self，直译为“自身的神性”，简称“自性”)。20世纪90年代西方兴起的“进化心理学”也正是从科学的角度对人类的道德进行研究，并且有一些非常有意义的研究课题。比如“搭便车(现象)和社会契约”、“对社会性欺骗的敏感性”、“伦理意识使如何进化出来的”以及为什么会有“强烈的互惠与亲社会‘本能’”等。[①] (Robin Dunbar，Louise Barrett，John Lycett)再如理查德·戴维森等人用核磁共振扫描仪在僧人身上所做的有关慈悲心的研究中的发现。[②] 还有，20世纪90年代以来兴起的神经生物学在对共情所进行的研究也证实了共情这种可以设身处地为他人着想的能力具有神经生物学基础。[③] (理查德·戴维森，莎伦·贝格利，2012)这些研究都从脑科学的角度不同程度地实证了人的良知的存在。

尽管我们的集体无意识中存在着暗影，但是我们不必害怕，因为我们有着同样强大的良知。只要我们在日常生活中注意按良知行事，做到“不以恶小而为之”，也就是要避免“养恶”，比如贪污腐败、中伤别人、考试作弊、剥削他人以及网上的恣意妄为等，如此，我们暗影的消极面就不会轻易发生作用。贪污腐败这样的暗影更多是由制度造成的，好制度可以最大限度地抑制一个为官者的暗影，而坏制度则可能最大限度地激活一个为官者的暗影。但是制度问题是宏观问题，以下只从微观角度谈“养恶”的问题，现在是互联网时代，因此要特别说

---

① ［英］Robin Dunbar，Louise Barrett，John Lycett：《进化心理学——从猿到人的心灵演化之路》，万美婷译，中国轻工业出版社2011年版，第173~190页。

② ［美］理查德·戴维森，莎伦·贝格利：《大脑的情绪生活——大脑如何影响我们的思想、感受和生活》，王萌译，格致出版社、上海人民出版社2015年版，第252~254页。

③ 周一、王茜、杨涛等：“共情的神经生物学研究”，《神经解剖学杂志》，2012，28(5)，第517~520页。

一说网络行为失范中表现出的暗影，如网络诽谤、网络欺诈、侵犯知识产权、发布虚假信息等。

人性是经不住诱惑的，尤其是经不住人性中恶的诱惑，荣格就曾告诫我们："我们当中没有任何人能够逃脱人类的黑色集体阴影的影响。"① （荣格，1957）因为人类的进化是以压抑个人的和集体的暗影为代价的，因此只要有可能，只要有人用暗影中最阴暗的一面——如暴力、攻击、辱骂、下流等——去诱惑，就会在瞬间激活人性中最幽暗之处，使人忍不住跃跃欲试，这就是为什么会有战争和屠杀的原因所在，这也是为什么会有个人犯罪和伤害的原因所在。

就个人而言，夜色、陌生的城市或场所以及网上的匿名状态，这些让人自认为不会被别人看到的地方，都有可能诱发人的暗影。以网络为例，2012 年以来网上比较突出的暗影表现应该算是各种非常具有自贬性质的流行语的流行，有人称之为"脏话的狂欢"②。前几年中国的网络上，很多人似乎争先恐后地发明着、传播着各种百无禁忌的脏话、下流话，前些日子是铺天盖地的人人争当"□丝"，后来是女孩子们开始大大方方地自称"我很×"，2013 年清明期间又有人发明了"绿茶×。"③ 好在这几年情况有所改善，各类传媒也开始有所自我约束，这应是"再圣化"的一种表现。

网上的语言失范行为和反智倾向其实都是在养恶，虽然只是一句话甚至一个词，但是语言对行为有非常重要的塑形作用。比如，一个开朗的人如果总是用很抑郁或者暴戾的语言做自己 QQ 的个性签名，久而久之，他就会变得抑郁或者暴戾；同样，即使一个有火爆脾气的人坚持用温暖并谦和的签名，时间久了，他也会变得柔软并温和一些。所以，一个想要进化的人，日常生活中所要做的功课之一，就是要端正自己的行为，同时净化自己的语言。在这方面，我们尤其要谨记先哲曾子的叮嘱："君子所贵乎道者三：动容貌，斯远暴慢矣；正颜色，斯近信矣；出辞气，斯远鄙倍矣。"④

以上较多讨论了暗影的消极面，其实在暗影中还蕴藏着巨大的创造力和生命活力。被压抑的并不都是不好的，很多时候，它只是因为会妨碍社会整体的发展而不得不被压制。比如人的原始生命力，如果完全不加约束就有可能给他人造成问题甚至伤害，可是，对生命力的过分束缚又必然会影响人的创造力。因此，正视暗影并且与之同行，而不是压制暗影，我们才能如荣格所提倡的一样容纳和利用自己的暗影，并将其和谐地组织到自己的人格中，这也如同我们在介绍弗洛伊

---

① ［瑞士］荣格：《未发现的自我》，张敦福译，国际文化出版公司 2001 年版，第 66 页。

② 韩浩月文："为什么'脏话狂欢'屡见不鲜"，《中国青年报》，2013 年 4 月 9 日。

③ 笔者所以不把这些脏话写出来，是因为：一是幼儿园时的老师和父母就反复教育过："不可以重复脏话、错话"；二是因为语言有非常重要的塑形作用，因此笔者认为，即使是为了说明问题，也不必重复会让人退化的语言，尤其现在网络如此发达，若真对此流行语不了解的人，也可以自己上网去查找。

④ ［宋］朱熹：《论语集注》，中国社会出版社 2013 年版，第 46 页。

德时所说的一样，正视并接纳自己的暗影，不怕恶念，而只需要约束自己不有或者少有恶行。很多人在与自己的暗影相遇时的第一反应往往是震惊和害怕，与暗影的相遇常常吓退很多人。荣格认为，日常生活中正视暗影，是对人勇气的第一次考验，人应该不仅正视暗影而且容忍暗影的存在。

正如韩国僧人慧敏所言：

“我们的内心同时住着希特勒和特瑞莎修女
恐怖和暴戾占了上风
就会成为希特勒
对他人施以慈悲和理解
就会成为特瑞莎修女。”①

这个世界是用行为而不是意念衡量人的，因此，不论我们有多少可怕的恶念，只要我们懂得在行为上自律，懂得坚持“不以善小而不为，不以恶小而为之”，有一天我们会发现，我们的恶念正变得越来越少，我们自己也正变得越来越和谐一致。而当一个人懂得善待他自己和别人的暗影时，他就不仅仅是为自己的成长做了贡献，而且也会为世界的进步做贡献。因为此时，他已不再受自己暗影的影响，不再把自身的暗影投射到世界和他人身上，把自己的恶念说成是他人的恶念，不再会“以小人之心度君子之腹”，他可以比较客观而公正地看世界。不仅如此，由于他接纳了自己的暗影，他不再把暗影当作敌人，暗影中富有生命力创造力的一面就会在他面前徐徐展开，他的人格会变得更加丰满而又丰富，而世界回报给他的，也必将是更多的善意和美好。

关键原型五：自性②

荣格所说的自性(self，又译自我、自身；笔者认为最准确的译法还是“自身的神性”，简称“自性”)是指“一个在意识自我之上的结构。这不仅仅包含意识，也包含无意识的心灵。因此也是一个所谓的人格结构。”③（荣格，1928）

说到自我(ego)与自性(self)的关系，“自我(ego)仿佛是地球，突然间发现太阳(self)才是行星系的中心，同时也是地球轨道的中心。”④（荣格，1933）“自我仅仅延伸到意识心理，而自性所包括的既有意识成分，也有无意识成分。因

① ［韩］慧敏：《人生那么长，停一下又何妨》，冷慰译，中信出版社 2013 年版，第 153 页。

② 有关 self 的中文译法有好几种，如自我、自身、自性(自身的神性)，笔者第一版中为了区分 ego 和 self，采用了陈仲庚先生的译法，即译作“自身”，但是这些年的学习和思考使笔者意识到“自性”的译法才更符合荣格的原意，因此，这一版中笔者将 self 译作自性。而 self- actualization，准确地说，也应该译作自性实现。

③ ［瑞士］卡尔·古斯塔夫·荣格：《梦、记忆、思想——荣格自传》，阿尼拉·杰菲记录和出版，陈国鹏、黄丽丽译，国际文化出版公司 2011 年版，第 367~368 页。

④ ［瑞士］荣格：《探索心灵奥秘的现代人》，黄奇铭译，社会科学文献出版社 1987 年版，第 66 页。

此，自我与自性的关系就是部分与整体的关系。"[①]（荣格，1936）按照荣格的说法，自性指人格的中心点，是个体精神中追求完满的一种先天的内在倾向。在荣格的理论体系中，"完满"或"完整"是具有特殊意义的概念，他认为人天生是完满和完整的，而社会生活将人分裂，人成长的内容之一，就是要让自己重新成为完整。而人的天赋自性不仅可以帮助人们克服分裂，重新实现完整，还有预防分裂的作用。他还提出"曼荼罗"——东方印度教中一种圆形或方形的花样图案——就是自性的象征或者说是自性的整体性的表达，"曼荼罗是一种原型意象，它被证明已经存在了几千年。它描述了自性的完整性，或者表现了精神基础的完整性，用神话的语言来说就是：神性具现于人的身上。"[②]（荣格，1961）

荣格的这个观点与我们中国先哲阳明先生的"圣人之道，吾性自足，不假外求"之说殊途同归，都强调人的神性与生俱来。荣格在《人类及其象征》一书中曾经谈到这样的观点[③]，大意是：如果一个人具有某种自己没有意识到的天赋，那么这个天赋就等于不存在，而只有当一个人注意到自己的天赋时，才有可能使其成为现实。据此类推，一个健康的人是应该首先去了解、发现自己的自性的。

虽然乍看起来，荣格所谈到的自性是个带有一些神秘色彩的概念，"自性是那整体的、无限的和不可界定的心理人格的中心。……我的心理学经验随时都向我表明：某些心理内容来自有关比自觉意识更大更完整的心理。它们往往拥有意识还无法形成的更为优异的分析、洞察和知识"（荣格，1937）[④]，但是仔细阅读荣格的有关论述可以看出，自性本质上是指一个人天赋的善与美，还有天赋的智慧与直觉等。更具体地说，自性体现在一切懂得感恩并且珍惜环境，知道努力上进，知道合作与共享等一切有助于个人和社会持续和谐发展的事物与人物身上。荣格在其传记中谈到，他自己在中学时就意识到自己有第二人格，他还意识到宗教尤其关注人的"第二人格"[⑤]，他这里所谈到的第二人格即"自性"，其实人类本能地意识到了自性的存在，在文学作品中，自性最常见的表达是"心灵的呼声"和"内心的召唤"。如果我们想了解生命所自带的"自身的神性"，想知道生命与生俱来的人生导师，我们还可以去看动物世界的节目，看企鹅爸爸和妈妈如

---

① ［瑞士］卡尔·古斯塔夫·荣格："第四部分：柯尔的心理学面向"，《原型与集体无意识》，徐德林译，国际文化出版公司 2011 年版，第 148 页。

② ［瑞士］卡尔·古斯塔夫·荣格：《梦、记忆、思想——荣格自传》，阿尼拉·杰菲记录和出版，陈国鹏、黄丽丽译，国际文化出版公司 2011 年版，第 289 页。

③ ［瑞士］荣格等：《人类及其象征》，张举文，荣文库译，辽宁教育出版社 1988 年版，第 139 页。

④ ［瑞士］荣格："心理学与宗教"，见《荣格文集》，冯川、苏克译，改革出版社 1997 年版，第 343 页。

⑤ ［瑞士］卡尔·古斯塔夫·荣格：《梦、记忆、思想——荣格自传》，阿尼拉·杰菲记录和出版，陈国鹏、黄丽丽译，国际文化出版公司 2011 年版，第 51 页。

何在没有书籍的指导下完美哺育小企鹅，也可以在自己的住所附近观察失去妈妈的小野猫们如何茁壮成长。

在荣格的观念中，人原本是一个整体，而自性是这个整体的中心点，它是统一、组织和秩序的原型；它是人的灵感、智慧、生命热情的源泉；它试图吸引所有的原型，使它们处于一种统一和谐的状态。因此，自性是个体精神中追求完满的一种先天的内在倾向，是一个人内心的向导，它影响、调节和制约一个人的人格，促使人格朝向成熟、灵敏与豁达发展。“‘自身’（自性）可以被界定为内在的导发性因素……但是，这种对心灵整体方面的较广泛接近，最初仅仅是一种先天的可能性。……至于发展到什么程度，则要看自己是否愿意倾听‘自身’的信息。”[①]（荣格，1970）所以，我们的神性与我们同在，关键在于我们能否发现它并追随它，我们自身的神性可以被教育与自我教育唤醒，也有可能在环境的影响下被压抑。一个适应良好，能够和谐地与自己、环境和他人相处的人，表明其正倾听并追随其自性的引导，从而使其自性原型有效地发挥作用。反之，如果一个人总对自己、环境和他人不满，那就意味着他对自己的自性倾听不够，因而使其自性原型无法很好地被唤醒和伸展。

现实生活中，那些力排环境干扰而努力倾听自己内心声音的人，那些通过内省和对比而努力认识和把握自己的人，那些持续不断追求成长的人，都是在努力实现自性的人。对青年人而言，自性实现还有另一层含义，那就是不仅要努力发现并实现自性天赋的灵感、智慧、热情等善，而且要努力发现并实现自己的优势潜能。用经济学术语表示就是：要找准自己的比较优势，以达到个人与社会利益的最大化。笔者在教学实践中发现，人的潜能是不均衡发展的，这个潜能多一些，那个潜能少一些。因此，我们有义务尽可能发展自己的优势潜能或者说是比较优势，这是我们个人得以成长并让自己具备幸福感的重要前提之一。做个比喻，如果自己是苹果，就让自己成为最好的苹果之一，如果自己是梨，就让自己成为最好的梨之一。

从操作上看，我们最有兴趣的事往往就是我们的优势潜能所在，发现自己的兴趣并且努力去发展它，就是我们实现自己优势潜能的途径。当然，生活不会是一帆风顺的，我们不一定在年轻时就能做上自己喜欢的事，那也没有关系，尽可能做自己喜欢的事，如果暂时没有条件，那就喜欢自己所做的事，这样的话，我们既有可能发现自己的新的潜能所在，又可以在有了一定的物质积累和知识阅历的积累后再去做自己喜欢的事。

这里要特别指出的是，荣格认为寻找并且实现自性，是人进入中年以后的发展任务（荣格，1933）[②]，但是笔者有不同的观点，如果一个人在很小的时候就能够

---

① ［瑞士］荣格等：《人类及其象征》，张举文、荣文库译，辽宁教育出版社 1988 年版，第 139 页。

② ［瑞士］荣格：《探索心灵奥秘的现代人》，黄奇铭译，社会科学文献出版社 1987 年版，第 66~67 页。

在父母老师的帮助下去寻找并发现自己的自性，从上大学的时候就开始踏上实现自性的道路，那他的人生会更完满，并且他遭遇中年消沉甚至中年危机的可能性也会降低。在这点上，西方中小学的教育为我们树立了榜样，而中国目前由于资源紧缺而导致的高考制度的局限，使很多中国孩子把上大学当作找好工作的手段而非实现自性的平台，这不仅造成个人生命的浪费，也会间接影响到社会的整体进步。

说到寻找并发现自性的方法，读古今中外的经典是一个很重要的方法。此外近些年，不仅国际而且中国都开始兴起并流行诸如冥想、瑜伽和正念练习，这些都可以作为参考方法，近十年心理治疗中以转向内心为主的正念疗法在中国公众中也开始产生影响，冥想、瑜伽、禅修、正念练习本质上都是通过某种方式帮助一个人发现并且实现自性，因此，有心认识并实现自性的人可以借鉴这些方法去了解并且发现自己的内在自我，从而最终实现自性——用我们中国人所熟悉的话来说——也就是进入天人合一与随心所欲不逾矩的境界。

实现自性不仅仅关系到个人的健康成长，而且关系到社会的能够持续发展。荣格认为，只有追求个体化的人，才有可能同时为社会的健康发展做出贡献，“现在的形势太危险了，人们心理上所承受的问题也太多了。在这种生死攸关的危急时刻，最急迫的需要、最可信赖的东西就是现代人心理的塑造。”①（荣格，1957）环顾今天的世界，比起荣格的时代问题是更为紧迫了，我们的责任也更大更重了。

三、在认识并正视自己的基础上实现个体心理的整合

上一段中，我们介绍了荣格有关人格组成说的基本概念，其中最主要的包括“意识与自我”、“个人无意识与情结”、“集体无意识与原型”（人格面具、暗影、女性意向或男性意向、智慧老人、自性），现在我们来看如何具体实现个体化。

个体化是荣格给人类开的心理健康的处方，前面所述的自性实现就是个体化的终极目标，为了便于操作，以下将个体化过程分解为具体的步骤。

（一）了解并让人格中的各个对立面得以恰当表现

个体化过程的开端有时候是痛苦的，它最初可能以人内心冲突的形式表现出来。在荣格的理论框架下，一个事业有成的成年人突然感到不适，突然对之前的金钱、地位和名望的追求目标有了怀疑，同时又对一些以往不曾关注的问题如自己的内心产生了强烈的兴趣，或者甚至是突然对某种与自己以往价值观完全相悖的东西产生不寻常的强迫性热衷，再或者，他被某种不可思议的巨大力量所牵

---

① ［瑞士］荣格：《未发现的自我》，张敦福译，国际文化出版公司 2001 年版，第 77 页。本书英文是 *The Undiscovered Self*，笔者认为应该译为《未发现的自性》更准确。

扯，不由自主地想要了结人生，在我们的心理治疗个案中，往往表现为无法克制的、不顾一切地想要自伤的冲动，如坐在疾驰的轿车上产生了强烈的想要跳下去的冲动，再如站在高楼上就有控制不住地想要往下跳的冲动等，所有这些常常被归为“中年危机”的表现，都有可能是人开始进入个体化的转折点。

除此之外，在笔者看来，不论年龄，当一个人开始认真并且持续思考“我是谁？我从哪里来？我将往何处去？”等这样的问题时，他就已经踏上了个体化之路。个体化既可能是一个中年人面临危机时的选择，也可能是一个具有强烈成长愿望的年轻人在青春期时的自觉选择。在荣格的理论框架中，健康人格就是具有个体化的人。个体化的目标是自性实现，而其过程即是正视并整合自己人格中各个部分的过程，按照荣格的观点，对人格的整合，需要从协调人格的各个对立面入手。

荣格深受东方哲学的影响，深知任何事物的对立面都存在互相依存的关系。黑白、善恶、好坏、意识与无意识等。对此，曾经深刻影响过荣格的中国哲学家老子的一段话最能概括荣格有关人格对立统一的思想：“知其雄，守其雌，为天下溪。为天下溪，常德不离，复归于婴儿。知其白，守其黑，为天下式。为天下式，常德不忒，复归于无极。知其荣，守其辱，为天下谷。为天下谷，常德乃足，复归于朴。”①

现实中，这些对立面的表现往往并不均衡。人们通常会过分压抑其所惧怕的那一面，比如有的人过分压抑自己的暗影，深恐看到自己内心深处潜藏着的恶念；有的人则过分压抑自己的异性原型，生怕自己身上的异性特点会妨碍自己性别的表现。结果便是，越是想要控制自己人格中对立面的人，其心理就越容易出现问题。因为作用力等于反作用力，一个人把多少能量用于自我压制，就会有相应的能量去反对这种压制，结果当然就得付出心理冲突的代价。不仅如此，他还会把自己所压抑的地方投射到外界，说出是别人说有的，并因此与外界发生冲突。相反，一个人如果能够接受对立统一的观点，对自己的消极面采取积极的态度，如正视、接纳、疏导和建设性宣泄，那么，他就能获得平衡并实现健康的发展。例如，一个男性能够正视自己心中的女性原型，并且能够恰当地表现它，会使他显得有人情味，并且有助于他与异性建立健康的交往关系。同样，一位女性接受并且恰当表达自己内在的男性原型，也会使她更为成熟，同样会促进她与异性的健康交往。再如，一个人在与自己暗影中的黑暗面相遇后，不是自责、羞愧

① 老子：《老子今译》（第28章），任继愈译，古籍出版社1956年版，第21页。

注：任继愈的译文：虽深知他的雄强，却安于他的柔雌，甘作天下的沟溪。甘作天下的沟溪，与正常的“德”不相离失，回复到单纯的状态，像婴儿。虽深知他的光彩，却安于他的暗昧，甘作天下的车轼，甘作天下的车轼，与正常的“德”不差失，回复到最后的真理。虽深知他的荣耀，却安于他的卑辱，甘作天下的川谷。甘作天下的川谷，正常的“德”才可以充足，回复到“朴”。

甚至惊慌，而是坦然接受自己的不完美，同时增加对自己弱点的警觉，以“不二过”的态度对待自己的过失，换言之，是接受暗影但又注意不被其控制，那么对一个人而言，就更容易发现并接近自己暗影中所蕴含的巨大生命力。不仅如此，他也不会把自己的问题投射到他人身上，更容易与他人建立起建设性的关系。这很像儒家所描述的境界：“好学近乎知，力行近乎仁，知耻近乎勇”①，达成了一种新的对立统一。

（二）了解自己的性格类型

性格类型不同，实现个体化的方式就会有所不同。为此我们有必要了解荣格有关性格类型的划分。

现在我们来荣格的心理类型理论。很多学者对荣格的心理类型都做了高度抽象的概括，笔者在本书的第一版中就曾经用了其中一对学者杜·P.舒尔兹(Dunne P. Schultz)和西尼·艾伦·舒尔兹(Sydney Ellen Schultz)的总结，这次修订过程中，笔者发现他们的归纳太抽象，因此决定自己来做归纳。

荣格在大量参考前人研究的基础上加上个人经验，于1921年发表著作《心理类型学》②，1933、1935年，荣格在其新作中，对其心理类型理论又做了新的补充③，笔者将荣格这三部著作中的有关内容加以概括，并做出表3-1。

表3-1 决定人们习惯性反应的同一连续体上的两种倾向：外向与内向

外向(extraversion)	内向(introversion)
指力比多的外向转移，定向于客观，在进行思考、感受与行动时，都与客体(由外在的人和事)密切相关，对客体存在绝对的依附性。客观事件对其具有一种永不衰退的魅力。难以忍受独处。 精力旺盛，活泼开朗，充满对环境的好奇与兴趣。表现欲强。 容易受环境刺激而采取行动	指力比多专注于人的内在，使人受制于主观因素，他虽然也观察环境和客观世界，但总是把主观规定当作决定性的规定。 受到自己理念的决定性影响，过分关注内心体验，与环境缺乏紧密联系，有时甚至处于与客体的否定性关系中。 更倾向于三思而后行，沉默寡言，更愿意和自己在一起，更多地被自己的想象所吸引
全部意识朝向外部世界，总是从外界获得重要的和其决定性作用的决断。其兴趣和注意都主要以客观事件和环境为转移、调整和规定	所有的感觉和认识都并不纯粹是客观的，它还受到主观条件的制约。对他而言，整个世界不仅独立地存在着，还存在着自己怎样看它的问题

① 杨伯峻译：《白话四书》，《中庸篇》（第20章），岳麓书社1989年版，第298页。

② ［瑞士］荣格：《心理类型学》，吴康、丁传林、赵善华译，华岳文艺出版社1989年版，第399~495页。

③ ［瑞士］荣格：《探索心灵奥秘的现代人》，黄奇铭译，社会科学文献出版社1987年版，第70~88页。［瑞士］荣格：《分析心理学的理论与实践》，成穷、王作虹译，生活·读书·新知三联书店1991年版，第1~18页。

续表

外向(extraversion)	内向(introversion)
其道德观与社会要求相吻合	最常和最基本的意图与行为由主观价值所决定。
尽量去做环境需要和期望他做的事，有时会情不自禁地牺牲自己的利益以满足环境	把自己与客体隔离开来，不是把精力耗费在防卫方面，就是做出一些把自己的权力强加于客观环境以维护自己的努力中
危险：因为太容易为客观所束缚，而有可能迷失自己	危险：因为常常受到误解而面临与世界失去联系的危险
有可能会得的神经症：歇斯底里。 最极端的会得双向情感障碍(躁郁症)	有可能会得的神经症：神经衰弱。 最极端的会得精神分裂症

需要说明的是，虽然每个人天生会有一种占优势的态度倾向，或外向或内向，但它们不是固定的，它们会随时间、阅历、经验、年龄和关系而改变，健康的社会和家庭环境中，内向者会随年龄增长而变得外向，而病态的社会与家庭环境则会让天生的外向者变得内向。

谈到内外向，最重要的是要记住，“每种倾向的人都有他或她自己的主观真理”（哈里 · A. 威尔，1994）①，用心理治疗的术语说就是，每个人都有其“心理现实”，不论客观多么真实地存在。这与《周易》中所提“仁者见之谓之仁，知者见之谓之知”② 是一样的道理。换言之，没有对错，只是角度不同而已。

荣格的观点是，人生的前半生如果是外向的，更容易获得成功(因为同样智力、能力的前提下，外向者比内向者更容易得到外在资源)，而在人的后半生，则需要内向的态度帮助自己转向内心去发掘智慧并实现生命的意义。当前的中国社会对内向者是一个考验，竞争太激烈，加上中国人太多，因而不善言谈的内向者比起善于交际的外向者，能够得到的机会相对要少许多。此外，由于发展速度太快，人们越来越没有耐心等待内向者，这些都容易造成内向者的自我怀疑和对外向者的认同与羡慕。宏观上看，个体化的道路上，两种倾向的人在坚持自己的真理的同时，也有必要向另外一种倾向者开放并且学习，懂得包容和接纳与自己的不同，从而使自己具备更有利于成长的弹性。

荣格根据多年的临床经验，将心理能量力比多的表现形式分作四大类，他称之为四种心理功能，即：思维与情感，感觉与直觉，“感觉告诉我们事物的存在，思维告诉我们那个事物是什么，情感则告诉我们这个事物对于我们的价值……而

① ［美］哈里 · A. 威尔：《可理解的荣格——荣格心理学的个人方面》，杨韶刚译，东方出版社 1998 年版，第 87 页。

② 见“周易 · 系辞 · 上 · 第五章”，转引自孙振声编著：《易经入门》，文化艺术出版社 1991 年版，第 490 页。

直觉则是一种预见，这是一种奇妙的能力。”①（荣格，1935）这四种基本功能又被划归理性与非理性两大类，思维与情感属于理性的，感觉与直觉则属于非理性的(见表 3-2)。

表 3-2　同一连续体上的两对四大心理功能：思维与情感，感觉与直觉

	理性的	非理性的
意识的	思维(think)： 思维在所有功能中占据首位，受制于思维，以至于其每一个重要的行为都产生于理智的思考。这种人不容易出错。这种功能既可以表现在内向者身上，也可能表现在外向者身上。排斥、压抑所有那些依赖于情感的生命形式，例如激情、艺术感受、审美活动、趣味等。凭借思想去了解和适应社会。 即使遇上大事，也会根据他们所思考的原则行事。在处理关系上显得局促	感觉(sensing) 感觉既依赖客体也依赖于主体。感觉是一种有活力的功能，是一种带着最大潜在活力的本能。感觉分作主观感觉和客观感觉，它们有本质的区别，外向者的感觉更明显地受客观影响，而内向者的更多受主观影响。对他们而言，主观感觉是一种无意识的意向，它在根本上改变了知觉，使知觉失去了纯粹的客观性，因此对个人而言的真正的现实应被分作客观现实和心理现实
无意识的	情感(feeling) 忽略思维，更多以情绪因素即情感为凭借。情感完全是一种主观过程，它可能在每一方面都独立于外部刺激。情感的功能是判断价值，情感越是具体，它所提供的价值就越主观，而情感越是抽象，它所给予的价值就越普遍与客观。 情感型的人能较自然地适应各种关系。 常常以感情和情绪为基础去衡量一切，引起快乐的就被认为是好的，引起痛苦的就被认为是不好的。当一个人使用感情时，目的是要赋予事物以价值	直觉(intuiting)：444 /544 直觉是一种无意识的非理性的功能。它以无意识的方式传达感性认识。它是一种主动的、创造性的过程。直觉是一种本能的领悟，根本不管其内容实质。直觉的基本功能是传送纯粹的意象、关系和对环境的知觉。 “直觉这种功能使你看见实际上还看不见的东西，……在你必须处理陌生情况而有无既定的价值标准或现成的观念可遵循的时候，你就会依赖直觉这种功能。……我们应该感谢上苍给了我们直觉，这种功能像某种光明，能为我们照亮那些还看不到的事件。”② 只凭直接的经验就决定自己的行动，不考虑后果，对事情的判断缺乏理性。 直觉有时候被称作：第六感或者心灵感应

每个人都具备四种基本心理功能，它们之间的关系是对立统一、此消彼长的。思维与情感中，思维占主导，情感就一定会被削弱，因为当一个人的力比多投注于思维时，他只信赖自己思考后的结论，而不会让他的情感左右其判

① ［瑞士］荣格：《分析心理学的理论与实践》，成穷、王作虹译，生活·读书·新知三联书店 1991 年版，第 10 页。

② ［瑞士］荣格：《分析心理学的理论与实践》，成穷、王作虹译，生活·读书·新知三联书店 1991 年版，第 11~12 页。

断，所以此时他的情感是处于被压抑状态的，反之亦然。同理，感觉与直觉中，感觉占主导者，其直觉就很少发生作用，因为当一个人的力比多投注于感觉时，他就会被所感觉到的刺激所吸引，而他的直觉同时就会处于被压抑状态，反之亦然。荣格的这四种功能的划分让我们看到更多的感受、看待和评价世界的角度，同时也让我们了解，其实人与人之间的不同，本质上就是看问题的角度不同而已。

荣格认为两种态度倾向和四种心理功能组合之后，即形成以下八大心理类型(具体见表3-3)。

表3-3　八大心理类型

1. 外向思维型 (extraverted thinking) 413 424	413 男性居多。用客观提供的资料去思考，竭力摆脱主观影响(431)，在很大程度上受客观事实的限制。其判断事物的标准由外界提供，424 因此其判断具有客观性。这类型者的生活是程式化的，注重实践，理智冷静，有创造性。由于他们注重认识外部世界并且用逻辑规则去了解和描述世界，他们倾向于做科学家和研究者
2. 外向情感型 (extraverted feeling)	这一类型的典型都是女性。外向情感型受客观外在标准的制约，与客观的价值观保持一致，通常会压抑自己的思维，因为思维容易干扰到情感。对这类人而言，与环境建立一种深入的情感与和睦关系是一件至关重要的事。有美妙而和谐的社交性格，有时候会完全被其情感过程所淹没，从而给人造成反复无常、不可信赖的印象，在最极端的情况下，会有歇斯底里的表现
外向感觉型 (extraverted sensing)	这种类型以男性居多。其感觉很明显地受到客体的限制。那些引起最强感觉的客体对个体的心理有决定性影响。他的经常性动机就是要感知客体，要寻求新的体验。有魅力、快乐、开朗，热爱生活，注重生活品质，爱交友，非常依赖客观环境，只能从环境中获得强烈的感觉，将来自内心的东西看作是病态的。缺乏基本原则，不加区别地接纳一切发生的东西。走到极端时，会成为肆无忌惮的酒色之徒或成为强迫症患者
外向直觉型 (extraverted intuiting)	完全定向与外界客体。对那些具有远大前景而尚处于萌芽状态的事物具有敏锐的感觉。眼睛总是不断地停留在新的可能性上，带着强烈的渴望有时甚至带着澎湃的激情紧紧抓住新的事物和可能性。理智与情感都无法阻挡他去追寻新的可能性，在他身上，信仰处于劣势。 他很少考虑和尊重他人的利益，这类人常常被认为是不道德和冷酷的冒险家。这类型中女性多于男性。(真正的外向直觉具有一种随机应变的特质，并且对于客观现实中的每一种可能性具有一种灵敏的嗅觉)。极端者会有抑郁倾向、强迫倾向以及躯体障碍

续表

内向思维型 (introverted thinking)	他受到主观理念的决定性的影响，缺乏与环境的紧密联系，是一种主观性思维方式。对待客观事物持冷漠甚至厌恶的态度。他的理性判断显得冰冷、固执和武断。常常被误解。缺乏动手能力并且不喜欢被关注。常常过度焦虑。 由于常常偏执地按照自己的意志一意孤行，会让周围人产生微不足道感，因此其人际关系也常出问题。性格挑剔多虑，沉默寡言，难以接近。尤其是他那些与社会针锋相对的观点使他显得性情乖戾。他思想深刻，但是由于排斥环境，因而显得缺乏同情心。 他与环境的关系残缺不全，他们采用种种防御手段去应付环境，因此只有很少的至亲好友
内向情感型 (introverted feeling)	内向型情感主要由主观因素决定，是一种明显地蔑视客体的情感，是一种独断的、只能被间接推断出来的情感。它使人寡言、漠然、古怪、反常和难以接近，同时具备敏感，低调、安静，很少流露情感等特点，常常表现出一幅高深莫测的冷漠神态以作为自我防御。 情感专一而不滥用，并且有相当的深度和某种神秘力量。突出的内向型情感女性居多。可能发生的心理问题是神经衰弱。
内向感觉型 (introverted sensing)	其感觉受主观因素的极大限定，在观察一个客观事物时，他更注重自己的主观感受，决定性的因素不是客观真实而是那一瞬间的他的主观感受。他的感觉是非理性的，具有一种反真实的主观性，因此对客观有贬低作用。 内向感觉型使他自己同客体的现实相疏远，而直接把他推向主观感受
内向直觉性 (introverted intuiting)	其直觉有很强的主观性并直接指向无意识。 这类人从意象到意象，在无意识中寻求每一种可能性，而没有在客观和他自身间建立起联系。这类型通过对内在过程的感受，对理解那些偶发事件提供了某种具有绝对重要性的依据。他甚至能在大致清晰的范围内预见新的可能性，也能预见随后发生的事件。 内向直觉占据优势时，就成为神秘莫测的白日梦者、艺术家，或者是得不得赏识的天才，一个聪明的傻子。 他禁止自己接受现实的影响，与外界隔离，极端者会得强迫性神经症

现实生活中，每个人会表现出哪种态度功能为主的倾向，除了他个人特质之外，还取决于他所处的时间和地点。比如，一个在公共场合显得内向的人，在自己的朋友面前却可能表现出谈笑风生的外向性；而一个平时看起来外向的人，在一个他所不熟悉的环境或领域中，却可能表现出特别的胆怯和紧张。

其实每个人都是具有所有倾向和功能的，只是比例和表现不同。例如，表现出明显外向或思维的人，其实也仍然具备内向和情感等态度和功能，只是由于多重原因，它们未能被开发出来，以至于他们表面上看起来的劣势功能会处于无意识状态，因此，一个人只要愿意，是可以通过有意识的努力去开发自己的另一面而使自己全面发展。

不存在绝对的态度倾向和心理功能，它们组合后也一样，也不存在纯粹的性格类型。更何况，它们也不是一成不变的，环境因素之外，任何人，只要他有意识地加强自己的某一方面倾向或者功能，都有可能使自己的性格类型发生变化。因此，了解荣格的心理类型说，不仅有助于我们增加对自己的客观认识，使我们在实现个体化时又多了一个可以对比的参照系和线索，使我们可以有针对性地进行自我调节，也有助于增进我们对他人的理解，并提高我们与他人交流和交往的能力。

例如，一个外向感觉型的人如果想要更多地发掘自己的潜能，就要学习内省，学习对问题作更深入的思考。与此同时，又要在生活享受方面有所节制。而一个人在和外向感觉型者交往时，如果不能理解他们对生活享受的高要求和他们思维方面的特点，就有可能产生误解甚至冲突。一个内向思考的人在其追求成长的过程中，如果懂得向外向型感觉者学习，多一些与环境的接触与连接，多一些对环境的关心和支持，他自己也会获得更多的支持和资源。一个拥有直觉天赋的人，如果他同时注意调节自己的思维，他的直觉会有更大的用武之地。

顺便说一下，二战期间及前后，美国心理学家凯恩琳·布里格斯(Katharine Cook Briggs)和她的女儿伊莎贝尔·布里格斯·迈尔斯(Isabel Briggs Myers)希望通过一种心理测验的方式增进人们之间的相互了解，从而避免战争，于是在荣格心理类型理论的基础上，发展出迈尔斯-布里格斯性格类型指标量表(Myers Briggs Type Indicator，简称MBTI)，虽然这个量表曾经遇到过批评，但是经过近七十年的发展，MBTI现已成为全球最著名的职业性格测试之一，在教育界、员工招聘及培训、管理和个人发展与成长等领域都有广泛的应用。这是荣格心理类型说的又一贡献。

(三)使人格中的各个方面得到整合

荣格提出整合人格的操作方法是，通过对自己的梦、幻象还有身边发生的一些有意义的巧合(共时性)①的分析，与自己的无意识建立连接，用现代人的说法就是："倾听内心的呼声"。当一个人能够接近并且连接自己的无意识时，还要能够让自己人格的各个方面都恰当表现。

之所以要接受并且连接梦与幻象以及思考共时性，是因为它们所体现的"原型早在史前时期就已深植于人类心中，自始至终都存于斯，度过了无数代，至今还是人类心灵的基础东西。只有当我们能和这些象征物协调一致时，我们才能过

① "共时性"是荣格提出的一个非常重要的概念，表示一种有意义的巧合，是一种心理并行现象，详见《纪念理查·威廉》，见：冯川等译《荣格文集》第298页以及《荣格自传》第368~369页。

着最有意义的生活。回到这些象征物才是明智之举"①。了解、正视人格中的各个方面，并以各种方式将人格中的对立面统一和综合起来，如使一个人人格中的阿妮玛与阿尼木斯和谐统一，使他的人格面具和他的暗影和谐统一，使他的思维与情感和谐统一，使他的意识与无意识和谐统一等，使他的内外倾向更为中和，使他的各种心理功能能更加协调发展，其结果便会形成平衡、整合的人格，从而表现出高度的自我认识、自我接纳、自我协调，他们能自如表现自己，也能认可和容忍他人，他们对他人有很高的共情(即设身处地理解他人的态度与能力)表现，至此，人就完成了他的个体化过程，从而达到了人格整合的最终目标——自性实现。

目前不少中国人也同样面临使自己重新恢复完整性的问题，因为当前的全球化速度太快，中国发展速度也太快，物质至上成为主流，加上太多贪官污吏的坏榜样和巨大的物质诱惑与激烈的竞争压力等因素的综合影响，不少人的心灵已被分解得支离破碎，就连上大学和读书学习本身都已经异化为一种找好工作的手段。如同网上曾经流传的一个说法："我们每个人出生时都是正版，活着活着，就成了盗版"，在这种与自己逐渐疏远甚至丢失自己的状态下，人们不可避免地会出现很多心理困扰，严重的就会出现心理疾病，如果大家能从现在开始警觉，关注自己的心灵，那么不仅可以有效避免心理疾病，也能够重新找回自己，并让自己成为这个世界上无法复制的、独一无二的正版。从这个角度看，2020 这次席卷全球的疫情，也是造化给我们提供的反省机会，是为了让我们重新找回自己的一种极端方式。

以上介绍了荣格有关实现健康人格的方法，荣格是在自己的心理治疗中提出他的健康人格理论的。如果一个人因为有心理疾病而无法自行实现个体化的时候，荣格的建议是：如果一个人不能靠自己的领悟实现个体化，还可以在治疗者指点下或者是在教育中完成，说到心理疾病患者的康复，荣格指出，"以前，由于他的疾病，病人部分地或全部地脱离了生活，因此他不顾自己的许多责任，或者关于社会场景，或者关于他单纯的作为人的责任，如果他想变得健康，他必须返回去履行这些责任"。② 显然，这里所说的责任不仅仅是指一个人对世界、社会和他人的责任，也包括他对自己的责任：让自己健康，帮助自己实现个体化的责任。

综上所述，与弗洛伊德明显不同的是，在对人格结构的研究上，荣格把研究重点从本我(id)转向自性(self)，而在对心理结构的研究上，荣格则将重点放在他所发现的集体无意识上。荣格健康人格观的要点是：一个人要实现心理健康或

---

① [瑞士] 荣格：《探索心灵奥秘的现代人》，黄奇铭译，社会科学文献出版社 1987 年版，第 107 页。

② [瑞士] 荣格：《性与梦——无意识精神分析原理》，梁绿琪译，中国国际广播出版社 1989 年版，第 108 页。(注：这本小册子是荣格九次演讲的结集)。

者说个体化，就需要正视自己的无意识尤其是集体无意识中的原型，在原型中有大量可以帮助我们深入认识自己和提升自己的资源。尽管我们的集体无意识中存在着许多对立的原型，但是我们可以有意识地帮助其恰当而充分地表现直至使其处于和谐统一的整合状态。

荣格在临床实践中总结出的有关心理类型的学说，则为我们有针对性地实现个体化提供了意义重大的参照。荣格对人充满了信心，他不仅相信人具备追求健康人格的内在动力，而且提出了人格持续发展的观点。在当时只注重病态研究的时代氛围中，荣格的观点开启了健康人格研究的先河。

这里还要特别提到荣格的个人特点，如同弗洛伊德一样，荣格也曾面临是否坚持其发现的问题，不同的是，弗洛伊德面临的是来自外界的质疑甚至诽谤，而荣格起初更多地则面临来自他内心的混乱与困惑，感谢荣格在体验那样强烈的内心冲突时仍然能够坚持住，从而让我们这些生长在世界各地的人类的子孙发现了自我认识的一条重要途径。也因为荣格的努力，使我们前所未有地发现了个人经验的无比重要性，让我们懂得尊重并且珍惜我们自己的内心，让我们知道我们天生携带着远古祖先的暗示与叮咛，让我们懂得敬畏祖先创造出的一切所传递给我们的生死攸关的信息。感谢荣格让我们知道，所有的神话传说，所有的民间故事，所有的童话，所有的幻象原来都是我们的祖先千方百计向我们传递文化的象征，是我们的祖先向我们提供的巨人之肩。而荣格学说最让人振奋之处在于，他让我们知道，我们每个人都可以参与到对自己的塑造之中。“严格说来，只有个体对个体化过程有所觉察，并与其建立有机的有意识联系，这个个体化过程才是真实的。……人类确实能够有意识地参与自己发展，他甚至时常感觉到在自由地做决定时，可以主动地同其发展过程相配合。”①（荣格，1961）

感谢荣格学说的存在，让我们知道，虽然我们被别无选择地带到这个世界，但是只要我们愿意，我们就可以参与到对自己的再塑造之中，从而完成自己来到这个世界的使命——实现自身的神性——成为我们自己。

这样的人生是多么地值得期待。

本章术语

个体化；自性实现；个人无意识；情结；集体无意识；原形；关键原形：人格面具、暗影、女性意向（阿妮玛）、男性意向（阿尼木斯）、智慧老人、自性；心理类型：外向思维型、外向情感型、外向感觉型、外向直觉型；内向思维型、内向情感型、内向感觉型、内向直觉型。

---

① ［瑞士］荣格等：《人类及其象征》，张举文，荣文库译，辽宁教育出版社 1988 年版，第 140 页。

思考题

1. 荣格学说给予你的启发？
2. 请举例说明生活中的集体无意识现象。
3. 我们该怎样看待并应付自身的暗影？
4. 人格面具的积极面和消极面有哪些？
5. 你怎样看待人的良知？
6. 从你所熟悉的民间故事、神话传说中提炼几个原型。
7. 回忆对你而言有意义的象征物。

第四章　阿德勒的健康人格模型：具有社会兴趣的人

我们每个人都有不同程度的自卑感，因为我们都发现我们自己所处的地位是我们希望加以改进的。如果我们一直保持着我们的勇气，我们便能以直接、实际而完美的唯一方法——改进环境——来使我们脱离这种自卑感。①

——阿德勒

第一节　阿德勒的生平②

阿德勒(Alfred Adler，1870—1937)出生于维也纳一个犹太富商家庭，他自

① ［奥］阿德勒:《自卑与超越》，黄光国译，作家出版社1986年版，第46页。

② 有关阿德勒传记的主要参考资料来源自：1. Duane P. Schultz & Sydney Ellen Schultz：*Theories of Personality*，7th edition，p121－123，US：Wadsworth，a division of Thomson Learning，Inc. 2001；2. Norbert Sillamy主编:《世界著名心理学家辞典》，(1980)，法国Bordas出版社，曾宪源、肖蕴宁、刘大力、彭金泉编译，黑龙江人民出版社1988年版，第1～3页。3.［美］B. R. Hergenhan:《现代人格心理学》(1986)，文一、郑雪等编译，河北人民出版社1988年版，第48~49页；4. 美国芝加哥阿德勒职业心理学校的主页：http：//www. adler. edu/page/about/welcome；5. Editied by Jon Carlson and Micheal P. Maniacci：*Alfred Adler Revisited*，New York：Taylor and Francis Group，LLC，2012. 6. 英国阿德勒个体心理学研究协会主页：http：//www. adleriansociety. co. uk/。

幼家庭生活优越，但不幸的是他因患软骨病而身材矮小并且行动不便。阿德勒排行老二，下面还有弟弟妹妹。他很小就经历过死亡，一次是他有一天早上醒来，发现睡在身边的小弟弟死去，另外一次是他自己4岁时得的一场肺炎使他差点死去。他不仅有软骨病，而且有严重的视力问题。而他的哥哥不仅体格健壮而且成绩优秀，一直是被公认的模范儿童。哥哥的优秀给阿德勒造成过很大的压力，以至于很长一段时间内，他在学校一直是以“某某的弟弟”而出名的。不仅哥哥使他感觉有压力，其他孩子也让他有压力，别人都那样健康并且活跃，只有他，被身体限制得牢牢的。此外，他的学习成绩一般而数学尤其差，他的一位老师甚至建议他父亲训练他作鞋匠，这一切使他感觉自卑并且不快乐。

为了克服自卑，阿德勒一面努力学习，一面强迫自己参加体育活动，后来不仅他的成绩终于赶了上来并名列前茅，而且他的身体也有明显好转。渐渐地，他为自己赢得了自尊和伙伴们的接纳。在这个过程中，阿德勒发展出了对同伴群体的喜爱，以后在他的学术观点中，他一直强调家庭内外儿童交互作用关系对孩子发展的重要性。

阿德勒的成长过程中还有一个值得注意的细节，那就是他认为妈妈更喜欢哥哥，而爸爸更喜欢他，由于这个原因，他一直不太能够理解弗洛伊德的恋母情结说。他认为恋母不是普遍现象，只有被溺爱的孩子才会有恨父恋母的情感。有意思的是，现实生活中的弗洛伊德被他的母亲所特别偏爱，以至于“妈妈偏心弗洛伊德”是弗氏原生家庭中公开的秘密。

阿德勒儿时克服自卑超越自身的经历在他以后的学术生涯中有明显的反应。如他后来从器官缺陷入手研究人格发展的动力，又如他从出生顺序入手研究人格等。就连他学医这件事本身也与他4岁时一场严重的肺病有关，就是那场差点夺去他生命的病，使他从小立志长大了要当医生。所以，舒尔茨夫妇在其著作中称：“从很多方面看，阿德勒的童年故事读起来像个悲剧，但是同时也为他的人格理论提供了教学案例。”①（Duane P. Schultz & Sydney Ellen Schultz，2005）

在维也纳大学读书期间，阿德勒结识了一群俄国留学生，其中一个非常聪明的女孩Raissa Epstein后来成了他的妻子。Raissa是一个俄国犹太富商的女儿，会多种语言，是一位女权主义者，同时也是一位激进社会主义者。很多人认为，阿德勒的妻子影响了阿德勒的政治观，并对其后来形成的“社会兴趣说”以及女权主义思想有直接影响。② 1895年，阿德勒在维也纳大学获医学博士学位，他开业时最初做的是眼科和内科大夫，他为贫穷的人开了诊所，他的病人包括马戏团

① Duane P. Schultz & Sydney Ellen Schultz：*Theories of Personality*，8th edition，US：Wadsworth，a division of Thomson Learning，Inc. 2005，p122. 北京大学出版社2007影印版。

② 见阿德勒女儿小传，网址：Biography of Alexandra Adler file：///C：/Users/Administrator/Desktop/Biography%20of%20Alexandra%20Adler. html。

的成员，有人认为，这些艺人的不同寻常的力量与脆弱之处是阿德勒关注器官缺陷和补偿的又一个原因。舒尔茨夫妇的著作中还提到一件很有意义的事：起初阿德勒对眼科和内科的疑难病症有很浓厚的兴趣，但是随着有些病人尤其是年轻病人的去世，阿德勒产生了强烈的无助感和痛苦感，渐渐地，他开始把研究兴趣转向神经症和精神病患者。工作之余，阿德勒熟读弗洛伊德《梦的释义》一书，1902年他在维也纳一个著名刊物上写文章为当时正受到各种批评和指责的弗洛伊德辩护，努力捍卫弗洛伊德的释梦理论，弗洛伊德见到文章后写信邀请阿德勒加入维也纳精神分析小组，阿德勒接受邀请，从此改行做了心理治疗师并成为弗洛伊德最早的同事之一。

也许因为是改行的原因，又或许因为阿德勒完全是出于兴趣而改学心理治疗，因此阿德勒非常注重对病人做心理教育。1904年，他就心理教育还发表过一部作品：《作为教育者的医生》。[①] 1907年，阿德勒因其“器官缺陷与补偿”一文而声名鹊起，这是他与弗洛伊德产生分歧的开端。此后阿德勒对弗洛伊德的泛性论及其俄狄浦斯情结等一再提出质疑，同时特别强调个体心理发展过程中社会文化的作用。俩人关系日趋紧张，1911年，他们正式分道扬镳，阿德勒及其追随者退出精神分析学并成立“自由精神分析学会”，后更名为“个体心理学”。

和弗洛伊德聚焦于“本我”不一样，阿德勒聚焦于对“自我”的研究，同时强调社会影响大于生理影响以及个人后天努力可以超越遗传影响。他的研究还包括了出生顺序、早年记忆等内容。在对大量临床个案研究的过程中，阿德勒发现，很多心理疾病患者的一个重要特点是，缺乏对他人的关注和关心，在他们身上，不仅明显缺乏社会感，而且缺乏合作的精神与能力。在他看来，一个人要摆脱心理疾病，获得心理健康，需要做的是在人与人的关系中承担自己的责任，学会与他人合作并共享。

说到阿德勒的观点之一：“很多心理疾病患者缺乏对他人的关注和关心。”笔者在精神病院的实习以及心理咨询的临床实践中也有类似的发现。针对这个特点，笔者在具体的治疗过程中还专门发展出一个“共情培养”疗法，也就是在咨询与治疗过程中，重点培养来访者的“共情”态度和能力，当来访者的共情能力提高后，他们的人际关系就会有很大的改善，他们的社会支持系统也会因此而加强。

第一次世界大战时(1914—1918)，阿德勒以军医身份在部队中服役，并且上了前线。在战场上，他看到了有关战争的第一手资料，战争中人与人之间残酷的厮杀与生命的脆弱使他的思想进一步转向对“社会兴趣”的关注。怀着深厚的社会兴趣和对人类命运的深切关注，他呼吁：如果人类想要生存，就不得不改变自己的行为方式。

① 诺贝尔·西亚米：《世界著名心理学家辞典》，黑龙江人民出版社1988年版，第2页。

一战后，阿德勒在维也纳建立儿童心理治疗与指导诊所，开始大力提倡合作与奉献。他不仅身体力行做了大量的心理教育工作，而且力主在学校教育和家庭环境中培养儿童的社会性与合作能力。早在1917年，为了利用学校促进学生的社会感与合作能力，阿德勒开始倡导在学校设立由心理学家组成的“顾问会议”，负责了解并且解决学生中出现的问题。不仅如此，他们还对学校的教师进行心理学训练，使老师可以独自处理学生中的问题。他在对学生的生涯规划上也有很多非常重要的真知灼见，因此，阿德勒还是学校心理咨询和生涯规划的先驱。

20世纪20年代，阿德勒声名远播，开始在世界各地讲学，他写作的通俗读物也开始在全球畅销，其影响力甚至一度远远超过弗洛伊德。20世纪30年代初阿德勒因其犹太人身份，他在奥地利的诊所被关闭，他移居美国，继续从事他的个体心理学研究。1932年，他成为纽约长岛医学院医学心理学教授。1937年，阿德勒受聘赴欧洲讲学，在苏格兰的阿伯丁郡(Aberdeen)进行第56场演说途中，他因过度劳累心脏病发作而突然去世，享年67岁，他的遗体在当地火化，但是其遗骨一度失踪，直到70年后的2007年才被再度发现并送回维也纳。2011年他的遗骨在维也纳安葬，英国的BBC广播就此专门做了报道。[①]

阿德勒虽然已去世多年，但是他的影响始终存在，他被认为是第一位社区心理学家，因为他是最早关注社区心理卫生预防工作并强调对公众做心理教育的心理学家，他的理论强调人需要并且能够创造积极的社会变化和影响。他同时也是最早提出学校心理学理念的人，他提倡老师学习“个体心理学”的基本理论，然后用以对学生的教育和指导中。此外，从阿德勒对心理健康、心理教育和心理学科普高度关注与身体力行(他甚至为此付出生命的代价)上看，阿德勒还是积极心理学的先驱。

1952年，阿德勒的追随者Rudolf Dreikurs及其同事在美国的芝加哥创办了阿德勒心理学研究院(the Institute of Adlerian Psychology)，1991年这所学校更名为阿德勒职业心理学学校(Adler School of Professional Psychology)[②]，这所学校秉持阿德勒有关社会兴趣的理念，通过以下三个明确的使命继承并且发扬阿德勒的学说：培养有社会责任感的有效能的实践者、培养能推进社区发展并提供社区服务的参与者，培养能够在个人与社会发展中贯彻公平、正义与合作理念的行动者。

除阿德勒职业心理学学校之外，美国旧金山的阿德勒研究会也一直非常活跃。2005—2013年出齐了亨利·T. 斯坦因(Henry T. Stein)博士主编的12卷本的经典阿德勒学说《阿德勒临床工作文集》[③]，文集收录了阿德勒1898—1937年的

---

① 见*BBC News*. 18 April 2011：Lost ashes of Alfred Adler return to Vienna，http：//www. bbc. co. uk/news/uk-scotland-edinburgh-east-fife-13122227。

② 见阿德勒职业心理学校的主页：http：//www. adler. edu/page/about/welcome，注：此校已被中国教育部认证。

③ 见Alfred Adler Institutes of San Francisco and Northwestern Washington主页：http：//www. adlerian. us/homepage. htm。

文章和著作，其中有的还是第一次出版。英国的阿德勒研究会也非常活跃，他们开设各种讲座、工作坊、团体培训，举办国际会议，出版阿德勒的专著。总之，这些阿德勒研究会至今一直以火一样的激情传播着阿德勒的思想。[①]

1998年，格雷·洛伦(Grey Loren)出版专著《21世纪的回望：A. 阿德勒，被遗忘的先知》[②]。在这本书中，作者通过阿德勒的追随者系统研究了阿德勒的生活与思想，这些追随者认为，阿德勒比他的时代领先了100年，而作者的研究也证实，阿德勒的很多思想仍然可以服务于新千年的人类。"阿德勒放弃通过政治改革救济人类，而是希望通过从育儿、教育等个人的'改革'改造这个世界。他不把重心放在研究上，而是专心于治疗、育儿、教育，并在世界各地演讲。"[③](岸见一朗，2010)2003年，阿德勒的传记作家爱德华·霍夫曼(Edward Hoffman)在其演讲——《阿尔弗雷德.阿德勒：人人都该知道的五个要点》中谈道：他在研究并且书写阿德勒传的4年中，从阿德勒那里学到了很多东西，他认为最值的大家记取的有关阿德勒的5个要点是：①阿德勒对人性充满了乐观，尽管他看到了那么多黑暗；②阿德勒用非常清晰而且务实的方式表达并且传递他的思想；③阿德勒愿意甚至渴望同任何不同背景的人讨论心理学；④阿德勒一直保持着成长；⑤阿德勒始终怀抱着一个有关美好世界的蓝图，即使他本人经历过最黑暗的纳粹时期。[④] 2012年，乔恩·卡尔森(Jon Carlson)和米歇尔·P. 麦尼克(Micheal P. Maniacci)编辑出版的《重访阿德勒》(*Alfred Adler Revisited*)[⑤]一书中收录了24位专家学者有关阿德勒个体心理学理论的文章，这些文章从心理咨询与治疗、家庭教育、学校教育、社会兴趣以及儿童发展、梦的分析等多维度介绍阿德勒及其学说的发展。此外，美国的国际个体心理学协会(International Association of Individual Psychology)的[⑥]杂志自创刊以来一直在为继承和发展阿德勒的学说做贡献。"今天不只在美国，全世界都有人在实践阿德勒的心理学。在日本，精神科 医师野田俊作于1982年前往芝加哥的阿尔弗雷德·阿德勒研究所留学，回国后于1984年设立'日本阿德勒心理学会'。阿德勒的思想正确实地被传承 下去"[⑦](岸见一郎，2010)。

有必要指出的是，2016年以来，国内开始流行日本作者岸见一郎和古贺史

① 见 Adlerian Society UK Institute For Individual Psychology 主页：http://www.adleriansociety.co.uk/。

② Grey. Loren: *Alfred Adler, the Forgotten Prophet: A Vision for the 21st Century*, Greenwood Press, 1998.

③ [日] 岸见一朗：《像阿德勒一样思考和生活》(Kindle位置1444-1446)，郑舜珑译，上海文化出版社，Kindle版本，2017。

④ 见 http://www.adleriansociety.co.uk/phdi/p3.nsf/supppages/0939? opendocument&part=3：《Alfred Adler: Five Lessons for Everyone》，2003.

⑤ Jon Carlson, Micheal P. Maniacci: *Alfred Adler Revisited*, New York: Taylor and Francis Group, LLC, 2012.

⑥ 网址：http://www.iaipwebsite.org/。

⑦ [日] 岸见一朗：《像阿德勒一样思考和生活》(Kindle位置2722-2725)，郑舜珑译，上海文化出版社，Kindle版本，2017。

健两本书《被讨厌的勇气——“自我启发之父”阿德勒的哲学课》和《幸福的勇气——“自我启发之父”阿德勒的哲学课2》[①]。两位作者由衷钦佩阿德勒，用非常通俗的方式解释、介绍他们眼中的阿德勒，而且因为他们东方禅宗思想的背景，他们的发挥比较自由，因此对普及阿德勒的理念是有帮助的。只是读者要记住，一千个读者就有一千个哈姆雷特，对阿德勒的解读也一样，如果真的因为岸见一郎和古贺史健的介绍而对阿德勒的学说产生了兴趣，请一定去读阿德勒的原著，而不要把这两位作者的话当作阿德勒的原话去引用。笔者认为，比较而言，岸见一郎的《像阿德勒一样思考和生活》更严谨一些，可以作为了解阿德勒的入门书，而真正想要了解阿德勒思想，还是要读原著才是。笔者认为，作为非心理学专业的同学，只读几本他的代表作就足够了，比如《自卑与超越》、《个体心理学》、《理解人性》（又译《洞察人性》）和《生活的科学》。由于阿德勒不像弗洛伊德那样注重写作，他的著作更多是由他的演讲稿编辑而成的，因此这些书会有重合之处，但反倒有助于帮助大家理解他的学说理念。

作为心理学家，阿德勒的视野远远超越了心理治疗家的微观世界，他对人类命运表现出的最深切的关怀，他在预防心理疾病、促进世界美好上所做的大量心理教育工作，为我们树立了典范！

第二节　阿德勒的健康人格观

一、阿德勒健康人格观的理论背景

要清楚阿德勒的健康人格观，有必要先了解他的如下理论背景。

（一）人在所面临的三大人生任务中发展出自己的人格

阿德勒认为所有人生都面临三大任务：社会任务、职业任务、恋爱婚姻任务。[②] 这里的“社会任务”是指能够与他人建立满意的关系。笔者对阿德勒的这种划分有所质疑。笔者认为，人生应该分作四大任务才更具有操作性，它们是：生活、学习、工作和关系。因为在阿德勒的三大分类中，社会任务讲的是人际关

① ［日］岸见一郎，古贺史健：《被讨厌的勇气——“自我启发之父”阿德勒的哲学课》，渠海霞译，机械工业出版社2015年版；《幸福的勇气——“自我启发之父”阿德勒的哲学课2》，渠海霞译，机械工业出版社2017年版。

② 阿德勒著作译本中，有的译作“三个生活问题”（见《生活的科学》，第153页），有的译作“人生三大挑战”（见《理解人性》，第87页），也有的译作“三个问题”（见《自卑与超越》，第10页）；有的译作“我们生活中的三大任务”（见《个体心理学》，第154页）；而在阿德勒研究院的官网上，它们被称之为the three important life tasks（人生三大任务）。笔者倾向于最后这种译法。

系，而恋爱婚姻也是一种人际关系，因此可以合并，同时他的分类中缺乏生活、学习这两大人生任务。笔者的分类(生活、学习、工作和关系)一是照顾到了人生发展顺序，二是把恋爱婚姻关系也并入人际关系(具体说就是：亲友关系、学校关系、工作关系和恋爱婚姻关系)，这样在操作时，比如在需要调节时，就会有很清晰的脉络和线索。

阿德勒所说的社会任务是要在与人的互动中完成的，它不仅包括工作关系，也包括与所在社区里的人的关系。比如，一个人与他人相处时是自我中心的、自私的、苛求的，还是懂得体谅他人的、有公德心的以及负责的。职业任务则是指在工作情景中，一个人是否勤奋、负责、合作并且懂得分享等。而在恋爱婚姻中也一样，一个人是更愿意合作与分享，还是更愿意支配与占有？

说到恋爱婚姻这个人生任务，阿德勒有一个非常有意思的说法，即性本能的一个主要目标是要把人从自我中心中拖出来，并将其带入社会生活中："一个极其排他的自我中心者对组织一个两口之家绝不会有适当的准备。性本能的主要目的之一似乎确实是要将一个人从他那极其狭小的自我天地中拖出来，以使其做好社会生活的准备。"①（阿德勒，1929)所以，"对恋爱和婚姻的适当准备首先是要学会做一个能与人相处的人并且能够顺应社会。"②（阿德勒，1929)不仅如此，"要成功地解决爱情和婚姻的问题，一个对人类分工有所贡献的职业是绝不可少的，和其他的人类保持友善的接触也是很必要的。"③（阿德勒，1927)

联系现实，当前中国有一小部分进入巨婴状态的年轻人，比如三和青年，在工作上比较随意，三天两头换工作，或者干脆做日结工，他们通常抗拒承担婚姻家庭责任。用阿德勒的理论框架来看，也许不愿意承担婚姻责任和无法稳定工作之间真是不无关系，因为他们面临着共同的核心问题：都需要适应社会并承担责任。此外，恋爱正是一个人从原生家庭的亲密关系中走出来发展与另外一个人的亲密关系的开端，也是一个人开始接触更广大的外在世界的开端，现实中我们也可以看到，健康的恋爱婚姻关系会使当事双方增加社会兴趣，会更爱这个世界和身边的人，也更愿意为社会奉献自己的力量。因此，"只有能够适应社会的人才能解决恋爱和婚姻的问题。"④（阿德勒，1929)阿德勒有关性驱力导致人恋爱，而恋爱使人开始做进入社会的准备的解释是很值得思考的。

人在所面临的三大任务中表现的一切不仅体现出其早年所受的教育和遭遇，而且可以预测其未来的发展：是退化还是进化，是停滞还是成长。阿德勒的观

---

① ［奥］阿德勒：《生活的科学》，苏克、周晓琪译，生活·读书·新知三联书店1987年版，第156页。

② ［奥］阿德勒：《生活的科学》，苏克、周晓琪译，生活·读书·新知三联书店1987年版，第174页。

③ ［奥］阿德勒：《自卑与超越》，黄光国译，作家出版社1986年版，第203页。

④ ［奥］阿德勒：《生活的科学》，苏克、周晓琪译，生活·读书·新知三联书店1987年版，第187页。

点：一个具有健康人格的人，在面临人生三大任务时，通常采用的方法是：合作、共享以及使个人利益服从社会利益。而有心理疾病的人以及罪犯[①]在解决人生三大问题时的最大特点就是缺乏合作与共享精神，缺乏对社会的感情或者说是兴趣。

撇开罪犯不谈，我们现在来看心理疾病患者的情况，他们通常具有的特点是：过度关注自己，对他人缺乏理解力，对与他人合作与共享缺乏兴趣或者勇气。造成他们这种状况的原因很多，家庭的消极影响，比如小时候有过重大创伤，如被家暴甚至遗弃等，或父母提供的是社交隔绝的榜样；再比如，上学后由于身体缺陷或课本学习能力不够而受到老师同学的歧视甚至伤害等。不管是什么原因，当一个人走向社会、职场和恋爱婚姻时，人们只会根据他现有的表现去衡量他并决定是否与他长期合作与共享。因此，一个有强烈成长愿望的人不论他早年的经历如何，如果他想要持续发展，他就要在自己所面临的三大任务中做出符合成长的选择，去学习与人合作、共享并为社会奉献自己的力量。否则他就有可能终身被自己的早年经历所羁绊。

因此，人生所面临的三大任务其实也是人生所面临的三大机遇。由于时代的影响，尤其是现阶段所出现的价值观混乱、底线伦理近乎失守的现状，今日的中国人在面临人生三大任务时出现了非常多元的态度和选择，接受环境的限制还是挑战环境的局限？追求纯粹个人的目标还是同时兼顾社会他人利益？物质至上还是精神至上，或者物质精神都兼顾？……心理健康的人会做出有利于个人和社会持续发展的选择，而心理不健康的人更有可能只顾眼前利益。

（二）人通过创造性与目的性发挥自己的主观能动性

与弗洛伊德最大的不同是，阿德勒认为人不是被力比多（性力）所决定，也不是被原因或者说是过去所决定，而是被其主观目标即被未来的设想所决定。人的意识而非无意识才是人格发展的核心。人类不是受着不可见和不可控力量的驱使，而是积极投身到创造自我和指导自身未来的过程中的。阿德勒在介绍其个体心理学时指出：“‘个体心理学’是在努力理解生活的那些神秘创造力的过程中发展起来的。这种创造力表现在发展自己、努力追求和取得成功的愿望之中，甚至还表现在以这一方面的成功来补偿另一方面的失败的愿望之中。这种创造力量是目的论的——它是在对目标的追求中表现出来的，而且在这种追求中，所有肉体和精神的活动都达到了相互契合、彼此合作。”[②]（阿德勒，1929）因此，个体

① 阿德勒总是将心理疾病与罪犯并列，我个人不赞同这点，因为我认为，尽管犯罪也是由多重因素决定的，但是至少大多数心理疾病患者主观上没有要侵犯他人，更何况现在的研究还证实，有一部分心理疾病是由体内生化水平的变化所决定的，是个人的意志所无法左右的，因此将两者相提并论是不合适的。

② ［奥］阿德勒：《生活的科学》，苏克、周晓琪译，生活·读书·新知三联书店 1987 年版，第 2 页。

心理学是立足于目的论的理论。在阿德勒的时代，强调驱力的精神分析说太注重遗传倾向，而行为主义中的条件反射说又太看重环境，因此都偏向于决定论和还原论，也就是否定选择、愿望和目的的牵引作用。只有阿德勒首次提出从个人的目标出发来思考人的心理现象。所以，个体心理学中最能体现人主观能动性的两个重要概念便是上述阿德勒语录中所提出的：创造性与目的性。这两个概念与弗洛伊德学说中的决定论形成鲜明对比。

1. 创造性：人会主动参与到对自己的塑造中

阿德勒所谈到的创造性是有针对性的，是针对弗洛伊德的决定论的，按照弗洛伊德的观点，人被童年经历尤其是创伤性事件所决定，而阿德勒的观点是，人虽然受如出生顺序、遗传因素、身体状况、生活事件等早年经历的影响，但是人是不会被早年经历所决定的，因为人会主动地参与到对自己的塑造当中，从最初的为摆脱自卑而奋斗到为追求优越而努力，再到为建设完美社会而做贡献，在这个人成长的过程中，人创造了他自己的生活风格，与此同时，也创造了他自己的人格特点。所以，人不是被决定的，人是可以自由选择、自我创造的。阿德勒对人所具有的自由选择能力怀有非常坚定的信念："我们必须开拓我们的生活。这是我们的责任，我们也能够对付它。我们是自己行为的主宰。除旧布新的工作，舍我其谁？"① （阿德勒，1927）不仅如此，"通过努力理解生命中神秘的创造力——这种力量表达了一种追求、达到、获得另一领域的成功来补偿一个领域的失败的渴求——个体心理学的科学得到了发展。"② （阿德勒，1927）

显然，阿德勒有关人具有自由选择的能力和人能够创造自己的信念与存在——人本主义哲学观是相一致的，因此也有学者视阿德勒为存在—人本主义心理学先驱。

2. 目的论：人被目的所牵引

阿德勒理论中与创造性相关的一个非常重要的概念是目的性（teleology）。阿德勒提出："心理的发展与器官的发展类似。每个人都会形成一种有关目标的构思，即通过构建未来的目标来超越现状或克服现存缺陷和困难的方法。"③ （阿德勒，1927）他认为人不仅被机械的力量而且为他们自己内在有关自性实现的目标所推动（在这点上，阿德勒与荣格殊途同归），阿德勒坚信每个人都为了变得更美好而奋斗，人的行为更多是被目标而非性力所驱动的，人不是驱力的牺牲品，也不是环境的牺牲品，人有自己的主观性，这表现为人对自己目标的追求和对环境的反应上。阿德勒坚信人的行动受他对未来的目标而不是过往的经验所决定，"为一目标奋斗和精神生活的有目的性不但是一种哲学假设，而且实际上是一个

① ［奥］阿德勒：《自卑与超越》，黄光国译，作家出版社 1986 年版，第 24 页。

② ［奥］阿德勒：《个体心理学》，张俊贤译，中国致公出版社 2018 年版，第 3 页。

③ ［奥］阿德勒：《个体心理学》，张俊贤译，中国致公出版社 2018 年版，第 4 页。

基本的事实。”[①]（阿德勒，1927）

用分析来访者问题行为后的潜在目的取代分析其导致问题行为的原因，阿德勒在这里用决定论取代了弗洛伊德的原因论，这不仅在治疗上有重大意义，可以帮助来访者聚焦有无限可能的未来，从而摆脱过去的束缚，而且在教育上也有重大意义，可以通过帮助学生确立有意义的人生目的而预防问题、促进成长。虽然有些人自己不一定能明确意识到自己的动机或者说目标（对一个前来就医的有心理疾病的患者而言，心理治疗家通常要根据其应付问题的行为模式和其早期记忆推断其目的），但是，每个人有意或者无意的内在目标决定了他的生活风格，决定了他的行为方向和方式。目标健康，方式正确，人就会健康发展；目标不健康或实现目标的方法不正确，人就有可能产生疾病甚至犯罪。

因此，按照阿德勒的目的论框架做心理健康与否的诊断，我们就可以发现，心理健康与不健康的几个重要区别是：首先，心理健康者能够选择与社会利益一致的目标，而心理不健康者在选择目标时往往会忽视社会利益。其次，心理健康者的目标是符合其主客观条件的，也就是现实的，并能够根据客观情况有弹性并且创造性地调节自己的目标，而心理不健康者的目标往往是不切实际并且缺乏弹性的。

按照阿德勒的观点，操作上帮助来访者了解（意识）自己人生目标的方式包括：了解其早期记忆，出生顺序，早期身体状况，早期创伤经历和重复的应对方式。

笔者在心理治疗的实践中也发现，用目标去引导来访者改变思维方式在帮助其改变现状方面往往会产生很特殊的疗效。

（三）人与人心理上的差异，主要起源于身体状况和出生顺序上的差异

与弗洛伊德强调幼时性经验对人心理有重大影响不同，阿德勒认为人与人在心理上的差异，最主要是起源于人身体上的差异，他称之为“器官缺陷”（organ inferiority，笔者认为译为“器官自卑”更准确，但是“器官缺陷”已经成为心理学界约定俗成的概念，因此从众）。其次是出生顺序，然后才是大家都会谈到的父母教育方式、行事方式，以及大的外在环境的影响。

阿德勒认为“器官缺陷”主要是从医学角度谈躯体器官的脆弱性以及人有可能罹患的重大疾病和身体残疾，此外，他的“器官缺陷”也指人生早期相对于强壮的成年人而具有的弱小、软弱、无助，以及不得不依赖成年人才能够生存的现状。[②] 他认为，一个无法配合环境并满足环境要求的身体，如一个体弱多病或者有残疾的孩子，不仅会被他自己本身当作负担，而且会被他周围的人当作负担，从而使他心理的发展受到较多的阻碍。在阿德勒看来，人的内向或者外向都与人的

---

① ［奥］阿德勒：《理解人性》，陈太胜，陈文颖译，国际文化出版公司 2000 年版，第 48 页。

② A. Adler: *Study of Organ Inferiority and Its Psychical Compensation: A Contribution to Clinical Medicine* (1917), Chapter 1, Nervous and Mental Disease Monographs, 2015.

身体状况有关，一个身体强壮的人因为有信心和别人竞争，并且也从未因为身体而感觉过困扰，因此，他们不会把别人看成敌人，所以就发展出了外向的性格。而另外一些深受躯体疾病之苦的人则会变得有低下感，悲观、多疑，并且发展出内向的性格。显然，阿德勒对身体状况的特殊重视与他自己年幼时的体弱多病有着密切的关系。但是阿德勒并不是器官决定论者，虽然他强调身体状况的重要性，同时他也认为，身体上的阻碍并不是无法摆脱的命运。相反，身体阻碍及其所造成的自卑感可以成为一种激发人向上的刺激，使有缺陷的身体器官得到补偿性的发展，这在那些因为某种身体缺陷而在其他器官上有特殊发展的人身上就能看到。而阿德勒自己冲破身体束缚发展出的健康人格也可以成为他的学说的有力证据。

所以，身体阻碍甚至器官缺陷和由之而产生的自卑感不是问题，只要一个人采用正确的方法并且在正确的目标上去加以解决，就可以把劣势变成优势，而心理障碍患者的问题则在于他们在解决自身自卑感的时候采用了错误的目标和错误的方法。

说到出生顺序对人的影响，阿德勒的主要观点是："儿童在家庭中的位置可能会影响他与生俱来的所有本能、定向和天赋等等。"[①]（阿德勒，1927）例如："最大的孩子、次子及第三个孩子会因地位不同而形成不同的成长方式。"[②]（阿德勒 1930）具体说就是："家庭中孩子的出生顺序之所以重要，是因为家里的第一个孩子有一段时间是家中的独子，但是之后被挤下了那个位置，所以就出现了这种情况：他或她在一段时间内享有很大的权力，后来却失去了它。其他孩子的心理也被他们不是家中老大这一事实所影响。"[③]（阿德勒，1927）例如，阿德勒认为老大自认为自己的权力是天赋，而老二出生后却浑然不觉老大的权力有多么神圣，于是会跟在老大后边去追老大，这既让老大生气，老二自己也会因为追赶而经历大的情绪起伏。而老小的情况又不一样，他的地位通常最有利，因此更有活力和创造力。当然，如果老大特别聪明，老二追不上，或者老大是男孩而老二是女孩，情况又会不同。总之，在个体心理学中，出生顺序与人的心理发展之间有重要的关系。从阿德勒的上述观点中，我们再次看到其早年经历的烙印。

（四）生活的意义在于合作与奉献

阿德勒认为，人生活于意义之中，虽然很多人不会用"生活意义"这样的概念去有意识地指导自己的生活，但是当一个人自问："我为什么而活？"或"我为什么要这样而不是那样活？"或者"我还要不要这样活？"时，他所触及的

① ［奥］阿德勒：《理解人性》，陈太胜，陈文颖译，国际文化出版公司 2000 年版，第 117 页。

② ［奥］阿德勒：《儿童人格形成及培养》，张晓晨译，Kindle 位置 8760－8764，上海三联书店，Kindle 版本。

③ ［奥］阿德勒：《个体心理学》，张俊贤译，中国致公出版社 2018 年版，第 139 页。

就是生活意义问题。一个人是意气风发地生活还是抑郁寡欢地生活，是充满信心还是充满自卑，是热情洋溢还是冷若冰霜，是热心助人还是自私自利，是积极乐观还是消极悲观……所有这一切都与人对生活意义的看法息息相关。

阿德勒的观点是，虽然每个人都有自己所定义的生活意义，但是，“属于私人的意义是完全没有意义的，意义只有在和他人交往时，才有存在的可能”①（阿德勒，1927），因此，一个能够成功应付生活中问题的人已经认清：“生活的意义在于对别人发生兴趣以及互助合作。他所做的每件事似乎都被其同类的喜好所指引，当他遭遇困难时，他会用不和别人利益发生冲突的方法来加以克服。”②（阿德勒，1927）更具体地说，阿德勒的生活意义是指“奉献”：“奉献乃是生活的真正意义。假使我们在今日检视我们从祖先手里接下来的遗物，我们将会看到什么？他们留下的东西，都是他们对人类生活的贡献。”③（阿德勒，1927）我们今天所享受的一切：外国的、中国的，物质的、非物质的世界文化遗产，我们今天所能读到的古今中外的名著，我们延续了几千年的传统医学，我们的生活方式，我们自己本身，都是我们历代祖先和前辈奉献的成果，今天，轮到了我们，是我们该去思考如何为我们的后代子孙奉献物质和精神遗产的时候。

阿德勒在指出生活意义的同时，还特别提到会导致人缺乏正确生活意义的可能性有三个：器官缺陷、被骄纵和被忽视。“这三种情境有可能导致人赋予生活错误的意义”④（阿德勒，1927），比如，有器官缺陷的儿童有可能因为身体原因而产生自卑情结。被宠坏的孩子有可能因为极端自我中心而导致冲动犯罪。“被宠坏的孩子长大以后，很可能成为我们社会中最危险的一群”⑤（阿德勒，1927），如李天一的情况正是如此。他有艺术天赋，也足够勤奋，小小年纪在音乐和书法方面就已经有了较高的专业素养。但因为家庭的溺爱，只教他做事，不教他做人，使他最终做出危害社会和他自身的事。说到被忽视的孩子，阿德勒认为他们可能会因为不懂得爱与合作而导致糟糕的人际关系和处境。

阿德勒有关生活意义的观点非常值得当代人思考，笔者在心理教育与心理咨询与治疗的过程中发现，虽然人存在极大的个体差异，但是的确不存在什么纯粹“私人的”生活意义。笔者认为，健康的自私最终是一定会走向利他的。因为一个人如果想要有持续的个人发展，他就不得不考虑社会与他人的利益，如果他急功近利、目光狭隘地只考虑个人得失，只知道攫取而不知道合作与奉献，那么，他损人不利己的行为早晚会遇到遏制他的人与事，从小里看，会是当前的人际关

① ［奥］阿德勒：《自卑与超越》，黄光国译，作家出版社 1986 年版，第 11~12 页。
② ［奥］阿德勒：《自卑与超越》，黄光国译，作家出版社 1986 年版，第 13 页。
③ ［奥］阿德勒：《自卑与超越》，黄光国译，作家出版社 1986 年版，第 13~14 页。
④ ［奥］阿德勒：《自卑与超越》，黄光国译，作家出版社 1986 年版，第 19~20 页。
⑤ ［奥］阿德勒：《自卑与超越》，黄光国译，作家出版社 1986 年版，第 18 页。

系恶化以及与之伴生的恶劣心情，往大里看，则是最终的被孤立甚至摒弃。

中国实行独生子女政策之初，很多独生子女不懂得合作，但是随着时代的发展，"90后""00后"的孩子们都表现出更多的合作与奉献精神，尤其是2008年汶川地震和奥运会之后，合作精神和志愿者精神在当代中国的"后浪"中已经蔚然成风。笔者咨询室里最近几年有一个非常明显的变化，那就是来咨询宿舍关系的学生人数在减少，与几年前相比，现在大多数大一新生都能够较好地处理自己的宿舍关系，这种社会进化所导致的个人进化在促进青年人心理健康上有着十分重大的意义。

二、阿德勒的健康人格观

阿德勒认为健康人格包含了以下内容：

（一）具有社会兴趣或社会感

社会兴趣或者社会感（social interest or social feeling）是指对社会怀有积极的看法，并对增进社会福利怀有强烈的兴趣，相信自己能与他人友好合作以共同增进社会利益，并能与大家一同造福社会。在此有必要补充岸见一郎和古贺史健有关"社会兴趣"这个概念的说明。按照他们的说法，阿德勒最初用德语提出的是"共同体感受"，但是这个概念提出后被很多人认为太偏价值判断，因此"不科学"，为此很多人选择离开阿德勒，于是阿德勒在其书被翻译成英文时改用了"social interest or social feeling"，以此强调其理念中"对他人的关心"的核心思想。① （岸见一郎，古贺史健，2016）

由此可见，为了一个学说的发展，必要时需要做出让步和调整，而这种富有弹性的应对方式正是心理健康的表现之一。而就"社会兴趣"这个具体概念而言，则是"共同体感受"的更具操作性的表达。

从自然的观点看，人是一种天生非常柔弱的动物，离开社会的保护，人类的生命就不可能进化。这次新冠疫情让我们更为深切地体会到我们处于人类命运共同体中，我们和千万里之外不同肤色、不同语言的人们有着息息相关、生死与共的命运。因此，作为一种社会存在，为了保证自己的持续发展，每个人就都必须在适应社会环境的过程中发展自己的精神器官，在这个过程中，健康的人就发展出了社会兴趣或者社会感，而社会兴趣的产生则帮助人补偿了自身的软弱性。所以，阿德勒提出："且让我们假设每一个人的不足之处都是天生的，如此一来，

① ［日］岸见一郎、古贺史健：《幸福的勇气——"自我启发之父"阿德勒的哲学课2》，kindle位置：3071-3077，渠海霞译，机械工业出版社2017年，kindle版本。

心理学的目标便是要训练每个人与他人和谐共存，以降低先天缺陷造成的影响力。”①（阿德勒，1927）与此同时，“真正能够应付并主宰其生活问题的人，只有那些在奋斗过程中，也能表现出利人倾向的人，他们超越前进的方式，使别人也能受益。”②（阿德勒，1927）

有人容易将社会兴趣和人的性格相混淆，以为外向的人就是有更多社会兴趣的人，其实不然，内向和外向只是行为的表现方式，社会兴趣则是一个人内心的一种情怀，一种关心家庭、他人、社会和人类的一种情感，因此，无论外向还是内向，拥有社会兴趣的人都会表现出浓厚的人文关怀精神，并且具备设身处地为人着想的共情(empathy)能力。比如外向的孙悟空和内向的沙僧，虽然他们为人处世的风格迥异，但是他们都具备社会兴趣的核心特质：对人关怀、忠实、诚信、善良和负责。阿德勒认为，精神疾病患者、心理障碍患者、酗酒者等，都是缺乏社会兴趣的人，他们的问题就在于他们把追求个人的优越当作成功的目标。

在阿德勒的学说中，一个人的社会兴趣以及他与其他人的紧密联结感是精神健康的基础，因为正是这种感觉为个体提供了安全和快乐，当这种感觉充分发展时，一个人就会产生与人合作以及为社会做贡献的愿望。当代社会强调的情商就是社会感最具操作性的表现。一个社会人如果没有社会感，是很难在生活中有良好的适应和发展的。如阿德勒特别指出的缺乏教养的人——他们用其粗野、肮脏和不得体的行为保持与社会的距离，还有那些总处理不好周围关系的人，那些总想着要算计、利用甚至剥削别人的人等，他们的社会感都有待加强。

但是，一个人是否具备社会兴趣，最初也不完全取决于自己，一个人早年生活中若被溺爱或者遭遇不幸甚至创伤，也会妨碍他社会兴趣的发展，溺爱容易使人只知索取不懂关心，而创伤则容易导致一个人对社会的恐惧、回避或者仇恨。例如，当前中国农村的902万留守儿童③以及那些以“为了家庭幸福”的名义而被父母扔给爷爷奶奶的城市留守孩子(目前还没有数据)，他们在最需要父母关爱的时候被单独留在农村或者爷爷奶奶的家中，爷爷奶奶如果在世，通常也就是照顾他们的吃喝，其他的精神照顾则心有余而力不足。因此一个孩子健康成长所需要的陪伴、关心和教育往往是缺位的。如果一个孩子从小就体验着被剥夺的痛苦，虽然他不会表达，但是那种体验是刻骨铭心的，这样的孩子长大以后，要他

① ［奥］阿德勒：《人，做得到任何事：阿德勒心理学讲义》，Kindle位置371-373，北京时代华文书局，Kindle版本，2018。

② ［奥］阿德勒：《自卑与超越》，黄光国译，作家出版社1986年版，第62页。

③ 笔者在此书第二版中引用的是2013年新华网5月10报道：“全国妇联：中国农村留守儿童数量超6 000万”。笔者这次修订第三版时所采用的902万的数据是在2020年9月19日中华人民共和国教育部官网上以“农村留守儿童数据”为关键词查到的。这里有一点说明，有关留守儿童的统计方法有很大的不同，上面902万这个数据是指父母都不在身边的“完全留守”的儿童，而曾经的6 000万的数据是合并了的数据：包括了父母双方不在身边的“完全留守”以及“缺父留守”或“缺母留守”三类。

去对社会、对他人表现兴趣和关心，显然是强人所难了，而结果往往就是使他们陷入恶性循环的境地，使他们的处境更为艰难。比如，有关“三和青年”的那份调查中就可以看到，这些放弃融入社会的年轻人大多都曾经是农村的留守儿童。此外，当前中国还有几种有可能影响孩子社会兴趣的情况值得注意，一是有些父母习惯在餐桌上讨论社会黑暗面给孩子造成的影响，二是中午吃饭时爷爷奶奶常让小小孩儿跟着看“法治进行时”和“今日说法”这样的节目，使孩子从小就对社会怀有担心甚至恐惧，长期处于这类环境中的孩子，要他关心社会和他人，同样是一件不容易的事。

总之，不论什么原因所导致的，一个生活在社会中的人却对社会没有兴趣甚至心怀恐惧，他有可能漠视周围的人，他无法表现出对人的尊重和体贴，他无法感同身受他人的快乐与痛苦，他不知道必要时要根据别人的反应调节自己的行为，他的眼中和心里没有别人，无论做什么，都只是从自己或者自我保护的角度出发，严重的甚至会毫无顾忌地利用或剥削别人，这样的人怎么可能得到别人长久的支持与关心？而没有社会支持，一个人又怎么可能超越自身的局限？离开社会支持，一个人连正常的生存都会有问题，更别说发展和成长了。所以，一个缺乏社会兴趣的人，不论其最初的原因是什么，从当下看，他个人的成长都会受到极大的限制，并容易使其进入恶性循环之中。

说到具有社会兴趣的典型，政治家中如中国的周恩来，美国的林肯、华盛顿；企业家如美国的比尔·盖茨等。此外，美国电影导演、编剧、制片人史蒂文·斯皮尔伯格也是突出的典型，我们从他所编导的一系列巨片中，如《紫色》《辛德勒的名单》《拯救大兵瑞恩》《少数派报告》《间谍之桥》等，所有这些片子都反映了他浓厚的社会兴趣和强烈的社会责任感。

（二）懂得并且善于合作

合作（cooperation）是阿德勒学说中一个极为重要的概念，他甚至主张从合作的角度为心理学下定义，即“心理学是对合作之缺陷的了解。……迄至目前，我们所拥有的、了解心理差异的最好方法，就是检视其合作能力的高低。”①（阿德勒，1927）阿德勒认为，人在面临并解决自己的人生三大任务时，最需要的人格特质就是合作。人与人交往时需要合作，人在处理工作问题时需要合作，人在恋爱婚姻时同样需要合作。所以，“人类所有对价值和成功的判断，最后总是以合作为基础的，这是人类种族最伟大的共同之点。我们对行为、理想、目标、行动和性格特征的各种要求，都是它们应该有助于人类的合作。”②（阿德勒，1927）在阿德勒看来，合作不仅可以预防神经症这类心理障碍，可以提升人的智力水平，可以促使人成功，

① ［奥］阿德勒：《自卑与超越》，黄光国译，作家出版社1986年版，第43~44页。
② ［奥］阿德勒：《自卑与超越》，黄光国译，作家出版社1986年版，第62页。

而且可以预防和矫治犯罪。不仅如此，他甚至认为："没有学会合作之道的儿童，以后会变成神经症患者、酗酒者、罪犯或自杀者。"① （阿德勒，1927）

阿德勒在其心理疾病的治疗中发现合作与社会兴趣的意义，这就如同30多年后美国精神病学家 William Glasser 在其"现实疗法"（Reality Therapy）中发现"责任"这一人格特质的重要性一样，在当时是一个非常独特的视角，从这个视角看去，人不仅应该而且能够对自己的心理疾病承担责任，同时也可以通过提高自己的社会兴趣和合作能力而使自己重返心理健康。阿德勒发现，心理障碍患者往往有一个很突出的特点：缺乏合作能力。阿德勒认为个体的柔弱和环境的强大使一个健康的个体懂得在合作的过程中增进和补偿自身的力量，而心理不健康的人则缺乏合作意识和能力，不懂得借助社会力量去弥补自身的局限性，其结果是不仅其心理而且其智力的发展都会受到严重的影响。为此，在阿德勒的心理治疗技术中，对患者进行合作训练就成为一项很重要的内容。

如果说"社会兴趣"是一种理念，那么，"合作"则是贯彻这种理念的具体方法。从临床上看，是否合作以及合作能力的强弱不仅可以作为衡量一个人心理健康的标志之一，也可以成为预测一个人心理健康水平的指标之一。过去人们常常有一个误区，以为合作是一个道义范畴，殊不知很多伦理准则都具有重要的心理保健功能，合作亦然，因为合作让一个人拥有更多的社会资源与支持。不仅如此，合作还可以派生出很多有助于心理健康的特质，如平等、自律、谦让、共享、关心、利他和礼貌等。设想一下，一个具备如上人格特质的人，他在面对人生三大任务时会不会比没有这些人格特质的人拥有更多的社会资源和支持，因此更能超越他自身和环境的局限性？这样的人即使遇到重大生活事件，原先那些曾经得益于他的合作、平等、自律、谦让、共享、关心和礼貌的人，这时都会变作他最强大的社会支持系统，陪伴他、支持他、帮助他，直到他渡过难关，从而大大降低他因为重大生活事件而产生心理疾患的可能。

因此，阿德勒非常提倡幼儿教育中的合作训练，父母之间的合作榜样，父母与其他家人的合作以及父母引导孩子与自身合作的过程等，都可以有效地培养孩子的合作精神与能力。而对一个成年人而言，如果我们想要别人与我们合作，最基本的前提就是："我们必须确保自己的名声（关于诚信和债务偿还的信用）如雪一样洁白。"② （Robin Dunbar Louise Barrett John Lycett，2007）此外，阿德勒还认为矫治罪犯也应该从培养其合作能力入手，这很有道理。在培养罪犯与人合作的过程中，会激活他的恻隐之心，使他不忍伤害他人，从这点看，合作精神和能力的培养有预防犯罪的功能。

---

① ［奥］阿德勒：《自卑与超越》，黄光国译，作家出版社1986年版，第151页。

② ［英］Robin Dunbar Louise Barrett John Lycett：《进化心理学——从猿到人的心灵演化之路》，万美婷译，中国轻工业出版社2011年版，第180页。

(三)有健康的生活风格

所谓生活风格(life style)，用阿德勒自己的话说就是“生活风格是起自于早期生活的困难之中和对目标的追求之中，因此它是一个统一体。”“长久以来，个体心理学将这种为了达成人生目标的一致性行动称为‘人生规划’(a plan of life)，但这个词汇有时会误导学生，现在统一改为‘人生风格’(a style of life，通常译为生活风格)。”① (阿德勒，1927)

从操作上看，生活风格表现为人们以什么样的方式生活以及如何处理问题并与人交往。阿德勒认为，人的生活风格可以从其对社会任务、职业任务、恋爱婚姻任务这三大生活任务的处理或回避的角度去看。健康的个体处理三大生活任务时相对灵活。他们能找到创造性的方法来解决问题，当一条路受阻，他们会选择另一条路。但有心理问题的人则不然，他们要么一条路走到黑，要么就束手就擒。阿德勒认为，人在处理三大生活任务时会表现出如下几种不同的生活风格②：

(1) 支配型(the ruling type)。这类人在生活中寻求控制他人，他们行事时不考虑他人。这类人中的极端者会攻击和操纵他人，违法或反社会。当前中国泛滥成灾的贪官污吏及其他违法乱纪分子就属于这类人。这类人中不那么极端者则有可能成为酗酒者、吸毒者或自杀者，他们通过酗酒、吸毒或自伤达到伤害和控制他人的目的。他们中也有聪明、勤奋并且成就很高的人，但是他们感觉空虚并且有很强的竞争心，他们会通过霸凌他人体现自己的优越感。

(2) 攫取型(the getting type)。这类人希望从他人那里获得各种满足，他们自私并依赖他人，他们对生活的态度很被动，因此容易抑郁。阿德勒认为这是最常见的一种类型。有的心理学家如弗洛姆称这类人为“剥削型”人格，这类人只知道一味从他人那里获取剥夺，从不知道反哺社会。

(3) 回避型(the avoiding type)。这类人不希望正视生活问题，通过逃避困难回避任何可能的失败，他们因为害怕被人拒绝而很少和人来往，他们内心潜藏着脆弱的优越感，他们阻碍着文明的进步。他们中的极端者有可能成为社交焦虑、社交恐惧、学校恐惧或广场恐惧症患者。“很多来做心理咨询的人说他很讨厌自己的时候，并不是因为他有某些短处或缺点所以讨厌自己，而是他希望借这些短处、缺点作为理由，避免和他人往来。不害怕和他人往来的人都很有自信，所以很容易找出自己的长处。”③ (岸见一郎，2010)岸见一郎提供的这个个案很有阿

---

① [奥] 阿德勒：《人，做得到任何事：阿德勒心理学讲义》，Kindle 位置 687-688，北京时代华文书局，Kindle 版本，2018。

② 转引自 [美] Susan C. Cloninger：*Theories of Personality—Understanding Persons*，4th edition，Published by Pearson Prentice Hall，Copyright，2004 by Pearson Education. Inc，p111~112。

③ [日] 岸见一朗：《像阿德勒一样思考和生活》(Kindle 位置 9365-937)，郑舜珑译，上海文化出版社，Kindle 版本，2017。

德勒特色，非常值得选择回避者思考。

（4）社会有用型(the socially type)。在阿德勒看来，社会有用型是一种健康的生活风格，拥有这种生活风格的人能将个人发展与社会责任有机结合，他们懂得与人合作，并且在有利于社会的框架中解决自己所面临的问题。举例说，像焦裕禄、雷锋、穆罕默德·尤努斯、特瑞莎修女、比尔·盖茨等都属于这一类型。

有必要说明的是，不论什么样的生活风格，都与一个人的早年经历有关。阿德勒就曾指出：最有可能导致人形成不健康生活风格的三种情境是：器官缺陷、被娇纵以及被忽视，而在一个人成长中起关键作用的人物则是母亲。

笔者在北京大学暑期班的学生张晔(北大 10 级元培学院)提出可以将阿德勒所说的四种生活风格用个人发展和社会责任这两个变量来划分，因此而有如下的图示（见图 4-1），笔者认为这是一个看起来很直观的图，与大家分享：

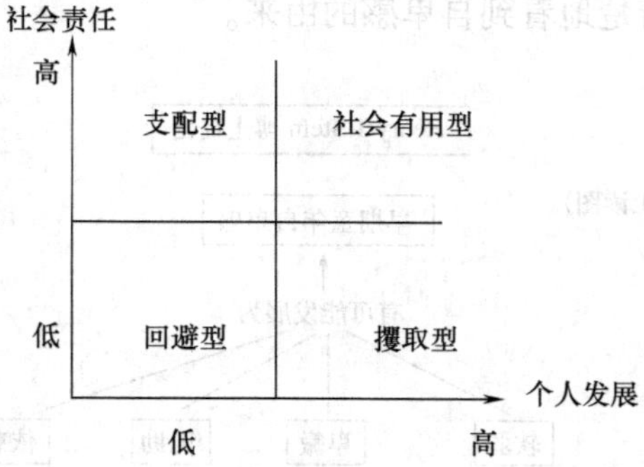

图 4-1

生活风格是阿德勒学说中的重要概念，为此，他的心理治疗技术之一就包括理解病人的特殊的生活风格，对病人解释他的生活风格以及指导病人在其生活风格中增强社会兴趣。

第三节　健康人格的发展

阿德勒具有存在—人本主义哲学倾向，他认为人天生具有奉献、合作和社会兴趣的潜力，人总在不断进取、不断选择。他坚信人有自主性，人在自主解决生活中三大问题的过程中实现自己的潜力，发展自己的人格，“生命太短，我们的躯体也太软弱，可是生活的三个问题却不断地要求更丰硕及更完美的答案。我们不停地提出我们的答案，然而，我们却绝不会满足于自己的成就而止步不前”①。

具体说来，健康人格的实现经历了由低向高的三个发展阶段。

① ［奥］阿德勒：《自卑与超越》，黄光国译，作家出版社 1986 年版，第 51 页。

一、进化的第一阶段：为摆脱自卑而奋斗

所谓自卑，按照笔者的观点，就是对自己的评价低于自己的实际水平，同时还会投射到别人身上，认为是别人看不起自己。自卑的人会表现出缺乏自信、多疑、退缩，一个人与别人的关系和他的自我评价密切相关，自评高的人会自重、自爱、自信地与他人交往，自评过低的人不敢主动与人交往，严重的还会有退缩行为。此外，过度自卑的人在追求成就上容易走极端，不是因为害怕失败而不敢追求成功，就是因为渴望成功而极为苛求自己。阿德勒认为，由于天生的“器官缺陷”，我们每个人都有程度不同的自卑感。

以下是阿德勒研究专家亨利·T. 斯坦因(Henry T. Stein)博士根据阿德勒的观点所做早年儿童低下感产生原因示意图(见图 4-2a 和图 4-2b)，由图 4-2a 和图 4-2b 中可以十分清楚地看到自卑感的由来。

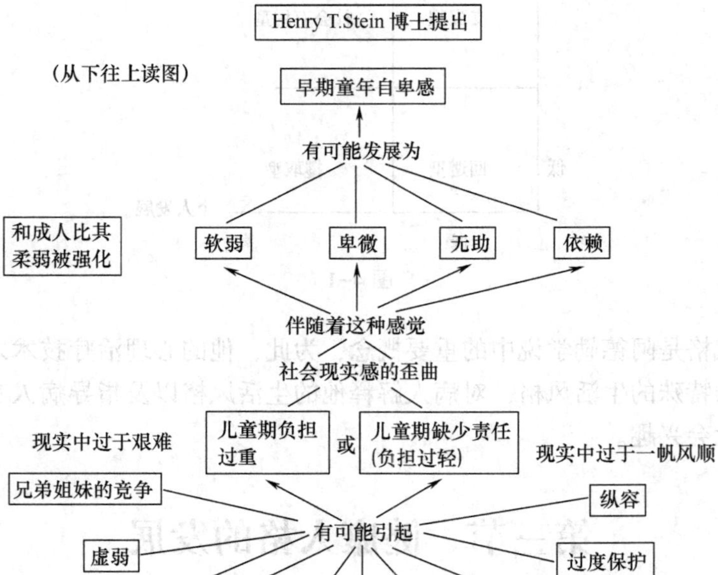

图 4-2a

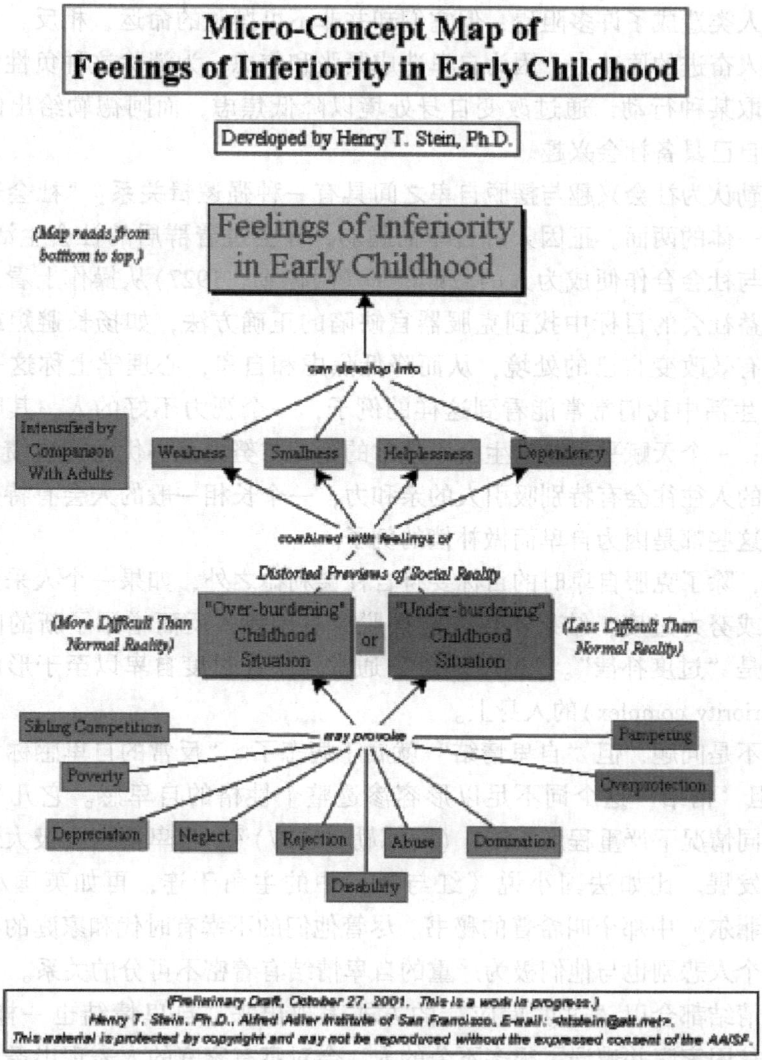

图 4-2b　早年儿童低下感产生原因示意图

（注：此图摘自 *Classical Adlerian Psychotherapy Discussion Forum*）

尽管阿德勒认为所有的人在最初都是自卑的，但是阿德勒同时也指出："每个人都有自卑感，但这种自卑感并不是一种病，反之，它对于健康的、正常的奋斗与发展到是一种刺激。只有当这种欠缺感完全压倒了某一个人，并且不再刺激他倾向于积极的行动，而是使他抑郁，使他不能得以发展，只有在这种情况下，它才变质为一种病理性的状态。"① （阿德勒，1929）这就是说，尽管器官缺陷或

① ［奥］阿德勒：《生活的科学》，苏克、周晓琪译，生活·读书·新知三联书店 1987 年版，第 50 页。

者不足给人类造成了许多阻碍，但它们却并非不可摆脱的命运，相反，它们能成为一种使人奋进的原动力，因为自卑造成紧张和焦虑，为消除这种负性情绪，人们就要采取某种行动，通过改变自身处境以降低焦虑，而阿德勒给出的处方就是：培养自己具备社会兴趣。

阿德勒认为社会兴趣与摆脱自卑之间具有一种强逻辑关系："社会适应与自卑问题是一体的两面。正因人皆自卑而脆弱，才会过着群居的社会生活。因此，社会兴趣与社会合作便成为人的救赎。"①（阿德勒，1927）从操作上看，就是要在某个有益社会的目标中找到克服器官缺陷的正确方法，如扬长避短或取长补短，就能有效改变自己的处境，从而降低焦虑和自卑，心理学上称这一过程为"补偿"。生活中我们常常能看到这样的例子，一个视力不好的人，其听力往往特别敏感；一个天赋平平的学生会以超常的刻苦与努力获得优秀的成绩；一个身体不太好的人往往会有特别吸引人的亲和力；一个长相一般的人会有特别强的表达力等。这些都是因为自卑而做补偿的例子。

但是，除了克服自卑时的目标要符合社会利益之外，如果一个人采用了不恰当的方式或努力过度，结果不仅未能摆脱原有困境，反而增添了新的问题和紧张，这就是"过度补偿"。"过度补偿"通常发生在过度自卑以至于形成了自卑情结（inferiority complex）的人身上。

自卑不是问题，但"自卑情结"就属于病态了。"反常的自卑感称为'自卑情结'，但'情结'这个词不足以形容渗透整个性格的自卑感。它几乎是一种病，在不同情况下严重程度不同"（阿德勒，1927）②，自卑情结会极大地阻碍人的成长与发展。比如法国小说《红与黑》中的主角于连，再如英国小说《大卫·科波菲尔》中那个叫希普的秘书。尽管他们的不幸有时代和家庭的因素，但是他们的个人悲剧也与他们极为严重的自卑情结有着密不可分的关系。

任何情结都会以"过度反应"的方式表现出来，自卑情结也一样，比如，一个出身贫困家庭并遭遇了很多不公的人，会对富有家庭的人表现出条件反射似的戒备甚至敌意。再如，一个在自己的身材上有自卑情结的人，会对任何有关身材的评价表现出过分的敏感。一个在学习或能力上有自卑情结的人，会在别人谈到成绩时表现出过度的防御反应。自卑情结的表现形式很多，比如"名校情结""身份地位情结""金钱情结""文凭情结"等，它们都是自卑情结的变式，不论出于什么原因而产生，本质上都属于自卑，因此，要摆脱这些情结的干扰，通常可以采用的方式包括两种，一是对可以改变的事，我们去努力加以改变，如通过提高能力和本领而去获取自己想要拥有的身份、文凭与金钱；二是对那些无法改

① ［奥］阿德勒：《人，做得到任何事：阿德勒心理学讲义》，Kindle 位置 2034-2035，北京时代华文书局，2018。

② ［奥］阿德勒：《个体心理学》，张俊贤译，中国致公出版社 2018 年版，第 36 页。

变的现实，则有必要通过改变自己的看法或者说认识而去接受现实，并在现实条件许可的情况下做出有利于成长的改变。

现实生活中，有可能导致自卑的原因远比阿德勒所提出的“器官缺陷”说要多，疾病、长相、出身、课本学习成绩、能力、文化、习俗、社会大环境等各种原因都有可能使人陷入自卑情结。有些人对自认为的自身问题极为敏感，并因此而表现出强烈的投射——即认为别人都会因此而看不起他们，结果不仅影响他们的人际关系，也严重影响了他们自身的健康发展。为了改变自己的处境，有些有自卑情结的还人会采用不择手段的方式去奋斗，结果往往严重影响到他们的持续发展。

也有一些人的自卑情结是由创伤性事件所导致，当代中国由于贫富差距在加大，由贫穷而造成的创伤或者所引起的自卑情结是特别需要我们警觉的问题。从个人角度看，一个暂时处在贫穷中的青年人怎样看待贫穷？怎样看待自己的父母家庭？怎样采取建设性方式摆脱贫穷？是衡量也是检验其心理健康水平的一个标志，同时也是预测一个出生贫困的青年人能否持续发展的标志。

笔者的学生李同学向笔者提出了一些非常有价值的问题，这个问题很有代表性，因此与大家分享。

李同学的原话如下：“我今天来是想讨论一个问题，我从小家里很穷，对于穷怕了的人来说，金钱的诱惑是强大的、致命的，我很担心自己将来有一天在遇到金钱的诱惑时会没了底线。

我原来的世界观很明确，我小时候受的教育让我知道什么是对的什么是错的，可是现在我的世界观模糊了，现在身边越来越多富起来的人是靠违法和违反道德而挣钱，我原来一向坚信的东西被社会中那么多现实所打败，自己变得动摇了。怎样让我坚信，像小时候那样坚信?!

我小时候坚信法律与道德的约束，但是，法律说：不偷、不抢、正当经营，光荣劳动挣来的钱是干净的，可是现实说：很多罪行，都躲在法律、权力和交易后面，再也不是罪行；老师、教育、书上说：按照道德，君子爱财取之有道，可是现实说：有钱能使鬼推磨、财能通神，意味着对于钱可以不择手段。

我原来一直坚信法律与道德约束，但是我原来那么坚持的东西现在在离我而去，甚至嘲笑我的固执与不知变通。

我一直在寻找榜样，寻找能够让自己坚定原有信念的榜样。就像龙应台老师所说的：‘当价值这东西被颠覆、被渗透、被建构、被解构、被谎言衬托得理直气壮、是非难分的地步时’，我的锚在哪里？我要怎么牢牢定住我的价值观？”

以上是李同学的原话，我很钦佩她，这样年轻的时候就能够意识到自己的弱点，并且努力寻找超越自身弱点的方法。在我看来，她有着非同一般的成长能力和动机。

如果我们所有知道自己弱点的人都能够以这种防患于未然的方式去面对自身弱点(如在“金钱、权利、地位”等问题上曾经有过严重的缺失)，那么我们就不会因自身弱点而形成自卑情结，我们被自身弱点所击中的可能性就会极大地降低，而我们也更容易进入可以持续发展的成长状态。

同样，一个现在正享受着父母创造的财富和社会地位的富二代官二代该怎样看待贫穷？怎样看待社会公正？怎样为实现社会公正和促进人类的共同幸福而做出自己的贡献等问题，也是衡量其心理健康水平和是否有可能持续发展的标志。

笔者在实践中发现，自卑是青春病之一，换言之，自卑是年轻人会面临的普遍问题之一。除了早年身体状况、排行、创伤、父母老师和社会风气的影响等原因之外，也与年轻人有强烈的成长愿望(这是后面将要谈到的追求优越的动机)同时又欠缺成长能力有关。阿德勒的学说告诉我们，自卑虽然有其阻碍人成长的一面，但与此同时，自卑又是人格发展的最初动力，一个人健康与否不在于他是否有自卑，而在于他的自卑是否过度以及他为摆脱自卑所做努力的方向是否正确以及努力是否过度。

笔者在教学与咨询实践中发现，青年人克服自卑的最可操作的方法：一是和自己比，不和别人比，只要今天的自己比昨天的自己有进步，就有理由为自己高兴。如此，不断积累小成就，信心也会不断增加。二是把小我融入大我——群体与社会——之中，用合作共享和互惠互利增加自己的内在力量。三是不断提高自己的问题解决能力，这样坚持三、五个月，就会明显感觉到自信增强。而自信会让人分泌更多多巴胺——一种有助于动机和学习的神经传导物质——从而产生更大动力去学习和工作，让自己进入成长的良性循环。

二、进化的第二阶段：为追求优越而奋斗

阿德勒确信，人都是力求向上的，所以，不会止于摆脱自卑，人还会努力为追求优越而奋斗。“对优越感的追求是所有人类的通性。……在每件人类的创作之后，都隐藏有对优越感的追求，它是所有对我们文化贡献的源泉。人类的整个活动都沿着这条伟大的行动线——由下到上，由负到正，由失败到成功——向前推进”。① 比起为摆脱自卑而奋斗，对优越感的追求更能体现出人的社会性和理性，但是它也有一个方向和度的问题，如果一个人在追求优越的过程中不择手段、不顾一切，很少甚至从不考虑社会和他人的利益，比如为了追求优越而考试作弊的学生，再比如那些为达到个人优越目标而不惜弄虚作假、背信弃义的人，还有那些为了个人政绩而大搞“面子工程”的各级领导，他们就表现出了阿德勒称之为的优越情结(superiority complex)，这些用错误的方法追求优越的人往往

① ［奥］阿德勒：《自卑与超越》，黄光国译，作家出版社1986年版，第61~62页。

会表现出对他人评价的强烈依赖，也有的发展出强烈的支配欲、报复心和对别人的轻视。阿德勒认为，正是在对优越感的追求上，人出现分化。“对于优越感的追求，在方向上有正确和错误之分。”①（阿德勒，1930）

岸见一郎将不正确方向上的优越感追求归纳为以下三点：控制他人、依赖他人、不想解决人生的问题，反之则是正确的方向。②（岸见一郎，2010）而说到追求优越感的正确方向，还是要用阿德勒自己的说法：“真正能够应付并主宰其生活问题的人，只有那些在奋斗过程中也能表现出利人倾向的人。他们超越前进的方式，使别人也能受益。人类所有对价值和成功的判断，最后总是以合作为基础的，这是人类种族最伟大的共同之点。”③（阿德勒，1927）阿德勒这段话中的关键词是：利他、奉献与合作。

图 4-3 是亨利 · T. 斯坦因（Henry T. Stein）博士根据阿德勒的观点所做为追求优越感奋斗的示意图：

大家从图 4-3 中可以看出，拥有社会兴趣的人在追求优越的过程中走上了积极的方向，他们在实现个人成长的过程中也促进了社会的发展，他们与社会存在互惠互利的双赢关系。而缺乏社会兴趣的人为了追求优越，则走上了消极的方向，自我中心、自我放任以至于与他人处于敌对的状态，结果便是让自己处于孤立之中。有社会兴趣的人是在追求与社会利益相一致的目标中实现其对优越的向往的。他们会选择与社会利益一致的生活目标，他们在各自的岗位上兢兢业业，以敬业乐业的工作态度为社会创造财富和幸福，与此同时，由于他们为社会所做的贡献，社会也会回报他们以特别的尊重与赞许，如深受中国人民敬重的周恩来总理，如雷锋、焦裕禄，又如各个工作岗位上的敬业乐业者。这些人由于选择了正确的生活目标，他们不仅能够实现他们所期望的优越，而且实现了与社会的双赢。

日常生活中一个有优越情结的人很容易被权利、名望、地位等所诱惑，对拥有这些的人他们会怀着羡慕嫉妒恨的情感，而对不具有这些的人他们则表现出不屑与不尊重。为了实现他们自认为的优越，往往会以成瘾的方式去拼命工作和学习，有时候为了成功还会采取不择手段的方式。他们中的极端者往往会陷入病态，严重的还有可能触犯法律。也有的优越情结表现为疾病、懒惰，阿德勒特别指出其治疗个案中，有的人以强迫症体现自己的优越，例如，强迫性洗手者，他会觉得自己比别人都干净，还有的人会用自己的躯体疾病或者其他不幸去控制别

① ［奥］阿德勒：《儿童人格形成及培养》，张晓晨译，Kindle 位置 8094，上海三联书店，Kindle 版本。

② ［日］岸见一朗：《像阿德勒一样思考和生活》，Kindle 位置 1469，郑舜珑译，上海文化出版社，Kindle 版本，2017。

③ ［奥］阿德勒：《自卑与超越》，黄光国译，作家出版社 1986 年版，第 62 页。

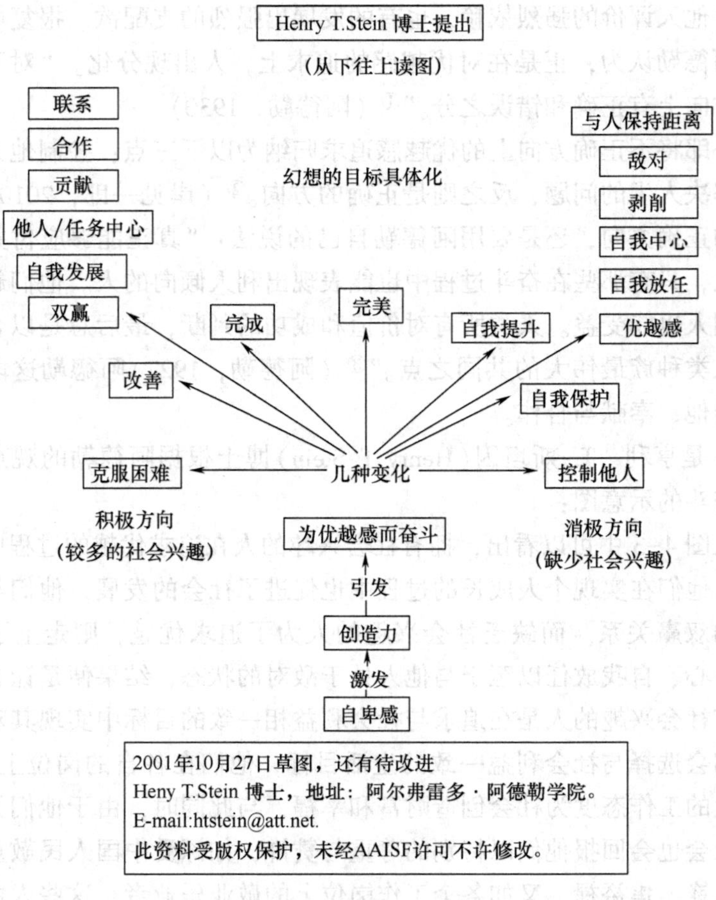

图 4-3　为追求优越感奋斗示意图

（注：此图摘自 *Classical Adlerian Psychotherapy Discussion Forum.*）

人，以显示自己的优越。

导致优越情结的可能性很多，从宏观上看，当前中国的发展速度太快，竞争异常激烈，贫富差距迅速拉大，社会不公正现象普遍，加上中国优质高等教育资源的稀缺等，都有可能成为产生优越情结的土壤；从微观上看，父母对孩子的苛求、溺爱，父母自身等级观的强弱、父母的阶层地位等，也是会影响一个人会否形成优越情结的因素。从人自身的角度看，自卑情结往往是导致优越情结的重要原因之一："对于一个有自卑情结的人来说，发展一种优越情结是逃避困难的办法之一。他假设自己是优越的，尽管事实并非如此；这种虚假的顺利补偿了他所不能忍受的自卑状态。一个正常人是没有优越情结的，甚至连优越感也没有。但他仍然为达到优越而奋斗。这种优越就是我们大家都有的那种想要获得成功的雄

心宏愿。”①（阿德勒，1929）

阿德勒认为，一个人实现健康人格的过程必然经过三个阶段：为摆脱自卑而奋斗、为追求优越而奋斗以及为实现完美社会而奋斗。但是，并非所有人都能够如阿德勒所说自然完成以上三阶段的进化。阿德勒所提出的只是理想状态，现实中，有的人会在第一阶段出现停滞，从而出现自卑情结，也有的人会在第二阶段出现停滞也就是表现为优越情结，但是也有一些人会在追求优越之时被社会责任、公民义务和服务他人等所吸引，从而进入为完美社会而奋斗的阶段，从个人进化的角度看，这是一种更高的进化阶段。

三、进化的第三阶段：为社会进步而奋斗

（一）拥有社会兴趣并懂得社会合作

“个体心理学的目标是社会适应”（阿德勒，1927）②，阿德勒在心理治疗的过程中发现：“社会顺应是自卑问题的正面反映。正因为个人感到自卑和软弱无能，我们才看到了人类是生活在社会中的。那么也就可以说，社会兴趣和社会合作乃是个人获救的道路。”（阿德勒，1929）③笔者在教学、咨询和治疗实践中也发现，把社会兴趣和社会合作看成“个人获救的道路”绝非夸大其词，相反，它们的确有很重要的心理保健功能。因为人的存在是一种社会性存在，而只有在与他人合作分享的过程中，人才能借助外在社会资源而拥有更多和更能够持续发展的力量。

阿德勒在其心理治疗的实践中发现，心理疾病患者中最常见的特点之一就是：合作能力非常低并且缺乏奉献精神与社会兴趣。一个人缺乏社会兴趣与合作能力是由多重原因导致的，比如童年的不幸经历、创伤、父母没有特供社会责任与合作的榜样等，不管是什么原因造成的，一个缺乏社会兴趣与合作能力的人通常都会给自己造成很多发展的障碍，严重的甚至会出现心理疾病。所以，阿德勒反复强调，人类之得以延续并发展，全仰仗彼此合作、奉献以及对他人的兴趣。因为与环境相比，人天性柔弱，为了生存，人必须结成群体，正是在群体生活的过程中，人类逐渐发展起能使种系得以生存和延续的一些规则。因此，阿德勒对这些规则给予了极高的评价：“我们在现代文化中所享受的各种利益，都是许多人奉献出自己力量的结果。假使个人不合作，对别人不感兴趣，而且也不想对团体有所贡献，他们的整个生活必然是一片荒芜，他们身后也留不下一丝痕迹。只

① ［奥］阿德勒：《生活的科学》，苏克、周晓琪译，生活·读书·新知三联书店 1987 年版，第 50 页。

② ［奥］阿德勒：《个体心理学》，张俊贤译，中国致公出版社 2018 年版，第 146 页。

③ ［奥］阿德勒：《生活的科学》，苏克、周晓琪译，生活·读书·新知三联书店 1987 年版，第 203 页。

有奉献过的人，他们的成就才会保留下来。他们的精神会持续下去，他们的精神万古长存。”（阿德勒，1927）[①]

前面提到的在西方被称为“有使徒性格”的人，他们的人数虽然不多，但是却具有特殊的社会兴趣，他们以天下为己任，为世界的公平正义与美好奉献他们自己，他们是具有社会兴趣的典范。当一个人如阿德勒所说，选择了有益于社会的目标去实现他所渴望的优越，就是把“小我”融进了“大我”之中，在追求这样的目标中，他就会逐步发展并完善其“合作”、“奉献”与“社会兴趣”这三个核心品质，从而实现健康人格并让个人的发展进入良性循环。而更让人振奋的是，阿德勒的学说坚信：每个人都有学习与社会和谐相处的潜能，但这种社会联系的内在潜力必须被有意识地开发。所以，如果我们有意识地培养自己的社会兴趣，有意识地在与人合作和奉献社会中提升自己，我们就能够健康地成长和发展。

（二）具备社会兴趣与合作能力的方法

阿德勒将情感分作两大类[②]：一是可以使人的情感处于连接状态的“连接性情感”，它们包括：快乐、同情和谦虚；二是会使人处于分离状态的“分离性情感”，它们是：愤怒、悲伤、厌恶、恐惧和焦虑。

我们可以从阿德勒上述情感划分的框架入手，使自己具备与社会感有关的能力。

1. 加强社会情感

阿德勒在有关儿童教育的著作中提出从加强孩子的社会情感入手培养社会兴趣的主张：“让我们来回想一下，被我们理解为是伟大的创举的那些高尚的、崇高的、有着非凡价值的人和事，无一不是既有利于创造者本身，又有益于社会大众的，所以说，我们在教育孩子的时候，主要就是要使其社会情感得到加强，换句话说就是让孩子在意识上与社会价值紧紧地联系在一起。”[③]（阿德勒，1930）

说到社会情感，这次的新冠疫情让我们见证了无数逆行者对病患和对我们所有人的深厚的社会情感。而我们要培养自己的社会兴趣，就要从身边的事情做起。比如，我们对清洁工师傅的工作是否尊重？是否注意不随手扔垃圾？是否注意在下课后把自己的垃圾扔到垃圾筐里？再如，我们对外卖小哥是不是很体谅，是不是绝不随意给其差评？我们在宿舍熄灯后是不是会做打扰同学的事情？再比如，我们在教父母使用智能手机时是否有足够的耐心？更大些的社会情感包括我

---

① ［奥］阿德勒：《自卑与超越》，黄光国译，作家出版社 1986 年版，第 201 页。

② ［奥］阿德勒：《理解人性》，陈太胜、陈文颖译，国际文化出版公司 2000 年版，第 208~217 页。

③ ［奥］阿德勒：《儿童人格形成及培养》张晓晨译，Kindle 位置 8071－8074，上海三联书店，Kindle 版本。

们是不是会对千万里之外的人的不幸感到悲哀？为还没有消除的贫富差距感到不安？如对仍然处于被新冠病毒肆虐地区的人们的担心？对仍然处于战争中的中东地区的人们的命运感到忧伤？

社会情感或者说社会兴趣不是一句空话，而是需要实证的大词，需要我们在每天的日常生活实践中去做出来并养成习惯。

2. 学会快乐

阿德勒指出："通过研究一个人准备服务于他人、帮助他人和给予他人快乐的程度，就能轻而易举地估量任何人的社会感。"① 阿德勒对快乐的社会性有很高的评价，他还认为："快乐是一种彻底弥合人与人之间距离的情感。……这种态度是一种连接性的态度。也就是说，它寻求同伴之间的手牵手，它类似于温暖从一个人身上向另一个人身上的辐射。所有连接性的因素都存在于这种情感当中。"②（阿德勒，1927）一个心理健康的人通常会感受到更多的快乐，并且他的快乐还很有感染力；而在他遭遇困境之时，也会出于对他人的体谅和关心约束自己的情绪，懂得不把个人的烦恼和不幸带入公共生活。

中国心理治疗理论家许又新大夫曾经提出："快乐是一种道德"，不知道许大夫是否是受阿德勒的启发。笔者是在读到许大夫的文章后，才开始真正理解阿德勒有关快乐是一种连接性情感的说法的深意。所以，如果我们想要具备社会感，方法之一就是可以从培养自己具备体验快乐、表现快乐和欣赏（他人）快乐的能力入手。我们甚至还可以做角色扮演，与人交往时想象自己是快乐的人，尽可能表现出快乐同时去欣赏周围人的快乐。久而久之，我们就会把快乐当作一种习惯。当快乐成为一种习惯的时候，我们就形成了乐观的生活态度——一种更具有社会适应性、更容易与他人建立建设性连接的心理和行为倾向。

当然，快乐或者乐观也是要有度的，如果我们确实遭遇创伤，那我们就没有必要强颜欢笑，而要懂得及时去寻求帮助。

3. 学会共情

起初笔者在读阿德勒《理解人性》的中文版时，先后发现"移情"和"同情"的概念③，当时因为没有英文原版，不知道这两处的英文是什么，于是反复阅读上下文，当时确认这两种译法有问题，准确的翻译应该是"共情"（Empathy）。因为从心理学的角度看，"移情"是心理治疗中的一个专门概念，讲的是医患关系中的一个现象，而"同情"则有俯视的含义。这次修订过程中，笔者想到用"Adler与Empathy"这两个关键词在Being的国际版上搜索，结果发现了阿德勒语录，讲的就是"Empathy"（共情），因此，现在可以确定陈太胜

① ［奥］阿德勒：《理解人性》，陈太胜、陈文颖译，国际文化出版公司2000年版，第196页。

② ［奥］阿德勒：《理解人性》，陈太胜、陈文颖译，国际文化出版公司2000年版，第217页。

③ ［奥］阿德勒：《理解人性》，陈太胜、陈文颖译，国际文化出版公司2000年版，第38，215页。

《理解人性》中文译本中的“移情”和“同情”概念是不准确的，因此决定采用“共情”一说。从操作角度看，“共情”可以分解为：能设身处地地感受他人的情绪，理解他人的意图，并以恰当的方式表达自己对对方情绪与意图的感受、理解与尊重。共情是一种很深刻的社会感的体现。“共情是社会感最纯粹的表现。只要我们在一个人身上发现共情，一般地说，我们就能肯定他的社会感已经形成，因为这种情感能使我们判断一个人在多大程度上认识自我与其伙伴的同一性。”① (阿德勒，1927) 日常生活中，有共情习惯的人很少与别人发生冲突，因为他总能最大限度地理解别人，并以平和的心态与人相处，人与人之间的和谐自然也容易产生。即使与他人产生矛盾，具备共情的人也能心情平和地以建设性方式处理问题。人与人之间的关系都是互相影响的，我们对人最大限度的体谅、理解和关心通常也会为我们自己赢得别人的理解关心，会使大多数人以同样体贴、关心、温暖的态度与我们交往并合作，使我们因此拥有强大的社会资源。

操作上看，如果我们想让自己具备共情能力，按照笔者的实践，需要注意以下几点：要学习摆脱自我中心，培养对周围人需要的敏感，学习观察并体验自己和他人的情绪，学会倾听，尤其是要学会换位思考。当我们真正做到共情时，我们的人际关系会很好，我们的心情会很愉快，因此，共情具有十分重要的心理保健功能。

4. 谦虚

阿德勒认为谦虚这种情感同时具有连接性和分离性。说它连接，是因为谦虚是社会感的一部分。我们可以想象一下，如果一个人不懂得谦虚，总是自以为是甚至趾高气扬，或者总是喜欢炫耀而不顾及别人的感受，你会愿意和这样的人长期交往吗？而一个有能力的人如果知道为自己的得天独厚感恩，懂得低调做人，懂得照顾别人的感受，那么大家就一定很愿意和他交往。

汉字中的“谦”如果拆开来看，是指言语兼顾他人，更进一步看，就是兼爱他人，从兼顾与兼爱的角度看，谦虚的确有重要的连接作用，但是任何事情都有一个度，如果一个人过度谦虚，按照阿德勒的观点，就是一种退缩和隔离的姿态，从而表现为分离性。所以，当一个人表现出与实际不符合的过度谦虚时，往往会让人产生很不舒服的感觉，以至于人们往往迫不及待地想要逃离那种窘境，此时，过度的谦虚就会分离而不是连接人的情感了。

5. 分享与分担

分享是指与周围人分享物质或者精神财富，而分担则是指替人担负一部分损失、伤痛甚至风险。中国古话中的“有福同享有难同当”讲的就是分享与分担。人与人之间，不仅可以分享物质，也可以分享精神。物质分享好理解，精神分享

① ［奥］阿德勒：《理解人性》，陈太胜、陈文颖译，国际文化出版公司 2000 年版，第 218 页。

包括信息、思想的分享，也包括快乐。分担也一样，必要时我们既可以为人承担一部分物质损失，也可以分担精神上的痛苦。比如这次新冠疫情，我们全中国人民团结一心，在现场、在网上相互陪伴与支持，最终迎来抗疫曙光。

分享与分担体现了一种十分重要的社会感。当我们与人分享和分担时，我们自己同时也在收获，比如，我们在与他人分担时，会满足自己的助人需要和意义感；我们与他人分享快乐时，我们自己的快乐会增强；而我们分享思想时，则会收获更多的思想。所以，分享与分担在连接人的情感上起着重要的作用。

分享与分担通常是环境与教育的产物，如果我们由于早年环境恶劣以及后天这类教育缺失而不具备这种意识和能力，我们现在也可以自己教育自己，帮助自己具备分享与分担的意识和能力，而我们的连接情感以及社会感也会因此而加强。

6. 利他与双赢

阿德勒非常重视利他的培养。"利他"是社会心理学中的一个概念，是指不期待外来报酬的、自动自发地给他人带来利益的行为。利他是一种很典型的亲社会行为，有各种不同程度的表现，从一般性有益他人的行为到做出自我牺牲行为。利他有很重要的心理保健功能，因为作为社会人，人生命意义感的很大一部分源于与他人的建设性联结，人的快乐亦然，而能够维护建设性关系的关键就在于彼此的付出，也就是彼此间的利他与双赢，所以，利他就成为一个人和一个社会能够持续和谐发展的基石之一，从这个角度看，利他这种连接性行为就是健康的利己。

虽然利他者在实施利他行为时其意识部分没有想到回报，但是在客观上，健康的利他通常是会带来双赢的结果的，而且常常是物质和精神上的双赢。比如雷锋在物质上做出很多利他行为，而大家回报给他的尊重与钦佩则是他利他行为的精神收获。同样，一个在精神上注意温暖、安抚和鼓励他人的人，除了他在付出精神的同时所收获的快乐本身，别人因为他的安抚而给予他的感谢也满足了他助人的需要。

双赢既是一个理念也是一种结果。作为理念，双赢强调利益兼顾与合作共享，而作为结果，双赢往往就是健康利他的必然结果。此外，从操作上看，具备双赢理念的人更懂得与人合作与共享，懂得在争取自身利益的同时兼顾他人利益，因为只有这样，个人与社会才能够共同进入持续发展的良性循环。

……

现在看来，阿德勒 80 多年前所发现并提倡的"社会兴趣"、"合作利他"与"社会贡献"即使在今天也仍然是个人成长的重要课题。他的思想同时又与几千年来中国儒家文化的核心思想"仁义"相辉映。21 世纪的今天，重新复习阿德勒的理论意义重大，现在的中国因为经济发展太快，对金钱、权利、地位的追求往往以牺牲环境和他人的利益为代价。从持续发展的角度看，这些竭泽而渔的方式都是自断后路的。从宏观上看，会导致非常糟糕的心理环境；而从微观上看，也会增加个体的心理压力。所以，如果我们想要避免心理问题，想要让自己具备可持续发展的成长空间，就有必要从自己做起，对我们所在的物理与人文环境产生兴趣，去与他人合作，以共同承担起我们对社会的责任。

阿德勒与特别关注个体与过去的弗洛伊德相比，更关注社会与未来。一个心理治疗家如此强调社会兴趣并提倡为完美社会而奋斗，看起来似乎有点奇怪，但这正是阿德勒极为特殊和杰出之处。

笔者在心理治疗的过程中也发现，一个人的社会感和他的心理健康水平有着极为重要的关系。一个有社会兴趣的人会相应地发展出共情、合作、共享、利他、责任、关怀和宽容等多种人格特点，具有这些人格特质的人，对他人的理解、接纳、包容和合作精神通常都较强，与之相适应，别人对他们的反应也往往更为积极和配合，这使他们在处理社会任务、职业任务和恋爱婚姻任务时通常比较顺利，而这一切在日常生活中都具有很高的心理保健作用。即使遇到问题，他们由社会兴趣所发展出的人格特质也会使他们以合作的方式去加以积极解决，而以合作方式解决问题的副产品则是进一步增强他们的人际关系和促进他们自身的心理健康。而一个缺乏社会兴趣的人，由于他总是只关注自己，看问题的视角比较狭窄，并且常常会以投射的方式解释发生在自己周围的事件，再加上平时缺乏与别人的交往而造成的人际关系贫乏甚至紧张，即使日常生活他能够勉强应付，在遇到事情时也很难不出心理问题。

笔者咨询中还发现，凡是在咨询时不断埋怨、抱怨甚至指责他人的来访者，都具有明显的缺乏社会兴趣的特点，而如果笔者在增进其社会兴趣方面能有所作为，那么他的情绪总是能有很明显的好转。笔者的实践还证明，用有否社会兴趣去检验一个人的心理健康水平和其持续发展的能力和潜力，的确是一条很重要的线索。

笔者的学生张玮[①]从中国文化的角度对阿德勒的理论进行概括，很有新意，与大家分享："阿德勒有人本主义倾向，其思想与儒家'修身齐家治国平天下'有很多相通之处。'穷则独善其身，达则兼济天下'，这里的'穷'与'达'不仅指经济状况和社会地位，更应该理解为一种精神境界。自卑是每个人都有的，我们应正视自身，为摆脱自卑而奋斗，当达到对自己的满足后，就会为追求优越而奋斗，当精神境界进一步超脱，超越'小我'后，就能认识到社会责任的重要性，为实现完美社会而奋斗"。

综上所述，个体心理学家阿德勒以器官缺陷为研究的出发点，发展了他的健

① 张玮：北京大学暑期班学生，来自北大 2011 级信息学院。

康人格观。他认为由于人天性柔弱，因而人人都有自卑感，这成为人格发展的最初动力，从为摆脱自卑而奋斗到为实现优越而奋斗再到为社会进步而奋斗，这便是阿德勒所坚信的健康人格的发展轨迹。阿德勒对时代的另一个伟大贡献是将心理与教育结合起来，通常临床心理学家很少关注教育工作，他们只在自己的领域做研究，很少想到教育干预在预防心理疾患与促进心理健康上的重要意义。阿德勒不然，他不仅注重在临床上培养病人的健康心理，而且非常重视心理教育在预防心理疾病中的重大意义。在治疗中，他既致力于减轻病人的症状，又注重通过心理教育为病人提供健康的生活风格。

阿德勒是最有社会责任感的心理治疗家之一，他的学说的独特之处就是强调社会责任感对心理健康的意义，他的学说开阔了心理治疗的视野。他不仅积极宣传社会兴趣的心理保健作用，而且身体力行为在学校推行健康教育而做了大量开创性工作，他把教育当作可以补救社会问题与家庭问题的最重要的方法。阿德勒不仅开创了心理治疗与教育预防有机结合的先河，他还开创了心理治疗家关注社会公正、平等和合作的先河，他用自己对病人和社会高度负责、不遗余力为完美社会贡献力量的行动为世界树立了一个典范。他以自身超越自卑直至为美好社会而努力奋斗的实际经历为他的学说做了最形象生动的诠释。

笔者这次重新复习阿德勒，对阿德勒学说的意义有了更多的发现与认识，很多今日困扰我们的问题，在儿童教育、学校教育、心理疾病的预防、犯罪预防以及社会的健康发展等重大问题上，阿德勒都早已给我们提供了极具操作性的理论与方法，而阿德勒所提倡的合作与社会兴趣在促进个人进化和共同进化上的意义尤其重大，如果我们懂得站在巨人的肩上，我们今日可以少走很多弯路！

本章术语

自卑情结；优越情结；社会兴趣；人生三大任务(社会任务、职业任务、恋爱婚姻任务)；生活风格：支配型、攫取型、回避型、社会有用型；人格特质：合作、共情、谦虚、乐观、利他；心理教育。

思考题

1. 为什么说自卑是一把“双刃剑”？
2. 你怎样看待“优越情结”？
3. 过度补偿会导致什么样的问题？
4. 你是否是一个具有社会兴趣的人？
5. 试述社会兴趣和心理健康的关系。
6. 试述合作的心理保健功能。
7. 阿德勒作为一个心理治疗家如此提倡社会兴趣给你的启发有哪些？

第五章 埃里克森的健康人格模型：建立自我同一性的人

在人类生存的丛林中，没有同一感也就没有生存感。①

——埃里克森

第一节 埃里克森的生平②

埃里克森(Eric Erikson，1902—1994，又译：埃里克松)，出生于德国法兰克

① ［美］埃里克·H. 埃里克森：《同一性：青少年与危机》，孙名之译，浙江教育出版社 1998 年版，第 115 页。

② 有关艾氏生平的资料来自于：(1) 艾里克森研究院：http：//www. erikson. edu/about/history/erik-erikson；(2)［美］B. R. 郝根汉：《现代人格心理学历史导引》，何瑾，冯增俊译，海南人民出版社 1986 年版，第 145~154 页；(3)［美］埃里克·H. 埃里克森：《同一性：青少年与危机》，孙名之译，浙江教育出版社 1998 年版，第 1~9 页。(4) *The Everything Psychology Book* 一书的作者 Kendra Cherry 所撰写的艾里克森词条，网址：http：//psychology. about. com/od/profilesofmajorthinkers/p/bio_ erikson. htm.

福，他的生父是北欧的丹麦人，他的母亲是一个犹太人，他的生父在他出生前离开了他的母亲，他由做护士的母亲独自抚养。3 岁时他母亲与儿科医生洪伯格大夫结婚，他随犹太裔的继父姓洪伯格，取名：艾瑞克·洪伯格(Erik Homberger)。

由于他小时候父母一直对他的出身保守秘密，他常常为这样两件事困扰，一是他母亲和继父都是犹太人，但他却长得金发碧眼、身材高大，是典型的斯堪的纳维亚人形象。在学校时，他的同学管他叫犹太人，而在继父的家族中又总有人开玩笑叫他异教徒或 Nordic(北欧人，日耳曼民族，具有北欧日耳曼民族外貌特征的人)，这让他非常困惑；第二件非常困扰他的事是，由于他的妈妈和养父一直对他保守秘密，使他始终无从知道自己的生父是谁。后来的学者常常推测：埃里克森个人关乎出生、种族、宗教、文化等问题上的困扰或许正是其日后会格外关注“我是谁?”“我从哪里来?”“我将往何处去?”这类同一性问题的原因所在。

埃里克森高中毕业后，违背了继父要他当一名医生的愿望，没有去上大学，而是以艺术家身份自居，并过着艺术家的生活。他先在意大利的佛罗伦萨学习艺术，然后又到欧洲各国漫游了一年，看了许多博物馆，过着一种无忧无虑的、反叛的生活，他尝试追求自己对艺术的兴趣。但是经过一段时间尝试后，他最后还是决定放弃在绘画方面的发展。其后他继续四处流浪并为自己总不能定向而苦恼。用现在的话说就是，埃里克森这段时间是在过他的“间隔年”，是在努力寻找值得他过的人生目标。

1927 年他 25 岁时，经人介绍到维也纳一所私立的开明的学校做艺术老师，此学校是弗洛伊德的女儿安娜·弗洛伊德所创立的儿童精神分析实验小学，从此开始了他人生中的重大转折。他先在蒙台梭利学校拿到教学资格证书，然后开始接受精神分析，随后他决定自己也做一个精神分析师。他按照安娜·弗洛伊德的建议，向她学习精神分析技术，在教课之余随安娜·弗洛伊德对儿童进行精神分析。不仅如此，他自己还接受安娜·弗洛伊德的分析长达三年之久。按照埃里克森自己的说法：“我所接受的精神分析，给予我自我意识，让我不再害怕自己。”① 在维也纳精神分析研究所，埃里克森确立了自己的同一性，并在修完研究所的课程后成为那里的一个工作人员。在安娜·弗洛伊德的影响和维也纳精神分析研究所对儿童的工作中，使埃里克森意识到社会影响在儿童人格发展中的重要性，并使他把注意力集中于对儿童人格发展的研究上。

30 多年后的 1964 年，埃里克森在自己的新书《洞见与责任》的扉页上写下：致安娜·弗洛伊德，以表达自己的感恩之心。

1929 年，埃里克森与琼·谢尔逊结婚，琼放弃了自己的职业并成为埃里克

① 见 *The Everything Psychology Book* 一书的作者 Kendra Cherry 所撰写的艾里克森词条，网址：http：//psychology. about. com/od/profilesofmajorthinkers/p/bio_ erikson. htm.

森终身的智力伙伴和编辑，琼为埃里克森的生活提供了稳定的社会和情感基础。后来埃里克森把他写的书都献给琼，只有一本献给了安娜·弗洛伊德。

1933 年，为了避开纳粹的威胁，埃里克森携妻子先回丹麦后又移居美国，他先在波士顿开业做私人儿童精神分析，是波士顿第一位儿童精神分析师，后于 1936 年到耶鲁大学任教。这期间他认识了一些著名的人类学家，1937 年至 1942 年的 5 年间，埃里克森受这些人类学家影响，到美国的南达科他州等地的印第安保留地对两个印第安部落的儿童分别做文化人类学研究，这是他学术生涯中的一件大事，这些考察和研究使他收集到大量社会文化因素对人格影响的第一手资料，这为他日后提出的心理社会发展阶段说奠定了坚固的基石。

1939 年，他加入美国籍。

1942 年，埃里克森任美国加利福尼亚大学心理学教授。

1950 年，他发表了他的名著《童年期与社会》，这标志着他的“自我心理学”的创立。

1950 年，美国进入麦卡锡的反共白色恐怖时代，加利福尼亚大学要求教职员进行“效忠美国，坚决反共”的忠诚宣誓。埃里克森拒绝在忠诚宣誓上签名并辞去教职，因为在他看来，俄国和亚洲等国家有关共产主义的尝试“从历史进程来看，这是一种接近人类良心时期的尝试，是不可避免的。”[①]（埃里克森，1950）辞职后他先到一个心理咨询中心工作，后于 1960 年到美国哈佛医学院任教，讲授“人类生命周期”。1970 年埃里克森退休，1973 年，埃里克森应美国国家人文基金会之邀作“杰弗逊演讲”——这是美国人文科学的最高荣誉。而他的著作《甘地的真理》则获得美国新闻界的最高奖项：普利策奖和国家书籍奖。

埃里克森在学术上最著名的贡献就是他的心理社会发展阶段论，尽管他是从精神分析起步的，但他的学说与弗洛伊德的性心理发展阶段说有很大不同。他提出人格的发展不仅遵循生物规律，而且与历史文化及其发展各阶段的社会关系密切相关，他指出人的每个发展阶段都会遭遇一种特殊的心理冲突，而对这种冲突的解决最终又会对人格的某个方面产生重要影响，因此，人不仅在生理上而且在心理上都是渐成的（epigenetic principle）。人在子宫中逐渐形成一个有功能的整体，诞生后，他与各种关系及其处境中的各种机会和限制发生交互作用，渐渐发展、成长，直至终身。埃里克森有关生命发展终身说的观点具有无比鼓舞人心的激励作用，在他之前的弗洛伊德等心理学家都主张童年决定终身，而埃里克森则提出人的发展是终身持续的，这就意味着，任何时候，只要我们愿意，我们都可以对自己的发展做出新的决定并拥有不一样的人生。

① ［美］埃里克森：《童年与社会》，罗一静、徐炜铭、钱积权编译，学林出版社 1992 年版，第 285 页。

埃里克森的第二个贡献是他有关自我(ego)心理学的理论，他之前的弗洛伊德更偏重本我(id)，而埃里克森则把重点放在自我的形成与发展上，并确立了他的自我心理学。

埃里克森最有创造性的理论成果是他有关同一性(identity)及其儿童发展的理论，他提出影响儿童人格发展最关键的原因在于其所生存的社会环境——包括社会期待、社会偏见和社会禁令等——指出青少年发展的关键任务是基本确立自身的同一性。埃里克森的理论是帮助青年人应对存在焦虑和发展困惑的最好工具，所以笔者的观点是，埃里克森是为所有青少年而生的心理学家。

埃里克森的另外一个重要贡献是：他强调人格是在生命周期中形成的，这既意味着童年经历会影响人格的发展，也意味着生命后期的经历可以治愈或改善一个人在童年期所遭遇的问题。

埃里克森的理论源自于弗洛伊德，同时又极大地扩展了精神分析理论，因此他成为新精神分析学派(neopsychoanlytic)的重要代表人物，同时也是心理历史学的首倡者。埃里克森不仅以他的学说而且以他个人的实践——未上过大学却创立了心理学中的一个重要学说以及在面临政治正确和道义正确相冲突的关键时刻选择道义正确的行为——实证了具有健康人格的人所能达到的高度。

第二节　埃里克森的健康人格概念

一、健康人格概念——具有积极的自我同一性

从埃里克森的人格理论中我们能看出，埃里克森认为有健康人格的人是具备积极自我同一性的人。

由于埃里克森没有受过正规的学院教育，因此他的写作风格不够严谨，读他的书，很难找到一个统一的、准确的有关自我同一性(ego identity)的定义。有关自我同一性，他的著作中有许多种说法，说法之一是，“所谓自我同一性是指一种具有连续性和一致性的个人自我行为能力，并按这个能力适当地行动”。① 他的另一个说法是：“自我同一性就其主观性方面而言，乃是对于这一事实的觉知，即自我的进行综合的方法亦即一个人个性的风格存在一致性和连续性；而且这种风格是与一个人在本社区内在意义上与其有密切关系的别人的一致性和连续性是

① [美] 埃里克森：《童年与社会》，罗一静、徐炜铭、钱积权编译，学林出版社 1992 年版，第 28 页。

相符合的。”①（埃里克森，1950）上述定义很难让人真正理解同一性的意思，因此有的学者索性将埃里克森的同一性概括为关乎：“我是谁？我从那里来？我将往何处去”这样的问题，而埃里克森对此却非常反感，他在一篇文章中曾特别谈到，“我有点不耐烦地申明，我从未把同一性这一名词用‘我是谁’这样的问题来加以说明过。……（同一性）这一中肯的问题如果真能用第一人称来问的话，将会是这样的‘我想要使自己成为什么样的人？我必须用什么工作’。”②（埃里克森，1968）

笔者的观点：如果我们仔细读埃里克森的书，就会发现，其实他的“自我同一性”概念从操作上看还是对有关“我是谁？我从那里来？我将往何处去”这类问题的思考与解决。为此，笔者将同一性定义为：同一性是指个体在寻求自身的发展中，对自我的确认和对有关发展的一些重大问题尤其是职业同一性问题做出了思考和选择。因此，确立自我同一性意味着能将自己的过去、现在和未来加以整合，并确立一个既符合自己所在社会也符合自我理想的人。

这里有必要补充《剑桥心理学词典》中有关同一性的定义：“同一性（又译身份）是社会科学中贯穿始终的一个难题，指的是个体理解自己和被他人认可的方式。由于不同行业对这个术语的使用方式不同，不可能提供一个适用于所有行业的单一定义。心理学家区分了三种同一性：个人同一性、集体同一性和关系同一性。个人同一性指的是人们对把自己与他人区分开来的品质和属性的一种确信。集体同一性包括各种社会类别，如我们的职业、宗教或文化遗产。关系同一性指的是那些属于我们扩展自我概念的个体（例如，我的孩子，我的妻子），以及我们在与他人互动时所表现出的品质。”③

剑桥词典的上述分类对我们了解“identity”（同一性，又译身份、身份认同）这个概念有很重要的操作性意义，可以提高我们自我认识和自我调节的能力。

二、与同一性有关的几个重要概念

（一）同一性危机

同一性危机（identity crisis，又译认同危机、身份危机），主要是指青年人在建立同一性的过程中所遭遇的种种由自我怀疑而导致的担心、紧张、焦虑甚至恐

① ［美］埃里克·H. 埃里克森：《同一性：青少年与危机》，孙名之译，浙江教育出版社1998年版，第38页。

② ［美］埃里克·H. 埃里克森：《同一性：青少年与危机》，孙名之译，浙江教育出版社1998年版，第304页。

③ David Matsumoto，General Editor <THE CAMBRIDGE DICTIONARY OF PSYCHOLOGY>P244-245，Publish by San Francisco State University，PUBLISHER：CAMBRIDGE UNIVERSITY，2009.

惧的情绪。

工业革命之前，人们大概率上较少遭遇同一性危机，因为社会进程非常缓慢，子承父业是常态，父外母内是常态，成家立业、生儿育女是常态，只有极小概率的人不甘常态，会做出改变的选择。而工业革命之后，尤其是进入现代化、科技化、网络化和全球化之后，常态不再是大概率，这个世界的变化太大太快，以至于大多数当代人在其一生中都有可能遭遇同一性危机——在个人、集体和关系方面的某一方面甚至是全方位地——感觉缺乏方向感和生产性，不清楚自己是谁，不知道自己该以何种方式立身处世，不知道自己在社会与关系中该处于什么样的位置。但是，即使都在经历同一性危机，表现形式却可能很不一样，有的人会显得沉默而顺从，无论内心冲突多么激烈，外表却总是平静甚至愉快的。现在中国白领中出现的“微笑抑郁”——表面上看着无忧无虑快乐幸福，而实际上内心严重挣扎、纠结并且痛苦——应该是一种极端的表现了。另外，有的人在同一性危机中表现出较为强烈的情绪，如敌意、痛苦、烦躁、恐惧。最近《中国青年报》有一篇文章谈到①，因为多重原因——对不少人而言，主要是父母强制他们选择某一他们不喜欢的专业——找不到同一性，因此选择“佛系”生活作为防御。笔者认为，也许这种佛系生活，在有的青少年是防御，在有的青少年则是反抗。

此外，由于中国近些年出现的拜金主义以及价值观混乱、底线失守、贪官污吏泛滥等社会乱象，以至于很多成年人也都处于同一性危机之中。最典型的就是拜金主义，只知道用金钱界定自己并衡量他人的身份地位。其他如婚姻危机、家庭危机、中年危机、事业危机以及退休综合征等也都有与同一性危机相关，其本质都是对自己到底是谁、到底该处于一种什么位置，以及该往何处去等问题息息相关。

能否有效解决同一性危机，取决于一个人的自我和社会环境，自我足够成熟和强大的人，面临同一性危机时会采取积极的方法有效解决危机；而自我不够成熟和强大的人，在面临同一性危机时往往缺乏有效的解决方法，严重的还有可能陷于同一性混乱中无法自拔。此外，社会环境也是影响个体同一性的重要因素之一，社会动乱或者变革迅速的地区，人也更容易出现同一性危机。

（二）同一性混乱

同一性混乱（identity confusion）是指青少年在确立同一性时，经历种种困扰和挣扎之后仍然找不到未来的方向和自己的位置，不知道自己该做什么、能做什么，从而产生迷茫和不知所措的心理。埃里克森曾经指出：“青少年在其同一性

① 王敏：“他们青春期的‘佛系’，可能是一种防御”，《中国青年报》，2020 年 10 月 23 日。另注：“佛系生活”是近年来的网络流行语，要点是：看破红尘，有目的地放下，按自己的方式生活的一种生活状态和态度。

形成的最后阶段，的确也容易受到比以前甚至比以后更为深刻的角色混乱的痛苦。"①（埃里克森，1968）例如，现在一些挺聪明的中学生受社会以及其他种种因素的影响，出现厌学倾向，向往尽早参加工作，这就是一种同一性混乱。青少年时期人的主要任务就是在校学习，对于青少年而言，除非有难以克服的困难（如家境或智力有问题），其最恰当的社会角色就是学生。

青少年在被同一性困扰时往往会采用很多自助的方法，有的会主动寻求成人帮助；有的人会大量读书、读传记，以求在书中寻找到答案；有的人暂时搁置问题而全力投入到课本学习和应付各种考试中；也有的人会在高中毕业或者大学毕业时先外出旅游一段时间，给自己一个"间隔年"（gap year），让自己有时间和空间去思考并确立自己的同一性。社会对青少年在确立同一性过程中所做的种种看起来有些离谱的事也都持包容的态度。埃里克森认为这是社会向青少年提供的心理社会的"合法延续期"（psychosocial moratorium），其目的在于帮助青少年整合其童年期的同一性，并在社会中寻找到一个真正适合他的职位。

但是，并非所有的青少年在处于同一性危机时都能够为自己找到合适的解决方法，也有一小部分青少年会在此时期将自己置于一种极端状态，他们无法利用社会为他们提供的资源，如学校、职业、各类成年人的经验与智慧等，也不懂得利用社会给予这个年龄段人的"合法延续期"而出现精神症状或确立一种消极同一性。中国青少年现在面临的现状，如当前的高考制度和大学生就业中所遇到的一些情况，如各种资源都向名校倾斜，用人单位非 211、985 本科出身的人不录用等，都在加剧当前中国大中学生的同一性混乱。

最近有一本畅销书《岂不怀归：三和青年调查》吸引了很多人。这本书是一对师生的田野调查实录，讲的是聚集于深圳市三和人才市场旁边做日结零工的"游民无产者"，他们又被称作"三和大神"。这些从农村来到深圳的曾经的留守儿童们在成为"三和大神"后的情况是："为避免被持续'剥削'，他们纷纷逃离工厂，出现一种'干一天玩三天'、做日结、跑路的'反工厂文化。'②他们被人们看作是游手好闲、不思进取的人，而在他们的生活常态后面，却是中国现代化、城市化急剧发展，社会急剧转型以及他们自身十分缺乏内外资源的现实。这是一群典型的处于"同一性混乱"的年轻人，他们在城市的边缘游走，在城市的底层徘徊，他们在"留城无望，回村无意"③的两难困境中挣扎，在"我是谁，我从哪里来，我将往何处去"这个永恒之问前迷茫困惑，得过且过。三和青年的现状与外部环境高度相关，因此不能仅从他们个人身上找原因。也许《岂不

---

① ［美］埃里克·H. 埃里克森：《同一性：青少年与危机》，孙名之译，浙江教育出版社 1998 年版，第 150 页。

② 田丰、林凯玄：《岂不怀归：三和青年调查》，Kindle 位置 3405-3406，海豚出版社，2020。

③ 田丰、林凯玄：《岂不怀归：三和青年调查》，Kindle 位置 3415，海豚出版社，2020。

怀归：三和青年调查》这本书能够引起相关部门的足够重视，从而为解决这类青年的同一性混乱做出切实的努力。

（三）消极同一性

消极同一性(negative identity，又译反向认同，消极统合)“指青少年人格发展的一种偏差倾向。家庭学校在教育上设置一些供青少年学习认同的楷模，但某些青少年却舍此而向反社会的方向去学习认同”。① 青少年在寻找和确立他们同一性的过程中会有很多不同的表现，有的会采用具有建设性的方法，实在寻找不到就会用间隔年或暂时放下问题的方式耐心等待自己的成长。但是还有另外一种情况，由于中国目前的高考制度只重课本学习能力，导致一些缺乏课本学习能力的青少年在出现同一性混乱之后，为了降低寻找同一性过程中的不确定感和焦虑感，也为了尽快满足自己的归属感，会去选择追随一些主流社会所不赞同的角色和观点，成为社会不希望他们成为的那一类人，比如故意穿一些与主流主张相违背的奇装异服，或文身，或各种怪异的发型，再比如故意使用与传统和主流相悖的脏话等。2013 年网络上出现的“脏话狂欢”现象，还有进入传销组织的那些年轻人，都是消极同一性的表现。而较为严重的消极同一性则表现为“啃老”等行为，更极端的则是成为为社会所反对的危险角色，如吸毒、犯罪、酗酒、卖淫、暴力等。

当然，任何事情都有另一面，一个人选择为社会所不容的如酒鬼、吸毒者或罪犯等加以认同是有很多原因的，也许是他出生的环境太恶劣，以至于使他别无选择，也许是由于他偶尔的一失足结果铸成了不可逆的大错，也许是他生命中的某个重要的人造成了这种结果，如父母对孩子的虐待造成了孩子的自暴自弃，或者是因为他的课本学习能力不够，而家长和老师又缺乏基本的耐心等。重要的是，我们需要知道，没有一个人会不经过任何考虑就选择“消极同一性”。因为选择“消极同一性”就是选择非持续发展，就是断送自己的前程，这是任何一个正常发育的个体都不会轻易做出的选择。所以，我们不要轻易对一个人的选择下结论，我们要对人的处境有深刻的关心与理解。例如前面提到的处于同一性混乱的“三和大神”。更何况，一个社会的健康程度与其所具有的“消极同一性”的人数是有密切关系的，社会越健康，有“消极同一性”的人就越少；社会越不健康，有“消极同一性”的人会就越多。

（四）积极同一性

同一性危机和同一性混乱之外的另外一种可能就是：基本确立积极同一性。积极同一性(positive identity)是指“最令人满意的同一感仅仅被体验为一种心理

① 张春兴：《张氏心理学辞典》，上海辞书出版社 1992 年版，第 433 页。

社会的安宁之感。它的最明显的伴随情况是一种个人身体上的自在之感，一种自知有‘何去何从’之感，以及一种能预期获得有价值的人们承认的内心保证。”①(埃里克森，1968)具备积极的自我同一性，意味着个体在人格发展中走向了一种健康而且成熟的状态；具备了连续性和一致性，意味着他不再感到迷失与彷徨，表明他能自我肯定并且已具有自主定向的能力。这种连续性包括不仅知道自己从哪里来(国家、民族、家庭、遗传、生长环境与条件等)，而且知道自己应该往何处去(梦想、目标、愿望和打算)，而这些又将进一步决定他对自己的看法和他想使自己成为什么样的人，并确信能够获得什么样的承认和评价(我是谁，我是一个什么样的人)。一个有如此明确成长目标或说是同一性的人，他不仅拥有归属感和完整感，而且还拥有强有力的独一无二的感觉，这样的人，他的内心自然会体验到比一般人更多的宁静与自在之感。

当代最具有积极自我同一性的伟大人物当属曼德拉，他怀着对自己种族和国家的坚定认同和无比自信，不仅终结了南非种族之间的仇恨，同时开启了这个国家通往道义的大门。曼德拉因为自身的道义实践而成为南非同时也是全世界最重要的道德资源，成为这个世界上最值得钦佩和敬仰的人。此外，每个时代都会有很多具有积极同一性的成功人士，他们中的典型如袁隆平、钟南山、比尔·盖茨、卡尔·萨根等。世界著名的科普作家卡尔·萨根在其思想自传中有很形象的表述：“我还在刚上小学的时候就想成为一名科学家。……科学普及——尽可能使非科学家们了解科学的方法和发现——随后就自然而然地很快成了我所追求的事业。对我来说，不讲解科学似乎是不可思议的事情。当你坠入爱河，你就想告之天下所有人。本书是我的个人坦白，向你们讲述我对科学终生的爱情故事。”②(卡尔·萨根，1996)当然，卡尔·萨根这样的人是幸运的，能够在孩童时就知道自己真正想要什么。但是世界上绝大多数人都没有这么幸运，而是要从进入青春期之后才开始进行各种试错排错的尝试和摸索。也有的人，甚至在中年或者更晚的时候才开始考虑这个问题。

当代中国的大一新生往往会有“人生目标失落在大一”的感叹和困惑，其实这就是大学生在自我迷失与自我确认中寻找积极同一性的现实写照之一。不仅大学生，绝大部分青年人也都会为确立积极的自我同一性而遭遇青春迷茫。据百度资料：“2012 年 12 月，中信出版社出版发行的刘同的《谁的青春不迷茫》一书上市一月销量突破 50 万册。截至 2013 年 4 月底，《谁的青春不迷茫》销量已突

---

① ［美］埃里克·H. 埃里克森：《同一性：青少年与危机》，孙名之译，浙江教育出版社 1998 年版，第 152 页。

② ［美］卡尔·萨根：《魔鬼出没的世界——科学，照亮黑暗的蜡烛》，李大光译，吉林人民出版社 1998 年版，第 27~28 页。

破100万册，是唯一一本销量突破百万的青春类书籍。”[①] 这条消息很能说明问题。积极同一性正是化解青春迷茫的解药。

同一性的确定不是自然发生的，是个体在与社会环境的交互作用中逐渐形成的。尽管同一性确立的关键阶段是在人的青春期，即从12岁到20岁左右，但现实中，只有为数不多的人在青春期时就能达到确立积极同一性这一理想状态，而更多的青年人则是在自我迷失与自我肯定之间徘徊与徬徨，所以才会有“青春迷茫”这种社会现象。

第三节 个体社会心理发展阶段说与健康人格的形成

埃里克森非常强调人的社会性，他认为人的社会“‘角色’中包含着人的三个要素：社会、家庭和自我(《剑桥心理学词典》就是从埃里克森的这个框架提出同一性包括个人同一性、集体同一性和关系同一性，不同的只是顺序)。人的生命从母腹中出生直至死亡，便加入了与地理、历史相关的各种集团：家庭、阶级、集体和民族，因此，一个人无论在什么时候，他既是一个有机体，又是一个自我和一个社会成员。”[②]（埃里克森，1950）

说到自我(ego)，埃里克森认为自我并非是弗洛伊德所认为的仅仅是本我和超我的调解者，而是具有更多主动性的、驱动人格发展的一种力量，自我的主要工作是建立并维持人的同一性。

一、个体社会心理发展阶段与危机说

埃里克森认为，人从出生到死亡，其人格的成长可分作8个心理发展阶段，这8个发展阶段的顺序是由遗传因素决定的，因而是递次进行的。每个阶段能否顺利度过不仅由个体决定，而且也由社会环境所决定。孩子在文化与社会环境中成长与发展，社会环境好，发展就顺利，社会环境不好，发展就不顺利。如前面提到的“三和大神”，就是因为其所成长的内外环境都不好，才有了同一性混乱。

埃里克森指出，如同胎儿生长遵循渐近性原则(epigenetic principle of maturation)一样，个体的心理成熟同样遵循着渐近原则。因为深受弗洛伊德的影响，他理论中发展阶段的头四期与弗洛伊德的划分时间相对应，不同的是，弗洛伊德强调人的生物学因素，而埃里克森更强调心理社会经验与个体关系间的相互

---

① 见：“《谁的青春不迷茫》销售破百万册，将拍同名电影”，http://www.chinanews.com/cul/2013/05-28/4866753.shtml。

② ［美］埃里克森：《童年与社会》，罗一静、徐炜铭、钱积权编译，学林出版社1992年版，第20页。

影响。因此在埃里克森看来，人格的发展受生物与社会因素的双重影响。埃里克森认为，由于社会对处于不同发展阶段中的个体提出的是不同的要求，因而每一阶段都有一个发展任务急待解决。另外，由于生物因素的制约，不同发展阶段个体的敏感点是不一样的，因此个体在发展的不同阶段会对某个要求特别敏感，而对另一个要求则可能完全没有反应。埃里克森提出，个体发展和社会要求之间的冲突或者说个体解决发展任务时面临抉择而产生的心理压力就是："危机"。

在埃里克森看来，"危机"并不意味着灾难，相反，危机在此有着发展的意义，是"危险"与"机遇"结合，因此危机意味着个体面临重要的转折点。通常个体对危机的反应有两种：适应或者不适应。适应者是对危机采取了积极解决的方法，而不适应者则对危机采取了消极解决方法。

对危机的积极解决，不仅能增强个体的自我，使自我具有更大、更灵活的适应能力，还能使个体获得应付下一阶段危机的力量。

例如中国当前高中生普遍面临的大学与专业报考的选择问题，这原本是确定其个人同一性的非常关键的时刻，这样的时刻，如果能够得到父母老师的尊重和引导，他们就有可能选择符合自己天赋兴趣的专业。但不幸的是，当前中国很多父母和老师对孩子缺乏基本尊重，对孩子专业的选择采取控制的方式，他们剥夺孩子选择专业的权利，而他们为孩子选择专业的标准，从有些老师的角度看，则是哪所高校更能够为学校、老师争光。例如，笔者就见过这样的个案：如果一个学生能够考上清华，老师就不许他报考南开大学，即使这个学生非常喜欢南开大学的某个专业。而在父母，则看哪个专业更有前途或者"钱途"。父母老师对孩子专业选择的种种干预，其结果便是制造了相当一批上大学后感觉迷茫、感觉没有意义的大学新生。

用埃里克森的理论框架看，像这类不考虑孩子天赋、兴趣和能力而只考虑面子、前途和"钱途"的大学报考方式，就是对这一发展时期危机问题的消极解决，这种消极解决的后果不仅造就了很多痛苦的大学新生，而且削弱了他们的自我，并在很大程度上妨碍了他们日后的发展。而那些懂得尊重孩子兴趣和愿望的家长与老师，不仅会在平时更多地观察孩子的兴趣和志向，而且会在报考时充分尊重孩子的选择，这样的孩子上大学后会有如鱼得水的感觉，大学之于他们，是又一个成长的阶梯，会加强他们的自我同一性，并且帮助他们顺利过渡到下一个发展阶段。

再如在中学生与异性交往的问题上，如果父母老师处理得当，充分理解并且信任一个开始对某个异性产生好奇的学生，对其进行恰当的引导和指点，就能帮助这个学生顺利度过感情萌芽期，使其了解并学习与异性交往的一些基本规则和责任，学会对自己和他人的感情负责。这样去解决中学生的感情困扰，不仅在当时会促进孩子的成长并增强其自我，而且也有助于其日后与异性建立成熟而健康的两性关系。

对危机的消极解决则会削弱自我，降低自我的适应性，并且还会影响个体对下一阶段发展问题的解决以及增加解决日后问题的难度。仍然以前面提到的个案为例，如果父母老师硬要给孩子扣上一个“早恋”的帽子，并且横加指责和干涉，那么不仅当时就有可能出现让父母老师完全失控的“罗密欧、朱丽叶效应”，让孩子失去一个了解异性的重要机会，而且这个问题还有可能成为一个阴影，一个“未完成事”（unfinished business）①，从而影响这类孩子日后处理感情问题的能力。

当然，积极解决与消极解决并不是绝对的。埃里克森认为，对危机的解决总是既包含积极成分又包含有消极的成分，关键在于谁的比例更大，如果对危机的解决中积极成分高于消极成分，这种解决就可以看成是积极解决。反之亦然。埃里克森还指出，尽管是生物基础决定了个体发展的各个阶段，是成熟的过程决定了个体可能获得各种经验的时间，却是社会环境决定了各个阶段的发展任务及其能否得到积极解决。因此，埃里克森的发展阶段论又称“心理社会发展阶段说”，以与弗洛伊德的性心理发展阶段说相区别。例如，社会对一个婴儿的要求和对一个青少年的要求就很不一样，而对一个成年人的要求则更不相同，正是由于这些要求的不一样，才使社会环境成为个体发展的重要影响因素。

在谈到人心理社会发展过程时，埃里克森还有一个不同于弗洛伊德的很有建树的观点。在弗洛伊德的理论中，父母在孩子的成长中具有无可比拟的决定性作用，而埃里克森指出，其实孩子在成长的过程中对其父母同样会产生重大影响。这个提法很有道理。远的不说，只说当今大城市中“学区房”的产生，很多父母为了孩子能够接受最好的教育，不惜一切代价在重点学校旁边买房，更有的父母为孩子“能够有好的发展”而走上移民的道路，这都是非常典型的孩子影响父母的例子。再如，随着科技的迅猛发展，孩子在使用高科技产品方面比他们的父母表现出明显优势，而这对于父母的自我同一性有不小的冲击，导致缺乏自信的父母在教育孩子时丧失底气，而这又加剧了当今社会价值观的混乱和底线失守的情况。

二、人格发展 8 阶段说及人格的养成

按照埃里克森的理论，人的心理发展包括 8 个阶段，每个阶段都存在两种发展的可能性，凡是对每阶段所面临的问题做了积极解决的，就会获得健康人格所具备的某种基本特质，并与他人建立起良好互动。而凡是无法有效解决所面临发展问题者，则会导致一种消极的人格特点并影响其日后阶段的发展。

埃里克森这里所说的“基本品质”即英语中的美德，“我将该品质称为美德

① 所谓“未完成事”，是心理治疗家帕尔斯在其治疗中发现的，是指被埋葬在无意识中却仍然存在的一些因旧的伤痛所造成的感觉，如恐惧、悲伤、自罪感、怨恨、焦虑、痛苦和愤怒等。我们自身虽然意识不到，但它们却在持续地影响着当事人对现实的看法和反应，使当事人无法与外界建立建设性的连接。

(virtue)。之所以这样命名，一部分原因是我认为用力量这个词表达会很奇怪，另一部分原因是美德一词更为传神。……在古英语中，'virtue' 被赋予了一个十分美好的意义，它意味着内在力量或积极品质。它还曾被用来形容保存良好、功效未减的药品和酒。"①（埃里克森，1964)他指出："我会将美德称为某些人类力量的品质。我也会将这些品质与自我力量阶段性发展和世代相传的过程联系起来。"②（埃里克森，1964)

在埃里克森提出这个浓缩的人生发展地图上，前四个阶段的时间划分与经典精神分析的人格发展阶段说基本一致，而其后四个阶段的时间划分则较为模糊，埃里克森对这 8 个发展阶段分别以其所面临的危机来命名。它们分别是：

阶段一(0~1 岁)：基本信任对基本不信任(Trust vs. Mistrust)

埃里克森所谈的"信任"是指"对别人的一种基本信赖，也是对一个人自己的一种基本信任感。"③（埃里克森，1968)现在所提倡的"文化自信"指的则是一个民族该对自己的文化有信心。

笔者在教学与咨询实践中发现，一个具备基本信任的人对外通常会有良好的人际关系，对内则有充分的自信和成长目标；而一个缺乏基本信任的人，对外常常充满怀疑和担心，而这种怀疑和担心又常常引发别人对他的不信任和不满；对内则由于缺乏对自己的信心，情绪会很不稳定，并且也不敢为自己设立太高的追求目标，严重的还会表现出回避和退缩。

按照埃里克森的观点，人的基本信任感产生于 0~1 岁时的婴儿期。婴儿在此阶段的发展任务是要学会相信这个世界是基本好的，是可以信赖的。由于此阶段的儿童最为柔弱无助，对成人的依赖最大，是需要全部依赖于母亲或其他照料者才能生存并且安全的。因此，一个婴儿能否获得对世界和他人的基本信任感主要取决于其与母亲的关系的性质。正是在与母亲的互动中，婴儿开始学习一种持续信任他人的能力。如果母亲对孩子的生理需要具有足够的敏感并且通常都能给予及时而周到的回应，使孩子的基本生存需要和爱的需要得到满足，就能使孩子学会信任他人和自己，使孩子形成对周围世界的持续的安全感与信赖。但是，如果父母缺乏对婴儿生理需要的及时感应和回应，对孩子缺乏爱和照料，则孩子就没有能力去信任自己和他人，同时会对周围世界的持续性产生怀疑，会表现出强烈的焦虑、不安全感和不信任感。如果这个孩子在其日后的发展中未能补上这一课，那么他就有可能长成一个具有退缩型性格的成人。

---

① 埃里克森：《洞见与责任》，世界图书出版有限公司北京分公司，Kindle 版本，2017，Kindle 位置 1126-1132。

② 埃里克森：《洞见与责任》，世界图书出版有限公司北京分公司，Kindle 版本，2017，Kindle 位置 1134-1135。

③ ［美］埃里克·H. 埃里克森：《同一性：青少年与危机》，孙名之译，浙江教育出版社 1998 年版，第 84 页。

21 世纪的中国，物质条件比起以往有了极大的进步，而且由于各种育婴书籍的出版和年轻父母对早期教育的重视，表面上看起来，似乎解决孩子 0~1 岁的身心需要已经成了一个很简单的问题，其实不然。首先，要想让孩子感觉到他的需要会随时引起父母的反应，做父母的或者说照顾者需要保持在场或者说是陪伴，而现在由于多重原因，能够做到这点的父母却不多。其次，有好吃的不等于能够吃好，有好喝的也不等于能够喝好。比如，特别教条的父母对孩子实施刻板喂养，不考虑孩子的个体差异，一味按照书本上说的做，书上说应该 4 小时喂一次孩子，父母严格执行，结果有的孩子不到 4 小时就饿了，无论怎么哭叫父母也不给吃的，而有的孩子消化慢，要 4 个半小时才饿，父母到 4 小时无论孩子怎么拒绝也一定要让孩子吃下东西，像这种想吃不给，不想吃却强喂，结果会导致孩子感觉紊乱，使孩子误以为：自己的感觉不重要，服从父母才是生存之道。“吃”对婴儿而言是一个象征，是与安全、生存和关爱有关的象征，同时也是这个世界是否值得并且可以持续信赖的象征，如果一个人对自己的一日几餐都无法控制，饿了不给吃，不饿却非让吃，如果他总是要面对这种不得不勉力应付的局面，他还怎么能够信任这个世界？而如果一个人不敢信任别人，他是很难与他人建立关系的，因为，不论什么样的人际关系，最基本的前提就是信任，没有信任就没有关系，缺乏信任就缺乏关系。所以对婴儿的喂养与其能否建立对世界的信任有着十分密切的关系。

一个早年没有被好好喂养的孩子，会变得麻木、冷漠和隔离，因为只有如此，他才能够活下去，这样的孩子长大后，想要帮助他重建对世界和自己的信任，会是一件艰巨的任务。

如果儿童在 0~1 岁阶段发展出的基本信任超过了基本不信任感，则这个儿童不仅解决了此一阶段的发展课题，而且会形成富有希望这样积极的人格特点。一个人相信自己的愿望会被满足，就会心存希望，而希望意味着一种持续的信任和自信感，信任周围的世界，自信周围的的世界能够在自己需要的时候提供支持和援助，这样的人就不会害怕失败与挫折，并且会具有强烈的未来定向的人格特点。因为信任可以带来希望和巨大的情绪力量，即使暂时受挫，也能使自我保持对未来的希望。而缺乏足够基本信任的儿童则难以形成“希望”这种人格特点，他们时时刻刻都在担心自己眼前的需要能否得到满足，他们既不相信别人会随时支持他，也不相信自己有足够的力量获得支持。他们被现实紧紧地束缚，根本没有力量展望未来。现实生活中，那些对别人的称赞总是持怀疑态度的人，那些总担心会被别人骗的人，那些总是难以相信别人和自己的人，那些对未来缺乏希望和信心的人，通常都是未能建立基本信任的人。

有必要说明的是，如果一个人无条件地信任生活中的一切人和事，也会危及自己的生存与发展，所以，每个健康的个体都具有一定程度的基本不信任，关键在于其比例要恰当。

阶段二(1~3 岁)：自主性对羞怯和怀疑(Autonomy vs. Shame and Doubt)

1~3 岁的儿童由于其肌肉和精神等能力都在迅速发展，这一阶段孩子的发展任务是要学习在遵守一些基本社会规则的同时维护自己的愿望。此时的儿童开始能为自己做一些以前自己做不了的事，比如可以自己走、推、拉、抓住或者放下一个物体以及说话等，这也是他们尝试维护自身自主性的开始，他们想要自己做一些选择，比如按照自己的喜好挑选玩具、食品或者把玩具反复扔出去再捡回来等，他们要通过这些以表达自己的自主愿望。此时父母如果注意鼓励并支持孩子日渐增长的自主选择，那么就有助于孩子发展出较多的自主性。

此时儿童的自主愿望常常会和父母的意志产生冲突，表现最集中的就是家长对孩子的排便训练。对孩子的“排便训练”同样是一个象征，意味着一个孩子开始学习接受社会规则，以及开始培养自己的独立自主能力，如果父母对孩子在接受排便训练过程中出现的问题能够保持温和的坚持态度，对促进孩子的自主性有很重要的意义。但是如果父母对孩子的排便训练缺乏耐心和方法，同时在其他方面也不给孩子维护其自身愿望的机会，比如，为了自己省事，在孩子已经可以自己用便盆时仍然让孩子穿纸尿裤；再如，不允许孩子按照他自己想要的方式玩或扔玩具；或者如果此时孩子总是被过分溺爱、放任或过度管教、批评和控制，再或者孩子做错了什么或者在一些非原则问题上没有按照父母的愿望做，父母就对之进行羞辱甚至体罚——埃里克森的观点，通常只有缺乏自主性的父母才会这样对待孩子①——那么孩子就会怀疑自己在这个世界生存的能力，会变得非常依赖父母，缺乏自信，在与人相处时产生自我怀疑与害羞的体验。

埃里克森认为，孩子在这个阶段如果发展顺利，就会形成“意志”这一积极的人格特点，也就是在面对社会需要的时候能够进行自我约束和自由选择的不可动摇的决心。而如果此时父母在培养孩子行为习惯尤其是排便习惯的过程中，过分溺爱、放任孩子或者过分约束、惩罚孩子，那么孩子的自由意志就会受到父母的遏止，其自主性也就无从发展，并进一步影响孩子的社会化。埃里克森认为，像“希望”和“意志”这些积极的人格特点对人的生活质量有很大的影响，它们能使人在生活中产生更多的快乐与幸福体验。

结合中国现实，有一个非常让人担忧的社会现象，那就是中国农村的六千万留守儿童和中国城市中不计其数的类似留守儿童的孩子(他们的父母以各种名义，其中最常用的就是“为了孩子的将来”而将孩子完全交给祖父母)，如果说在他们一岁之内的哺乳期，妈妈还有可能陪伴他们的话，而断奶后妈妈就把他们留给了祖父母或者外祖父母。这些祖父母由于年龄、身体的局限和生活所迫，大多数

① ［美］埃里克·H. 埃里克森：《同一性：青少年与危机》，孙名之译，浙江教育出版社 1998 年版，第 99 页。

时间无暇顾及孩子，通常也只是保证孩子能够正常吃喝而已，其他方面就很难顾及。这些孩子在发展自主性的关键期，由于缺乏父母的陪伴、引导和关注，更容易导致羞怯与怀疑，而其行动力或者说是意志品质也较难形成。

阶段三(3~5岁)：主动对自罪感(Initiative vs. Guilt)

由于埃里克森基本上是按照弗洛伊德性心理发展规律说的框架划分其人格发展阶段说的前四期的，因此在对这个被弗洛伊德称之为“生殖器期”而埃里克森称之为“主动对自罪”期的解释中，埃里克森再次运用了经典精神分析学的基本观点。

他认为，3~5岁的儿童由于身心都有很大的发展，在灵活性、精细性方面有了很大的进步，其语言的发展也更为简练，思维更富于想象力。为此，他们在很多活动方面表现出要主动参与和尝试的愿望。他们的精力十分旺盛，对世界充满不知疲倦的求知欲和好奇心。他们开始思考他们能成为什么样的人。他们还努力探索生活中的游戏规则，探索什么是被允许的，什么是不被允许的。不仅如此，他们的主动性也表现在他们的幻想上，如男孩儿在俄狄浦斯情结中幻想将来拥有妈妈，而女孩儿则幻想将来拥有爸爸。此阶段孩子所面临的成长任务是没有内疚感地学会主动与首创。主动意味着对世界做出积极的回应并更经常地坚持自己，他们开始自己计划安排一些游戏，开始和同龄人创造一些有意思的活动。父母可以通过鼓励孩子的创意培养孩子的主动性。比如，当一个孩子说出他的幻想或对某些事产生好奇时，或者当一个孩子拆卸玩具和钟表时，父母不是取笑或者呵斥他，而是接受并且指导他，在保证安全的前提下，让孩子尽可能自由探索。比如，顺着孩子的幻想去发挥，去完成孩子的故事，或耐心地告诉孩子哪些东西可以拆卸、哪些是不可以拆卸的。如果父母以理解和关爱的方式对儿童的探索行为和独特想象力给予鼓励和引导，儿童就会在获得主动性的同时懂得自我限制，这样的孩子也更容易具备首创精神，并且在与小伙伴做游戏和做一些决定的时候有安全感和胜任感。

相反，如果孩子的想法总是遭到大人的批评甚至控制，如果家长的规矩太多，禁区太多，对孩子限制太多，包办太多，或者父母经常否定、约束甚至讥笑孩子的探索行为和想象，把孩子的幻想当作无聊或者把孩子在玩具或其他家庭用品上做的探索当作问题，使孩子没有机会去探索、尝试和发现新食物，没有机会通过个人的努力去发现并证明自己的能力，则孩子不仅会常常产生犯错的感觉，还会因此产生一种持续的内疚甚至自罪感，会觉得自己没有价值，会认为自己只配服从，在生活中则可能变得保守和谨小慎微，而在人际关系中则往往很被动，他的主动性与创造性也因此被扼杀。

有无内疚或者自罪感，这是一个象征，象征着一个人开始内化父母的价值观，开始懂得做了错事是一件羞愧的事，开始懂得对自己的行为负责。但是任何事物都有其两面，如果一个人的内疚感发展过度，无法确定自己是否有价值、是否正确，又会变得很难有明确的方向性和目的感。与此同时，一个具有极大主动性同时缺乏内疚感的人也是发展不平衡的人，严重的还有可能具备反社会人格障碍，这样的人会为了自己的目标而不择手段，为了实现自己的目的而完全不顾及他人的感受。日常生活中，那些为了达成自己的目标而不顾一切的人，其幼年常常是被父母放任、溺爱或者漠视的。而那些总是不断自责，总是不断苛求自己，总怕自己会得罪别人的人，往往都是由于其在儿时的发展受到了父母的过度约束。他们的自罪感根深蒂固，成了妨碍他们发掘自身潜能和与别人建立健康的人际关系的最大障碍。

有些不允许孩子主动探索的家长是因为对孩子的安全过度担心，而这种过度担心往往是一种控制欲的反向表现。对这些家长而言，限制孩子探索的过程是满足自己控制孩子的愿望的过程，这样的家长在孩子长大后也常对孩子进行控制，尽可能保证孩子在自己的视线以内。究其根源，这样的家长是在用对孩子的控制来解决自身的无意义感和对孤独的惧怕。还有一类家长，对孩子的幻想、创造性等都表现出于己无关的漠视，这同样会影响到孩子主动性的发展，严重的还会误导孩子。如电影《神通奶爸》里那个江洋大盗童年的经历，小时候无论他有多么了不起的创意，他的妈妈都视而不见、听而不闻，以至于他后来选择了做偷天大盗这种非常极端的人生。

父母在孩子发展的这个阶段如果能使孩子的主动性占主要地位，就会帮孩子形成“有目的”这一积极的人格特点，也就是在正视现实，即了解自身局限性和可能性的前提下，满怀热情和方向感地充满创造力地去追求有意义的人生目标。

今天，具有“目的性”这一人格特质，变得尤其重要，因为改革开放以来，中国发展过于迅速，价值多元之后又出现底线失守的情况，再加上物欲横流、贪官污吏泛滥的社会现实，以及互联网出现后信息交流的方便与快捷，再加上人工智能时代的临近，使得很多中国人丧失可以持续发展的个人与社会目标，跟风、随大流成为时尚，而他们的内疚和焦虑更多地集中于怕落伍上，这样的状态下，不仅难以有真正的自主，也难以有真正有意义的人生目标。

阶段四(6~11岁)：勤奋对自卑(Industriousness vs. Inferiority)

埃里克森理论中人格发展第四阶段相当于弗洛伊德人格发展说中的“潜伏期。这是孩子上小学的年龄，他们在学校学习适应社会生活所必需的技能，学习使用学习用品和工具等，他们开始知道以自己的学习成绩和自己的制造物(如各种手工等)去获得大人的称赞和承认，这是他们个人努力学习接受外部评价的开端。但是在今天的中国，情况又有不同，在那句“不能输在起跑线上”的口号下，中国或至少是中国大城市中的孩子对表扬与批评的敏感是从幼儿园就开始了。此阶段的发展任务是发展一种勤奋感，一种“一分耕耘一分收获”的自信感和胜任感，以此抵御低下感和自卑感。

埃里克森认为，这个时期的孩子需要学习懂得区分想象与现实，懂得用自己的劳动成果(学业成绩和活动成绩)去获得认可，“年龄变大了的儿童将使自己进入梦想和游戏的驱力忘掉了，或者不如说把它们‘升华’了——也就是用之于具体的追求和赞同的目标了。他现在学会了用制作物件以求获得承认”①(埃里克森，1968)，与此同时，又要避免把学业成绩当作唯一的衡量标准。“同一性发展还有另一个危险，如果表面顺从的儿童把工作当作有价值的唯一标准，置想象和游戏于不顾，他就容易变得像马克思所说的‘手艺白痴’，也就是，变成他的技术学及其起作用的类型学的奴隶。”②(埃里克森，1968)因此，家长和老师在此阶段要做的是帮助孩子养成学习习惯和好的学习方法，这样既能让孩子体验到学习的乐趣，体验到通过个人努力而获得成果的快乐，同时又可以避免孩子把学习当作唯一有价值的事。因为如果一个人在这个发展阶段只习得了从学习成绩中寻找乐趣，将来长大后就很有可能成为一个工作狂，而工作狂的英文(workaholic)如果直译过来，就是“工作中毒”，那样的人生是残缺的。这个阶段的孩子需要体验的成就感，不仅在学业上，也包括其他活动场所以及与人交往的乐趣。

此外，孩子在这个阶段还需要学习懂得，不仅要想象或构想一个计划，还要能够去执行并实现这个计划，而且在执行计划的过程中还要懂得遵守游戏规则。通常当一个孩子的学习成绩好，他们就能够体验到成就感，他们会发展出一种以自己的学业成绩为核心的自我肯定感。而如果孩子这段时间的学业成就不够好，他们就会很沮丧。因此，老师在孩子的这个发展阶段扮演的角色日益重要，老师对孩子学习行为本身的鼓励对孩子建立健康的自信和勤奋意义重大，更重要的是，这可以帮助学生发现自己所不知道的潜能。所以，如果老师和父母起初能更多地关注、鼓励、支持孩子努力学习行为本身，鼓励并强化孩子学习的主动性和积极性，让孩子能从学习活动本身体验到勤奋的乐趣，同时帮助孩子掌握学习方法，使他们能够体验到学业成功，他们就会有成就感，相信自己有能力达到目标，会变得更加勤奋。这个阶段的学习成绩之所以是重要的，“是因为它是连接自我概念和以后的职业、社会地位的纽带”③。

此阶段如果一个儿童获得的勤奋感所占比例恰当，他就将具有一种“能力”，即自如运用技能和智力以完成工作任务的人格特点，具有“能力”的孩子未来将能满怀信心地走向社会，并能从工作中发掘意义和乐趣。而如果这个时期

① [美] 埃里克·H. 埃里克森：《同一性：青少年与危机》，孙名之译，浙江教育出版社 1998 年版，第 109 页。

② [美] 埃里克·H. 埃里克森：《同一性：青少年与危机》，孙名之译，浙江教育出版社 1998 年版，第 113 页。

③ [美] 詹姆斯·O. 卢格：《人生发展心理学》(第三版)，陈德民、周国强、罗汉等译，学林出版社 1996 年版，第 677 页。

的孩子所习得的是因为不堪重负而放弃努力或者因为父母的高压而习得过度发展的勤奋，则会对他日后的发展起阻碍作用。

举例说，一个孩子课本学习能力一般，但父母和老师却对他非常苛求，由于过度紧张甚至焦虑，他的学习情况进入恶性循环，起初是在某门功课上形成习得性无助——一种学习得来的无助感和无力感，在学习上表现出无论如何也无法超越的局限性。久而久之，他对某一门功课的无助感还会扩大到其他功课上。“习得性无助模型假定个体所经历的不可控事件会给他们带来动机、认知和情绪上的问题。个体对于反应和结果无关的预期在这一效应中起到了中介作用。当个体试图掌控其无法控制的事件时，这样的预期就会出现，并且这种预期会被泛化到新的情境之中。由此带来的一些问题构成了习得性无助现象。”①（彼得森，迈尔，塞里格曼，1993）

与此同时，那些课本学习能力足够强的孩子在学业上受到大人们的苛求，使他无法体验学习的乐趣，以至于误以为学习和才艺能力就是一切，他们在课本学习和才艺学习方面也许会非常勤奋并且得心应手，但对人类生活中的其他重要方面，如情感、游戏、生活本身等视而不见。比如孩子考了 99 分，父母会问他那一分丢到哪里去了，或者拿了第二名，父母的反应是：为什么没有得第一名？……这会导致孩子丧失的不仅仅是对勤奋的信心，还有对自己和他人的信心和信任。结果是，不论这个孩子的实际水平如何，他都会产生自卑感。很多时候，这种自卑往往和一个人的实际情况并不匹配，比如，一个在别人眼里很优秀的人却可能有严重的自卑。这种令人费解的现象的根源往往就在于他小时候被大人过多地忽视、责备或者苛求。例如，强迫症患者通常都有至少一个父母具有完美主义的倾向，因而对孩子常常会有苛刻的要求。

说到这里，还有一个需要引起重视的现象：在自伤的大学生个案中，别人眼中的优秀者往往占比最高。这其中一个带有共性的重要原因是：他们被高标准严要求多年，已经把父母的要求内化为自己对自己的苛求，加之他们习惯了优秀，因此对挫折的承受力反而比较差。

总之，在阶段四中，既能够发展出勤奋，又具备一定谦虚的孩子，成长就比较顺利。这样的孩子可以有意识地、主动地做出关乎学业、友情、闲暇时间甚至有关未来的一些安排，因为他们在勤奋学习的过程中具备了一种很重要的人格特质：能力。

阶段五（12～20 岁左右）：同一性对角色混乱（Identity Cohesion vs. Role Confusion）

12~20 岁是人的青春期。埃里克森认为，青春期是从儿童向成人过渡的最重

---

①［美］彼得森，迈尔，塞里格曼：《习得性无助》，戴俊毅、屠筱青译，机械工业出版社 2011 年版，第 126 页。

要时期。青春期的发展任务是基本确立自我同一性并且避免角色混乱。确立自我同一性意味着知道自己是谁，以及知道自己未来在社会适合做什么。这个阶段的青年人，如埃里克森所说：在“热烈地寻求可以信仰的人和观念”①（埃里克森，1968），同时也在考虑将以往所学有关自身和生活的知识，与一种社会所赞许的并且自己也希望的生活方式相结合，为未来的职业生涯做出有意义的决定。这是一个青少年试错排错、不断探索生活中各种可能性的阶段，因而其间充满了焦虑和不安。而青春期同一性的确立则有助于减少自我的挣扎与彷徨。

在前几个阶段的发展中，儿童知道了自己是谁，他们能够做什么以及需要他们扮演的一些角色，而在青春期这个阶段，青少年必须能综合有关自己以及社会的各种信息，即了解自己的身心特点以及潜能、人格特点、兴趣爱好，并了解社会对自己的要求，在满足个人需要与满足社会需要之间寻找结合点，使两者尽可能和谐统一。具体说就是，他们需要确立自己的信念或者信仰，需要知道自己想要成为什么样的人，需要确立基本的职业倾向和社会关系。因此，此阶段的青少年会变得更加独立，开始思考未来、职业、关系、家庭等问题，开始探索一切可能性，并在其探索的基础上形成他们自己的同一性。如果青少年在这之前的危机被基本解决，并且过去的经验也被整合，那么他就能形成强有力的积极的自我同一性，他对自己的国家、民族、性别、信仰、信念，对自己的三观，对自己未来将要从事的职业等都有清晰而明确的认识，他知道自己是谁，从哪里来，将要往何处去。最重要的是，他知道自己是独一无二的，是无价的。

相反，如果青少年在这个阶段对上述问题缺乏明确的认识，就会出现同一性混乱，如不清楚自己究竟是谁，可以做什么，有什么样的资源或局限，不知道长大后想做什么，对自己在这个世界将有的角色和位置有混乱感。

一个健康的社会会为青少年确立同一性做很多有益的促进工作，比如，家长和老师会不断提醒这个年龄段的孩子：“你已经是大人啦”；再比如，主流社会会向青少年提供一套值得尊重和继承的基本的价值观与文化，会为青少年树立一些优秀的成人榜样。学校也会为青少年履行一些让他们知道自己正步入成年的仪式，比如，现在北京的中学在高三时会为学生举行 18 岁的成人仪式，通过这种隆重庄严的仪式，让青少年感受到步入成年的尊严与责任。通过一系列方式，家庭、学校与社会让青少年学会把任性而无忧无虑的童年少年期与充满力量同时肩负责任的成人期区分开来。

埃里克森认为，此时青少年最困惑的往往就是决定不了一种职业同一性。换言之，他们很迷茫，不知道自己将要以什么样的方式立身处世，不知道自己到底适合以什么样的方式度过自己的一生。这个问题在当前中国的高校有非常突出的

① ［美］埃里克·H. 埃里克森：《同一性：青少年与危机》，孙名之译，浙江教育出版社 1998 年版，第 116 页。

表现，本来应该探索并确立自己同一性的高中阶段，都被高考指挥棒所左右，明明是孩子的人生，却由父母根据某个专业的“钱途”如何而为孩子决定高考志向。笔者见过的最典型的一个个案，就是当笔者问一个为所上专业痛苦万分的同学：“既然你这么不喜欢，当初为什么还要报考呢？”他脱口而出的回答是：“当时我负责考试，我父母负责报考志愿啊！”而其他类似回答还有：“别人都说这个专业好”，“我父母说这个专业好找工作”，“我的老师告诉我，这个专业未来会有大发展”……这样的大学生在中国高校实在太多，至少占高校新生咨询人数的一半以上。不仅仅本科生，研究生甚至博士生同样有人存在无法确立自己未来职业同一性的问题。中国当前研究生中有相当一部分考研是为了解决文凭、户口、工作以及推迟进入社会等多重与研究无关的原因，他们对自己的未来仍然没有明确的目标，所学专业和他们的兴趣往往是脱节的，对他们而言，仍然存在如何确立职业同一性的问题。笔者这里匿名引用一位同学的作业，非常形象地描述了一个青年学生在无法确立同一性时的情绪状态：“……甚至一度过着得过且过的不思进取的日子。可是，心灵的空虚让我害怕，没有目标的日子让我恐慌，迷失自己，找不到自己让我在恐惧中挣扎”。

为了让青少年能够平缓地过渡到成年期，埃里克森特提出，青少年需要社会为他们提供一个可以让他们健康成长的心理社会的“合法延续期”，即“允许还没有准备好承担义务的人有一段拖延的时期，或者强迫某些人给自己一些时间。……每一个社会和文化对于隶属于自身的大多数年轻人某种合法延缓期加以制度化，在很大程度上，这些延缓期都与符合社会价值的各种学徒期和种种冒险相一致。”① （埃里克森，1968）因为青年人需要有这样一个阶段去处理他们早年尚未解决的一些危机并且整合以往儿童期建立起的一些同一性碎片，同时他们也需要有时间去适应并掌握将要扮演的大量新角色，“尽管他们逐渐具备了性的和认知上的成熟，但却还不曾为社会以及法律所认可，这为他们进行各种角色试验提供了相应的余地，这些角色包括性别角色以及所有为适应社会所需的重要角色。”② （埃里克森，1982）

现在的中国，由于社会正变得越来越开放，有些青少年也开始利用这个合法延续期，在“间隔年”中以或旅行或做志愿者或打工等方式寻找自己未来的人生发展方向，一个可以让自己充满热爱和激情的、可以为之奋斗终生的职业。

与此同时，大家也有必要了解，最近几年有关职业规划出现了一个具有颠覆

① ［美］埃里克·H. 埃里克森：《同一性：青少年与危机》，孙名之译，浙江教育出版社 1998 年版，第 144 页。

② Erick H. Eriksom：*The Life Cycle Completed*，W. W. Norton and Company Inc New York，1982，p72.

性的概念：生涯规划恐惧症（zeteophobia）[1]，此概念的首创者是美国斯坦福大学教授约翰·D. 克虏伯，他的观点是："当今世界的经济环境日新月异，未来有太多不可知因素，规划往往赶不上变化。年轻人大可不必为自己定下各种条条框框的限制，应该拥有开放的思维，接纳各种职业可能性，先工作后学习，从中发现乐趣。"笔者认为，克虏伯的观点有一定道理，人有个体差异，有的人很幸运，很早就在家长老师的帮助下发现自己的潜能，也有的青少年在自己的努力探索中发现自己的兴趣所在，这样的人都是可以在青春期确立自己职业方向的人。但是有的人就没有那么幸运，需要在试错排错的过程中去发现自己，这样的人就属于克虏伯所说的，没有必要早早为自己定下职业目标。而即使是已经找到自己职业方向的人，也仍然需要有终身学习、终身成长的理念。

那些没有能够确立同一性的青少年又分成好几部分，一部分青少年会继续顽强而坚定地继续自己的寻找；还有一部分会出现角色混乱感，即不清楚自己是谁，可以归属于谁，以及将来可以做什么或者说无法选择生活中的角色，因为对自己的同一性缺乏把握，他们会有不知所措感，会试图用各种方式离开家庭、学校或者工作场所，会陷入在外人看来古怪的行为或情绪中，还有可能包括非常激烈的反叛，或者进入被父母老师认定的"早恋"，所有这些都有可能被父母老师贴上"坏学生"的标签行为，其本质上都是一个青少年在艰难探索和确立自身职业同一性的表现。现在社会上流行"拖延症"的说法，其实从本质上看，一个常常处于拖延状态的人，是一个未曾建立起同一性的人，他还没有找到属于自己的生活意义，没有发现可以为之献身的事业，他所学的专业是他不感兴趣的，他所从事的工作对他而言是缺乏意义的，处于这样的生命状态中，自然会以拖延来应对日常生活与工作。还有的青少年，会在所谓"早恋"中寻找自己的同一性。前些年有一部孟京辉的话剧《初恋时我们不懂爱情》。其实不然，初恋时人们所以会闹出许多不必要的矛盾冲突且大多数都无疾而终，其最根本的原因不是因为不懂爱情，而是因为青春期的人大多不懂自己。在建立关系的过程中，他们总是很害怕失去自己，会对对方的言行有很多投射性反应，如自己自卑，对方多么客观温和的善意提醒都会被看成指责。自己不确信自己值得对方爱，于是对方任何一个言行都会被看成是要离开自己的信号。因为不确信自己是否真爱对方，所以会要很多所谓爱的证明。在青春期，恋爱是自我探索、自我认识和自我认可的重要方式，是青少年寻找并且确立同一性的方式之一。另外还有很少一部分青少年会在这个阶段出现消极同一性，即选择了社会文化所不予认可甚至反对的角色。比如，一个在校青少年如果因为缺乏课本学习能力而被老师同学看轻，有可能向学校外面去寻找认同，从而加入街头团伙、罪犯、瘾君子等，会做出不顾及

---

① 见"职场观念遭颠覆 教育专家：就业前职业规划不靠谱"，http://news.xinhuanet.com/edu/2009-09/16/content_12060479.htm。

他人权利和意愿的违反社会规则的事，会表现出残忍无情和极端的排他性。他们以此来抵御不被承认和尊重的现实，无论如何，在一个团伙中做一个“问题青少年”总比被别人当作空气要好。更少一部分青少年由于同一性混乱而躲到心理障碍或者精神疾病中。

获得了积极职业同一性的青少年，则会形成“忠诚”这一人格特点，“忠诚是青年自我力量的德行和品质。它属于人的进化的遗传”①（埃里克森，1968）。同一性让一个人有归属感，知道自己是谁，将要往何处去发展，将会归属为哪一个集体和社团等。有归属就有忠诚，这个忠诚不仅指对所归属的集体和对所选择的关系的忠诚，也包括对自己的忠实，即忠实于自己所选择的信念和责任。

埃里克森有关青春期与同一性确立的理论很有特色，是目前为止用以解释青春期发展的最有影响的理论之一。如果我们能对此理论给予足够的重视，并努力以建设性的方式解决自己的同一性问题，我们就能够为自己日后的生活奠定坚实的基础。但是大家也要注意，如果以为青春期便能彻底解决“我是谁？”“我从哪里来？”“我将往何处去？”这样的人生大课题，那未免不现实。

现实是：对绝大多数人民而言，同一性不大可能在青春期就全部形成。最好的情况就是在青春期基本解决职业同一性的底线问题，也就是明确自己不喜欢什么，从而将此作为底线：不选择不喜欢的专业或职业。

还有一个会影响青少年职业同一性确立的重要因素是社会环境。比如，纳粹时期的很多德国青年在希特勒的蛊惑下选择了多么糟糕的消极同一性。再比如，这些年的中国由于拜金主义盛行，底线伦理失守，价值观出现极为混乱的状态，这样的社会风气不仅对青少年确立积极同一性有非常糟糕的负面影响，而且对成年人也产生了很多消极影响。好在近几年，中国出现新气象，主流价值观开始重新变得健康向上，开始有利于青少年确立健康积极的同一性。

此外，埃里克森有关青春期是个体心理社会发展的延缓期的提法也值得大家特别注意。综观各个社会，对青少年的确都是很宽容的，人们不仅在观念上而且在法律上都给予青少年很宽裕的成长时间，这就是埃里克森所说的“合法延续期”。正如西方那句熟语：“青年人犯错上帝也能原谅。”但是，我们也要考虑，我们打算准备多长时间？社会能容忍我们准备多长时间？要知道，社会不会无限期地等待我们成长，在合法延续期过去之前，如果我们不充分做好进入成人社会的基本准备，那么进入社会后，就有可能出现角色混乱问题。例如，仍把自己当成孩子，以幼稚任性的方式与单位的同事相处等；再如，即使最后由于环境的强制，我们最终学会了遵守社会规则，但比起在青春期基本解决了同一性问题的同

---

①［美］埃里克·H. 埃里克森：《同一性：青少年与危机》，孙名之译，浙江教育出版社 1998 年版，第 225 页。

龄人，我们要付出更多的成长代价，并且会多走许多弯路。按埃里克森的话说就是："成年初期发展的好坏取决于他青春期为实现同一性所做的努力。"①（埃里克森，1982）因此，我们要充分运用青春期这个心理社会的合法延缓期使自己做好进入成人社会的准备工作，从而以一种健康向上的状态走向社会，走向生活。

下面，我们有必要了解有关同一性研究的一个非常重要的发展，这是加拿大心理学家詹姆斯·马西亚（James Marcia）的研究成果。马西亚被称作继承并发展了自我同一性研究的集大成者；他最值得青少年了解的研究结论就是他对同一性四种状态的划分。②

马西亚以探索与承诺这两个维度进行划分，其中"探索"指是否参与寻找同一性，而"承诺"则指个体是否确立了他的价值观和未来发展方向。从探索与承诺这两个维度出发，马西亚把同一性划分为以下四种状态③④：

（1）同一性获得（identity achievement）。这类似于埃里克森提出的积极同一性，这种状态中，一个人经过一段探索后从同一性危机中走出来，确定了自己的价值观和目标，他们怀着强有力的自我同一感确定了自己的理想、职业、宗教、信仰、性别角色。处于这种承诺状态的人感觉自信、坚定并有安全感，他同时具备能充分考虑并尊重他人看法、信仰和价值观的能力。

（2）同一性早闭（identity foreclosure 又译"过早自认"）。处于早闭型统合的青少年常常是未经探索和选择就做出了自己在职业、价值观等方面的承诺，他们通常是不假思索或者是迫于压力接受了父母的理想、愿望、宗教信仰以及价值观等，并按照父母的愿望对自己的未来有所定位。多数同一性早闭者看起来已经有对未来的决定甚至承诺，但是他们并未真正获得自身的同一性。

像当今中国的很多大学生，更多是由于父母老师的安排而报考所学专业，他们中停止继续探索的人就属于早闭型。这类青少年在接纳他人价值体系的过程中缺乏自我建构，过早做出有关自我同一性的决定，但如果一个人的确具备父母的天赋并且喜欢父母所从事的职业，则在属于过早自闭的同时也属于"同一性获得"。

（3）同一性扩散（identity diffusion）。青春期时逃避探索同一性问题并且无法在人生重大问题上做出承诺的人，处于同一性扩散状态，这是四种状态中最不成熟的一种。处于同一性扩散状态的人在生活的最主要方面——有关价值观、职业

① Erick. H. Eriksom：*The Life Cycle Completed*，W. W. Norton and Company Inc New York，1982，p73.

② 参见：http：//socialscientist. us/nphs/psychIB/psychpdfs/Marcia. pdf.

③ 周红梅、郭永玉："自我同一性理论与经验研究"，《心理科学进展》，2006，14（1），第133~134页。

④ James E. Marcia，"Ego-Identity Status"，in Michael Argyle，*Social Encounters*（Penguin 1973）p. 340-350.

发展、宗教以及道德等人生重大问题上——缺乏探索和承诺。他们不一定是经历了同一性危机，而只是对同一性问题缺乏关心或者在决策上犹豫不决。马西亚认为，处于同一性扩散状态的人不一定会有焦虑，他们缺乏独立思考，既不关心自己所做的，也不关心别人所做的。当有一天他们开始关注这个问题的时候，他们会进入同一性发展的延缓期，但是也有的人则可能选择消极的或者是自我挫败型角色，还有极个别的则会躲到精神分裂症中。

笔者的教育与咨询经验显示，受教育程度与自我探索的愿望往往是成正比的，大学生有可能尚未确立自己的同一性，但是他们自我认识和自我实现的愿望却是非常强烈的，因此他们中尚未确立同一性的人大多都很积极地处于探索阶段，而极个别对同一性问题毫无兴趣的人往往可能正处于一种病态之中。

（4）同一性延缓(identity moratorium)。同一性延缓是指正在经历同一性危机，或者正处在转折点上。马西亚定义的同一性危机是指以往的价值观或者选择被重新思考，对自己没有清晰的自我认同感，对未来缺乏清晰的目标，同时正在主动、积极地争取获得同一性。青春期同一性危机和对危机的解决使一个人处于同一性延缓的状态之中。马西亚认为，处于同一性延缓期的人是四种状态中最焦虑的，因为对他们而言，此时的世界是很难预测的，他们竭尽全力想要探索世界和自己。但是尽管很焦虑，后现代的倾向是越来越多的人愿意花更多的时间在这个延缓期。例如最近几年在中国开始日渐流行的“间隔年”，不仅考上大学的人，而且大学毕业生或者参加了一段时间工作的白领等，都出现了休“间隔年”的趋势。

认识到确立同一性的重要性并且愿意为寻找它而花时间，这不仅是社会进化的表现，也是个人进化的表现。但是问题也有另一面，随着个人选择的自由度的增加，加之可供选择的机会极大地增加，个人的压力就会越来越大，这样的情况下，父母、老师作为青少年资源的重要性也更为突出。如果我们的父母、老师把指导青少年职业同一性的工作往前推，在孩子很小的时候就与他共同探索他的天赋所在，并为他提供健康向上可以让他持续发展的价值观、世界观与人生观，那么大多数中国青少年基本确立同一性的过程就不需要那么长，他们发自内心进行承诺的职业与信念也会给他们带去生活满意度和幸福感，而这正是我们做大人的可以送给孩子的最好的礼物。

以上介绍了埃里克森有关同一性的理论以及詹姆斯·加西亚对其理论的发展，从中我们可以看出，有史以来，有关“我是谁？我从哪里来？我将往何处去？”的这样一个系列问题是人类所面临的最古老而又最年轻、最呆板而又最有活力、最简单而又最复杂的问题。换言之，这是有史以来不仅折磨过我们的祖先、折磨过我们的父辈、折磨过或正在折磨着我们自己，并且还将继续折磨我们的后人的问题。

若说人类存在一种生来就注定的际遇的话，那么，寻求对这个问题的解答就是我们人类永远也摆脱不掉的命运。为了尽可能避免青年人在确立职业同一性问题上的困扰，就要把相关工作前移，最理想的情况当然是孩子小时候就开始观察其天赋倾向，同时父母与社会也给孩子创造了解自己的环境，而大学前的最后机会则是高考报志愿。

笔者在教学与咨询实践中发现，能够在青春期就确立专业同一性的青年人其实是极少数幸运者，相当一部分青年人是在大学甚至毕业后几年才发现自己、找到自己，还有很少一部分人则终身都不清楚自己最适合做什么。因此，比较而言，最有效率的报考志愿方式是：如果实在不知道自己喜欢什么、适合什么专业，至少要把握住底线：绝不报自己不喜欢的专业。如此，就可以把损失降到最低，同时也为自己进入大学后的自我者探索开启更多的可能性。

从是否具备职业同一性的角度看，笔者归纳出三种人生：心流涌动、亡羊补牢与老大徒伤悲。

第一种，心流涌动的人生。

我们先来看心流（flow）这个概念，它是由积极心理学奠基人之一米哈里·契克森米哈赖提出，“心流的专注，加上清楚的目标和即时的回馈，确立了意识的秩序，从而产生无穷的乐趣，而永远没有精神熵的心理状态”。① 笔者所谓的“心流涌动的人生”指的就是这种因为从事自己所热爱的工作而拥有持续幸福感与意义感的人生。想要具备这种人生的前提是：能够去做自己最喜欢的事，而不一定是社会最流行的事。如此，我们就能够理顺自己的人生，从而持续收获心流涌动的幸福体验。用米哈里·契克森米哈赖的话说就是：“知道自己要什么，并朝这个方向努力的人，感觉、思想、行动都能配合无间，内心的和谐自然涌现。生活在和谐之中的人，不论做什么、遭遇什么，都不会把精神能量浪费在怀疑、后悔、罪恶感及恐惧之上，精力永远用在有益的方面。对生命胸有成竹的人，内心的力量与宁静就是内在一致的最高境界。方向、决心加上和谐，就能把生命转变成天衣无缝的心流体验，并赋予人生意义。”② （米哈里·契克森米哈赖，1990）

对于最关心孩子前途与“钱途”的家长，笔者想补充一点：如果你的孩子从事的是他所喜欢的工作，他就会有强大的动机与动力，他会专心致志、心无旁骛，会不断受到他所创造的小成功的激励（正强化），会越来越热爱他所从事的

---

① 米哈里·契克森米哈赖：《心流：最优体验心理学》，中信出版社，Kindle 版本，2017，Kindle 位置 1670-1671。

② 米哈里·契克森米哈赖：《心流：最优体验心理学》，中信出版社，Kindle 版本，2017，Kindle 位置 4152—4158。

工作，会千方百计做到精益求精、好上加好，到了那样的时候(通常只需要十年左右的时间)，他会同时收获物质与精神上的累累硕果。换言之，在一个基本健康的社会里，名与利会成为乐业者的必然副产品。更重要的是，做自己喜欢的事所产生的美妙无比的心流状态是无法用钱买到的！心流涌动的人生还有一个重要的副产品，那就是在喜欢的事情上做过踏实努力的人，具有非常重要的“转型资本”，在实力上具备成为斜杠青年的所有必要资源。因此，他们应对AI(人工智能)时代中环境变化的能力会更强大。

帮助孩子实现心流涌动的人生的方法包括：①有极小概率的人从儿时就知道自己想要什么，对这样的孩子，家长给予理解和尊重，报考志愿时让孩子自己做主就可以。②从孩子小的时候就开始帮助其了解自己的天赋所在，高考时支持其选报其所热爱的专业。

第二种，“亡羊补牢”的人生。

笔者所谓的“亡羊补牢的人生”，指的是高考时因为不了解自己或其他原因，所选的专业是社会流行、老师、家长要求的，却不是自己热爱的。大学毕业后工作一段时间，积累了一定财富后可做出如下选择：“30岁实现财务自由，退休，然后去做自己喜欢的事。”比起一辈子做自己不喜欢、不擅长的事，30岁退休者的选择应该说是一种“亡羊补牢的人生”，或者说是一种及时止损的人生。

第三种，“老大徒伤悲”的人生。

这样的人生就不赘述了，基本上就是被后悔、沮丧、失望甚至绝望等情绪笼罩的人生。

所以，我们要不断问自己：心流涌动、亡羊补牢与老大徒伤悲——三种人生，我究竟要选哪一个？

……

如果一个大学生到目前为止仍然不知道自己究竟喜欢什么，那该怎么办？要知道，上大学时已经知道自己适合学什么的同学只占极小概率，由于中国的高考制度(目前为止是不得不采用的相对最公平的制度)，中国大多数大学生都是进了大学才开始思考“我是谁？我从哪里来？我将往何处去？”这三个重大人生问题的。所以，一个大学生是有很多选择的，一是可以在大二时转向自己喜欢的专业，这样就把住了底线，也就是不在不喜欢的专业上耗费时间、精力和情绪(这点最重要，因为糟糕的情绪会反过来消耗我们的时间和精力)，这样就可以有更多的时间与精力去思考并探索未来的人生之路。二是可以利用考研或者找工作的机会，如果还是没有想明白，还可以在30岁实现财务自由的时候再做选择。如果到了30岁的时候，我们因为负责任地对待自己当前的工作，从而喜欢上了自己现在的工作，那就再好不过了，那同样也是一种理顺了的人生。要知道，“做自己喜欢的”或者“喜欢自己所做的”都是理顺了的人生，最怕就是两不靠，那样的人生甚至可能成为终身的痛苦。还记得吗，弗洛伊德与荣格等伟大心理学家都是在后一种人生——喜欢自己所做的过程中——实现自己的生命意义的。

今天，努力去喜欢自己所做的、认真负责地对待自己所做的还有一个极为重要的副产品：帮我们培养起认真、负责、敬业这类任何工作都需要的基本人格特质，而这种落实到日常行动中的长期主义理念会使你即使在下一刻“秒辞”，也仍然可以凭借你在上一份工作中积累的“转型资本”（健康的人格特质）尽快找到新的工作。如此，面对人工智能时代的瞬息万变，我们就拥有了以不变应万变的主动。

总之，要么去做自己所热爱的，如果条件限制，就努力去爱自己所做的，二取一，就可以有心流涌动的美好人生，就可以因为具有内在激励[①]而拥有源源不绝的行为动力。如果两不靠：既没有去做自己所热爱的，又不肯去爱自己所做的，那么就会陷入“认知不协调”——一种强烈的心理冲突——中而无法自拔。当一个人基本解决了职业同一性问题之后，他与自己的关系就理顺了，此时，他就可以往前走，去尝试与他人建立更深入的关系了。

阶段六（18~35岁）[②]：亲密对孤独（Intimacy vs. Isolation）

这个阶段被称作前成人期。这是一个人脱离父母走向独立的时期，也阶段一个人承担一些生产性工作和建立一些亲密关系（如恋人和夫妻关系等）的时期。此阶段的人生发展任务是能够发展出“对他人做出充满情感、道德和性的承诺的能力”[③]（理查德·格里格，菲利普·津巴多，2002），从而建立一种健康的人际关系，笔者认为，健康的人际关系是一个人可以持续发展的最重要的外在资源。此处的“亲密”是指一种能够与他人建立深入关系并承担关系中的责任的能力。

成年早期的人如果基本确立了自己的同一性，他知道自己是谁，知道自己想要什么，因此与人交往时不再像青少年时那样害怕在关系中失去自己。他开始与他人分享更多的亲密，开始探索与家庭成员之外的人如何建立更长久的责任关系。这个探索如若成功，就会与某一个异性建立起一种舒适并富有责任感、安全和相互关切的关系。对他而言，建立恋爱关系不是为了要了解自己和证明自己，而是希望与对方分享并且分担，希望与对方合作，并建立一个远超出两个人的更大的自我。

---

① 即我们从事的某种工作或行为本身让我们感觉有趣、有意义和有价值，我们从事它的时候会感觉兴奋、愉快、充满热情甚至激情。

② 艾里克森社会心理发展阶段的前四期对应于弗洛伊德的性心理发育时间，第五阶段的年龄段是艾里克森自己提出的，而从第六阶段以后，艾里克森就没有提出具体的年龄段了，笔者此处沿用 Duane P. Schultz & Sydney Ellen Schultz 的时间划分，见：*Theories of Personality*，8th edition，US：Wadsworth，a division of Thomson Learning，Inc. 2005，p224.

③［美］理查德·格里格，菲利普·津巴多：《心理学与生活》（2002年，第十六版），王垒、王甦等译，人民邮电出版社2003年版，第306页。

埃里克森认为，只有获得同一性的人才敢于以开放、真诚、坦然的方式与另一个人建立友情或爱情关系而不会担心失去自己。因为与他人建立亲密关系就是把自己的同一性和他人的同一性融合成一体，这不仅需要有自信，还需要能够信任他人，能承担对他人的义务，能对他人做出让步甚至牺牲。所以，建立亲密关系需要发自内心的承诺：你愿意为你们的关系负责，你愿意接受这个关系中的种种限制，你愿意与对方彼此托付和连接。

从操作上看，亲密关系的建立可以考虑以下几点：

首先，要对对方和自己有发自内心的珍惜和尊重。如果你选择并且确定了对方，就要学习接受对方的全部，绝不奢望去改造对方，也不仅仅为了对方改变自己。此外，平等、亲密有间、不任性、不放肆、有界限和感恩等，都是表达尊重和珍惜的具体方法。

其次要有共同的成长与进化。健康的恋爱关系一定是共同成长的关系。我们不能为了自己的某个愿望而改变对方，却要有为了成长共同调节自己的决心和行动。

再次，爱是需要实证的大词。爱有自己的语言，大家可以参考盖瑞·查普曼所提倡的爱的五种语言①，它们是：语言、时间、服务、礼物、触摸。这个框架非常好地具象化了爱的表达方式，值得大家参考。当然，爱的语言远不止这些，大家可以举一反三。

复次，经济独立。经济独立在亲密关系中是有重要意义的。因为成千上万年集体无意识的影响，一个人没有独立的经济就很难有独立的人格，因此也就很难与对方平等相处。

也许大家会想到现在的全职主妇。这个要区别看待，如果某位全职主妇的配偶发自内心地尊重家务劳动，知道这是劳动分工，那么这位全职主妇就仍然拥有独立的人格。但是如果这位主夫认为家务劳动不是贡献，只有他的经济来源才是给予家庭的贡献，那么这位全职主妇的独立人格就会因为经济原因而受到影响。最近读到一篇文章，其中有一段非常值得思考："在一个理想的社会里，全职太太确实只是一种家庭分工，照顾家庭和孩子，确实和上班工作有同样的意义。但问题是，我们并没有生活在一个理想的社会里。在现实中，做一个全职家庭主妇，就是会增加女性的依附程度。"②

最后，要把握住两性关系的底线：自愿、无伤。无伤不仅指物质的也指精神的，而且不仅指不伤害对方，也指不允许别人伤害自己。三毛曾经说过一句名言，大意是恋爱这种事情，"不能说，不能说，一说就错"。现实虽然不至于这

① ［美］盖瑞·查普曼：《爱的五种语言》，王云良、陈曦译，中国轻工业出版社 2006 年版。

② 押沙龙的博客："如果有人对全职太太的价值唱赞歌，女生们一定要警惕"，见"财新网"的博客专栏，2020 年 10 月 26 日。

么极端，但由于人们之间的共同差异和目前的多元价值观，这的确是一道难解的题，因此前面所谈仅仅是参考而已。

一个建立了亲密关系的人，其友情和亲情也会因此而变得更加开放与深刻。前面介绍阿德勒时我们就曾经说过，阿德勒认为恋爱是人们进一步提高自己社会性的重要步骤，也是为进入社会做准备。不仅如此，阿德勒还有一个虽然极端但仍然有一些现实意义的观点值得参考："在爱情和婚姻问题中，我们发现，最能够自发自动地关心人类利益的人，都是最盼望要生儿育女的人，而在意识或潜意识中对其同类不感兴趣的人，都会拒绝接受子女的负担。"①（阿德勒，1927）说阿德勒的这个观点极端，是因为当代不少坚持丁克的家庭，他们把很多能量用到了公益事业上，在服务社会的过程中做出了自己的精神繁殖。

在此也有必要做一个提醒，人在年轻时做丁克选择是很容易的，但是也需要知道，人的观念是会随着年龄的增长而变化的。我就见过不止一个年轻时坚持丁克选择的夫妇，在进入中年后后悔。尤其是女性（因为男性不存在这种生理局限，因此就没有这个问题），她们极为强烈的后悔情绪基本都表现在躯体症状上，很像"文革"前那些被诊断为"神经官能症"（现在被称作"广泛焦虑症"）的女性，成为各大医院或心理诊所的常客。前几年看到影星徐静蕾的一个选择，她一直选择不生育，但是几年前，她做了卵子冷冻手术，其目的就是为了在将来万一后悔时能够有补救的方法。徐静蕾当年的选择对当前决定选择丁克生活的女性是一个有价值的参考。

在建立亲密关系的同时还会有"疏远"，也就是远离那些与自己三观不同的人。疏远和亲密是同时进行的，当一个人决定和某一类人建立亲密关系的同时，就在疏远另一类他所不认同的人，按照埃里克森的说法就是："与一群人表示亲密，如果不能有效地抛弃另一群人，思想上便达不到真正的亲密。因此，……凡是对自己的'观点'不能确信的人便不能有明智的抛弃。"②（埃里克森，1968）换言之，"道不同不相为谋"和"物以类聚人以群分"是这个阶段已经建立起同一性的人所具有的重要特色。此时的人如果还未曾基本确立自己的同一性，那么在这个阶段中，往往会有如下表现，一是对友情有很强烈的独占欲，根本不能容忍自己的朋友和别人接触。二是离群索居，回避亲密，害怕承诺，他逃避与社会接触，他们选择孤独，因为他们害怕在亲密的关系中会丧失自我。三是总以无原则的迁就、讨好去维护自己的人际关系，这些人在这段时间会乱交朋友，尤其是特别想有亲密关系的人会过于随意和慷慨地交往和付出，从而让自己陷入一种糟糕的人际关系中。例如中国现在的"第三者插足"、"包养"以及更为恶劣的卖

① ［奥］阿德勒：《自卑与超越》，黄光国译，作家出版社 1986 年版，第 237 页。

② ［美］埃里克·H. 埃里克森：《同一性：青少年与危机》，孙名之译，浙江教育出版社 1998 年版，第 154 页。

淫嫖娼现象等，如果用埃里克森的理论框架来解释，对当事人双方都是一个解决亲密对孤独的危机的问题。

尚未解决“亲密对孤独”期的危机的人需要以一种成熟的方式重新审视并且调节自己的人际关系。当然，未能解决好这个危机的责任并不都在个人自身，有的时候首先是社会大环境的因素，其次也许他们童年时有过不幸的总被排斥或者否认的经历等，但问题是，如果一个人因为环境因素，或者因为自己有过不幸的早年经历就放弃对自己当前状况的调节，那他就是自己选择了让环境以及过往的经历永远影响自己，那他就很难再和别人建立起亲密的人际关系，即使他现在具有亲密关系的形式，也很难享受那种心心相印的亲密感。

笔者在咨询室里、报纸电视中还看到一种极端现象，也是非常困扰人们的一个现象：那就是所谓渣男与贤妻良母或者是渣女与模范丈夫的组合。其实他们所有人都有深重的创伤，且不说前者因为创伤而自暴自弃，只说这里的贤妻良母或模范丈夫，他们在早年创伤后产生了极为深刻的自卑和自我否定。因此他们的自我评价非常低——不论他们事实上多么优秀——他们都会认为自己不配拥有美好的人与事，以为自己只配与所谓渣男或渣女结合，而婚后又会以无限的自我牺牲去无微不至地照顾对方。所以，如果我们有早年创伤，请在恋爱之前做一段时间的心理咨询，把自己理顺了，才有可能与他人建立健康的亲密关系。

当前我们还面临一种会妨碍亲密关系建立的社会因素，当前的中国，随着城市化进程的迅速发展，熟人社会在快速消失，搬迁、升迁、工作变迁时时发生，加之高科技、互联网，以及拜金主义、物欲横流的社会现实等多重原因，对我们父辈而言可以自然而然建立起的各种亲密关系，在我们则成为一个即使加以格外的努力也未必能达成的事实。邻里在不断变化，同学在不断变换，工作在不断变换，同事在不断变换，甚至家庭关系也在不断变换，所有有可能建立亲密关系的场所都因为快速的变换而使亲密关系的建立变得越来越难。中国现阶段在这点上表现出很大的矛盾：一方面，关系的建立变得越来越容易；另一方面，关系却越来越难以深入。在这种社会现实中，年轻人在解决自己亲密对孤独的发展课题时，需要付出更多的努力。

如果在此阶段，一个人所具备的亲密与合作的能力占优势，就会在其人格特质中发展出“爱”这样一种能力，一种可以与他人建立持久的意义深远的关系的能力，这就意味着能够通过相互奉献而将差别与对抗放在一边，意味着不仅能够爱自己的亲人，而且能够去爱朋友、邻居、合作者以及自己的社团与国家。在埃里克森看来，爱是一种最伟大的人类美德，它使人得以用一种成熟的方式与他人分享同一性。

在此，笔者还要帮大家复习我们前面学过的阿德勒的一个重要观点：友情是为了恋爱关系做准备，而恋爱关系的建立则是为具备社会兴趣、进入社会做准备，而能够顺利进入社会的人往往又会发现更广大的世界和更丰富的人生。

阶段七(35~55 岁)：繁殖对停滞(Generativity vs. Stagnation)

这一阶段是成人期，此阶段的主题是爱与工作。此时人确立了自己的职业，在各种关系中安定下来，开始了自己的家庭生活，发展出一种置身于某个更大的蓝图中的归属感，开始思考个人和社会意义上的传承问题。此阶段的发展任务是实现生物意义上和精神层面上的繁殖。繁殖在这里具有更为广泛的含义，它不仅指生养和教育儿童，还指通过工作创造事物和思想。这个阶段发展得顺利的人，会通过养育孩子、工作和更多地参与社会与组织活动而回馈社会。比起以往的亲密期，这一阶段人由于生育而变得更有奉献精神，恋爱时期建立亲密关系的人。会期望互惠，而在亲子这种特殊的亲密关系中，父母是很少考虑回报的，他们会发展出更多的无私与关怀精神。

当前中国最富有进化意义的一个现象是：现在的年轻父母比起他们的父母和祖父母，拥有了更多的父母意识，比起只知道关注工作的他们的父母和祖父母，现在越来越多的年轻父母开始关注科学育儿、关注早期教育。他们不仅自己学，而且走进各种家长学校、早教课堂去学。虽然由于中国国情，目前对早期教育的关注更多地还是集中于智力开发，但是这仍然具有进化上的意义，整整一代年轻父母不仅意识到，而且身体力行地为孩子的成长上付出这么多时间和精力，虽然他们在具体的育儿方法和教育理念上还有很多需要调节的地方，但总体来看，这是繁殖上的集体进化，是社会的巨大进步。

埃里克森认为，所有的社会机构，如政府、学校、社会服务以及商业机构等，都在向处于成年期的人提供繁殖或者说创造的机会。如果一个中年人通过养育后代或者创造社会财富与文化等方式把自己所有的一切传给下一代或者说社会，他的生活就会有意义，而感觉生活有意义的人就不会遭遇中年危机。繁殖在这里是一个象征，一方面，仅仅生育孩子并不是真正的繁殖，不仅生养而且教育孩子才叫繁殖；另一方面，有的人虽然没有孩子，但是他们却可以通过关心并指导下一代以及为社会做贡献而产生繁殖感。此外，具有繁殖意义的工作也绝非那种被当作谋生手段的职业，而是一个人发自内心感兴趣甚至热爱的职业。因为从事的是自己喜欢甚至热爱的事，就会有更多的主动性和创造性，工作本身也成为一件非常幸福的事，而能够拥有这种幸福的成年人往往是顺利解决了青春期同一性问题的人。

如果一个人在此阶段没有解决繁殖的问题，即既没有生物上的繁殖，也没有精神上的贡献，就很有可能遭遇中年危机。比如，虽然他们有孩子，但是他们很少能够向孩子提供有意义的学习资源，他们自己满口脏话、动辄就使用拳头、对生活充满了抱怨，在与孩子相处的过程中，他们无法体验教育的乐趣并赢得孩子的尊重，他们缺乏能力与孩子建立良好的亲子关系，这是有生育但是无繁殖；另外一类人，他们有工作、有职业，但是他们不喜欢自己的工作，他们对自己的工作充满了不满，这样的状态下，他们很难用自己的劳动向社会提供有价值的东西，他会产生停滞、厌倦之感，这就是有工作但是无繁殖。无繁殖的人，他的人际关系也会遇到问题，在家庭中的无繁殖，使他与配偶和孩子难以有良好的交流，而在工作中的无繁殖，则使他在工作关系中将自己置于边缘化的地步。此时人会惊恐地发现自己正在变老，同时发现自己一事无成，因此他开始问自己有关生活意义的问题。为摆脱危机所造成的焦虑甚至痛苦，他有可能做很多反常甚至疯狂的事，比如，一反常态地变得特别的富有冲劲，辞职、换工作，极端的还包括换配偶，而这一切都只是要用来抵御生命的无价值和无意义感。

如果一个人在这个阶段发展顺利，很好地解决了此阶段的发展任务，处于很好的繁殖状态，那么他就会获得"关怀"这样一种人格特质，一种很重要的亲社会性，一种知道唯有互惠双赢才有可持续发展的人生理念，未来的人生中，这一人格特质会在他的人际关系以及生活与工作中发挥十分积极的作用。

阶段八(55~生命结束)：自我整合对绝望(Ego Integrity vs. Despair)

这属于成年晚期，是接近退休直至老年和生命终结的年龄段。孩子已经长大成人离开家庭，一个人年轻时所追求的在今天都已经有了结果，基本人生任务都接近完成，人倾向于放慢速度，降低自己的生产性，并开始探索退休后的生活。重新获得的极充裕的时间使人能够静下心来反观自己，对自己的人生做一个总体的评价。此阶段要解决的发展任务是：实现自我整合以抵御绝望。

在一般人看来，这个年龄段会是最艰难的，对大多数这个年龄段的人而言，先是从社会中脱离出来，如从一辈子所从事的工作中退下来；其次是父母的主要责任也接近尾声，孩子大多已经长大成人，离家自立，他们中的大部分人发现自己不再被人需要，他们开始丧失有用感。更糟糕的是，他们的身体也不再能够承受自己想要做的一切，"病找人"的情况越来越多，高血压、糖尿病、心脏病、关节炎、妇科病、癌症等，他们开始担心甚至害怕种种疾病问题。在年龄和疾病不断增加的同时，身边的死亡也在增加，亲戚、朋友和配偶的死亡都会提醒处于成年晚期的人，使他们想到自己将要面临的死亡，年轻时觉得遥不可及的死亡现在已经近在咫尺；再有就是记忆力和精力的衰退，以及因衰老而引起的力不从心成为日常生活常态等，面对这一切，很多人开始感觉到忧伤甚至绝望。他们开始思考自己在这个世界的作为，开始思考自己将在这个世界留下的遗产。美国联邦大法官理查德·波斯纳在其一部论老龄的著作中提出：老人的遗产中包括"名誉遗产"："人活得越老，他的遗产动机(包括'名誉遗产'动机)和其他形式的死后效用，在他的效用函数中占的分量就越大。"[1]（波斯纳，1995）

---

① ［美］波斯纳：《衰老与老龄》，周云译，中国政法大学出版社2002年版，第156页。

所以，如果一个老人有过对社会的贡献和充实的生活，就说明他已调和了自身人格的各个层面，使自己在各方面均处于和谐一致的整合状态。那么，在他回顾自己的一生时就会对自己感觉满意，确信自己已经较好地解决了生活向他提出的各种问题。他体验着一种圆满感和实现感，他不仅可以坦然面对自己当前的衰老和未来的死亡，而且知道自己将给家人甚至世界留下口碑——名誉遗产。因此，他会认为自己进入了人生的黄金时代，他将人生的一些重要责任转移给年轻人，开始有了真正属于自己的时间，他会以一种积极的态度安度晚年，会保持开放与活力，会仍然不断地向生活学习，并以各种建设性方式（老年大学、志愿活动、旅游、向青年人学习新的技术等）与世界保持积极的联系。此时，“虽说意识到了赋予人类努力以意义的所有各种生命方式的相对性，整合的所有者仍然准备着以保卫自己生命尊严的方式，抵御一切身体上经济上的威胁。因为他知道，个人的生命不过是仅仅一个生命周期与仅仅一段历史的偶然巧合，而且对他来说，一切人类整合的成败与他所参加的一种整合方式也是密不可分的。”[①]（埃里克森，1968）（埃里克森，1968）对自己的一生感觉满意从而实现了生命整合感的老人会更容易放下并且坦然接受即将到来的生命的终结，到此，他就获得了“智慧”这一人格特点。而“智慧”这样的人格特质是可以传承的，所以，这样的老人即使离开了这个世界，仍然可以通过他的精神的传人继续为社会的发展贡献他的智慧，如《姥姥语录》中的那个智慧老人。而当一个家庭中的老人不惧怕死亡的时候，这个家庭中的年轻人就会更勇敢地面对生活。

有的成年晚期的人在回首过去时，不肯接受自己的生命没有生产性或说是无所作为，他会对自己的过去产生内疚感，认为自己没有完成生命的目标，会变得对生活充满了不满，严重的还会有抑郁和无希望感。有的人则耿耿于怀于过去的失败、错误决策和过去的遗憾等所有他们现在已经无法逆转的事，认为自己的生命完全虚度了。有的人怀着挫败和愤怒的感觉回顾他的一生，认为生活不公平，因而对自己和他人充满不满和怨愤。后一类老人会变得沮丧、怀恨、抑郁甚至偏执，并且有可能在没有躯体疾病的情况下表现出极端的衰老。更不幸的是，他们的晚年会被绝望以及对死亡的恐惧所笼罩，这样的晚年是难有生活质量可言的，而“尊严老龄化”——即实现身体健康、心理健康、关系健康、财务健康——就更谈不上了。还有另外一类适应不良的表现，就是对自己的过往毫无自知之明，自认为自己的一生过得很好，心里充满了傲慢但其实无法面对衰老和死亡，他们中最糟糕的状况则是蔑视，既被自己也被他人蔑视。

谈到这里，很有必要讨论一下中国的现状，中国有句古话“家有老，是个宝。”那时的“老”和现在的“老”大不一样。那时的“老”自小讲究“修身、

① ［美］埃里克·H. 埃里克森：《同一性：青少年与危机》，孙名之译，浙江教育出版社 1998 年版，第 125 页。

齐家、治国、平天下”，而修身的目标是“仁、义、礼、智、信”，身修好了，虽然不一定就能治国平天下。但是，大概率上至少是能够成为一个有教养的、有智慧的、值得晚辈尊重和效法的长辈。此外，那时的“老”自小讲究“慎独”，讲究“不欺暗室”，所以不论他们是否受过学校教育，不论他们是否识文断字，他们中的大部分人都会随着年龄的增长而拥有人格魅力，在做人做事方面可以成为年轻人的楷模，因此，他们中绝大多数人所获得的敬重和钦佩是与其年龄成正比的，这样的“老”不仅是其家庭的宝，也是我们这个社会和世界的宝。

从另外一方面看，中国文化本来是耻感文化，在这样的文化中，人们注重面子、尊严，因而行为上就很注重自律，从大概率上看，人越老就越值得年轻人钦佩和尊重，我们传统文化中的敬老习惯因此而养成，而社会的良性循环也由此产生。

最近几年，日本的终活概念在中国广泛流行，终活是 2012 年度日本十大流行语之一[①]，意指老年人为迎接生命终点而做的各项准备工作，包括身后事的安排，如书写遗嘱、财产分配以及对自己个人物品的断、舍、离，以保证自己无论何时都可以没有顾虑地离开这个世界，并尽可能降低会给亲人所造成的麻烦。由于经济快速发展，近几十年来中国人的金钱观也发生了很大的变化，从改革开放之前的“视金钱为粪土”到现在的拜金主义，父母子女和兄弟姐妹之间的关系也因此受到很大影响。由于家中老人生前没有安排后事，导致身后子女反目成仇、老死不相往来的个案比比皆是。因此，参考并学习日本老人的终活观，不仅可以为自己生命的最后阶段画一个完满的句号，为后人树立尊严老龄化的榜样，更有利于维护子女间的和睦与家庭的兴旺发达。

在此向各位介绍一个可以帮助家中老人做人生整合的可操作方法，它们可以分作以下步骤：

首先，采访老人，记录老人的生命故事，至少是人生大事记，然后配以图片，给老人做一个漂亮的纪念册。

其次，用我们学过的心理学理论提炼出老人经历中体现出的人格特质，这可以赋予老人的生命以特殊的意义。

再次，将老人故事中体现出的有利于持续发展的价值观和日常生活中你所接受的家规合并，放在纪念册中的第二部分，标题可以是“……将留给我们的精神遗产”。让老人亲眼看到自己留给后人的精神遗产，对老人的意义非常重大。

最后，帮助老人做出符合其现实状况(身体、财务)的遗愿清单，然后帮助其递次实现。

用这样的方式为老人的生命赋意，会使老人产生人生完满的感觉。

---

① 见(1)日本信息平台客观日本：【日本的银发族】“终活”——日本人的向死而生，2017. 4. 20；(2)日本记录片《终活笔记》。

……

当代中国有一个令人担忧的现象，和年轻人比，年长者因为多重原因，更有可能和条件做出“无耻”甚至“无耻之极”的事——从学术腐败到贪官污吏，从国考漏题到食品安全问题等——都是由年长者做出的，在这样的环境中，要成为一个能够让年轻人视作“宝”的老人，从微观上看，是需要每个人特别的自律与自制的。虽然近年来，对贪官污吏的打击大家有目共睹，但是积重难返，当前中国能够成为社会榜样的“老”似乎已经成为稀有资源了，而缺乏“这个宝”的社会是缺乏生活质量和幸福感的社会。当前中国年龄已经与教养脱节，年龄已经不再与修养成正比，年长者该怎样反思，而年轻人又该从中吸取什么样的教训？我们的社会该做出什么样的自省与调节？我们每个人自身又该怎样争取做自己家庭乃至社会的“这个宝”？

至此，我们已经介绍了埃里克森的生命发展周期说(life cycle)。埃里克森指出：“我认为，希望、意志、目的和能力是个体在儿童时期培养起来的基本美德；忠诚是个体在青春期培养起来的美德；爱、关怀和智慧是个体在成年期培养起来的美德。它们看似各不相干，实际上却相互依赖。没有坚定的希望，意志就得不到锻炼；没有可靠的忠诚，爱就不会是相互的。此外，每种美德及其在所有美德中的位置与人类的发展阶段密切相关。”①（埃里克森，1964）

为了让大家有更深刻的印象，下面笔者引用一张图表(见表5-1)：

表5-1　埃里克森生命周期说一览表②

发展阶段	重要关系	面临的心理社会危机和要解决的发展问题	积极解决危机后产生的人格特质	消极解决危机后产生的人格特质
婴儿前期（0~1）	母亲	信任对不信任	希望	感觉扭曲退行
婴儿后期（2~3）	父母	自主对羞怯怀疑	意志	冲动强迫
幼儿期（3~6）	家庭	主动性对自罪感	目标	无情压抑
儿童期（7~12）	邻居和学校	勤奋对自卑	能力	兴趣狭隘怠惰

① 埃里克森：《洞见与责任》，(Kindle 位置 1153-1158)，世界图书出版有限公司，Kindle 版本，2017。

② 笔者参考了很多书和资料，发现这张图综合得最全面，因此介绍给大家，其网址是：http://webspace.ship.edu/cgboer/erikson.html。

续表

发展阶段	重要关系	面临的心理社会危机和要解决的发展问题	积极解决危机后产生的人格特质	消极解决危机后产生的人格特质
青少年期（12~18）	同辈群体和榜样	同一性对角色混乱	忠诚	盲从拒绝
成人前期（20s）	同事朋友	亲密对孤独	爱	乱交排外
成人中期（20s~50s）	家庭同事	繁衍对停滞	关心	过度关心自私、拒绝
成人后期 55岁至终老	人类	自我整合对绝望	智慧	傲慢绝望与无意义

从埃里克森人格发展的8阶段或生命周期说中我们可以看到，人生是一个长长的链条，任务不灭，责任不灭，年小时有关爱，年轻时不惜力，中年时不懈怠，年老时就会有安宁并成为年轻人的榜样，如此环环相扣，哪个环节出了问题，都会影响到下一个环节，对青年人而言似乎遥不可及的老年，其生活质量和幸福感也都与青年甚至童年时期有着密不可分的紧密联系，而行将就木的老年却又可以成为无限循环的新生命的榜样。

综上所述，埃里克森的健康人格观包括以下几个要点：①决定人格发展的不仅仅是生物学因素，也包括社会因素。儿童不是孤立发展的，他们是在各种期望、要求、禁止甚至偏见的背景下发展起来的，而他们的父母、老师就是代表社会向他们传达社会文化的人。②人格发展是终身的，而不像弗洛伊德学说中的仅仅由童年决定。③人格发展各阶段中，相应的社会关系是影响人格形成的最重要原因，人是在关系框架下动态发展的。关系健康则发展就健康，关系不健康，发展就不健康。④人格养成的过程中前一阶段的发展会影响到下一个阶段，每一个阶段都有可能是日后健康或者不健康人格的潜在根源。与此同时，下一个阶段又有可能疗愈或者改善前一阶段产生的问题。⑤如果一个人有幸在其心理社会发展阶段中的每一个环节都能拥有良好的关系并积极而富有成效地解决自己的发展危机，就能具备健康人格，其标志就是埃里克森提出的8种美德或者说是8种积极人格特质，它们的核心就是：具备基本的同一性。同一性虽然是人格发展中的持续主题，但其确立的关键期却在青春期。

如果一个人早年不幸未能拥有良好的社会关系并逐个解决好自己的发展课题（因为一个人的童年经历基本上取决于父母长辈，是一个人最为被动和无助的时期），那么从青春期后期开始，人就有了完全的自主性，不仅可以对自己的未来做出积极的选择，而且可以对自己的过去做出积极的改变——重新评价过去或者选择不让过去影响自己的现在和将来——其以后的人生发展就能健康而积极。如果一个人始终处于被动接受社会影响的状态，比如选择让早年经历永远影响自己或者选择做永远的受害者，他就很难具备心理健康，他的生活质量和生活感受也将不可避免地受到消极影响。

埃里克森是为我们青少年而诞生的心理学家，他所提出的社会心理发展阶段说，尤其是他的同一性理论，是我们青少年能够健康成长和发展的最重要的心理学资源，珍惜并善用这个资源，可以帮助我们有效降低“成长的烦恼”，同时极大地减少我们在黑暗中摸索的时间。

本章术语

自我同一性；同一性危机；消极同一性；积极同一性；个体社会心理发展8阶段说；人格特质：希望与绝望；意志与缺乏意志；有目的与无目的；能力与缺乏能力；忠诚与不忠诚；爱与缺乏爱；关怀对冷漠；智慧与无智慧。合法延续期；同一性获得；同一性早闭；同一性扩散；同一性延缓；尊严老龄化

思考题

1. 你是否已经基本确立了自己的“职业同一性”？
2. 你是否仍然在探索有关价值观、人生观、世界观，以及未来职业的问题？
3. 请谈谈埃里克森的“生命周期”说给你的启发。
4. 青年期和老年期之间存在怎样的联系？
5. 我们当前能为自己未来的“尊严老龄化”做些什么？

第三编
存在—人本主义学派的健康人格观

第六章　弗兰克的健康人格模型：寻求生活意义的人

“你要像你是死而复生一样地过你现在的生活。而且你要像你曾有过一次重大过失并且现在还可能再有过失一样去生活。”①

——弗兰克

第一节　弗兰克的生平②

维克多·弗兰克(Viktor E. Frankl，1905—1997)是出生于维也纳的犹太人。

---

① 这一句的英文是：“Live as if you were living already for the second time and as if you had acted the first time as wrongly as you are about to act now!”见英文版 V. E. Frankl：*Man's Search for Meaning*，US：Beacon Press Books，1992，p114。在赵可式等先生的译文中，这段英文被译作：“假设你已经生活在第二度的生命中，并假设你第一次做错了，而现在还可能做错一样。”［见中文版《活出意义来》(1984)］，笔者认为前面所引译文更符合信、达、雅的标准，故采用，但是遗憾的是始终未找到上述译文的出处。另外，中国台湾的译本中，这句被译为：“假设生命已重来，而你又即将重蹈之前的覆辙”，见《向生命说 Yes!》。

② 有关弗兰克生平的资料参考以下资料：(1)［奥地利］维克多·弗兰克：《弗兰克自传：活出生命的意义》，王绚译，中国青年出版社，Kindle 版本，2016。(2)［美］舒尔兹：《成长心理学》(1977)，李文湉译，生活·读书·新知三联书店 1988 年版。(3)美国维克多·弗兰克意义治疗学院官网：http://www.logotherapyinstitute.org/Home.html。(4)维也纳维克多·弗兰克研究院官网：http://logotherapy.univie.ac.at/index.html、(5)［奥地利］维克多·弗兰克：《向生命说 YES》一书的前言，李雪媛、柯乃瑜、吕以荣译，(台北)启示出版 2009 年版。(注：《向生命说 YES》中有两部分与大陆版《活出意义来》一书的内容重合，笔者在这本书中只参考它们的各种序言及其第三、四部分)。

从他的母系家族看，他是犹太圣经和塔木德阐释家拉什（Raschi，1040—1105）——主要用于《圣经》和塔木德注释中的希伯来方形文字(拉什文字)，即是用他的名字命名——的第十二代子孙。①

弗兰克是家中三个孩子中的老二，他有一个哥哥和一个妹妹。弗兰克在各方面都很早熟，早在 3 岁的时候，他就决定长大要当医生。上高中的时候，他积极参加当地青年人的社会工作机构，他对人的兴趣使他关心政治、哲学和心理学的话题。他对人生意义的思考最早可以追溯到上中学甚至更早。当时有一位理科老师告诉大家："人生只不过是个燃烧的过程，氧化的过程"，弗兰克当即从椅子上跳起来回应道："先生，如果真是这样，那么人生还有什么意义呢？"②

弗兰克 16 岁时开始与弗洛伊德通信。1924 年，弗兰克 19 岁时，在弗洛伊德的推荐下，他的文章在《国际精神分析期刊》上发表。但后来他因为不同意弗洛伊德的观点而选择离开。

1925 年，20 岁的弗兰克在阿德勒的《国际个体心理学杂志》上发表了一篇文章——"心理治疗和世界观"。1926 年，弗兰克加入阿德勒学派，受阿德勒社会公正思想的影响，他也很关注社会公益并注意抵制社会不公正现象，虽然后来他因为观点不同而同样选择离开阿德勒的个体心理学会，也有人说是被阿德勒排挤③，但是他对社会公正问题的关切却始终如一。

1926 年，弗兰克在一次报告中首次提出"意义治疗"（logotherapie）的概念，"而它的另外一种说法'存在分析'（existenzanalyse)则直到 1933 年 我才开始使用——那时候我的理论成果已经在一定程度上形成体系了。"④（弗兰克，1995)在上医学院期间，弗兰克组织过对维也纳等 6 个城市青少年的免费咨询活动。1930 年，他获得维也纳大学医学博士学位。1933 年，他在维也纳一所精神病院专门负责看护有自杀倾向的女病人。

1937 年，弗兰克开办了自己的精神病和神经症诊所。1938 年，纳粹入侵奥地利。1939 年，弗兰克成为维也纳唯一一所犹太人医院——罗斯柴尔德医院（Rothschild Hospital）——的神经科主任，同年他发表文章："哲学与心理治疗"，这篇文章为他奠定了存在分析的基础。1940 年，弗兰克被任命为这所犹太人医院的负责人。为了抵制纳粹对精神病人的迫害——当时纳粹对精神病人实施安乐

① 见［奥］维克多·弗兰克：《弗兰克尔自传：活出生命的意义》，王绚译，中国青年出版社，Kindle 版本，2016，Kindle 位置 83-86。

② 埃米莉·伊斯法哈尼·史密斯："人生的含义不光是幸福"，见《参考消息》，2013 年 2 月 6 日，第 12 版。

③［美］William Blair Gould：《弗兰克：意义与人生》，常晓玲、瞿凤臣、肖晓月等译，中国轻工业出版社 2000 年版，第 120 页。

④［奥］维克多·弗兰克：《弗兰克尔自传：活出生命的意义》，王绚译，中国青年出版社，Kindle 版本，2016，Kindle 位置 732。

死计划——弗兰克为许多精神病患者开出无病的假诊断，比如“失语症”或是把抑郁症写成“高烧谵妄”等，用这种方法使很多精神病人免于被纳粹杀害。

同期，弗兰克开始写他的著作：《医师与心灵：意义治疗法简介》。

1942年初，美国驻维也纳大使馆通知他，他个人获得了美国的移民签证，他父母为此非常高兴，但是弗兰克犹豫再三，决定放弃去美国的机会，留在维也纳陪伴年迈的父母和其他家人。不久，他与同事蒂莉·格罗塞尔(Tilly Grosser)结婚。蒂莉怀孕后因为担心违反纳粹的“犹太人不许生育”的规则而被送到集中营，只得忍痛选择中止妊娠。很多年后，弗兰克将他的著作《那没有被听到的对意义的呼唤》(*The Unheard Cry for Meaning*)献给他那个未曾谋面的孩子。

1942年9月，弗兰克和他的妻子以及父母、哥哥都被纳粹逮捕，并被送到捷克布拉格附件的一个集中营，其后被送到在波兰的有“死亡工厂”之称的奥斯维辛集中营(Auschwitz Concentration Camp)，弗兰克在奥斯维辛集中营的囚号是：119104。弗兰克在到集中营之前把他的书稿缝在他的大衣里面，但入营后立刻被纳粹发现并烧毁，这件事起初使他几乎丧失了生存的勇气，但他想要和家人团聚的愿望以及他想要重新写出自己著作的决心使他很快振作起来，每天晚上凭着记忆回想自己写过的书，然后再用设法找到的碎纸片记录下来。为了调节自身的情绪，弗兰克还运用心理学中的想象法，想象自己站在一间明亮大厅的讲台上，向全场凝神静听的来宾演讲“集中营心理学”，他以此超越自己的苦难，把所有的痛苦与煎熬当成前尘往事加以观察，把应付集中营的苦难当作心理学研究的一个课题。

在对难友的观察中，弗兰克更注重观察的不是为什么大多数人都死了，而是努力想要发现，在这样恶劣的环境中，为什么有的人却活了下来？尤其是许多看起来弱不禁风的俘虏，反而比健硕粗壮的人还耐得住集中营的煎熬？他发现其原因就在于：前者过惯了丰富的理性生活。尽管集中营里比比皆是饥饿、死亡、超负荷的体力支出以及种种有损人尊严的屈辱，但是由于这些人能无视环境的恐怖，潜入丰富而又无牵无挂的内在精神生活中，并坚信生活中还有事情等待他们去完成，结果他们比身体健壮的人更有韧性，更能坚持，更容易活下来。

弗兰克在观察与思考中得出自己的结论：一个集中营中的囚徒是否寻求生活的意义对于他能否超越当前的苦难和帮助其摆脱自杀念头有特别重要的作用。因为每个囚徒都面临着一个道义上的选择：是放弃内在的自我屈从于纳粹，还是去努力寻找生命的意义以继续与命运抗争。他发现：“集中营的生活经验，显示出人的确有选择的余地。有太多太多的实例(多具有英雄式的特质)足以证实：冷漠的态度是可以克服的，躁怒的情绪也可以控制。人‘有能力’保留他 精神自

由以及心智的独立，即便是身心皆处于恐怖如斯的压力下，亦无不同。”①（弗兰克，1984）

弗兰克自己的选择是：他不仅努力调节自身的情绪，在狱中为自己做“快乐明细表”，而且作为一个具有社会责任感的医生，他在狱中还常为难友做集体心理咨询，他鼓励他们苦中作乐，如每天想一个幽默故事，教他们做有利于自我激励的积极想象法，鼓励他们面向未来。不仅如此，在集中营难友组织的一次逃亡中，他为了照顾生病的朋友，主动选择留下来，再一次体现出他“动必缘义，行必诚义”的自由意志。

1945年4月，弗兰克所在集中营被美军解放，8月，弗兰克回到维也纳，而他的父亲、母亲、妻子和哥哥都死于集中营。他们家只有他和他早年逃到澳大利亚的妹妹活了下来。

当时很多犹太精神分析师选择移民美国或其他国家，但是弗兰克选择留在维也纳，一是因为他对自己的国家一往情深，二是因为他的很多病人需要他的帮助。

特别值得一提的是，战后不久，德国人在哲学家雅斯贝尔斯的影响下掀起一股反思“集体罪责”的潮流时②，弗兰克对此理论始终持质疑的态度，他没有加入谴责维也纳非犹太人的行列，而是站出来反对“集体罪责”说。不仅如此，他还实事求是地为曾经保护过他和其他犹太人的纳粹珀茨尔辩护。

弗兰克彻底的人道主义精神实在是太感人了，为了让读者有深刻印象，笔者这里完整引用其自传中讲述的一个故事：“一次我在法国占领区演讲时，还当着法军指挥官——一名将军的面，反对‘集体罪责’的说法。第二天，一位大学教授过来找我，他曾经是一名党卫队军官，他含着泪问我，为什么我竟然这么有勇气，公开反对这样一种笼统的群体性指控。‘您不可以，’我说，‘您如果这样说可能是在为自己辩护。可我是进过集中营的，是编号119104的囚犯，所以我可以这么做，因此我也就必须这么做。我没有您这样的嫌疑，这同时也意味着一种责任。”③（弗兰克，1995）

后来他还指出：“一直以牙还牙地报复下去，谋杀将永无止境，其他人将被

---

① ［奥］弗兰克：《活出意义来》，赵可式、沈锦惠、朱晓权等译，生活·读书·新知三联书店1991年第1版，1998年第2版，第68~69页。

② 1948年，德国存在主义哲学家、精神病学家卡尔·雅斯贝尔斯在其犹太裔学生阿伦特的帮助下出版了旨在帮助德国人反思的小册子《罪责论》，这本书的要点之一是：德国公民对国家罪行负有集体责任。阿伦特原本不十分同意其老师的观点，但是考虑到雅斯贝尔斯这本小册子所提倡的独立思考精神是当时极为稀缺的，因此还是力促此书的出版。见：［美］伊丽莎白·扬-布鲁尔：《爱这个世界：阿伦特传》(2009)，孙传钊译，江苏人民出版社2012年版，第241页。

③ ［奥］弗兰克：《活出生命的意义》，Kindle1236-1242，王绚译，中国青年出版社，Kindle版本，2016。

杀害，遭遇不公正之事。不！我们必须扯断这罪恶的锁链！我们不愿意永远以不公平来报复不公平，以仇恨回报仇恨，以暴力反抗暴力！”①（弗兰克，1984），不仅如此，他还坚持强调观察并搜集纳粹时代人性中善的一面。因此有人称他：“很难想象世上会有比这个‘非雅利安人’更有基督精神的慈悲心肠了，而且他并非基督徒。”②

1946 年，弗兰克发表了他的名著《人对意义的寻求：意义治疗学》(中文版译作《活出意义来》)，此书被译成 24 种语言在世界各地出版。据维也纳维克多·弗兰克学院官网统计，到 1997 年，他的这本书已售出 900 万册。此书还曾被美国列为排名第十的最具影响力的著作。

1947 年，弗兰克发表了他的心理治疗专著，系统阐述了他的“意义治疗”(logotherapy)，“Logos”是希腊语，翻译过来是“意义”，而“logotherapy”即是“意义治疗”，这个以存在—人本主义哲学为基石的治疗学聚焦于未来，它的基本理论假设是：①人由身体、心灵和精神组成；②生活在任何情境下都是有意义的，即使最悲惨的情境亦然(这很容易让我们想到孟子的“天将降大任……”之说)；③人具备意义意志。也就是说，人最重要的关怀是实现意义与价值，人有寻找意义的需要，人不单单是生物、遗传和环境的产物，人对意义的需要是人最基本的动机之一。④人有寻找意义的自由，而且因为人有能力做决定，人就有能力对他们的决定负责。⑤第五个假设认为，要想做出有意义的决定，个人必须以符合社会价值观或自己良心的方式对日常生活的需求做出反应。

弗兰克强调人无论生活在多么恶劣的环境中，即使在像集中营那样极端悲剧性的环境中，都能为自己的存在寻找出意义。而人一旦具有了生存的意义，就能健康地生活。所以，心理治疗可以从帮助人们寻求生活意义。意义治疗学诞生后，被称作继弗洛伊德和阿德勒治疗学派之后的“维也纳第三心理治疗学派”。由于弗兰克是用他自己的切身经历和对其他幸存者的观察实证了自己的理论，因而，他的学说有很强的说服力，给成千上万的读者带来了鼓励与安慰。

1948 年，弗兰克获得哲学博士学位，并到维也纳大学任教，直到 1990 年。

1978 年，弗兰克的追随者 Joseph Fabry 在美国成立“意义治疗学院”。Joseph Fabry 也是犹太人，并且是弗兰克的同乡，他在维也纳大学获得法学博士学位，并于 1938 年到美国，后来在加利福尼亚大学出版社任编辑。1965 年，他遇到弗兰克，从此改变了他的人生轨迹。他开始追随弗兰克，并且成为北美弗兰克意义治疗的代言人，为向普通人普及意义治疗观做了大量的贡献。

---

① ［奥］维克多·弗兰克：《向生命说 YES》，李雪媛、柯乃瑜、吕以荣译，(台北)启示出版 2009 年版，第 232 页。

② 汉斯·维格尔，转引自［奥］维克多·弗兰克：《向生命说 YES》的前言，李雪媛、柯乃瑜、吕以荣译，(台北)启示出版 2009 年版，第 23 页。

1977 年，Joseph Fabry 及其同道在美国伯克利神学研究联盟(the Graduate Theological Union in Berkeley)促成了“维克多 · 弗兰克图书与纪念馆”的成立。

1978 年，Joseph Fabry 及其同道在伯克利一所教堂中租来的房子中成立了北美的“意义治疗学院”(网址：https：//viktorfranklamerica. com/)。目前，该学院不仅教授意义治疗学，而且出版意义治疗的研究刊物——《意义治疗国际论坛》，并且组织有关意义治疗的国际会议。这个国际会议自 1977 年开始，起初不定期，自 1987 年以后，每两年一次，为在北美和全球推进意义治疗学做出了极大的贡献。

1992 年，弗兰克的朋友和家人在维也纳成立了“维克多 · 弗兰克研究院”(Viktor Frankl Frankl-Institute)。弗兰克学说的传播也得益于他战后再婚的妻子埃莉奥诺 · 施温德(Eleonore Schwindt)。埃莉奥诺不是犹太人，她是天主教徒，埃莉奥诺不仅负责打出弗兰克口授的全部文章，而且在宣传弗兰克学说上做了很多贡献。

这里还有必要提一下弗兰克的个人爱好，他擅长画漫画，他热爱爬山、飞行，他在 68 岁时开始学习驾驶飞机，几个月后获得飞行执照，他还拥有多瑙河流域阿尔卑斯山的向导证书，山上有两条很难攀爬的小路是以他的名字命名的。他曾说：“就算给我 27 个名誉博士学位，也没有将阿尔卑斯山中的两条由我开拓的登山道命名为‘弗兰克道’让我来得激动。这一点真的毫不夸张。”[①](弗兰克，1995)不仅在纳粹集中营，而且在日常生活中，弗兰克都向我们展示了一个具有自由意志的人所能够达到的高度和广度，用他自己在危难时期与和平时期的生活态度和选择为其理论提供了极具说服力的例证。

随着时间的推移，西方世界由于经济极度发达，人们的自由时间大量过剩，导致生存空虚感的出现，面对西方社会的现实，弗兰克不断完善、深化自己的理论，他指出：当代人已不再像弗洛伊德时代那样面临的是性挫折或像阿德勒说的患有某种自卑感，当代人面临的是生存挫折，即彻底的无意义、空虚、无目标和漂浮感，为应付这种生存空虚感，置身于富裕社会的人必须为自己的生活发现意义与价值。

不知道各位对弗兰克所描绘的生存空虚现象是否有似曾相识的熟悉感，我们现在所处的时代和弗兰克所描述的时代有太多的相似之处，那些受追捧的大胃王吃播类的节目，还有让台湾艺人高以翔在录制节目时猝死的“追我吧”节目，反映出当代居然有那么多深刻的空虚和无聊。

人在苦难中需要意义以求生存，人在优越的生活环境中同样需要意义以求生存和发展，否则就都有可能被心理疾病所困扰，弗兰克的这个发现使他的学说超

---

① [奥] 维克多 · 弗兰克：《弗兰克自传：活出生命的意义》(Kindle 位置 406-407)，王绚译，中国青年出版社，Kindle 版本，2016。

越时空在世界范围内广为流传。就这样，弗兰克相对于弗洛伊德和阿德勒的“深度心理学”（往过去深挖原因），提出了自己的“高度心理学”（向人的精神生活寻求答案和解决方法）。

弗兰克发表著作30多本，在5大洲的209所大学做过报告。1985年，他成为第一位获得美国奥斯卡普菲斯特奖（Oskar Pfister Prize）的非美国人。① 其后，他在世界各地又获得许多奖项。“弗兰克尔在战后成为20世纪最重要的心理学家之一。他是维也纳大学的心理学教授，也是哈佛大学的访问教授，但人们最常念及的，还是他的通俗著作《活出生命的意义》（*Man's Search for Meaning*）。”②（史蒂芬·约瑟夫，2011）弗兰克坚信：“现实中永远有着机会和挑战。人可以战胜这些经验，把生命扭转成一个内在的胜利；也可以忽视现有的挑战，茫无目的地过一天算一天——正如大多数俘虏所表现的一样。”③（弗兰克，1984）弗兰克在集中营所发现的“有念想才能活”这个真理，“后来的美国精神病学家在日本、越南和朝鲜战俘营中的研究也证明了这一点。”④（弗兰克，1984）

心理治疗家维克多·弗兰克在最极端的人类情境中选择了战胜生活中的挑战，从而把生命扭转为一个内在的胜利。他不仅实现了自己生命的意义，而且履行了帮助他人寻找生命意义的使命，他的存在不仅证明了人性可以达到的高度，而且由于他是用知行合一的方式实证自己的理论，因此他的理论具有极大的感召力和影响力。

第二节　弗兰克的健康人格观

在介绍弗兰克的健康人格观之前，有必要先简要说明西方的存在—人本主义心理治疗（existentialists-humanistic therapy）学派，这是一个以西方存在—人本主义哲学为基础的心理治疗流派。存在主义哲学的要点是：存在先于本质，人的存在——也就是人的选择和行为——决定人的本质，人通过存在建构自己的本质。人本主义哲学的要点是：强调人的价值和尊严，相信人不仅向善，而且具有无限发展的向善向上的潜能。存在—人本主义治疗学派健康人格观的要点是：人具有

① 这个奖项由美国精神医学学会和神职心理健康学会于1983年创立，纪念那些在宗教和精神病学领域的突出贡献者。

② 史蒂芬·约瑟夫：《杀不死我的必使我强大：创伤后成长心理学》，北京联合出版公司，Kindle版本，2016，Kindle位置380-382。

③［奥］弗兰克：《活出意义来之集中营历劫》，赵可式、沈锦惠、朱晓权等译，生活·读书·新知三联书店1991年第1版，1998年第2版，第76页。

④［奥］弗兰克：《活出意义来之无意义生活之痛苦》，赵可式、沈锦惠、朱晓权等译，生活·读书·新知三联书店1991年第1版，1998年第2版，第176页。

自由选择的权利和责任，人具有可以无限发展的向上和向善的潜能。每个人从根本上对自己是谁和将要做什么负责，人不是静止的，他总是处于他想要成为的一个新的人的过程中。

在弗兰克的意义治疗观中，具有健康人格的人是能寻求生活意义的人。弗兰克所谓寻求生活意义(search for ultimate meaning)，指的是超出自我中心，达到超越自我，使自我全神贯注于追寻和实现生命的意义与目的上。

我们很多人不知道，其实人对意义的需要远远超过了意义对人的需要。因为“意义”具有多重功能，它可以向我们提供价值感、幸福感和行为的动机，不仅如此，它还在人类历史的进程中提供了无限的创造力和能量。环顾世界，所有使这个世界美好的精神与物质产品，都出自于寻求意义的意志，同时也是人类追求意义的证明。

作为一个精神科医生，弗兰克在二战前最初是从治疗角度研究帮助病人寻求意义的重要性，目前为止的一些研究不仅证实了弗兰克的观点，而且还有学者进一步提出：“意义的丧失等于心身疾病的危险因素。”[①] 因此，意义感不仅具有重要的成长功能，还具有十分重要的心理保健功能。

具体来说，弗兰克认为寻求生活意义的人具有如下特点：

(1)具有选择自己态度的自由。

(2)能负责任地对待自己的生活。

(3)有意识地控制自己的生活，不受外在力量左右。

(4)超越了对自我的关心，把生活目标指向未来。[②]

(5)对工作有献身精神。

(6)具备给予爱和接受爱的能力。

(7)他们为自己缔造了有意义的生活。

第三节　成为健康的人的方法

弗兰克在战前的心理治疗中就发现了生命意义有重要的心理治疗功能，二战时他在集中营的特殊经历又使他注意到生命意义对普通人的重要性，二战以后西方经济迅速发展造成的西方人的“存在空虚感”——感觉无意义、无目的、无

① Siri Gulestad(挪威奥斯陆大学心理学系)：“心理治疗的改变过程”，见 2014 年第三届中国—挪威精神分析心理培训师与督导师连续培训项目第四期，初级组资料，第 92 页。

② 对这点有必要做些解释，这点是针对弗洛伊德而谈的。弗兰克认为自弗洛伊德以来，人们过分强调自我反省，总是试图深入挖掘自身的内在动机。弗兰克甚至认为，这几乎已经成为一种集体性强迫症了，这种把注意力集中于自我的做法使人们远离了对生活意义的追寻。所以他认为，一个健康的人是能够超越自我反省而通过积极的生活目标实现生命意义的人。

聊、冷漠盲目并且空虚——使弗兰克关于生命意义重要性的理念再次被印证。因此，弗兰克的意义治疗法不仅对心理病人有重要的治疗作用，也成为普通正常人追求健康成长的重要参照。

一、通过自由意志赋予生命以意义

（一）满足意义意志

所谓意义意志，不仅指人具有探索生命意义的动机，而且指“我们终将发现生命的终极意义，就在于探索人生问题的正确答案，完成生命不断安排给每个人的使命。”①（弗兰克，1984）弗兰克的这个观点是特别针对弗洛伊德总是试图深入挖掘人的内在动机而言的。在弗兰克看来，把注意力集中于自我（ego）的做法使人们远离了对生活意义的追寻。他认为，一个健康的人是能够超越自我反省而通过积极的生活目标实现生命意义的人。所以，人最基本的动机不是探索自我，而是探索生命的意义。显然，弗兰克的生命意义说和埃里克森的同一性说有重合之处。他还提出，对自我的了解和实现只是一个人探索并实践生命意义的副产品，如果一个人把自我作为目的，就会变得狭隘，并且会造成自我封闭，而心理健康的人是超越自我的人。

这里有必要做些说明，与弗兰克同时代的心理学家马斯洛在他学术生涯的后期，对其早年提出的需要5层次论做了补充，在原来的最高层“自性实现”之上，增加了一个“自我超越”的需要。马斯洛有关自我超越者的“做一个简要的说明。超越是指最高层次的最具包容性的或整体水平的人类意识，作为目的而不是手段，与自己、与关系密切的他人、与所有人类、与其他物种、与自然、与宇宙发生关联。”②（马斯洛，1970）这里的自我超越者，是有人类情怀的人，他超越自我，与宇宙和人类结为一体，这些人中的典范有中国的司马迁、秋瑾、谭嗣同，外国的甘地、史怀哲、特瑞莎、曼德拉，而所有敬业者在认真履行自己的工作职责时，以及所有志愿者在向素不相识的人奉献自己的力量时，也都处于自我超越的状态。

弗兰克与马斯洛彼此熟知对方的理论框架，并且彼此常常引用对方的观点。弗兰克在马斯洛需要层次论的理论框架下提出，心理健康的人追求的不是自性实现（self-actualization）而是自我超越（self-transcendence），用弗兰克自己的话说就是：“人之存在总是超出自身面朝着某种不再是他自身的东西——朝着某物或某人：朝着某种正需要得以贯彻的意义，或者朝着我们充满热爱地迎上去的、其他

---

①［奥］弗兰克：《活出意义来之集中营历劫》，赵可式、沈锦惠、朱晓权等译，生活·读书·新知三联书店1991年第1版，1998年第2版，第81页。

②［美］马斯洛：《人性能达到的境界》，曹晓慧等译，世界图书出版公司2019年版，第316页。

的人类存在。人在效力于某事或热爱着某人之中实现着他自身。他越是在他的使命中升华、越是献身于他的伙伴，他就越是成为一个人，越是成为他自身。”① (弗兰克，1984)

既然人所追求的生命意义在于将小我与大我融合的、将个人与宇宙融合的自我超越，那么合乎逻辑的就是，这种意义或者说是自我超越一定得是符合良知的，用弗兰克的话说就是：“良心是意义器官。”② 笔者的观点：做人要遵守的最基本的良知就是底线伦理，即不以任何理由做伤害他人的事，不以正确的理由做错事。守住了这个底线伦理，就是守住了选择的基本责任。一个人只要具备这样的底线伦理，他就有可能在任何疯狂的时刻(如纳粹时期)保持清醒的头脑。

人对意义的探索包括了对个人责任的探索，具体说就是自由地、负责任地正视自己的生活环境，并从中找到目的。当然，这种对生命意义的追求不可避免地会造成人内心的紧张，也就是在目标与现实间存在的紧迫感。很多人有一个误区，以为增加紧张不好，紧张会导致心理问题。弗兰克的观点(同时也是存在心理学的观点)则是：这种紧张恰恰是心理健康的必要条件之一。因为人真正最需要的并非是不紧张，而是为了某一个值得追求的目标而紧张。否则，放弃探索生活的意义会使人产生厌烦、冷漠、无价值和空虚感，严重的还会导致“心灵性神经官能症”(Noogenic Neuroses)③，甚至还可能会使人失去活下去的勇气。

弗兰克上述有关存在空虚感的描述和我们中国当代一些年轻人的现状有很多相似之处，比如从这些年来年轻人中流行的“郁闷”、“崩溃”和“丧”等词就可以看出。值得注意的是，弗兰克早在几十年前概括的西方人当时用于应付生存空虚的方法，今天正在中国大地上上演着，如试图用娱乐、用暴食、用性、用成瘾行为、用愤怒、用仇恨和攻击、用寻求权力和金钱上的成功，用贪污腐败，再或者用难以控制的洁癖、用抑郁、用严重的预期焦虑和严重的失眠等心理疾病甚至是自伤或者自杀来填补精神上的空虚和无意义感。

以 2019 年以来在互联网上引起广泛共鸣的“丧文化”为例，本来当前中国的物质条件有了很大的改善，社会越来越多元化和包容，今天年轻人的机会比起他们的父母也多了很多。可是一些年轻人却陷入“丧文化”中，“这种现象的主要表现是一些年轻人在网络和社交媒体上，用充满颓废和哀伤的表情包、图片、

---

① ［奥］弗兰克：《活出意义来之无意义生活之痛苦》，赵可式、沈锦惠、朱晓权等译，生活·读书·新知三联书店，1991 年第 1 版，1998 年第 2 版，第 164 页。

② ［奥］弗兰克：《活出意义来之无意义生活之痛苦》，赵可式、沈锦惠、朱晓权等译，生活·读书·新知三联书店，1991 年第 1 版，1998 年第 2 版，第 179 页。

③ 这是意义治疗学独创的一个新名词，以区别与一般的“心因性神经官能症”(Psychogenic Neuroses)，见［奥］弗兰克：《活出意义来之意义治疗法的基本概念》，赵可式、沈锦惠、朱晓权等译，生活·读书·新知三联书店，1991 第 1 版，1998 年第 2 版，第 106 页。

视频、文字，来表达自己在现实生活中失去目标和希望、陷入颓废绝望的生存状态。”① “丧文化” 的出现也印证了弗兰克的理论：当外在的物质丰富到一定程度之后，就无法继续满足人们的需求了。人只有一个身体，能够吸收、消化和拥有的东西总归是有限的，而精神生活却是无限的，因此人们就需要回到内心去寻找生活的意义，去发现并且从事那些自己真正热爱的事物，在那个过程中激活自己的潜能，体验生命实现自己时的美好(其实这与前面我们所介绍的埃里克森所强调的职业同一性是一样的道理)。因此，弗兰克对人的“意义需要”的发现对帮助今日中国人有效避免并建设性解决生命空虚感同样具有很重要的指导作用。虽然“怎样活得更有意义”这个问题是没有标准答案的，因为每个人都有不同的使命或者说天赋，而任何一种有利于个人和社会持续健康发展的生活方式都是有意义的。比如，一个放羊娃的生活意义是：攒钱、盖房、娶妻、生子。一个“三和青年”眼前的意义是：靠诚实的劳动活下去。一对中年夫妻的主要意义是：孩子平平安安考上大学、工作、娶妻生子，完成生命的循环。而一个意气风发的大学生，他生活的意义则可能是：努力学习、上进，学成后为社会的公平公正做贡献……正是这些丰富多彩的生活意义，让人的生命变得充实而丰满。所以，没有形而上，过不好形而下的生活。了解自己具有的对“生命意义”的需要，了解人的生命意义与社会和他人密切相关，用活得有价值去抵御“存在空虚”和“死亡焦虑”，学会向死而生，这样不仅有助于我们的心理保健，更有助于我们的成长。

此外，从方法和过程上看，如果我们想要让自己的生活有意义，除了努力寻找人生的意义之外，还要学习充分体验此时此刻的存在。因为人生的价值不仅仅在于发现意义、实现意义，而且在于在寻找意义的过程中懂得珍惜并体验过程。结果只是瞬间，而过程却是永远，不懂得在过程中体验寻找意义和实现意义的丰富性和人生的价值，那就如同囫囵吞枣，是有经历而没有体验的生活，这样的日子就是白过了，经历就是虚度了，其人生意义的实现就会成为功利化的产物，其结果就是对意义的异化。

所以，在寻找意义的过程中，我们还要学习体验其中所经历的每一个瞬间，每一个蓝天白云阳光普照的日子，每一次阴霾，每一次暴雨狂风，以及我们过程中的每一次思考、纠结和豁然开朗的顿悟，所有这些我们在寻找意义过程中都会经历的一切，如果我们懂得体验，我们就能感觉到一种深刻的存在感和意义感，这种无比激动人心的高峰体验不仅对当下的我们有非常重大的意义，而且它还有后效，今后回忆起来，仍然会让我们有激情澎湃的感觉。而我们整个人生的意义，便在其中得以完整实现。至于如何为自己的生命寻求意义，弗兰克提出了非

① 见百度和知乎上对“丧文化”的解释。

常详细的可以操作的方法，将在后面介绍。

(二)行使自由意志

秉持存在主义哲学观的弗兰克认为，人最终是自我决定的。尽管很多时候外部环境支配着人，但是怎样对环境进行反应却由我们个人决定。环境会改变人的处境，但在应付环境的态度上，我们是自由的。而正是这种对环境的自主权，赋予人以超越环境和命运的最终自由。“人‘有能力’保留他的精神自由及心智的独立，即便是身心皆处于恐怖如集中营的压力下，亦无不同。”[①]（弗兰克，1984）

学界有关自由意志的论述很多，要了解弗兰克的自由意志观，笔者认为除了存在主义哲学观之外，还需要补充以赛亚·柏林有关自由的理论框架。

以赛亚·柏林于20世纪60年代将自由分作消极自由和积极自由，消极自由是指外在的自由，“意味着摆脱社会或其制度的统治，摆脱某种过分的道德或物质力量所施加的作用，或摆脱任何关闭行动的可能性的东西——这些可能性本来是可以开放的。这就是我所说的‘摆脱……的自由’”[②]（以赛亚·柏林，1969），人的消极自由取决于环境，一个民主的制度可以赋予其公民较多的自由，而一个专制的国家其民众所拥有的自由相对就少许多。而积极自由不然，是指“做……的自由”：“‘自由’这个词的‘积极’含义源于个体成为他自己的主人的愿望。我希望我的生活与决定取决于我自己，而不是取决于随便哪种外在的强制力。我希望成为我自己的而不是他人的意志活动的工具。……”[③]（以赛亚·柏林，1969）

按照柏林的观点：“两种自由都是人类的终极目的，两者都必须受到限制，两种概念在人类历史上都可能被滥用。”[④]（以赛亚．柏林，1969）2020年全球新冠疫情发展情况或许也可以为赛亚·柏林的上述观点提供论据：同时滥用积极和消极自由的西方国家，其集体感染的情况远远高于肯自律、肯适度使用消极自由和积极自由的亚洲国家。所以，自由更多是指态度和精神上的自由，生活在社会中的人的行为不可能完全自由，否则就会给他人和自己制造出问题。因此，人需要自律，而从发展的角度看，最终决定一个人有所作为的两大因素之一就是能否

---

① ［奥］弗兰克：《活出意义来之集中营历劫》，赵可式、沈锦惠、朱晓权等译，生活·读书·新知三联书店1991年第1版，1998年第2版，第69页。

② ［英］以赛亚·柏林：《自由论，自由四论扩充版》，胡传胜译，译林出版社2003年版，第371页。

③ ［英］以赛亚·柏林：《自由论，自由四论扩充版》，胡传胜译，译林出版社2003年版，第200页。

④ ［英］以赛亚·柏林：《自由论，自由四论扩充版》，胡传胜译，译林出版社2003年版，第372页。

自律(另外一个是好学)。

消极自由是外在决定的，是个人自由意志所难以左右的。但是，积极自由则是由个人所决定的，而弗兰克所一再主张的就是积极自由，更重要的是，弗兰克强调的不是单纯地自己做决定的积极自由，而是负责任地考虑到他人利益的前提下所做出的自由选择。

弗兰克提出，人有能力保留他精神的自由以及心智的独立，即使在最极端的生存环境中——如身心皆处于恐怖如纳粹时代的情境中——仍然有能力行使其积极自由，做出符合良知的自由选择。弗兰克个人曾多次用自己的行动实证自己的理论，比如他先是为父母亲人放弃了去美国的机会；后来在一次即将成行的越狱过程中，为了重病的同乡，他在最后一刻选择放弃越狱而留下陪伴绝望的同乡；再如二战结束后，他自始至终都坚持反驳“集体罪责”理论，他不仅毫无报复的冲动——完全不被报复的暗影所诱惑——反而致力于努力发掘并宣传人性中的善。弗兰克用自己的行动证实：人虽然不具备决定自己是否降生，以及降生在什么样的环境中的自由，人虽然不具备控制命运，以及避免自然灾害和社会悲剧的自由(消极自由)，但是人却具备选择自己的立场或者说具备选择以什么形式存在的自由(积极自由)，而在弗兰克本人，他在战前和战后的选择都朝向积极自由的最高境界：谨慎并且负责任地运用自己的选择自由。

说到具体行使自由意志，弗兰克的观点如下。

1. 具有自由选择的意识

弗兰克对人的内在自由怀有最坚定的信心，他认为不仅普通人具备内在自由，即使是神经症甚或是精神病患者也一样，“都会有残存的自由，不管所存留的自由有多少。事实上，即便是精神病，也不能触碰到一个人最深的人格核心。”① (弗兰克，1984)所以他坚信：“人最终是自我决定的。他要成为什么——在天赋资质与环境限制之下——他就成为什么。人在他自身内有两种可能性，去实现哪一种是由他自己所抉择，而非视情境所定。”② (弗兰克，1984)

弗兰克认为，人自身中存在两种可能性：善与恶，但人选择善还是恶不由环境决定而由人自己决定。他以奥斯维辛集中营为例，在那里，他见到有些难友的行为如同恶棍，而另外一些难友的行为却像圣徒。

弗兰克自身的一个例子也很能说明问题，刚获释时，有一天他和一个难友经过一片麦田到另外一个地方去，当时弗兰克很自然地要绕道而行，他的难友抓住他硬要他从麦田中穿过，弗兰克情急中说我们不该践踏麦田，这时他的难友勃然

① ［奥］弗兰克：《活出意义来之意义治疗法的基本概念》，赵可式、沈锦惠、朱晓权等译，生活·读书·新知三联书店 1991 年第 1 版，1998 年第 2 版，第 139 页。

② ［奥］弗兰克：《活出意义来之意义治疗法的基本概念》，赵可式、沈锦惠、朱晓权等译，生活·读书·新知三联书店 1991 年第 1 版，1998 年第 2 版，第 141 页。

大怒，瞪着他大喊大叫：我们难道被剥夺得还不够多？……现在你居然还禁止我踩几棵麦子！在这个事件中，弗兰克最初的即时反应还不算重要，更重要的是他随后所做的事和他事后的反思。他随后苦口婆心地劝他的难友，直至使其明白：没有人有权做坏事，即便是受尽欺凌的人亦然。不仅如此，事后弗兰克还继续反思这件事并得出结论：这种苦口婆心的劝导工作必须有人肯承担，否则其后果势必远比损失几千棵小麦严重得多。

一个刚刚被放出集中营的人，一个在集中营里受尽磨难的人，不去怨天尤人，却在今天，在当下，仍然如此彻底地坚守做人的原则和良知，并坚持以此去感染周围的人，这样的选择，这样的自律，这样高境界的积极自由，对于生活在今天的我们仍然具有无比重要的榜样作用。苦难并不自动赋予人犯错的权利。如果人人都选择如弗兰克般自律，不以任何理由违背底线伦理，那么，这个世界从小看就不会有各种犯罪行为，从大看就不会有各类贪官污吏。当然，这是从个人角度谈问题，从宏观看，健康的制度才是基本保障。

社会不公正尤其是霸权主义的确是这个世界很多悲剧的根源，但是如果一个人或者一个群体因为社会不公正的存在就选择用破坏性方式解决问题，那么这个世界就永远也走不出恶性循环。更何况，对受到不公正伤害的个人或者群体而言，如果说由于出生或者环境等原因我们很不幸地处于被伤害的地步，那么选择暴力或者恐怖主义作为解决问题的方式则是我们自己选择用社会不公正对自己进行二次伤害，不仅如此，以恶治恶还会唤醒我们自身的恶，让我们变成自己所曾厌恶甚至憎恨的样子。

今天的日常生活与学习中，我们同样经常面临自由选择的问题。很多没有考上理想院校的青年学生，上学后便沉浸在怨天尤人中不能自拔，结果蹉跎岁月，虚度大学时光。且不说每个人自己在没能考上理想学校中应负的责任，只说大学期间如果一个人还不懂得行使自由选择的权利，不懂得把能量投入到让自己成长上，而是把大量的能量用于自责和他责，不仅无法及时止损，让自己错失成长机会，而且会让自己养成怨天尤人的坏习惯，长此以往，他以后生活中的失望和失败只会更多。

有必要特别指出的是，说到个人选择的自由（积极自由），我们每个人都拥有选择思想和态度的完全自由，而非选择行动的完全自由（注：发表思想也是行动）。因为作为一个社会人，在很多时候是无法自由进行行为选择的。在人类进化的过程中，为了获得社会生存的权利，我们早以无形的社会契约方式交出了一部分自主行动的权利，所以，为了维护社会秩序，我们每个人都必须献出一些行动的自由。因此，我们通常拥有的只能是规则内的自由，正如联合国“世界人权宣言”中非常明晰的表述：“人人在行使他的权利和自由时，只受法律所确定的限制，确定此种限制的唯一目的在于保证对旁人的权利和自由给予应有的承认和尊重，并在一个民主的社会中适应道德、公共秩序和普遍福利的正当需要。”① 而弗兰克有关自由选择的观点也是如此，他强调的正是每个人都具有的任何外部力量都无法取消的内在精神自由和在个人可控情境中的行动自由（如他在麦田时的选择），强调建设性地运用自己的积极自由。我们只有懂得在不妨碍他人利益的情况下做自由选择，懂得承担对选择的责任，才能促进自己人格的健康发展，如果我们放弃自己的自由选择权或做出有损于他人利益的破坏性选择，则不仅会妨碍我们自身的健康成长，还有可能被社会所制约甚至制裁，从而影响自己的持续发展。

2. 承担选择的责任

自由总是与责任相联系的。像坚信人有选择的自由一样，弗兰克也坚信“人是一种能够负责任的物种”②（弗兰克，1984），因此，行使自由意志不仅包括行使自由选择的权利，而且包括一旦做出了选择，就要负责任地坚持下去。对此弗兰克有句名言：“你要像你是死而复生一样地过你现在的生活。而且你要像你曾有过一次重大过失而且现在还可能再有过失一样去生活。”③（弗兰克，1984）

弗兰克的这段名言揭示了生活的一个重要真相：人不仅都是向死而生的，而且还有可能重犯曾经犯过的重大错误。可是，生命的短暂和有限却是不以人的意志为转移的，为了把握这如此短暂并且无法逆转的向死而生的生命，我们要懂得每时每刻都对自己的生命负起重大的责任。一个人若真是想开始对自己负责，那么无论什么时候都是来得及的。所以“我们存在的短暂性绝不会是没有意义的，反而构成了我们的责任感。因为每样事物的关键点就在于我们知道它是短暂的，所以，人必须不断地抉择，哪些要做，哪些不要做，何种抉择可以成为一种不朽的生命痕迹？”④（弗兰克，1984）

从心理学的角度看，责任感有很重要的心理保健功能，责任感本身就是心理健康的标志之一。自弗洛伊德以来，临床心理学产生了许多流派。20 世纪 60 年代，美国心理医生格拉斯（William Glasser）在其开创的“现实疗法”流派中⑤提出了一个十分重要的思想：人所以得心理疾病，是因为他们没有学会或丧失了负责任地生活的能力，因此，现实疗法的治疗目标就是：帮助有心理疾病的人接受

① 见联合国官网中的“世界人权宣言”第二十九条：http：//www.un.org/zh/documents/udhr/#atop。

② ［奥］弗兰克：《活出意义来之意义治疗法的基本概念》，赵可式、沈锦惠、朱晓权等译，生活·读书·新知三联书店 1991 年第 1 版，1998 年第 2 版，第 116 页。

③ ［奥］弗兰克：《活出意义来之意义治疗法的基本概念》，赵可式、沈锦惠、朱晓权等译，生活·读书·新知三联书店 1991 年第 1 版，1998 年第 2 版，第 115 页。有关这段引文的译文还请见本章第一段引言的注。

④ ［奥］弗兰克：《活出意义来之意义治疗法的基本概念》，赵可式、沈锦惠、朱晓权等译，生活·读书·新知三联书店 1991 年第 1 版，1998 年第 2 版，第 127 页。

⑤ 张春兴：《张氏心理学辞典》，上海辞书出版社 1992 年版，第 544 页。

现实并学会以负责任的行为方式处理生活的问题。在格拉斯的学说中，负责任等于心理健康，不负责任等于心理疾病。这种提法虽说看起来显得偏激了些，却在绝大多数心理疾病患者身上得到了验证。因此，健康的生活是负责任地生活，是对自己、他人、社会，对过去、现在、未来负责任地生活。

而责任感作为人格的核心特质之一，可以派生出诸如敢担当、自律、守信用、忠实于信念和感情等许多健康人格特质(或者说是美德、积极品质、优势性格)。而这些人格特质不仅有助于个人的持续发展，而也有助其拥有广泛而深刻的人际关系。因为有责任感的人给人以安全感和可信赖感，使人愿意与他交往。此外，一个人对自己的行为负责，也会激发别人对他负责，久而久之，自然会建立起深刻而持久的良好人际关系。

最后，能负责任的人才能有真正的自由。青年人最喜欢谈自由，可是却很少想过只有能负责任的人才有真正的自由。所以，我们想要自由，就一定要尊重别人的自由，不但对自己负责，还要对他人负责。这样的人才能拥有这个世界所能给予他的最大的自由——即在不妨碍他人的前提下做自己想做的事的自由。而从操作上看一个人需要承担的基本责任包括：选择并对选择的后果负责，自律，尽职守则，信守诺言，尽可能做到不二过。

弗兰克在一次对作家的演讲中曾几度非常严肃地谈到责任："如果作家不能使读者对绝望感具有免疫力，那他至少应该放弃向他们传染这种绝望。"①（弗兰克，1984)最后，弗兰克以下面这段话作为此次演讲的结束："自由并非终结。如果不处于责任之中的话，单个的自由就有演变成任性的危险。现在你们或许将会理解，为什么我常常向我的美国大学生们进言，他们应该造一座负责女神像来补充他们的自由女神像。"②（弗兰克，1984)

二、发现生命意义的三种方式

弗兰克在他的意义治疗学中提出，人可以通过以下三种途径发现并实现意义。③

（一）在生活中体验价值以实现体验性意义

这是指通过对生活的体验去认识人生的意义和价值。生活的体验可以分作以

① ［奥］弗兰克：《活出意义来之附录：精神病科医生对现代文学说些什么?》，赵可式、沈锦惠、朱晓权等译，生活·读书·新知三联书店1991年第1版，1998年第2版，第277页。

② ［奥］弗兰克：《活出意义来之附录：精神病科医生对现代文学说些什么?》，赵可式、沈锦惠、朱晓权等译，生活·读书·新知三联书店1991年第1版，1998年第2版，第279页。

③ ［奥］弗兰克：《活出意义来之意义治疗法的基本概念》，赵可式、沈锦惠、朱晓权等译，生活·读书·新知三联书店1991年第1版，1998年第2版，第117页。

下几部分，一是日常最为自然与常见的生活场景。表面上看起来，这些周而复始的日子没有什么特殊之处，但是如果以纳粹集中营、以现在仍然存在的战争、自然灾害、社会悲剧等做背景，尤其是考虑到我们仍然在经历着的这场席卷全球的新冠疫情，我们就会发现，这些寻常的生活是多么地来之不易，以这种珍惜的态度去体验并关照日常生活，最平常的生活也可以变得不寻常的美好。就像那些热爱生活的家庭主妇，可以在最家常的生活中创造出非凡的美感，实现日常生活审美化、艺术化。若以这样的态度和作为去体验当下的生活，实现生活意义的最大化，那么我们就会常常处于一种意义感和幸福感之中。还要提醒大家的是，有意义的生活往往要经过很多看起来无意义的事情，比如，想用英语过有意义的生活，先得经过大量枯燥的看似“无意义”的背单词的过程。

二是通过对自然和人文世界中美好事物的体验去发现生活的意义，而且这种发现是有特殊的美感价值的。例如，有的人爱读书，有的人爱旅游，有的人爱音乐，有的人爱绘画，人由于这些爱好而对生活充满了热爱与感恩，觉得生命充满了意义，并因此而更加兴致勃勃地投入到生活之中。

三是对他人的爱的体验。弗兰克认为人不仅可以在经历某事而且可以在爱他人中体验价值感。通过对他人的爱，使我们所爱的人扩展了意义感，同时也使我们自己的意义感得到增强。

爱生活本身，爱人类的物质与文化产品，进而去爱人，这是我们在生活中实现体验性意义的主要途径。这次新冠疫情让我们对亲人之爱、邻里之爱、社区之爱以及陌生人的爱(医护人员、各级志愿者等)都有更多更深厚的体验，让我们深切地体会到：我们都是中国人，我们都是一家人，我们处于人类命运共同体中。

(二)通过提供和创造价值以实现生产性意义

最初听到“创造价值”这个概念时，我们往往会条件反射似的想到一些很大的词或者事，如“发明”、“发现”或者“杰出贡献”等，很多人有个误区，以为只有做出了具体甚至巨大的物质贡献才是创造了价值，其实不然，笔者认为，弗兰克多提出的“创造价值”指的是通过创造性的思考或工作向世界提供具有个人特色的有形的产品或无形的思想，通过这种方式，我们每一个人都可以向这个世界提供伟大的创造物，并因此而实现生产性意义。所以，只要我们是认真负责地对待自己的人生，我们的存在本身就在向这个世界提供创造物，至于世俗眼中的成功则是锦上添花而已。

因此，从精神层面上看，一个人的善良、真诚、正直和博爱之心，以及一个孩子的天真、纯洁和活力等，都是人可以向世界提供的最具有价值的精神产品。同样，一个品学兼优的学生，他向世界提供的是敬学乐学的精神和善于学习的榜样。善良、真诚、正直、博爱、天真、纯洁、活力、敬学乐学和善于学习等这些精神产品是一个民族、一个国家的“软实力”，也正是这些软实力，构成了一个民族和一个国家的灵魂。

再看一些极端的例子，比如残疾人，我们所谓的正常人往往意识不到他们向这个世界提供了多么伟大的软实力。比如，那些乐观、上进并且从不迁怒于人的残疾人，会成为周围“正常人”的道德楷模，他们向这个世界提供的“自强不息”、“乐观豁达”和“善良温和”曾感动、激励并且温暖了许多躯体正常的人。虽说地球离了谁都依然能够继续转动，但是这个世界却一定会因为有些人的存在而转得更好，这样的人就是那种具备最丰富软实力的人。他们不仅以仁爱之心待人，也以负责任的态度待事，他们不断地在向这个世界奉献自己的创造物，使这个世界因此而变得更美好。而从物质上看，也并非只有大的发明或者创造才可以称之为创造物。事实是，任何人富有成效的劳动都是在向世界提供创造物，所以一个农民生产出的粮食，一个工人生产出的机件，一个服务员提供的优质服务，一个科学家做出的发明，一个政治家实施的服务社会的政绩，本质上都是一样的，都是在向世界提供自己的创造物。

因此，任何人，只要他是真正认真负责地对待自己所从事的工作或者学习的，都是在以向世界提供创造物的方式体验并实现其生命的生产性意义的。

(三)在苦难中实现超越性意义

前述两种寻求并且实现生命意义的方法相对容易，而在战争、自然灾害、社会悲剧、绝症、个人生活悲剧等苦难中寻求生命意义则需要付出更多的决心、努力和毅力。苦难是违反人性的，它给人带来的是不幸与痛苦。然而若人真是不幸而面临苦难，就要能够从苦难中发现生命的意义。如果我们能在无法更改的不幸命运中寻找到意义，就会使痛苦变得有价值。弗兰克认为，人最关心的并不是获得快乐或逃避痛苦，人最关心的是了解生命的意义，如果某种生活有意义，即使需要人为它付出代价，人也会为它去受苦。如中国成语中的舍生取义，舍生是痛苦的，但由于它是取义的代价，因而对于一个执意取义的人来说，它就是值得担当并且是有价值的，因此，很多时候，恰恰是苦难，可以凸显出一个灵魂的高贵。

生活中存在意义，痛苦的生活也一样，即使厄运强大到使我们完全无能为力的时候，我们仍然可以选择勇敢地正视痛苦和忍耐地面对命运。正如弗兰克所说：“人这陷身绝境、无计可施时，唯一能做到的，也许就是以正当的方式(及光荣的方式)忍受痛苦了。”① （弗兰克，1984）弗兰克的这句名言恰与俄国诗人普

① ［奥］弗兰克：《活出意义来之集中营历劫》，赵可式、沈锦惠、朱晓权等译，生活·读书·新知三联书店 1991 年第 1 版，1998 年第 2 版，第 39 页。

希金的那首长诗《致西伯利亚囚徒》中的名句相呼应："在西伯利亚矿坑的深处，请保持你们高傲的耐心"。

弗兰克是用自己身体力行的实践实证了他的理论的，他是在纳粹集中营那种极致的苦难中验证并且发展了他的理论，从而实现了他的超越性意义。"德不孤必有邻"，在二战时期那场种族灭绝的大灾难中，如弗兰克一样以富有尊严的方式超越苦难的伟大心灵还有很多，比如纳粹集中营中那些为保护文化与文明火种而做出顽强努力的犹太知识分子。《像自由一样美丽》一书中就记录了很多真人真事，其中一位名叫弗利德·迪克-布朗斯德的艺术家兼儿童教育家就是一个典范。她在特莱津集中营中教孩子们画画，悄悄为孩子们办画展，并组织孩子们演儿童剧，最重要的是，在集中营那样的恶劣环境中，为了让孩子们能够保持对美好生活的信仰，她要孩子们先回忆战前的美好生活然后再用画笔表现出来。战后，这批在集中营诞生的色彩斑斓、充满阳光、温暖和爱的儿童画，被布拉格犹太人博物馆收藏，并被称作"人类文化皇冠的钻石"①。

这些真实的故事都表明，有些情境中，人虽然不能在物质上改变命运，但如果在痛苦面前能保持人的尊严，在最艰难的境地中选择去做自己能够做到的最好，就可以显示出他人格的力量，而厄运则转化为一个人人格的试金石，于是人所经历的痛苦就使生命具有了意义：表明人不仅可以战胜而且可以极大地超越苦难。

尽管今日中国不再存在大面积的社会悲剧，但是因为社会不公正、因为法制不健全而产生的苦难仍然是存在的，还有当前新冠疫情所造成的苦难，面对这样的苦难，弗兰克的学说也是有指导意义的。更何况，人是活在心理现实中的，有许多在别人眼中不值一提的困境在当事人眼里却是难以逾越的障碍，在这样的"痛苦"面前，弗兰克的学说也有重要的自助作用，它提示我们，不论我们面临着什么，我们始终拥有选择的权利，我们任何时候都可以行使自己选择的自由，为自己选择一个建设性的解决方案还是一个破坏性的解决方案，决定权正掌握在我们自己的手中！

西方20世纪80年代正式诞生的心理神经免疫学②（又译：神经生物免疫学，psychoneuroimmunology，）"再次证实了弗兰克的理论并使弗兰克的理论更有说服力，即：积极的情绪、期望与态度能够强化人的免疫系统。"③ 所以，弗兰克在

---

① 林达编著：《像自由一样美丽——犹太人集中营遗存的儿童画作》，生活·读书·新知三联书店，2007年版，第45~55，71页。

② 心理神经免疫学是一门探索人类心身健康奥秘的新型边缘学科，它研究神经系统如何将心理因素转换为可以影响健康的生理状态的机制，特别是脑和行为如何影响免疫系统，又如何受到免疫系统的影响。见林文娟："心理神经免疫学研究"，《心理科学进展》，2006.4，第511页。

③ ［奥］维克多·弗兰克：《向生命说YES》，李雪媛、柯乃瑜、吕以荣译，（台北）启示出版2009年版，第30~31页。

集中营的发现——有念想、有希望的人活得更长——为心理神经免疫学提供了最强有力的论据。

综上所述，弗兰克不仅以其医学实践而且以其在纳粹集中营可歌可泣的亲身经历建立起了他的“意义治疗学”和健康人格观。战后，在大多数幸存者加入对纳粹德国的“集体控诉”之时，弗兰克却独树一帜，选择宣传自己在集中营中发掘出的人性的善和被验证了的意义治疗理论。他让人类重新恢复对未来的信心，他的发现证实了人有对意义的需要，而这种意义又必然与利益他人相关联。弗兰克以他个人极为独特、充满道义的经历证实：健康的人生活在对生命意义的追寻和实现上。人是由自我决定的，人不仅仅是活着而已，人总是要决定他的存在到底应成为什么，而且人在任何时候都有改变和选择的自由。

弗兰克在纳粹集中营那种极端的人类情境中超越个人苦难、为增进人类福祉所做贡献中显示出的决心、勇气和道义，让我们知道道德健康与利他精神有多么重要的心理保健功能，而他为我们树立的健康人格榜样及其他的理论发现已成为人类文明和心理健康的巨大精神资源。

今天的中国和二战后的西方有很多相似之处。由于经济急速发展、城市化、全球化、网络化、AI 化等多重原因，当前中国的精神发展不仅远远落后于物质的发展，而且我们自己文化中的很多宝贵资源也濒临灭绝，使得物质生活有很大改善的中国人却因为无处安放自己的心灵而处于极大的焦虑与茫然之中。我们中的很多人正在弗兰克所说的“存在空虚”中体验着深刻的无意义和无价值感，这样的时刻，我们来读弗兰克，读这位任何时候都以君子之道自律的西方颜渊，读这位用自己的生命实证自身理论的心理学大家，重新思考并满足自己精神上对意义的渴望，何其重要！

本章术语

存在—人本主义心理治疗，寻求生活意义，意义治疗，选择与责任，意义意志，发现生命意义的三种方式：体验价值、创造价值、超越性意义。

思考题

1. 弗兰克的个人经历与他的学说之间的密切关系给你什么启发？
2. 你为自己的生活发现并且创造了意义吗？
3. 谈谈弗兰克关于意义与良知的观点给予你的启发。
4. 怎样理解自由与责任的关系？
5. 请在自己的家训家规中寻找意义。
6. 如果你至今还没有发现属于你的意义，你将如何开启你对意义的追寻？

第七章　帕尔斯的健康人格模型：此时此地的人

“不幸的是，我们的时代，平均每个人只用了他潜能的10%～15%，而所谓天才，也就是用了25%潜能的那种人。一个人要调动自己的潜能并确保完全的成熟，就不得不克服许多挫折。对一个健康的人来说，这些挫折可以调动出他天赋的各种资源。”①

——帕尔斯

第一节　帕尔斯的生平②

帕尔斯(Fritz Perls，1893—1970年)是出生于德国的犹太人。他的父亲脾气

① 帕尔斯为其再版著作所写前言，见格式塔杂志官网：http：//www. gestalt. org/phgintro. htm。另外，笔者认为，帕尔斯这里说的有关人类潜能只使用了10%～15%的说法只是一种经验数据，笔者认为，相对于有限的人生，人的确有可以无限发展的潜能，因此，上面这个数据只可以理解为一种比喻，说明已经开发的潜能与未开发的潜能之间还有巨大空间。

② 有关帕尔斯生平的资料来源自：(1)欧洲格式塔治疗协会(EAGT)官网：http：//www. eagt. org/description_ of_ GT. htm；(2)美国克利夫兰格式塔学院(GIC)官网：http：//www. gestaltcleveland. org/about. php；(3)格式塔治疗杂志的官网：http：//www. gestalt. org/④格式塔治疗网：http：//www. gestalttheory. com/。

暴躁，对小帕尔斯的态度要么是漠视，要么就是很粗暴，有人说这与帕尔斯日后的严苛不无关系。帕尔斯的母亲是一个博爱且有雄心的人，特别热爱艺术，尤其对戏剧充满热情。这些对日后帕尔斯的创造力有很大的影响。和帕尔斯的父亲相比，他的妈妈很溺爱孩子。帕尔斯父母的关系严重不和，但是在公共场合，他们表现得友好并且亲切，这让小帕尔斯感觉混乱。

起初小帕尔斯和家庭的关系还算稳定，他上小学时很轻松，从来不做作业但成绩却总是最好的。上中学时他遇到一个冷酷的体育老师，他在困惑中开始厌学，精神病学家给他开药，同时要他多锻炼，他对医生产生怀疑，他觉得帮助者没有帮助到他，他产生困惑。不久他的成绩就出了问题，他在震惊中陷入混乱，同时与家里的关系开始变得紧张。他因为成绩很差经常逃学，甚至还被学校开除过。后来他在学校剧团的表演引起他的老师兼学校剧团导演的注意，这位老师给了帕尔斯很大的影响，使帕尔斯发现了他自己的世界，他坠入他所热爱的事物：诗歌、哲学、戏剧，尤其对出生于奥地利的德国最杰出的舞台剧导演马克斯·莱因哈特(Max Reinhardt，1873~1943)产生迷恋，着迷于他所营造的戏剧世界，同时对什么是真实世界感觉困惑。最终，这些他所热爱的事物使他以较好的成绩毕业。后来有人谈道："热爱戏剧，享受舞台上表演魔力的波(帕)尔斯，善用从剧场训练出的敏锐观察力与直觉，使他对于'戏剧化技巧'可说是运用自如，经由灵活的掌控时机以及创造性地制造紧张感，成为他日后治疗工作的特色，更是其后代弟子望尘莫及的部分。"①

帕尔斯考大学时，他的叔叔——一个非常了不起的德国律师——要他学法律，但是他不愿意，他想学在叔叔看来完全是胡说八道的心理学。后来他最终选择了学医。医学将他引导到哲学和心理学，这时他的困惑开始减少，发现了更多的可能性。

第一次世界大战期间，帕尔斯以军医身份参加了德国军队，在体验了战争的恐怖后，他成为一个积极的反战左翼人士。

1921年，帕尔斯在柏林大学获得精神病学的医学博士学位。

1925年，他在从事精神病治疗工作期间，在维也纳开始接受精神分析训练，在这期间，他遇到对他后来首创格式塔治疗有重大影响的几个人，一是日后成为他妻子的才华横溢的心理学家劳拉·波斯纳(Lore Posner)；一是精神分析大家卡伦·霍妮(Karen Horney)；另一位是威廉姆·芮西(Wilhelm Reich，又有译为：W. 赖克)，他是奥地利出身的精神分析学家，他提出的"身体盔甲"理论(body armour)对帕尔斯有极大的影响。此理论的要点是：肌肉紧张反映了情绪压抑形成的"身体盔甲"，使病人在自己和世界之间筑起了一道墙。帕尔斯受这个理论

① 陈莉青、杨明磊："波尔斯三代亲子关系与完形治疗理念之对映分析"(台湾)淡江大学教育心理与谘商研究所，见2009年8月召开的"国际中华应用心理学研究会第六届学术年会论文集"，第251页。

启发，发展出一种通过改变身体动作（如僵硬的姿态、防御的身体语言等）以改变情绪甚至人格的方法。

1926年，帕尔斯进入德国法兰克福“高登斯坦军人脑创伤研究院”（Goldstein Institute for Brain-Damaged Soldiers），成为著名的完形心理学家高登斯坦（Kurt Goldstei）的助手，这是他首次接受完形心理学的影响，学到从完形角度看待脑受伤士兵的现状，开始认识到人是一个完整的系统，因此要从整体的角度去看个体出现的问题。完形心理学的要点是：主张心理现象是有组织的、不可分的整体，而整体并不是其组成部分的简单总和，主张部分相加大于整体。因此只有从整体组织出发才能理解各组成部分的性质。以欣赏名画为例，各种线条和色彩组合而成的一幅画会给我们很多或美好、或感动、或震撼的感觉，但是如果把这些线条和色彩分开，给我们的感觉就会很不一样。学习是个体对整个刺激情境所做整体性的反应，而不是向各部分刺激作分解式的反应，因此，分析不能够提供对整体的了解。帕尔斯在其简历中提到，虽然完形心理的理念当时给他带去了很大的冲击，使他认识到把人视作整体的重要性以及人脑有自动将残缺补充为完整的倾向，但是由于他当时仍然忠实于弗洛伊德，因此这种冲击让他产生了更多困惑。

1933年，帕尔斯和他同是犹太人的妻子劳拉意识到德国正受到纳粹迅速而深刻的影响，犹太人的处境因此而越来越危险。他们离开了德国，先去了荷兰的阿姆斯特丹，然后又去了南非。在那里他们建立了一个精神分析学院，开始传播弗洛伊德的学说，同时从事正统的精神分析，帕尔斯成为南非第一个精神分析学家。他们事业上非常成功，收入很高，生活得很奢侈，住在带游泳池的花园洋房中。但在南非从事精神分析期间，他们渐渐开始质疑这个学说，他们认为，精神分析太理性并且效率太低，于是他们开始在完形心理学和存在主义哲学的基础上修订精神分析学说。

1936年，43岁的帕尔斯从南非到捷克斯洛伐克参加心理分析学的年会，发表了一篇有关精神分析的论文，他原以为他的论文会被大家看作是对完善精神分析学的贡献，没想到大家不仅不欣赏他的文章，反倒有人认为他的学说是异端，在他为兰登书屋写的简历中他提到这件事，他说他当时的感觉是十分愤慨，这是他第一次开始背叛正统精神分析。然而，更大的打击还在后面。帕尔斯参加此年会的另一个目的是要去见弗洛伊德，这是帕尔斯渴望已久的一次会见，可是当帕尔斯见到弗洛伊德并对他说，为了见到他，自己专门从南非远道而来时，没想到弗洛伊德的回答却是：“哦好，那你什么打算时候回去呢？”这使帕尔斯感觉十分羞辱和愤怒。这次捷克之行成为帕尔斯学术生涯的重大转折点，是他第一次对正统精神分析产生怀疑，他在感觉困惑甚至混乱的同时渐渐产生了一种踏实感，因为他发现：“为什么他们不肯承认我的发现？是的，我所知道得更好，什么？

你居然可以比上帝(弗洛伊德)知道得都多?是的，是的，我能够看出，他们由于偏见太多而显得像个半盲人，总有一天，我将发现真理!”[①]（帕尔斯，1969)

有意思的是，帕尔斯写于1969年的近乎简历的“生活年表”中，总共1500字的文章里出现了17次“困惑”，最后一次“困惑”出现于1934年，也就是他开始质疑弗洛伊德，即在完形心理学和存在主义哲学的基础上向精神分析治疗理论提出质疑。1936年在弗洛伊德那里受到的挫折成为帕尔斯建立自己学说的转折点。从此他的小传中很少再提到困惑。

1937年，帕尔斯回到南非后，开始摆脱弗洛伊德的方法并开始自己的探索。他先是对自己的专业以及私人生活进行全面的重新定向。他决定摒弃以前的信条和奢侈的生活方式，决定摆脱心理分析的束缚，决定对自己的存在承担一切责任。他开始大力倡导新的人性哲学和治疗方式。他重新回到格式塔的完型观中吸取资源，开始从整体上考虑一个人的心理疾病。

1940年，帕尔斯在与其妻子的合作中渐渐形成了自己的治疗理念，他开始记录自己的思考。他发现攻击不是出于死本能，而是一种为生存而战的工具，他同时发现对“怎样做治疗”（帕尔斯自己的治疗思路)的关注比对“为什么会产生心理问题”（弗洛伊德的治疗思路)的探讨更重要。同年，他停止做精神分析。

1941年，帕尔斯完成了他的第一部著作——《自我、饥饿和攻击》。在这本书中，他挑战了经典精神分析的一些观点，同时也扩展了传统精神分析的治疗思路。1942年，此书的第一版在南非出版，遭到一些严厉的批评，书的销量也很小。很多文章中都提到这本书也有他妻子的贡献，只是不知道为什么这本书上没有他妻子的署名。这期间，帕尔斯与其妻子劳拉·帕尔斯(Laura Perls)共同创立了格式塔疗法(Gestale Therapy，音译：格式塔疗法，意译：完形疗法)。

格式塔疗法是在格式塔心理学、精神分析学、存在主义哲学、现象学与东方宗教、心理剧等理论基础之上加以新的综合而发展出来的。其要点正如帕尔斯自己所概括的：“是以‘现在我觉察到了’为核心的‘此时此地’的疗法。”（帕尔斯，1951)[②]格式塔疗法基于如下假设：患有心理问题的人“并不只是‘曾经’有过问题的人，而是此时此地仍然存在问题的人。尽管他今天的行为模式是其以往经历‘造成’的结果，但是他现在面临的问题也与他此时此刻的行为方式有关。他无法应付当前的问题，而且，如果他不学会如何处理当前的问题，那么他将来也难以安身。”[③]（帕尔斯，1951)因此从操作上看，与精神分析疗法的深挖

① F. Perls：“A Life Chronology”，1969，此系帕尔斯为兰登书屋写的简历，资料来源自以下网址：http：//www.gestalt.org/index.htm。

② 帕尔斯：“此时此地疗法”，见［美］马斯洛等：《人的潜能和价值》，林方主编，华夏出版社1987年版，第290页。

③ 帕尔斯：“此时此地疗法”，见［美］马斯洛等：《人的潜能和价值》，林方主编，华夏出版社1987年版，第287页。

过去相比，格式塔疗法把重点从分析心理问题产生的原因(why)转向解决当前的心理问题上(how)。为此，帕尔斯主张把治疗师本人当作治疗工具，在帮助来访者处理当下的困难中获得力量和自立的能力，让来访者通过格式塔治疗学会在现实中生活。概言之，格式塔疗法注重帮助来访者通过对当下的体验和问题解决觉察自身、认识自我，在面对和处理当前的挫折中让人的内在潜能被激活，在承担解决自身心理问题的过程中实现个人成长。帕尔斯认为，格式塔疗法继弗兰克的意义疗法和人本主义疗法之后填补了人们的存在空虚。

1946 年，帕尔斯夫妇先移居加拿大，后又移居美国纽约并定居。

1951 年，帕尔斯与戈德曼(P. Goodman)和赫夫林(R. Hefferline)合作的著作《格式塔治疗——刺激与人格的成长》一书出版，书中首次用到“格式塔疗法”(Gestalt Therapy)。从此“格式塔疗法”一词被正式使用，但是直到 20 世纪 60 年代中以后，格式塔疗法才得到普遍承认。

1952 年，帕尔斯与他的妻子劳拉合作建立了纽约格式塔研究院(New York Institute For Gestalt Therapy)①，劳拉负责日常工作。之后，帕尔斯不断造访不同的城市与国家，还在日本研习了一段时间的禅宗。

20 世纪 60 年代初，帕尔斯加入位于加利福尼亚州大索尔(Big Sur)地区的伊莎兰学院(Esalen Institute)，这所学院是人类潜能运动的首创机构之一，它集中了一大批身心科学家，为人类潜能开发做出了贡献。这所学院不仅是人本主义心理学最重要的实践基地，而且是 60 年代美国社会改革的中心。②

20 世纪 60 年代，精神分析治疗法开始变得不那么热，而存在分析从欧洲传到美国，格式塔治疗也开始被承认。1966 年以后，格式塔治疗开始广为人知。帕尔斯的很多追随者对格式塔疗法有重大贡献，包括经典的《格式塔治疗》一书，也是帕尔斯与他人合作的产物。1966 年以后，帕尔斯个人移居加利福尼亚。

虽然帕尔斯因其个人生活方式，如不拘小节、与家庭疏远、开放，以及他充满戏剧性的、不拘一格的(其实是极富创造力的)治疗方式，还有他外表时而打扮得像一位艺术家时而像一位宗师而恰恰不是治疗家等曾为世人所诟病，但是渐渐地，格式塔疗法中“活在当下、自我承担”等理念在很多人心中引起了共鸣。此外，他的疗法在相当一部分人中产生了明显的疗效，也由于帕尔斯本人极富有创造性和灵活性，使他吸引了许多的追随者。格式塔疗法开始在美国广泛流行。由于格式塔疗法的核心是：觉察、当下、责任、选择、成长。因此，格式塔疗法不仅是一种心理治疗的理论和方法，同时也是一种个人成长的理论和方法，在西

---

① http：//www. newyorkgestalt. org/index. html。

② Tom Butler-Bowdon：50 *Psychology Classics*：*Who We Are*，*How We Think*，*What We Do*：*Insight and Inspiration from 50 Key Books*，Nicholas Brealey Publishing in 2007，p216.

方的潜能开发和个人成长运动中也起了非常重大的作用。这些年非常流行的“正念训练”中也可以看到格式塔理念的影子。

1957年，帕尔斯在其“通过格式塔发现自性”的访谈中谈到自己与弗洛伊德的最大不同在于对焦虑的看法，弗洛伊德认为过度焦虑是过度压抑的结果，焦虑引发了人的心理防御机制，但是帕尔斯的观点是：“焦虑是向前的基础，是交往和做事的基础动力。焦虑是人的基本能量，是人体机能的基础，具体说，就是兴奋和唤起。你不是被唤起就是无动于衷。……宣泄之说是废话，自然不会浪费时间去创造一种最终要把它们扔掉的情绪。”[①] 1969年，帕尔斯在为美国矮脚鸡出版社再版的《格式塔治疗——人格的兴奋与成长》一书写的前言中谈道：在这本书首次出版之后的20年，他自己的观点又有了很多发展，更多地倾向于关注人的成长。比如他对神经症的看法完全不同于弗洛伊德，“我现在认为，神经症不是一种疾病，而是一个人的成长出现停滞时的症状。其他成长停滞的症状包括：需要操纵世界和控制疯狂、性格扭曲、降低人类实现潜能的可能性和缺乏反应能力，而最严重的就是人格出现空洞。”[②]（帕尔斯，1969）从帕尔斯这些对焦虑和神经症所做资源取向的解释或者说良性赋意上我们可以看出，格式塔疗法已经超越治疗本身而成为一种更关注人类成长的治疗学说。

1970年帕尔斯死于心脏病发作，享年77岁。劳拉卒于1990年，享年85岁。

目前，按照纽约格式塔研究院官网提供的资料，格式塔治疗与研究机构已经遍布美国、澳大利亚、西班牙、德国、英国、墨西哥，其中仅美国就有七所。[③]此外，格式塔治疗还有面向全球的杂志：“格式塔治疗研究：对话之桥”（*Studies in Gestalt Therapy：Dialogical Bridges*）[④]以及汇集了全球格式塔治疗资料的网版“格式塔治疗杂志”（*The Gestalt Therapy Page*）。[⑤] 目前这些社团仍然非常活跃，以欧洲格式塔治疗协会EAGT为例，为保证治疗师的质量，他们每三年实施一次资格认证。他们定期召开国际研讨会。2020年3月10号，他们发布公告：“鉴于几个国家关于冠状病毒的新进展，研究委员会决定取消华沙研讨会！”（注：惊叹号是此通知中原有的，并且这段通知采用的是红色字体）。[⑥]

帕尔斯的学说仍然极富生命力。近几年，帕尔斯的治疗学说继弗洛伊德、荣格、罗杰斯、伯恩等心理治疗大家以及系统家庭治疗、行为治疗技术之后，也正

① F. Perls：Finding Self Through Gestalt Therapy，见格式塔杂志官网 http：//www. gestalt. org/phgintro. htm。

② 帕尔斯为其再版著作所写前言，见格式塔杂志官网：http：//www. gestalt. org/phgintro. htm。

③ http：//www. newyorkgestalt. org/links. html。

④ 网址：http：//www. studies-in-gestalt. org/mission. htm。

⑤ 网址：http：//www. gestalt. org/。

⑥ 网址：https：//www. eagt. org/joomla/index. php。

被引入中国。① 然而，帕尔斯不仅是一位心理治疗家、一位为人类潜能运动做出贡献的心理学家，他同时还像每一个有高度责任感的知识分子一样，对人类的命运怀有深切的关心，正如他在前面所述的那篇前言中所说："我们所在的世界中有一个特殊的两极现象：'倾听'对'战斗'：那些倾听的人不会去战斗，而那些战斗的人不会去倾听。如果我们肯打开耳朵去倾听他人的观点，我们会发现我们所在的社会以及国家之间的敌意都会极大地减少。当'我要告诉你你需要什么'被'我正倾听你想要什么'所取代时，人与人之间一种合理的讨论基础就将开启，这个不仅适用于我们个人之间的冲突，也适用于国与国之间的冲突。但是，如何面向世界打开我们的耳朵和眼睛？我想我的工作为解决这个问题做出了一些小小的贡献，而这个贡献将为人类的幸存提供可能性。"②（帕尔斯，1969）

不仅身体力行自己所主张的"生活在此时此地"，而且从关注疾病到关注成长和实现人类潜能，再从关注病人的个人命运到关注整个人类的集体命运，帕尔斯的以身作则为我们提供了一种个人成长的榜样。

第二节　帕尔斯的健康人格观

帕尔斯与他同时代的很多心理治疗家一样，从关注与治疗心理疾患入手，发现了心理健康者的人格特质。以下逐一介绍帕尔斯的健康人格观。

一、生活在此时此地

在帕尔斯看来，健康的人活在当下（live in the present），亦即：此时此地。健康的人的注意中心、意识和满足感全部依赖于他们在现实世界中的存在。具有健康人格的人不为过去的事件伤感或快乐，也不为对未来的幻想或可能发生的问题而迷惑或焦虑。他们确信人享有的唯一现实是此时此地（the here and now）。他们真实地生活和体验当前，并且只被此时此地的情境所吸引。帕尔斯在临床治疗中发现，有心理障碍的人的最大特点是：要么生活在回忆中，要么生活在对未来的幻想中，唯独对现实缺乏关注和投入，因而使他们无法应付当前的问题。

表面上看来，帕尔斯的这个观点显得非常极端，但是这是有前提的。别忘了，帕尔斯是在对心理病人的治疗和研究的基础上谈这点的，此外，他这是针对精神分析疗法只知道挖掘病人的过去而言的。

一个人是否总活在过去与其年龄没有必然的联系，很多年轻人同样具有这样

---

① 2010 年以来，广州和北京等地先后多次邀请加拿大完形治疗训练中心的 Tucker Feller 来中国做培训。

② 帕尔斯为其再版著作所写前言，见格式塔杂志官网：http：//www. gestalt. org/phgintro. htm。

的性格特点。以大学生为例，目前为止，有多少大学生因为自己没能考上理想院校而仍然处在怨天尤人中无法自拔？有多少学生因为专业没能选好而仍然沉浸在"如果当初报的不是这个专业该多好"的悔恨中？又有多少大学生正因为自己今日所在大学的情况不理想而仍然在抱怨父母？有多少学生仍然生活在"如果我考上了理想的学校……"的白日梦中而不能自拔？这些始终生活在悔恨和抱怨中的学生，这些因为当初决策错误、考试失误或者压根没有思考过自己究竟适合学什么的同学要么生活在回忆中，要么生活在幻想中，就这样虚度蹉跎每一个今天，每一个现在，每一个当下，他们失去的不仅仅是眼前的时间，更有他们自己的未来。

而"完形疗法的基本前提是：生命的一切发生在当下。当我们沉浸在过去或幻想着未来时，我们就不算全然地活着。"① 这里给大家介绍一首诗，它提供了一个对是否生活在当下的非常形象的评价方式以及有效解决问题的方法：

重新书写自己的历史②

"要是"的世界
乌鸦的叫声已经远去
大风发出警告！
过去的一切依然紧紧缠绕在你的心头，
像一阵令人头晕目眩而又可怕的冲击波。
所有那些本该、应该、理应、假使和
要是
唱着一首喧闹的歌
就像乌鸦在叫。

这首歌名叫《远去的鸦叫》
降E小调
一种萦绕心头的不和谐音调
在你心头涌出，这是一个
未加防备的时刻，此时只有
"要是"在森林里飞来飞去。

一声喊叫划破暗夜的宁静

---

① Tucker Feller：完形疗法简介，见2013年10月北京市教工委完形培训讲义，第3页。

② ［美］哈里·A. 威尔：《可理解的荣格——荣格心理学的个人方面》，杨韶刚译，东方出版社1998年版，第108~109页。

而我已经动身离去，但是
要是我走在另一条路该多好啊！
要是我做了我应该
做的事该多好啊！

要是我可能这样做，但是倘使……我
已经做了我应该做的事，那又会怎样呢？
那么我就会得到我能够得到的东西，
就不会缠绵在《远去的鸦叫要是》之中了！
大风平静下来。
我走进房屋
并用板条把窗户封住。

说到过去、现在和未来的关系，笔者这里要特别介绍一位数学系同学的贡献。他叫李文新，是笔者 2013 年北京大学暑期班的学生。当介绍到帕尔斯的学说时，李文新同学给大家介绍了数学模型中的“马氏链原理”，它描述了这样一种现象：如同链条般环环相扣的随机变量序列，其中某个变量各以多大的概率取什么值，完全由它前面的一个变量来决定，而与它更前面的那些变量无关，换言之，即某一系统在已知现在情况的条件下，系统未来时刻的情况只与现在有关，而与过去的历史无直接关系。马氏链这个与决定论相反的原理的应用要点是：在过去、现在和未来这三个时间点中，未来是由现在决定的，因此，想要改变“未来”，其关键要素在于“现在”而非“过去”。所以，虽然过去会影响现在，比如创伤事件会是我们今日很多问题的根源，但是，未来却是由现在所决定的。我们现在选择让过去永远影响我们或者选择永远不让过去影响我们，这两种选择的结果会是完全不一样的，所以，不论过去我们有过什么或者没有什么，我们的未来是由当下的选择而非过往的事件决定的。这也就是为什么同样是某个重大创伤事件的受害者，甲可以如凤凰涅槃般获得新生，而乙却从此一蹶不振的原因所在。

不知道帕尔斯对马氏链原理是否熟悉（马氏链首倡者马尔科夫比帕尔斯年长 37 岁），但是不同学科的这种殊途同归的发现是非常有意义的。帕尔斯的时代，无论是精神分析学说还是行为主义理论，都是主张决定论的，精神分析学说认为早年经历决定人生，行为主义则认为环境决定人生，而帕尔斯与马尔科夫却发现，其实“现在”或说“此时此地”也可以决定人生，他们的发现与决定论相比，给予人更多的希望与信心，之后的心理学家伯恩所提出的“再决定”理论——也就是人可以通过当下的再决定而改变自己的人生——可以被看作是对此时此地观的进一步完善。

每一个今天都是昨天的明天，每一个今天又都是明天的昨天。每一个今天都是连接昨天尤其是未来的关键点，在一个基本正常的社会里，一个人今天所经历的就是他昨天所作所为的结果，而他明天要迎接或者承受的一切又将是他今天所作所为的结果。而一个具有健康人格的正是坚定地选择生活在此时此地的人。

二、了解并接纳自己的现状与特点

一个能够接纳自己的人是一个有自信心的人，同时也是一个有自知之明的人。

帕尔斯认为，生活在此时此地的人有深刻的自知之明，他们知道自己是谁，知道自己有什么优点、缺点和潜能。他们知道自己能干什么、不能干什么，对于他们自知无法达到的目标，他们并不强求自己。

有人误解“自知之明”为只知道自己的弱点或者缺点，其实不然，真正的自知之明是指既知道自己的弱点或缺点，也知道自己的优点或潜能。因为有自信同时又有自知之明，所以健康的人不仅能够接纳自己的现状，而且能在自己的主客观条件下追求成长。而缺乏心理健康的人则往往不了解自己并且拒绝接纳自己，他有可能会只盯着自己的优点而沾沾自喜，更有可能只盯着自己的弱点而痛苦万分，这使他们常常为内心的冲突所困扰。他们不知道，这个世界从来都只拒绝那些不肯接受自己的人。这个世界，不论有多少世俗偏见的影响，都很难并且也很少敢于拒绝一个真正接纳自己的人。环顾四周，看看所有那些从艰苦、不幸甚至悲惨境地中崛起的人和群体我们就会知道，世界对我们的接纳源于每个人对自己的接纳。而一个心理健康的人不仅接纳自己的长处和短处，而且能坦然接受自己的弱点，并在生活和事业中知道尽可能扬长避短，以发挥自己的优势潜能或者说是比较优势，从而达到个人与社会利益的最大化。

三、能够坦率地表达自己

能否坦率地表达自己与一个人的自信心和安全感有关。健康的人所具有的自信心和安全感使他们能够没有内疚和压抑地向别人表达他们的情感、思想、体验以及愿望。如果他们有不满，他们也能公开、坦然地表达出来。当然，这种表达不是只顾自己而不考虑他人的，所以在表达时应遵循对事不对人原则。而心理不够健康的人则难以做到坦率地表达自己。不仅如此，他们还会因为缺乏自信和安全感而常常把自己的担心投射到他人身上，认为别人看不起自己或者认为别人对自己有威胁等。如果心里有不满，他们总是选择克制自己的情绪，结果这种压抑不仅会腐蚀人自身的心情，还会投射出去，腐蚀与他人的关系。

帕尔斯曾反复以“内疚感”(guilt)为例说明这点。在帕尔斯看来，内疚是对他人的怨恨(resentment)的投射(帕尔斯，1957)。[①] 他认为，心存怨恨的人无法面对自己对他人的怨恨并表达自己的感情，于是怨恨在无意识中转换为内疚，而内疚是颠倒了的怨恨和愤怒。为了帮助人们区分自己的情绪，帕尔斯提出一个可以帮助人们重新发现自己感觉的练习方法，他要人们把“我感觉受伤”替换为“我感觉想要报复”，这样替换之后，有助于一个由于自己原因而感觉受伤的人的自我觉察。

例如，一个自卑的人把别人的批评理解为伤害，或者把别人的成就视作对自己的攻击等。再如，当一个人把“我不应该不按你说的做”（内疚感)换成“你不应该这样要求我”（表达愤怒)时，或者同样，把“我很内疚我不能按你说的做”替换成“我感觉怨恨你居然这样要求我”时，你就会吃惊地发现事实的真相：所有我们的内疚感或受伤感都是虚幻的，它们不是真实的、实在的感觉，而是我们自身问题的投射。所以，生活中那些不能坦率而真诚地表达自己观点的人，那些常常担心指出朋友的问题就会失去朋友的人，真正需要的不是具备如何与别人搞好关系的方法，而是如何尽快提高自己的自信心和安全感，从而坦诚地对待自己、表达自己。

四、能够负责任地对待自己的生活

帕尔斯发现，健康的人勇敢地承担自己的生活责任，不将其推给父母亲人、经历、命运或任何外部力量。而有心理问题的人往往会把很多能量消耗在责备他人与环境上，会被如前所述的许多“如果”和“要是”所左右而无法自拔。他们会以各种理由为自己的过失寻找借口，以各种理由逃避各种义务，这样的人是很难实现个人的持续发展的。

负责任作为人格的核心特质之一，可以派生出诸如敢担当、自律、守信用、忠实于信念和感情等许多健康人格特质。这些人格特质不仅有助于个人而且有助于社会进入良性循环。此外，负责任本身就是心理健康的标志之一。20 世纪 60 年代中期，美国心理医生格拉斯在其开创的“现实疗法”流派中提出了一个十分重要的思想：人所以得心理疾病，是因为他们没有学会或丧失了负责任地生活的能力，因此，现实疗法的治疗目标就是：帮助有心理疾病的人接受现实，并学会以负责任的行为方式处理生活中的问题。在格拉斯的学说中，负责任等于心理健康，不负责任等于心理疾病。这种提法虽说看起来显得偏激了些，却在绝大多数心理疾病患者身上得到了验证。

帕尔斯在自己的临床实践中同样发现负责任对于心理健康的极端重要性，这是不同心理治疗家殊途同归的又一个例证。

---

① F. Perls：Finding Self Through Gestalt Therapy，1957，见：http：//www. gestalt. org/phgintro. htm。

笔者在教学和咨询实践中也发现：责任不灭，一个人如果不能主动负责，生活早晚会逼迫他被动负责，生活、学习、工作和关系这人生的四大方面无不如此。心理健康的人就是能够尽早意识到自己的责任、承担自己的责任的人，他们能让自己的人生尽早进入良性循环。

五、不干预别人的生活

由于帕尔斯过分强调人的独立性和自己做好自己的事，强调人无须按照他人的愿望生活，因而有人误解为：帕尔斯主张不对他人负责。其实不然，帕尔斯的本意是：人要尊重别人的本来面目和生活态度与方式，决不用过分的支持与帮助为借口扮演别人生活中的上帝；人也要尊重自己的本来面目而不必用别人的期望来塑造自己，否则就会削弱对方的独立性和他们对自己的责任感。对此，帕尔斯以诗的形式写了一个著名的“格式塔祈祷”①：

Gestalt Prayer

——Fritz Perls

I do my thing and you do your thing
I am not in this world to
live up to your expectations,
and you are not in this world to
live up to mine.
You are you
and I am I
and if by chance we find each other,
it's beautiful.

笔者译文如下：

格式塔祈祷

——F. 帕尔斯

我做我的事，你做你的事
我来到这个世界
不是为了要实现你的期望，
你也一样

① F. Perls：*Gestalt Therapy Verbatim*，The Gestalt Journal Press，Inc，U. S. A，1969，p4.

来到这个世界
不是为了要实现我的期待。
如果我们碰巧发现了彼此，
那种相遇将是美丽的。

在这个祈祷中，帕尔斯特别强调每个人作为一个独立的个体所应该承担的对自己的责任，要对自己的需要和愿望负责，要对个人的成长和发展负责，同时也强调了人与人之间关系的基调应该是彼此独立，相互之间要有界限，这应该成为每个人的生活理念和方式。当每个人都能对自己的存在负责时，他们就成为富有内在力量的独立个体，而当这样两个充满力量、彼此独立的个体相遇时，他们就都能够成为相互支持与温暖的资源，这样的相遇自然会是“美丽的”。

我们的生活也印证了帕尔斯的观点。两个真正独立的人相遇时，他们之间平等的交流和沟通能够创造出和谐友好与思想激荡。而两个独立程度不同的人相遇，他们之间是很难有平等的沟通和交流的，那种交往很难继续下去，美丽就更谈不上了。

现实生活中，中国高考生的父母或者恋爱中的双方可能最需要记取帕尔斯的叮嘱，不要强迫孩子去实现自己的理想，不要总想着改造恋人以适合自己的愿望。亲子之间尊重彼此的人格完整，恋人之间也同样尊重对方的现状。只有这样，才会有健康发展的关系。

六、能够与自我和世界保持密切的联系

健康的人生活在此时此地，他们停留在真实的世界中，在生活中注重用感官去感知、去体验世界。他们在与现实世界的接触中不仅能够充分意识到周围所发生的一切，而且他们与自我也保持着密切的联系，他们对自己的感受、思想都很敏感，不会因为外界事物太忙而丧失对自身的关注。这种与自我和世界保持密切联系的生存方式使他们能够较快地成长。而健康的人用于与自我和世界保持密切联系的方法被称为：自我觉察。

自我觉察(self awareness)在帕尔斯的理论中是一个非常重要的概念，它既是帕尔斯特别强调的一种治愈和成长的方法，同时也是格式塔治疗的重要目标之一。“‘觉察’这个词最准确地说明了患者的现有能力。因为，觉察总是产生于现在的，它为行为开创了可能性。”① (帕尔斯，1951)自我觉察是一种内省的能力，同时也是一种能够将自己与环境和他人识别并区分开来的能力。自我觉察包

① ［美］帕尔斯：“此时此地疗法”，见马斯洛等：《人的潜能和价值》，林方主编，华夏出版社 1987 年版，第 290 页。

括对自我与环境的觉察。具体来说，“对环境的觉察指的是对他人、对社会背景及自然环境的觉察；而对自我的觉察则意味着对自身、对伴随而来的情绪、需要以及防卫的觉察。”①

及时的自我觉察导致准确的自我认识和高效率的自我管理。善于自我觉察的人能够更好地认识和把握自己与环境，而有些人在遇到问题时之所以会陷在某种情绪中无法自拔，其根源就在于缺乏最初的自我觉察。因为生活中某个事件会不会引起我们的情绪反映，主要不是由当前的事情所决定，而是由我们早年是否有过类似的经历所决定。如果我们早年被严父的苛责伤害过，那么，眼下领导的正当批评也常常会被我们曲解成训斥。那样的时刻(被领导批评时)，在我们尚无任何意识之前，我们的身体就已经开始做出反应：我们会感觉身体发抖、手脚冰凉，这在心理学上被叫作躯体记忆，它反映的是我们的情绪，要再过一会儿，我们才会有思想。如果这种时刻我们具备自我觉察，能够及时分辨自己的感受，不受其支配，而是能够迅速管理好自己条件反射式的情绪。如果我们缺乏自我觉察，就会受情绪支配，立刻采取行动，而这种即时采取的行动常常会给自己造成一系列麻烦。

无论是在与自己的关系中还是在与他人的关系中，自我觉察力都非常重要，不仅如此，自我觉察还可以帮助我们发现自身的潜在能量和能力，使我们能够最大限度地做成最好的自己。

七、他们的生活不受外在环境影响

帕尔斯认为，此时此地的人有自己成熟的价值观念，他们摆脱了环境的支配，自发而又自然地表达真实的自我，很像我们中国哲人孔子所说的那种“随心所欲，不逾矩”的境界。

生活中，那些特立独行的为自身的成长和社会的发展做出贡献的人，那些不但很少受社会影响反而以自身的作为不断给社会以积极影响的人，如中国的焦裕禄，英国的珍尼·古道尔，他们都以健康的特立独行给我们树立了真正光辉的榜样。

八、他们不以幸福为人生的目标

帕尔斯认为，以幸福为目标的人是生活在未来之中的，这使他们的注意力和精力都脱离了当前。此时此地的人不追求幸福而只是努力体验幸福。而真实的幸福感恰恰存在于当前。帕尔斯这一观点曾引起很多人的误会，其实他此观点的理论前提是：幸福存在与当前、当下，存在于此时此地，幸福是当下的事。那些以

① Tucker Feller：完形疗法简介，见2013年10月北京市教工委完形培训讲义，第2页。

幸福为目标的人往往忽略了体验当前的幸福。

要知道，帕尔斯是从临床实践中总结出他的理论的。心理治疗室中，我们常常会看到这样的人：他们不是为过去的某个事件而痛苦万分，就是为未来是否能得到幸福而焦灼不安，而帕尔斯的这个看似极端的观点则是强调过程重于结果，强调体验重于结果。因为人的一生是一个过程，如果我们不懂得享受过程，再好的人生目标在实现时也只能带给我们转瞬即逝的快乐。一个不能够体验过程中的幸福的人，即使他有一天得到了他梦想中的一切，他的幸福感也会很短暂，并且很快就会被对新愿望的渴求而取代，而如果一个人懂得体验并且珍惜眼前每一天的哪怕是极微小的快乐，他每天都会有幸福的体验，即使目标未能实现，也不会影响他的幸福感，而如果实现了目标，也只是使他的幸福感更完满而已。

一个有能力体验当前幸福的人有可能成为一个永远拥有体验幸福感能力的人，而一个不能体验过程中的幸福的人，在其目标实现时最可能面临的悲哀就是：他已经丧失了体验幸福的能力。更关键的是：一个人以幸福为目标，真的就可以幸福吗？幸福是一个如此抽象的概念，它无法独自存在，要么在追求某个目标的过程中，要么在实现某个目标的结果中，幸福是依附于某个有意义的目标的，所以，即使从操作上看，我们也无法以幸福为目标。而帕尔斯提倡的不以幸福为目标，而是努力去体验幸福，反倒是很有操作性的。

因此，我们要记取帕尔斯的观点，学习欣赏并且体验当下的幸福。与此同时，笔者认为，在学习体验幸福之外，我们还要努力去发现自己的兴趣或者说天赋所在，然后努力地去实现它，直到——用李开复的话说就是——做成最好的自己。

这里所说的“兴趣”，不是小孩子那种朝三暮四的喜好，也不是那种会轻易就被放弃的爱好，而是一种没有它即使你锦衣玉食也仍然会感觉不快乐甚至会觉得生活没有意义，而有了它，即使你暂时生活拮据，你也仍然会感觉满意和心安，同时还会体验到自身存在的意义。所以这里所说的兴趣，严格地说，就是你的天赋所在。360 行中的佼佼者，几乎个个都是实现自身兴趣或者说天赋的经典个案。在实现自己兴趣的过程中，我们既可以不断地体验到幸福，同时由于我们会特别地投入和专注，遇到困难时也会比那些没有兴趣的人更为顽强而坚韧，因此，十年二十年之后，我们就可以厚积薄发、脱颖而出，那个时候，随着专业技能日渐精进而来的，随着我们为社会所做的更多更大的贡献，我们会拥有更多的幸福，不仅如此，随成功和幸福而来的其他副产品还包括名与利——一种品质生活所需要的基本条件。

所以，让我们不再为“幸福”本身所困扰，不再考虑以幸福为人生目标，而要让幸福成为我们实现职业同一性和成长的副产品。让我们先学习体验日常生活中微小然而确定的幸福——能够健康地活着，能够自由地行走在大地上，坐在教室里，能够自理自己的生活，能够有亲人在自己的身边，能够随时有亲朋好友与自己分担并且分享，也许，经过 2020 新冠疫情的年轻人对体验幸福的重要性会有特殊的心得，所有我们原来认为理所当然的一切，行走、出门、旅游、和朋友聚会、在学校上课，在办公室工作，所有这些我们以为是理当如此的一切，原来都是实实在在的小确幸。如果我们因为这场席卷全球的新冠疫情而真正懂得体验幸福、享受当下的重要性，那我们就没有浪费这场危机，我们从这场危机中学到了非常重要的关乎人生意义的最重要的底层逻辑。

第三节　怎样成为此时此地的人

帕尔斯认为，要成为一个此时此地的健康的人，需要从以下几方面入手。

一、原则：处理自己的“未完成事”以实现“格式塔”

（一）“未完成事”及其影响

所谓“未完成事”（unfinished business），是指经历创伤事件时所出现的各种负面情绪，如愤怒、悲伤、自罪感、怨恨、焦虑、痛苦等。由于各种原因——环境不允许、自己未曾意识到、自己有意识地克制等——未能表达，从而留在记忆深处或是被压抑到无意识层中，妨碍并且影响当事人当下的生活和关系。举例说，重大社会生活事件、自然灾害、战争、疾病都有可能造成大量的“未完成事”。比如 2020 年的新冠疫情让武汉和湖北人民遭遇巨大创伤，从而留下许多“未完成事”。最初几天每日千人左右的增加病例，一床难求、亲友的突然离世、因为传染病连告别的机会都没有等，所有这一切创伤性事件必然会制造大量的“未完成事”，在武汉和湖北人民心中留下巨大阴影。笔者目前参加的一个公益项目，其目标就是在曾经的疫情区一对一地尽可能帮助当地公众处理创伤并实现创伤后成长。

一个孩子在其成长过程中如果受到家庭暴力的伤害，那么他天赋的完整性就受到了破坏，他渴望家庭温暖而未得的遭遇就会使他的精神上出现“未完成事”，这些由创伤性事件构成的“未完成事”往往会持续地影响他的生活（从经典精神分析的角度看，帕尔斯谈到的“未完成事”与“情结”有很多相似之处），会在无意识中促使他以各种方式去实现和完成，如果他无意识中采用的方式是恰当的，他就可以完成自调节，从而实现自愈，但是如果他完成自身“未完成事”的方式是不恰当的，则他不仅无法实现自身的完形，还有可能遭遇新的未完成。再举一个例子，大家都听说过“初恋最难忘”，为什么会这样？其实不一定是因为初恋对象真的最美好，而是因为那是第一次，因此印象深刻，也就是社会心理学中的所谓“首因印象”。更重要的是，没能成功的初恋是“未完成事”，因此留下很多未能够表达和无处安放的情绪。

帕尔斯是在其心理治疗的过程中发展出自己的健康人格模型的。他在治疗中发现，每一个有机体都趋向于整体性和完整性，如果它们在发展过程中因为某些原因遭到阻止或者伤害，那么人格的整体就受到了破坏，就会出现“未完成事”，而完成“未完成事”就会成为人格发展的驱力，在这个人日后的发展中产生重要作用。

帕尔斯及其他心理治疗家在经验中发现的创伤的后续影响今天已经被 20 世纪 90 年代以来兴起的神经生物学的创伤研究成果所证实，比如，“研究表明：早期严重的应激反应和治疗处理不当可以产生一连串的神经生物学改变，持续潜在地影响脑发育，这些改变表现在多重水平上……(此外)由于早期损害导致神经生物学改变，使这些个体更容易在成年患 PTSD(Post-Traumatic Stress Disorder，创伤后应激障碍)。”① 令人欣慰的是，目前心理治疗家和神经生物学家的研究还发现，尽管创伤会给人的大脑造成损伤，但是其中有一部分损伤并不是永久性的，如果治疗方法得当，就可以重新激活身心所天然拥有的自愈过程。② 帕尔斯在治疗中所提倡的是帮助病人把其实现完形的驱力调到意识层面，同时帮助病人采取具有建设性的方式去处理其“未完成事”，从而最终促成人的健康。

一个人年幼时，外界是造成其“未完成事”的主要原因，如家庭暴力、社会悲剧、自然灾害、重大传染病等。但是当一个人长大后，他也有可能因为自身的原因而对自己造成“未完成事”，比如一个典型的自我中心者会在自己的人际关系上制造很多“未完成事”；再以工作狂为例，他有可能在自己的身体和情感上造成很多“未完成事”。不论是外界造成的还是自己造成的，这些“未完成事”都会折磨人，使人陷于自责、后悔、悲哀与愤怒等不良情绪中无法自拔，这种情形过度时，为维持平衡，机体往往会做出如下两种自动反应：一是机体内在的防御机制被调动起来，或指责环境，或自责的同时回避与环境的接触，结果往往是产生心理疾病；另一种自动反应是在“未完成状态”驱力作用下通过自身的努力或者在专业人员的帮助下，递次解决所面临的问题，逐个处理对当事人而言意义重大的“未完成事”。

（二）“格式塔”及其意义

格式塔(gestalt，又译“完形”)，这个概念代表着帕尔斯“完形疗法”中的

① 谭红、施琪嘉：“创伤后应激障碍的神经生物学机制”，见《临床精神医学杂志》，2004 年第 14 卷第 6 期，第 376 页。

② 见：第二届国际创伤治疗师(EMDR)连续培训项目(北京大学)培训手册，欧洲人类帮助计划组织地二次集训，北京，2010 年 1 月，第 59 页。

一个最基础的理念，那就是：每个有机体都倾向于完整或者完成，任何阻止或者破坏格式塔(完整)的事情都会给有机体造成伤害，并形成帕尔斯称之为的“未完成事”，它们会成为我们最原始的动机力量。人们被这些未完成事所驱使，并且按照自己的价值观对这些未完成事按重要性递次排序，并进行自我调节。帕尔斯具有存在—人本主义哲学观，他的信念是，格式塔是人类活动的主要规律，每个机体都具有追求整体和完满的先天倾向，因此人人都在追求格式塔，区别只在于人们所采用的方式是否恰当。有的人所用的方式不恰当，如前所述中的第一种人，结果导致更不健康，而有的人则采用了恰当的方式，如前所述中的后者，因而不仅恢复了心理健康，而且成为此时此地的人。

帕尔斯的观点是很有激励作用的，因为按照经典精神分析的观点，人是被早年经历所基本决定了的，这样的观点很容易导致悲观的结论，让人产生宿命观，因为一切似乎都已经被决定。但是帕尔斯的学说却提出，尽管早年经历有可能因为破坏了人的完型而影响人的健康发展，但是任何人，如果他愿意调节自己并且懂得用正确的方法，他都可以为消除童年的不幸影响或成年后的不当决定而做出新的积极的选择，都可以有效地处理自己的问题，不论那问题是早年留下的还是现在造成的。但现实中是不存在全部最终完成的，这不仅由于不是所有的未完成事都能被重新完成(如生命中一个最重要的人逝世了等)，而且因为生活的进程中还会不断出现新的未完成，所以，我们对于自己的“未完成”只能择要处理，否则就难免陷入完美主义而无法自拔，从而出现新的问题了。

二、方法：如何成为此时此地的人

(一)了解并接纳自己的冲动和渴望

帕尔斯认为，绝大多数人在父母与社会的影响下学会了抑制自己的冲动。帕尔斯认为人内心中最常见的两个极端对立面是“支配者”(the top dog)和“被支配者”(the underdog)[①]，或者译为“最棒的我”和“最差的我”。“支配者”是一种内化了的超我，或者说是通过内部语言支配和控制自己的各种“必须”与“应该”；而“被支配者”则是人内在的、被压抑的部分。支配者似乎处处占理，总是想要操纵和压制被支配者；被支配者表面看起来尽可能服从支配者，但其实它常常用防御或者被动攻击的方式去应付操纵支配者，它最常表现出的就是充满诚恳的口头道歉却坚决不改的行为，因此而让支配者充满挫败。如同我们在现实生活中常常可以见到的一样，虽然父母总是“对”的，虽然老师总是“对”的，虽然这个孩子或者学生从来没有直接顶撞过父母老师，但是！这个孩子和学生不

① F. Perls：What is Gestalt Therapy？见：http：//www. gestalt. de/gestalttherapie. html。

仅总也无法达到父母老师的愿望，而且总是制造出各种各样新的麻烦，比如成绩上不去、人际关系出问题、甚至有了网瘾或毒瘾等，使得看起来非常强大和正确的父母老师显得无比无力甚至无能。

以上举的是外在现实的例子，现在我们来看已经被我们内化了的支配者和我们自己内心的被支配者之间在我们头脑中常常发生的战争。同样，虽然支配者“无比正确”并且坚定地要求被支配者向上向善，但是被支配者在压抑自己的同时往往会以各种理由、借口或者干脆用被动攻击的方式——漠视或满口认错但就是没有行动等去应付内心的支配者。这种在一个人内心发生的冲突持续不断并且逐渐升级，很容易导致他处于分裂状态，严重的甚至会出现心理问题。

我们内心中的支配者是已经内化了的我们的父母老师的要求，总想压抑我们自己内心的冲动和渴望，然而被压抑的冲动不会自动消失，它们总要以其他的方式表现自己。通常人被压抑的愿望和冲动都会投射到他人身上，说成是他人的愿望或冲动。例如，被压抑的上进心变成了嫉妒，而当一个人被嫉妒所折磨的时候，他往往会激烈地指责别人嫉妒他(投射)；再如，被扼杀的自信转为自卑，而一个自卑的人往往会认为(投射)别人看不起他；再有被压抑的怨气变作内疚等，而事实上，这些嫉妒、自卑和内疚往往都是被压抑后的投射。

虽然帕尔斯的观点有极端之处，因为被压抑的愿望有可能投射到别人身上，但也可能以其他方式表现出来，如在工作中压抑不满的人可能会变得对自己十分苛刻，使自己成为自身不满情绪的替罪羔羊。但是帕尔斯所提倡的了解并承认自己的冲动和渴望的确是非常重要的，因为这是一个人处理未完成状态的先决条件，同时也是一个成年人避免继续在自己身上制造“未完成事”的先决条件。从操作上看，我们可以了解自己的方式有很多，比如在自我反思中了解，在读书中自我了解，在与亲友的交谈中了解，在与他人的对比中了解，在各种生活实践和事件中了解自己等。可以称之为捷径的最主要的方式则是读人格心理学家以及一些心理治疗家的著作，因为他们是在大量个案积累的基础上发现人的共性，因此，读他们的著作不仅可以了解人性的许多基本情况，而且可以集中获取他们有关如何实现健康人格的许多非常富有建设性的建议。

但是，如果上述这些方法都不能帮助我们有效了解自己的冲动和渴望，我们就要去寻求专业咨询，很多人对此有顾虑，觉得向心理治疗师咨询是件很丢面子的事，怕因此而被人说成“有病”或“不正常”。其实世界上根本不存在100%正常的人，就是心理治疗师也一样。更何况，在自我认识上产生困扰是非常普遍的现象，有时候它所造成的困扰甚至比具体生活事件所造成的困扰更严重。因此，这时去寻求专业帮助是最有效率，会让我们少走很多弯路。

此外，“有问题才去看心理医生”其实是一个误区。现实中，解决问题只是心理咨询和治疗的最低目标，而心理咨询与治疗的最高目标是：帮助人了解自己，让人可以充满幸福感地追求成长。

（二）觉察当前，承担责任

觉察是指一种内省的能力，同时也是一种能够将自己与环境和他人识别并区分开来的能力。自我觉察包括对自我与环境的觉察。而觉察的标志是：不断体验从瞬间到瞬间的感觉。以平等、正面的心态体验所有当下的情绪，不只体验快乐，也体验痛苦，对快乐与痛苦一视同仁。操作上看，就是在当下没有想法在作梗、没有历史在影响、没有习惯在干扰，而是只存在于当下的时刻、当下的情绪和当下的身体感受中。帕尔斯在临床中总结出的帮人们体验当前的最常用句式是："现在我觉察到了……" 按帕尔斯的说法："句中的现在一词使我们始终处于现实中，而且让我们明确认识到，除了现实的经验之外，任何别的经验都是不存在的，当然，现在本身就是一种不断变化着的经验。"① （帕尔斯，1951）所以，即使我们因为过去的经历而产生了许多未完成状态，我们也要在当前去了解它、正视它，并在此时此地去处理它。这样，我们就能逐渐趋向于格式塔而成长为一个有健康人格的人。

举例说：就躯体而言，我们可以采用的句式是："现在我觉察到我的呼吸……"；"现在我觉察到我的心脏……"；"现在我觉察到我的胃部……" 等。就情绪而言，我们可以采用的自我觉察句式是："现在我觉察到我的情绪是非常焦虑……""现在我觉察到我很痛苦……" 等。就行为而言，"现在我觉察到我握紧了我的拳头"。思想上的觉察："我觉察到我刚才在做白日梦"。而对环境的觉察句式则可以是："现在我觉察到周围的人正大声地交谈……""现在我觉察到周围的人屏住了呼吸……""现在我觉察到我在谈话的过程中正东张西望……"

帕尔斯对觉察的超乎寻常的重视，是帕尔斯治疗理论中的最独特之处。针对弗洛伊德注重发掘过去的特点，帕尔斯提出关注当下才是治疗的关键所在。因为帕尔斯在临床治疗中发现，病人常常表现出两种不健全性格：一是追溯性性格（retrospective character），一是预期性性格（prospective character）。

具有追溯性性格的人生活在往事之中，他们总是对过去生活中的某个事件耿耿于怀，如对自己或者某人以往的某些过失一直悔恨或者记恨在心，常常自责或者他责，生活在多愁善感之中。帕尔斯认为，有"追溯性性格"的人会造成很多新的问题和未完成状态。如果我们总抓住自己或他人的过失不放，就说明我们始终把自己看成是孩子，始终不能对自己负责。而一个人要想健康成长，就必须认清：记忆不是现实，过去不是现在，既使自己或者别人真对自己的现状负有某种责任，自责、责备与埋怨是无济于事的，因为时光不能倒流，已发生的事无法

① ［美］帕尔斯："此时此地疗法"，见［美］马斯洛等：《人的潜能和价值》，林方主编，华夏出版社1987年版，第289页。

改变，要想现在生活得好，唯有自己承担起对自己的责任，努力去处理自己所面临的问题。

另外一种具有“预期性性格”的人，同样有损于人格的健康成长。帕尔斯认为，总幻想未来与总沉湎于过去一样，都是缺乏现实意义的。因为如果幻想或者预期没有实现，预期者就会失望和不快，而且可能会责怪他人、环境或命运，这样等于又一次把自己生活的责任推到自己以外的人和事上了。

需要指出的是，帕尔斯如此过分地贬低人的预期的作用显然太片面了，也有悖于心理学上的“期望效用”说。很多时候，人们正是在对未来的憧憬中而奋发努力的，这也是梦想和理想的重大意义所在。因此，帕尔斯的上述观点应该只适用于知易行难的人，而不适用于那些知行统一和知难行易的人。在帕尔斯看来，不论是总沉湎于过去还是总幻想着未来。其共同点都是：缺乏对当前的觉察，他们沉浸在过去或者对未来的幻想中，而对自己当前的冲动、渴望和处境缺乏觉察，帕尔斯认为，如果一个人的眼光只是向后或是向前，那么他就会忽视当前的时刻以及正在发生的快乐和满足。并且很自然地，就会放弃当前的责任。所以，与其为过去而后悔，为未来而焦虑，不如从现在开始就对自己的今天负责。

总之，帕尔斯的观点是，觉察当前，集中关注当前这个我们拥有的唯一现实，努力去体验眼前的存在，我们才能够了解自己的冲动和渴望，对自己有客观的认识，而不再总被自己的各种臆想所干扰，这样就有可能接纳并且承担自己此时此地的责任，能够被内在自我而不是外力所引导，因此，觉察的最重要之处就在于——觉察为行动开创了可能性。“觉察给予我们机会去选择，选择给予我们机会去改变。”① 帕尔斯在治疗中总结出的经验同样适合于普通人的个人成长，其要点就是：把能量投入到当下，让当下成为一种帮助我们自我整合与成长的工具。

我们要注意的是：不要活在别人的当下，而要活在自己的当下。之所以这样说，是因为自从进入万物互联时代，跟潮流、跟风、随大流的人越来越多。这些年来非常流行的一个词“OUT”（落伍了）就很能说明问题。很多人因为害怕被人说成是“OUT”了而竭尽全力追着潮流，不仅年轻人如此，成年人也如此。很多人都活在当下的潮流中，结果越来越远离自己的当下，在这种大的环境氛围中要活出一个自我整合与成长的自己，就成为一件不太容易的事，需要我们不仅增强自我觉察，而且要努力提高自己的独立思考和审辨思维的能力。让自我觉察帮助我们认识到自己的需要和情绪、冲动和渴望，同时让独立思考和审辨思维帮助我们确认并承担起自己当前的责任。

最近网上和学生中都流行这样一个说法：“知道了很多道理，仍然过不好自

① ［加拿大］Tucker Feller：完形疗法简介，见北京市教工委完形培训讲义，2013 年 10 月，第 3 页。

己的生活。”笔者很想反问这些网民和学生：谁告诉你们，懂得了道理，就可以过好自己的生活?！现实是：再好的道理，如果不去实践，那就和不懂它是完全没有区别的。就好比想要好绩点，却不想付出努力；想要好关系，却不肯付出主动；想要好生活，却不肯付出劳动……可是，这个世界何曾有过真正的免费午餐、不劳而获?！所以，如果我们想要过好自己的生活，就要按照帕尔斯的理论，从眼前、从当下、从此时此刻做起。最简单易行的操作方法就是：先把自己最喜欢的道理罗列出来，挑出前3个，两个月实践一条道理，半年后再看，就会发现不一样的生活和不太一样的自己。

(三)应对问题，履行责任

帕尔斯认为，健康的人应是能够自立的人，而取得自立的途径则是利用他目前具备的一切能力和资源应付自己面临的问题。帕尔斯假设，如果一个人每时每刻都能真正意识到自我，意识到他在各个层面上的行为，他就会发现他的许多困难都是自己造成的。所以一个人应能正视问题，以恰当的方式解决自己当前的问题，每克服一个困难，都使得下一个问题的解决变得更容易，因为每处理一个问题，都会增强人的自信和自立性，会使人积累有益的经验。反之亦然，有自立精神的人，通常也都能以健康的方式解决自身的问题。

帕尔斯非常强调注重个人责任，这是针对很多心理病人常常把责任推给环境、他人、事件与过去而言，某种意义上，也是针对经典精神分析过分注重挖掘病人的既往史而言。帕尔斯提倡的个人责任包括两个方面，一是承担对自己的责任，主要方法就是停止抱怨过去和空想未来，而是在自我觉察和自我接纳之后，懂得区分此时此地真正发生了什么、自己真正想要什么以及自己正在为什么而奋斗，对自己的情绪和行为负责，以建设性方式满足自己的需要和渴望；二是要停止对他人承担不必要的责任，以免削弱甚至剥夺他人为自己负责的动机和力量。后一点对处于集体主义文化中的中国人尤其重要，健康的利他是社会进化的产物，同时也是有利于社会进化的特质之一，但是任何事情都要有度，在中国，由于文化因素，我们常常会以利他的名义去干预别人的生活，父母对子女，老师对学生，长辈对晚辈，朋友对朋友，尤其如此。所以，帕尔斯有关不为他人承担不必要的责任的观点是值得我们特别记取的，这也有助于我们维护健康的人际关系。

(四)以自我支持取代环境支持

帕尔斯认为，人出生以前，完全依赖子宫环境的支持，如氧气、营养等，而当人降生后，对环境的依赖就开始降低，如他可以凭借呼吸为自己供氧，随着时间的推移，他变得越来越能自我支持，他学会交流，爬、走，接受与拒绝。人渐渐地开发了自己的内部资源和潜能，人在生理上开始减少对环境的依赖，增强了自我支持。但从心理上看，个体在以自我支持取代环境支持方面的进步却没有生理上的进步大。因为人经常需要来自别人的赞扬、关爱或鼓励，而这常常使我们受制于甚至依赖于环境。为了满足自己的精神需求，我们有可能按照我们认为的别人的期望而持续扮演某种角色，久而久之，我们就会逐渐背离自己，就会期待并且依赖别人向我们提供我们认为自己无法向自己提供的东西。

咨询中我们会发现，很多人为了得到他人的认可（环境支持）而常常去取悦甚至讨好他人。在萨提亚家庭治疗理论中，对这类人有一种专门的描述：讨好型人格。结果往往是：他们不仅没有能够得到所渴望的环境支持（鼓励、支持、称赞等），反而常常会感觉“丢失了自己、自己变得不像自己了”。也有时候，缺乏自我支持信心同时感到绝望的人会采取其他操纵环境的方式去获得他所想要的环境支持，比如眼泪、疾病甚至自伤的威胁等，而其结果只会使自己陷入更大的困境中。

帕尔斯非常强调：要用自我支持（self support）取代环境支持（environmental support）。他提出：“成熟是一个将社会支持发展为自我支持的持续的过程，因此成熟就意味着对依赖的减少。”[①]（帕尔斯，1969）用自我支持取代环境支持是一个将责任具体化的途径，从这里入手去提升自己的责任感和成熟度是具有可操作性的。如果我们在日常生活中能够最大限度地做到“自己的事自己做，不要靠别人”，那么我们就能够实现以自我支持取代环境支持，我们对环境的依赖越小，我们的自由度就越大。不仅如此，日常生活中我们还可以看到，对环境依赖越少的人，他能从环境中得到的支持反而越多；而一个人对环境的依赖越大，很不幸的是，他能从环境中得到的支持反而越少。这应该是马太效应的一种表现。

强调自我支持，不是要否定环境支持的重要性和必要性，而是强调自主、独立与责任，如果真正遇到了单凭自己无论如何也难以应付的难关，我们一定要懂得在第一时间去寻求社会支持。所以，我们在培养自我支持能力的同时，要懂得把握依靠自我支持与社会支持之间的度。

（五）克服挫折，发掘潜能

帕尔斯深信人具有无限发展的潜能，他认为人是在成长过程中，在以自我支持取代环境支持中逐渐发现自己的潜能的，“不幸的是，我们的时代，平均每个人只用了他潜能的10%～15%，而所谓天才，也就是用了25%潜能的那种人。一个人要调动自己的潜能并确保完全的成熟，就不得不克服许多挫折。对一个健康的人来说，这些挫折可以调动出他天赋的各种资源。”[②]（帕尔斯，1969）虽然帕

① 帕尔斯为其再版著作所写前言，见格式塔杂志官网：http：//www. gestalt. org/phgintro. htm

② 帕尔斯为其再版著作所写前言，见格式塔杂志官网：http：//www. gestalt. org/phgintro. htm。

尔斯的这个结论只是他个人的经验推论，我们可以忽略其有关10%～15%的说法，但是说到大脑的无限潜能，我们也可以根据自己所听到的诸多与身心有关的奇迹——比如汶川地震时所出现的很多生命奇迹，再如“后天学者症候群”① 所显示的精神奇迹——得出类似的结论。

笔者将人的能力分作两种：显能与潜能。显能就是人已经显现出的能力，而潜能则是人尚未表现出来并且自己也尚未意识到的潜在能力。心理学家对人类潜能的关注始于20世纪初。当时“美国心理学家威廉·詹姆斯曾提出假设：一个正常健康的人只运用了其能力的10%。稍后又有学者玛格丽特·米德撰文，认为不是10%而是6%”②，再有就是帕尔斯提出的10%～15%说，虽然这些都只能算假设或经验数据，但是相对于有限的人生，人的确有可以无限发展的潜能。因此，我们可以将这些数据理解为一种比喻，它想要表达的不过是：已开发的潜能与未开发的潜能之间还有极为巨大的空间。这意味着，相对于我们有限的生命，我们每一个人都具有无限的可供实现的潜能。这真让人振奋，这说明只要我们愿意，我们就能无限地提升自己和完善自己。

20世纪50年代以后，美国的很多知名存在—人本主义心理学家，如奥托、马斯洛、帕尔斯等在美国发起了人类潜能运动（the human potential movement, HPM），不论在理论上还是在实践上都有很多成果。人类潜能运动在心理治疗中的成果是，提倡帮助患者发掘其潜在的健康特质，以促成其个人成长与自性实现，因此，人类潜能运动又被称作“人性成长运动”（human-growth movement, HGM）。而对普通人群而言，人类潜能运动在帮助人们自我认识和自性实现上也产生了巨大的激励作用。

帕尔斯认为，人实现潜能的重要途径之一是：克服挫折。换言之，也就是要在挫折面前承担自己的责任，只有这样，才有机会去发现并且发掘自己的潜能。这点在心理咨询的临床实践中得到了最充分的证实，很多为学习问题所困扰而来做咨询的同学，仔细讨论和分析后，往往都会发现他们出现问题的根本原因常常是他们把自己所面临的问题归咎于环境或者是自己先天“不适合学习某科”，这种归因不仅极大地妨碍了他们对自己学习问题的正确解决，而且还往往使他们陷入恶性循环中而无法自拔。

笔者多年的大学教学与咨询经验证实，所有凭借自己的能力考上大学的人都无须再怀疑自己的课本学习能力。如果一个人上大学后出现了学习问题，那绝不会是他的智力出了问题，而只会是他的方法或者学习动机出了问题。只要他有克

① 后天学者症候群（Acquired Savant Syndrome），指的是年纪稍大的儿童与成人，在左脑受损后，突然间发展出学者症候群患者的特殊才能。

② ［美］奥托：“人类潜在能力的新启示”，见马斯洛等：《人的潜能和价值》，林方主编，华夏出版社1987年版，第385页。

服挫折的决心并掌握了正确的学习方法，那么，他都一定能够发掘出自己在学习上的潜能并获得优异的成绩。其他问题亦然。而要想发掘自己的潜能，就得如帕尔斯所说，首先是要勇于直面挫折，承担责任，很多时候，挫折越大，我们能够发现并且发掘的潜能就越大，而每一个挫折都有可能是我们发现自身潜能的重要机会。

以上介绍了帕尔斯心理治疗理论中适用于普通基本健康人群的理念与方法。帕尔斯认为追求整合或者说完整是人格发展的基本动力，而人实现整合(格式塔)以成为健康人格的方法就是：集中关注当前，觉察和体验当前(自己的身体感受)，同时实现自立，并对当前负起责来，这样，人就能自动自发地实现真实的自我。而在秉持存在—人本主义哲学观的帕尔斯看来，所有人的真实自我都是美好而健康的。

与他之前的经典心理治疗观比较，帕尔斯最大的贡献在于他区分了“内省”与“自我觉察”的不同。自我觉察是对自己正在做的事情、感觉和计划的客观感知与察觉，而内省则是对同样行为的思考、评价、矫正、控制和干预。按照传统心理治疗观，人可以通过身心分裂的内省分析自己，但是按照帕尔斯的观点，这样只会导致神经症，真正能够将人带入健康与幸福状态的是：让我们的头脑与我们的身体重新连接，而方法就是要不断地“觉察与感知自己的身体”。此外，帕尔斯的此时此地观也有同样重要的现实意义。理想与目标固然重要，但人生中充满了让人把握不了的意外和偶然，由于它们的存在，使人永远也无法完全实现自己的目标。不仅如此，某个偶发事件还可能使人在瞬间走上完全不同的人生道路，如“文革”时大批知识青年的命运在一夜之间所发生的巨变，因此，人唯一能把握的只是现实。如果一个人真正珍惜现实并脚踏实地的过好每一个今天，那么他就有可能拥有美好的明天。

当然，人与人之间是存在个体差异的，有的人缺乏计划性，过一天算一天，走到哪算哪，帕尔斯的学说是最适合这类人的，你可以不要人生大计划，但却不能不认真对待自己的每一个今天，否则，既无计划，又不能负责任地生活在当前，甚至完全随心所欲，任性行事，这样的生活早晚会出问题，会让人付出极大的代价，其中最让人难以释怀的有可能是年迈的时候无法坦然面对自己的死亡。帕尔斯的学说也适合另外一类人，这些人整天做着各种计划，整天忙着调节计划，却很少实施自己的计划，他们总是用各种理由拖延计划的实施，例如现在流行的“拖延症”，对这样的人而言，帕尔斯活在当下、对当下承担责任的观点尤其有重要的警醒作用。

笔者多年来在咨询中总结出一句话：“认真走过的人生没有弯路。”按照世俗的标准，有一个远大的目标，并且能够实现这个目标，这样的人生才叫成功；而没有目标，或没有实现目标，那样的人生就不叫成功。这样的观念困扰过很多人，尤其是对于正在努力探索人生目标的青年大学生。在学校咨询中最常见的就是为寻找人生目标而苦苦思索的学生，他们为了做最好的自己而努力寻找适合自己的目标，他们为此做了很多试错排错的尝试。可是因为年轻，一段时间未果后他们就开始着急、焦虑甚至恐慌，他们很担心自己会虚度光阴，担心自己所做的努力会白费。咨询中笔者一直试图告诉这样的学生，人生中的每一步都是有意义的，在正确方向的努力当然最好，因为效率最高。同时，在(非原则问题上)错误方向的努力也同样有意义，因为它们可以为我们的成长提供有益的教训。从宏观上看，人都是会犯错误的，而年轻时失误所付的代价最小，因为还拥有很多的时间可以去调节和更正。更何况，很多所谓的与日后目标无关的积累，有一天都会成为触类旁通的灵感源泉，化作特殊的创造力而帮助我们更好地实现自己的目标。

笔者提出的“认真走过的人生没有弯路”翻译成帕尔斯的话就是：活在当下，对当下承担责任。我们每一个人不一定都拥有“以后”或者“明天”，但是我们每一个人都实实在在地拥有“当下”和“今天”，所以，如果你真是一个有志向有目标的人，那么就请从今天、从现在、从当下开始去实践你的成长计划。而对于那些一向严谨、认真、习惯于在各种计划和“应该”指导下生活的人而言，帕尔斯学说的意义则在于启发他们懂得体验此时此地的生活，懂得享受追求的过程，懂得聆听、觉察并且尊重自己的身体所发出的呼声，尝试更多地去倾听身体而不是头脑，用对自身身体和情绪的觉察去替换多年来形成的条件反射似的思考习惯，让自己的身体和头脑、目标与现实完成连接与整合，并最终唤醒并激活自己的潜能。

本章术语

此时此地；未完成事；自我觉察；两种不健全的性格：追溯型性格、预期型性格；自我支持；环境支持；承担责任；活在当下。

思考题

1. 你怎样理解帕尔斯有关“不对他人负责”的含义？
2. 你有哪些有待解决的“未完成事”？
3. “此时此刻”说与人生目标之间是什么样的关系？
4. 你怎样理解“自我觉察”与个人成长的关系？
5. 你如何理解帕尔斯对身体反应的关注，它与心理之间存在什么样的关系？

第八章　罗杰斯的健康人格模型：充分起作用的人

“在我看来，实质上每个人都在问：‘我到底是谁？我怎样才能接触到真正的自我，在我所有行为底下的那个自我？我如何才能成为我自己？’”①

——卡尔·罗杰斯

第一节　卡尔·罗杰斯的生平②

卡尔·罗杰斯(Carl Rogers，1902—1987 年)出生于美国。他的父亲是一位成

① ［美］卡尔·罗杰斯：《个人形成论——我的心理治疗观》，杨广学、尤娜、潘福勤译，中国人民大学出版社 2004 年版，第 100 页。

② 罗杰斯生平资料来源自(1)［美］卡尔·罗杰斯：《个人形成论——我的心理治疗观》，杨广学、尤娜、潘福勤译，中国人民大学出版社 2004 年版，第 3～28 页。(2)马斯洛等，林方主编：《人的潜能和价值》，华夏出版社 1987 年版，第 119～129 页。(3) Duane Schultz & Sydney Ellen Schultz：*Theories of Personality*(2005)，第八版，北京大学出版社心理学影印系列，2007，第 333 页。(4) C. George Boeree：CARL ROGERS，http：//webspace. ship. edu/cgboer/rogers. html。(5)［美］B. R. 郝根汉：《现代人格心理学历史导引》，文一、郑雪、郑敦淳译，河北人民出版社 1988 年版，第 197 页。(6)［美］Jerry M. Burger：《人格心理学》(2008，7th)，陈会昌等译，中国轻工业出版社 2010 年版，第 178 页。(7) http：//www. muskingum. edu/～psych/psycweb/history/rogers. htm。(8)［美］大卫·凯恩：《以人为中心心理治疗》，高剑婷、郭本禹译，安徽人民出版社 2012 年版，第 7～14 页。(9)［美］霍华德·基尔申鲍姆：《卡尔·罗杰斯传记》(2008)(Kindle 位置 15—18)，熊然译，中央编译出版社，Kindle 版本，2016。

功的土木工程师，业余时间喜欢经营农场。他的母亲是一个家庭妇女。罗杰斯早年家庭生活较为富裕，他在家庭中的6个孩子中排行第四，他们的父母非常关心孩子，家庭成员间的关系十分亲密，父母对孩子的要求严格，按照罗杰斯的说法：他的家庭中弥漫着“严格并毫不妥协的宗教和道德气氛。”[①]（罗杰斯，1961）

罗杰斯的父母都是虔诚的新信徒，由于父母奉行圣经中的那句“生活于人群之中而洁身自好”的格言，所以他们家始终以一种独善其身的方式与外界保持距离，因此罗杰斯自小就把大部分时间用在读书上。上学后由于他已习惯了离群索居并且缺乏社会交往能力，他没能与同学建立起亲密的人际关系，以至于直到青春期他都没有一个朋友。

罗杰斯12岁时，父母把家搬到了芝加哥西边一座300英亩大的农场，罗杰斯认为这有两个原因，一是热爱农业、向往乡绅生活的父亲已经有足够的经济条件买这座农场，二是父母认为孩子们正在长大，因此要让他们远离城市生活的诱惑。从这点看，罗杰斯的父亲是深谙行为治疗理论中的“自我控制”说的，也就是通过远离城市声色犬马的刺激情境而帮助孩子实现自我控制。这样的教育方法有其好的一面，一是自小身体柔弱的罗杰斯因为参加农场的劳动而变得强壮起来，二是有助于保持孩子的单纯和对世界的坚定信心，罗杰斯后来之所以能够成为一个有点天真的伟大的存在人本主义心理治疗家，与他父母煞费苦心地让他们保持与世界的距离不无关系。但是这种教育方法的缺点则是，容易让孩子变得孤独并且不合群，对后一点，罗杰斯本身也有深刻的体验。很有意思的是，也正是因为这点，成为促使他选择做心理治疗师的原因之一：因为这个工作恰好为他提供了可以自如与人交流而又不必经历尴尬的相识期的机会。就农场生活而言，罗杰斯认为，在农场的生活培养了他对科学研究的基本精神：他通过研究蛾子和饲料而树立了对于科学方法的尊重态度。

他的大学生活首次打破了他的自我孤立状态。大一时，罗杰斯选择的是农学院。在学校参加的几次对他而言激动人心的基督教青年会讲习班上，他第一次体验到交友的快乐；他想成为一个牧师，于是他改变了他的专业目标：从农业转为历史。1922年，正上大三的罗杰斯作为学生代表，到中国参加了一个国际基督教学生联谊会，虽然会议本身只有一个星期，但是会议结束后，罗杰斯又加入一个国际学生代表团，在中国各地游历了三个月的时间，他们的整个行程用了6个月，除了中国北京及其他很多城市，他们还去了其他东方国家和地区：夏威夷、日本、韩国、中国香港、菲律宾。这次经历极大地改变了罗杰斯，他的视野变得开阔，他对人类命运的关怀极大增强，宗教观也更开放，他开始成为一个独立思

---

① ［美］卡尔·罗杰斯：《个人形成论——我的心理治疗观》，杨广学、尤娜、潘福勤译，中国人民大学出版社2004年版，第8页。

考的人，他开始强调个人的选择和责任，而不再仅仅认为自己是被上帝指引。他还与同龄人有了更多的交往。“正是这次中国之旅，让罗杰斯形成了自己的社会良知，终其一生，这种良知都没有改变。”①（霍华德，2008）不仅如此，这段经历对罗杰斯日后发起的“交友团体”运动也产生了非常积极的影响。

促使罗杰斯选择心理学的是他研究生时的两个重要经历。一是他研究生时念的是神学，他在一个由神学院学生自发组成的讲习班中体验到人与人之间信任和尊重的情感，更重要的是，这个研讨班让罗杰斯开始思考自己的人生道路并确立自己的生活哲学。促使他开始“寻找一个确信对自己的思想自由不加约束和限制的领域。”②（罗杰斯，1961）第二件对罗杰斯意义重大的事是，他在不断探索自己该往何处去的过程中，从自己所在的联合神学院走出去，与几位后来同样成为心理学家的同学到学校对面的哥伦比亚大学师范学院去读更多的课程，其中包括心理学、教育学和教育哲学。在学习过程中，他遇到了古德温·沃森老师，在沃森老师的影响与指导下他发现自己被儿童辅导工作强烈吸引，也正是在对这些被虐儿童工作的过程中，罗杰斯发展出他最初的人本主义心理治疗倾向。

罗杰斯曾谈到沃森老师给予他的特别影响。受沃森老师《与青年人相处》课程的启发，罗杰斯认识到与人密切合作是可以成为一种职业的，于是他决定放弃宗教研究，转学到哥伦比亚大学师范学院，改学医学心理学硕士。在读心理学期间，罗杰斯对谈疗法产生了极大的热情，按他的说法：“我感到我之所以对谈疗法产生兴趣，肯定在很大程度上与我幼年的孤独生活有关。谈话疗法是一种为社会所公认的与人们结成真正亲密关系的方式，因而它正好满足了我当时无疑怀有的与人交往的愿望。它还提供了一个机会，使我既能与人交心，又不必经历与他人逐步加深了解的那种长期艰难的过程。”③（罗杰斯，1980）读硕期间，罗杰斯在当时新设立的儿童辅导研究所担任见习医师，其后他应邀到纽约罗彻斯特的“儿童研究所”工作，这是一个为犯罪儿童和由于恶劣家庭环境而受到社会组织保护的儿童们开设的一个指导诊所。虽然工作报酬很低，但因为是做他自己最感兴趣的事，其他的他就都不在乎了。而今天的无数事实与经验都证实，以兴趣为目标，让名利作为副产品，是最有效率也是最容易获得幸福感的人生。这在罗杰斯的人生中也得到了实证。

罗杰斯一边工作一边继续深造，并于 1931 年获得哥伦比亚大学博士学位。

罗杰斯在纽约的罗彻斯特工作了 12 年，在那里帮助失足青年和贫困儿童。

---

① ［美］霍华德·基尔申鲍姆：《卡尔·罗杰斯传记》（Kindle 位置 627-628），熊然译，中央编译出版社，Kindle 版本，2016。

② ［美］卡尔·罗杰斯：《个人形成论——我的心理治疗观》，杨广学、尤娜、潘福勤译，中国人民大学出版社 2004 年版，第 8 页。

③ 马斯洛等，林方主编：《人的潜能和价值》中罗杰斯 1980 年所写：“我的人际关系哲学及其形成”，华夏出版社 1987 年版，第 119 页。

他从最初的普通工作人员到成为罗彻斯特指导中心的主任，这12年中，他一直努力地从实践中学习，其中对他影响最大的是一位极为淘气的孩子的母亲，罗杰斯从所有这些个案尤其是这位母亲的个案中学习到的最重要的东西就是：只有当事人知道自己的伤痛在哪里，而作为心理治疗师，唯有依靠当事人作为治疗过程的向导。从此，他开始关注医患关系对治疗效果的特殊影响。

1940年罗杰斯在俄亥俄大学接受了一个教授职位，在那里他于1942年写出了他最有影响力的著作之一——《咨询和心理治疗》。罗杰斯在咨询与教学实践中发现，一切个体生来就具有一种内在的实现倾向或者说动机，这种实现的动机表现为促进身体的成熟和心理社会的发展。正是由于实现动机的推动，人即使在可怕的生存环境中，也不仅仅求生存，而且求发展。因此，他对人性的看法十分积极，他认为人的基本属性自由发挥作用时总是富于建设性的、可以信赖的。他提出："我们从临床经验中得出的最具革命性的观念之一，是一种越来越确信的认识，即：人性最内里的核心，人格的最深层面，其'动物本性'的基层，在本性上是积极的——从根本上说是社会性的，是向前运动的，是理性的，是现实的。"[①]（罗杰斯，1961）"在人内心并没有野兽，在人的内心只有人，这才是我们能够释放的积极力量"[②]（罗杰斯，1961），这种对人性积极面的坚定信心是罗杰斯人格心理学的基石。而罗杰斯所以称这个观点是革命性的，是因为无论是基督教根深蒂固的原罪观，还是弗洛伊德的本我说，都认为人类从根本上是非理性的、非社会化的、非利他的，因此，罗杰斯及其同道马斯洛等人有关人性的新观点和信念不仅在心理学界，在其他社会文化层面也具有颠覆性。因此，他们在发起和推进人类潜能运动的过程中发挥了关键的作用。

1945年，罗杰斯到芝加哥大学建立了一个咨询中心，在此咨询中心工作的过程中，他出版了他的又一部重要著作——《来访者中心疗法》，在这本书中，他完善了他的基本理论。罗杰斯"以来访者为中心的治疗"（client-centered therapy）观提倡了一种全新的理念。首先，他用"来访者"（client）这一称呼取代"病人"（patient）这一称呼，这个看似简单的名称替换意味着对医患平等与合作关系的确认和提倡，这是罗杰斯尊重心理疾病患者、强调患者自主权利的体现。"使用'来访者'是因为它强调接受治疗者主动的、自愿的、负责的参与；同时它暗示了治疗者和寻求帮助者之间的平等，避免暗示这个人有病，或他正在被实

① ［美］卡尔·罗杰斯：《个人形成论——我的心理治疗观》，杨广学、尤娜、潘福勤译，中国人民大学出版社2004年版，第83页。

② ［美］卡尔·罗杰斯：《个人形成论——我的心理治疗观》，杨广学、尤娜、潘福勤译，中国人民大学出版社2004年版，第97页。（注：笔者的观点有所不同，笔者的观点是：人是人兽合一的，或者说是善恶并存的。与此同时，社会与生活经验同时也包括近些年神经生物学的研究进展都告诉人们：个人与社会的能否持续发展，取决于个体释放更多的是善还是恶，因此，符合进化方向的、希望持续发展与成长的人，都是更愿意与社会和他人共同善并共同赢的人）。

验之嫌"①，而"以来访者为中心的治疗"的提法则意味着：在心理治疗中，医生要以来访者的经验、感觉为中心，要相信来访者对自己的问题有足够清楚的认识，并且相信他们有足够的潜能恢复健康，因此，咨询过程中要以来访者而不是治疗师为中心，因为每一个来访者都具有丰富的自我认识、自我指导的内在资源，这些资源通过医生的积极态度能够被激发出来，所以心理治疗师唯有依靠来访者作为治疗过程的向导，在来访者的帮助和引导下完成治疗工作。

启发罗杰斯理论发现的源泉有两个，一是患者，其中最关键的一个个案是：一位母亲带着她极为淘气的儿子前来咨询，罗杰斯与其他专家会诊后的结果是，孩子问题的症结在于母亲对孩子表现出放弃的态度，于是他们在此诊断基础上与母子分别会谈十多次，但始终没有什么效果。于是罗杰斯决定中止治疗，而这位母亲也表示赞同，但就在她走到门口时，突然转身问道：你们这里向成人提供帮助吗？罗杰斯刚表示偶尔也提供时，她立刻走到椅子前坐了下来并滔滔不绝地谈起了她和她丈夫的问题，罗杰斯不知如何是好，大部分时间就是听她说，几次以后，情况就发生了变化，不仅她的夫妻关系得到了改善，而且孩子的行为也不断改善。罗杰斯后来总结说："这件事给我上了极端重要的一课。在我们讨论的过程中，我是跟着她的思路而不是我的思路走。我仅仅在听，而不是诱导她去接受我的先入之见。这是一种个人色彩浓得多的关系而不是那种'专业化'的关系。然而，效果本身已说明了问题。"② 罗杰斯"以来访者为中心"新治疗观的提出不仅在20世纪40年代的心理治疗界具有划时代的意义，而且在今天也同样意义重大。

20世纪50年代，罗杰斯提出他的治疗假设：如果在治疗过程中，治疗师表现出三个核心条件，即无条件积极关注(unconditional positive regard)、共情理解(empathic understanding)、一致性(congruence)，来访者就会创造出积极的变化。1980年，在《论人的成长》中，罗杰斯总结到，随着时间的推移，他最终以更具概况性的"以人为中心"的提法取代了之前的"以来访者为中心"："我曾给它不同的命名——'非指导性咨询'、'来访者中心的治疗'、'以学生为 中心的教学'、'以团体为中心的指导'。"③（罗杰斯，1980）

顺便说一下，在一个20世纪50年代开始由心理学家艾森克发起直到80年代才得出结论的一系列有关心理治疗是否有效的研究中，人们得出的结论是：心理治疗是有效的，而导致心理治疗疗效的最重要的因素不是某个具体的治疗技

① ［美］Robert D. Nye：《三种心理学——弗洛伊德、斯金纳和罗杰斯的心理学理论》，石林、袁坤译，中国轻工业出版社2000年版，第122页。

② ［美］马斯洛等，林方主编：《人的潜能和价值》中罗杰斯1980年所写："我的人际关系哲学及其形成"，华夏出版社1987年版，第121页。

③ ［美］卡尔·罗杰斯：《论人的成长》（第二版），石孟磊、邹丹、张瑶瑶译，世界图书出版公司，Kindle版本，2018，Kindle位置1290-1294。

术，而在于是否采纳了“以人为中心”的医患关系这一“共同因素”。① 而“以人为中心”医患关系的重要性正是罗杰斯理论中最重要的部分，并且也是由罗杰斯首倡的。②

1961 年，美国人本主义心理学协会正式成立。同年，《人本主义心理学杂志》创刊。罗杰斯是该协会和杂志最初的创办者之一。

罗杰斯理论的第二个源泉来自于他的教学工作，他将在与患者工作过程中发现的“非指导式”(nondirective counseling)技术用于对学生的教学中，罗杰斯在教学实践中发现：“如果在治疗中可以依靠当事人自己的能力建设性地处理他自己的情况看，如果治疗师的目的就是为了释放当事人的那种能力，那么为什么不在教学中使用这一思想与方法呢？如果创造一种接受、理解和尊重的气氛就可以使所谓的治疗中的学习活动更有效地进行下去的话，那么它也一定是所谓教育的学习活动的基础。”③ 罗杰斯在教学中尝试的结果便是：他将其在治疗中提倡的“以来访者为中心”(client-centered)用在课堂上，并发展出“以学生为中心”(student-centered)的教学理论。

罗杰斯“以学生为中心”的教育理论对笔者教学方法的形成也产生了极为重要的影响，包括结合其“会心团体”的小组理论，笔者在教学中发展出的“以学生为中心”的教学模型是：

心理学理论介绍+核心人格特质的训练+调动学生的自我觉察和教育

以上教学模型中的第二和第三部分都是充分体现以学生的需要和学生的能动性为中心的部分。笔者教学模型的第一部分不符合罗杰斯的教育理论，而这也正是笔者与罗杰斯观点不同之处，笔者认为，教师有责任有义务如美国散文家、诗人、思想家爱默生所说“大学应当从远处收罗各种天才的每一道光线，聚集一堂，用这集中的火焰使年轻人的心燃烧起来”④。因此，理论知识的介绍是必要的，是带领学生站在巨人的肩上前行，而受过理论滋养的学生才是有持续发展的后劲的。

---

① 有兴趣的读者可以去查这几份资料：(1)［美］D. P. 萨库李，R. M. 卡普兰：《临床心理学》(1984)，黄衡玉、马玉良、张帆译，科技文献出版社 1993 年版，第 142~177 页。(2)［美］莫顿·亨顿：《心理学的故事》(1997)，(下卷)，李斯译，海南出版社 1999 年版，第 774~778 页。(3)［英国］约翰·麦克里奥德：《心理咨询导论》(1998)，潘洁译，上海社会科学院出版社 2006 年版，第 49~58 页。(4)［美］大卫·凯恩：《以人为中心心理治疗》(2010)，高剑婷、郭本禹译，安徽人民出版社 2012 年版，第 142~163 页。

②［美］卡尔·罗杰斯：《个人形成论——我的心理治疗观》(初版 1961，翻译版 1995)，杨广学、尤娜、潘福勤译，中国人民大学出版社 2004 年版，第 29~63 页。

③［美］卡尔·罗杰斯等：《当事人中心治疗——实践、运用和理论》，李孟潮、李迎潮译，中国人民大学出版社 2004 年版。

④［美］《爱默生选集》(Mark Van Doren 编辑版，1956)，张爱玲译，哈尔滨出版社 2003 年版，第 10 页。

罗杰斯"以学生为中心"的教育理论不仅在美国教育界而且在国际上都产生了重大的影响。尤其是其教学理论中的核心部分"人际关系学说"——其要点与心理治疗一样，特别强调教师要能够以"真诚透明"和"非指导"为首要理念作为师生关系中的核心——对国际教学改革运动产生了很大的影响。对此有评论家指出："罗杰斯'以学生为中心'的教学理论犹如一股旋风，既震撼着传统的教育殿堂，构成摧古拉朽之势，同时，也给人们带来了新的思考、新的力量和新的希望。"①（方展画，1990）

前面提到，再后来，罗杰斯又再次扩展了其理念，提出了更具概括性的"以人为中心"的理念(people-centered)。目前，罗杰斯这一"以人为中心"的理念已被广泛应用于医疗、学校教育、亲子关系、婚姻、管理等一切与人有关系的工作关系中。罗杰斯不仅十分注重实践，是心理治疗界中伟大的实践者，而且"早在20世纪40年代，罗杰斯就开始对以人为中心心理治疗的过程与效度进行研究并发表了成果，他是这方面的先驱。"②（大卫·凯恩，2010)作为一个有科学素养的人，罗杰斯在治疗过程中非常努力地做研究，以发现心理疾病及其康复的规律。他最看重的研究工具是对来访者治疗前后自我知觉变化情况进行测量的Q分类测验。③"罗杰斯不仅是第一个对治疗效果进行测量的人，而且还是第一个在治疗过程进行录音与摄影的人。"④罗杰斯所开创的用录音与摄影进行研究的方法在今天已经发展为用录像来进行，这些录像不仅可以用来分析来访者，同时也可以用以分析治疗师本身及其与来访者的互动过程，因此，罗杰斯同时又是在心理治疗界做出卓越贡献的理论家。

罗杰斯在读书中发现他自己在治疗中摸索出的新方法在理论基础上可以追溯到存在主义与人本主义哲学，这使他受到极大鼓舞。他在丹麦思想家克尔凯郭尔以及德国思想家马丁·布伯的影响下开始关注中国哲学家老子的哲学观，并从中受到很多启发，其中最重要的一点就是，他不仅更加信任并且尊重患者的经验，而且开始学习信任、尊重和珍惜他自己个人的经验和感情，学习尽可能不去干

---

① 方展画：《罗杰斯"以学生为中心"教学理论述评》，教育科学出版社1990年版，第8页。

② ［美］大卫·凯恩：《以人为中心心理治疗》，高剑婷、郭本禹译，安徽人民出版社2012年版，第8页。

③ 有人认为Q分类测验是罗杰斯设计的量表，如［美］弗兰克·J. 布鲁诺：《通向心理健康的7条路》，王晶译，上海文化出版社1988年版，第85页。但是张春兴的《张氏心理学词典》(第522页)上"Q分类测验"是斯提芬生在1953年提出的；Duane P. Schultz & Sydney Ellen Schultz的《人格心理学》中(第345页)谈道："罗杰斯并没有发展出任何测验"；B. R. 郝根汉的《现代人格心理学历史导引》(第211页)中的有关提法是："……一种在罗杰斯看来最有用的这类技术之一是Q—分类技术"；在罗杰斯自己的著作《个人形成论》(第215页)中，罗杰斯自己的提法是："为了获得当事人自我知觉的客观指标，我们使用了新近设计的、由斯提芬森1953年加以改进的Q技术。"

④ ［美］B. R. 郝根汉：《现代人格心理学历史导引》，文一、郑雪、郑敦淳译，河北人民出版社1988年版，第214页。

预，而只是去听从规律——人们往往称之为“内在呼声”的引导(马斯洛称之为“道家的倾听”)。

20世纪60年代，受美国社会心理学家勒温“国家训练实验室”(NTL, National Training Laboratoy)[①]中T小组(train group)的影响，罗杰斯开创了“会心小组”(encounter group，又译：会心团体，相遇小组)——一种凭借实际体验促进个人成长并改进、发展人与人之间交流关系的团体组织。按照罗杰斯自己的说法：“‘会心团体’能促使人更加独立，更开放地感受，更愿意改革创新，更反对组织僵化。”[②] 罗杰斯不仅将勒温发展出的团体训练理论运用到心理治疗的患者中，而且用于普通人群的人际关系促进中，他所开启的“会心小组”不仅在美国本土，而且后来曾一度风行欧洲和亚洲，当然“铁幕后的国家”[③] 除外。

罗杰斯是在其心理治疗过程中发展出他的健康人格观的，他将勒温的团体理论用于治疗之外即是他为推进美国普通人身心健康的重要尝试。他不仅以极大的热情投身到帮助美国公众实现健康人格的大众性活动中，而且他还凭借其对美好人性的坚定信念，将其理论运用于推进地区与世界和平。

罗杰斯在其生命的最后10年对社会问题尤其是世界和平问题产生了越来越强烈的关注，他把自己的方法运用于政治，帮助训练政策制定者、领导者，帮助他们学会从他人的角度看问题，使他们明白他人并不是自己的对立者。他在自己女儿娜塔莉·罗杰斯和同事的协助下发起了一系列以有效促进人际关系为目标的大型工作坊[④]，他不仅在美国协助解决劳资冲突，而且他在自己80高龄之后还为推进和平而到世界各地旅行，他到中东地区和北爱尔兰帮助解决宗教冲突，到南非帮助解决种族冲突，他最后一次旅行是他85岁时到苏联的访问，与苏联的心理学家和教育家重点交流人本主义以人为中心的教育理念，在那里，他为促进铁幕内外两个阵营的沟通与了解做了很有影响力的工作。此外，他还在国家与国家之间举办促进彼此了解的大工作坊。美国《洛杉矶时报》1985年12月11号的一篇题为“世界外交官得到锻炼——罗杰斯和平工作坊”的报道中，详细介绍了83岁的罗杰斯及其同事在奥地利维也纳和平会议上主持的一个名为“面对中美洲的挑战”的工作坊[⑤]，其中来自17个国家的参与者会面，在工作坊中大家渐渐解除戒备，学习彼此倾听。

---

① 勒温主持的美国国家训练实验室建于20世纪40年代中晚期。

② [美] 卡尔·罗杰斯：《卡尔．罗杰斯论会心团体》，张宝蕊译，中国人民大学出版社2006年版，第3页。

③ 第二次世界大战后，西方国家用来特指包括苏联、东欧和中国在内的社会主义国家。

④ 工作坊，英文：workshop，又译专题讨论会，研究会等，通常是有关某个主题的理论学习和大量相关的实际操作训练。

⑤ http：//articles. latimes. com/1985-12-11/news/vw-1185_ 1_ csp：‘World Diplomats Get a Workout at Rogers' Workshop’, by EDITH H. FINE and JUDITH P. JOSEPHSON December 11，1985.

罗杰斯作为一个心理治疗家，不仅在心理治疗方面做出了重大的贡献，而且身体力行，为建设美好世界做了很多的工作，为我们树立了具有浓厚社会兴趣和高度社会责任感的榜样。目前，罗杰斯的影响远远超出了心理治疗领域，在教育界、机构管理、冲突解决、全球和平促进等方面都发生着积极的作用。因此，他被视作20世纪最有影响力的美国心理治疗家。“罗杰斯证明了，用以人为中心的冲突解决方法来缓解族群矛盾、推动跨文化交流、克服地区紧张局势、促进国际和平是可行的。罗杰斯已经成为好几代救助行业工作人员的典范。”①（霍华德，2008）

目前，罗杰斯的著作被译成20多种语言，在世界范围内广泛流传。即使在21世纪的今天，在心理治疗领域，罗杰斯“以人为中心”的理论仍然具有巨大的影响力。笔者的观点，一个心理治疗师，不论他秉持什么样的治疗技术，如果他想做好自己的专业工作，都需要确立“以人为中心”的治疗理念。做老师亦然，无论他教什么课程，“以学生为中心”都是基本的教学理念，在这样的治疗与教育哲学观下，一个治疗师或者一个教师才有可能成为能够促进其来访者或学生健康成长的专业人员。

谈到罗杰斯对心理学的贡献，还有一个资料值得注意：2002年“Steven J. Haggbloom等人根据期刊引用、教科书引用和问卷调查（调查对象为1 725名美国心理学会会员）等，对20世纪前100名心理学家进行了排名。其中卡尔·罗杰斯名列第六！”② 罗杰斯不仅影响了全世界无数的心理治疗家和教育家，而且他渴望推进世界和平的未竟事业也因他的学生马歇尔·卢森堡（Marshall B. Rosenberg）博士的努力而结出了丰硕的果实——那就是他在全球推广的《非暴力沟通》的理念与实践，这位罗杰斯的弟子不仅教会人们如何使个人的生活更加和谐美好，同时解决了众多世界范围内的冲突和争端。③

罗杰斯生前曾经获得很多奖项，其中包括美国心理学会两度授予的杰出科学贡献奖以及美国心理学会心理治疗协会授予的奖项。1987年1月28号，罗杰斯被提名诺贝尔和平奖，提名辞这样写道：“……鉴于您在中美洲、南非和北爱尔兰的工作，值得郑重考虑授予您诺贝尔和平奖。”④ 不幸的是，仅仅几天后的2月4号，罗杰斯去世，享年85岁。

---

① ［美］霍华德·基尔申鲍姆：《卡尔·罗杰斯传记》，Kindle位置11288-11289，熊然译，中央编译出版社，Kindle版本，2016年。

② 转引自孙晓敏、张厚粲：“20世纪最著名的100位心理学家”，《心理科学进展》，2003年第11卷第二期，第183页。

③ ［美］马歇尔·卢森堡《非暴力沟通》，阮胤华译，华夏出版社2009年版，第10页。另见非暴力沟通官网：http：//www.cnvc.org/。

④ ［美］卡尔·罗杰斯，杰罗姆·弗赖伯格：《自由学习》（第3版）作者介绍，（Kindle位置29-31），王烨晖译，伍新春校，人民邮电出版社，Kindle版本，2015年。

彼得·科雷莫在为罗杰斯的著作所写的序中谈道："他仔细聆听别人，也聆听自己。这种全神贯注地聆听有利于促进个人的成长，也有利于我们思考这个宏大的理论问题：成为一个人究竟意味着什么？"① 现在，让我们在聆听罗杰斯有关人的发现的过程中聆听自己，从而为解决我们所有人所面临的这个宏大问题——成为一个人究竟意味着什么？——而得出属于自己的答案！

第二节 罗杰斯的健康人格概念

罗杰斯理论中的健康人格直译是"充分起作用的人"（the fully-functioning person，又译："功能完备的人"、"功能完善的人"）。罗杰斯有一个很重要的观点："充分起作用"或者说"健康人格"不是人的固定状态，而是一种理想状态；不是结果，而是一种方向和过程。所以，我们也应从动态的角度去理解罗杰斯有关健康人格的概念。他认为，充分起作用或者说具有健康人格的人有如下特点。

一、对一切经验持开放态度

对一切经验持开放态度是指对经验不设边界，用罗杰斯的话说就是："如果是一个对自身经验保持开放的人，每个起源于有机体内部的或来自于外部环境的刺激，都会通过神经系统自由地传递，而不会受到防御机制的扭曲。不需要靠潜知觉机制来为有机体可能遭到任何经验威胁其自我结构作预警。相反，无论刺激是来自于环境中形状、颜色或声音的组合对感觉神经的影响，还是来自于过去的记忆痕迹，或是来自恐惧、喜悦或沮丧带来的生理反应，这样的人都能够坦然接受它，让它处在完全可觉知状态。"②（罗杰斯，弗赖伯格，1994）

人的早年经历、创伤、文化背景、所在国家与地区、自然环境等都会影响人对经验的态度，使人或开放或封闭，或灵活或僵化。对经验持开放的态度，就是指能真实、坦然地觉察并且接受自己身体、情绪和思想的变化，不抗拒，不否认、不防御、不排斥，不抵触，不羞愧。接纳和尊重自己身心所经历的一切，累了就是累了，不高兴就是不高兴了，害怕了就是害怕了——而相反的防御反应则是：我怎

---

① ［美］卡尔·罗杰斯：《个人形成论——我的心理治疗观》，杨广学、尤娜、潘福勤译，中国人民大学出版社 2004 年版，导言第 6 页。

② ［美］卡尔·罗杰斯、杰罗姆·弗赖伯格：《自由学习》（第 3 版）（Kindle 位置 5467-5471），王烨晖译，伍新春校，人民邮电出版社，Kindle 版本，2015 年。本书作者注：此书第一版成于 1969 年，1983 年罗杰斯出版了这本书的第二版。1994 年，在罗杰斯女儿的邀请下，杰罗姆·弗赖伯格对此书做了补充修订，因此，凡是经杰罗姆·弗赖伯格补充的引言，就会在后面注上（罗杰斯，弗赖伯格，1994）。

么可以累？我怎么可以不高兴？我怎么可以害怕？——接受这一切，同时朝着我们希望的方向努力。当一个人真正对经验持开放态度之后，会有更高的敏感，更准确的直觉。因此更能够善待自己，也能将更多的能量用于成长和发展。

充分起作用的人由于其开放性，他们的人格也富有灵活性、积极性和创造性。他们不会被很多预设的观念所影响，不会先入为主地进行当下的认知，而是实事求是地体验当下，因此，他能够看到事物的更多面向，如“好人可以办错事甚至坏事”（对应的前设往往是“好人只会办好事”），再如“单纯的人也可以很聪明并且丰富”（对应的前设往往是“单纯的人都很傻，很乏味”），又如“男性也可以有女性的温柔”（对应的前设是：“温柔只属于女性”）。罗杰斯对此有一段非常精彩的阐述：“我们用另外一种方式来描述对经验的开放性。它意味着概念、信念、认知和假设都不是僵化的，其界限是可以逾越的；它意味着，当真正存在模糊不清的意义时，个人能够容忍其存在；它意味着个人有能力接受非常矛盾的信息，而不是强迫自己对这种情形拒之于门外；它意味着普通语义学家所谓的‘外延扩展的取向’。”① （罗杰斯，1961）

充分起作用的人解除了思想上种种观点的束缚和限制，因此能不带任何成见地、尽可能客观地看待并且体验世界，他们不仅能以开放的态度对待自己的弱点，也可以坦然欣赏自己的优点。而在与他人相处时，这些充分起作用的人能以客观现实的态度与别人交往，并随时准备向他人学习。与人交往中，他们的防御机制很少被激活，因为他们的自我接纳使他们很少体验到需要调动防御机制的焦虑，并使他们既能容忍现实中的模糊性，也能容忍不同的观点。最重要的是，“那些与自己的经验产生联结的个体，会更加重视真诚、独立、自我指导、自我认识、社会反应性、社会责任以及充满爱的人际关系。我最后得出的结论是，当个体逐渐获得心理成熟，或者更确切地说，当个体对自己的经验 保持开放时，一种具有普适性的新价值观就可能出现。这种价值取向似乎更有 利于个体和他人的提升，有利于积极的进化过程。”② （罗杰斯，1964）

2020 年，在中国抗击新冠疫情中做出特殊贡献的钟南山和张宏文等医生都是与自己的经验产生连接的典范，他们依据多年的医学经验，在抗疫初期做出的种种重大决定为中国的平安做出了巨大的贡献。③

---

① ［美］卡尔·罗杰斯：《个人形成论——我的心理治疗观》，杨广学、尤娜、潘福勤译，中国人民大学出版社 2004 年版，第 323 页。

② ［美］卡尔·罗杰斯、杰罗姆·弗赖伯格：《自由学习》（第 3 版），Kindle 位置 5097—5104，王烨晖译，伍新春校。北京：人民邮电出版社，Kindle 版本，2015 年。

③ 见【财新网】（实习记者 冯茗铭）10 月 23 日：“中国之外已有 215 个国家和地区有感染病例，累计确诊 42111163（4211 万）例，较昨日新增 60.4 万例，死亡 1139020 例（113 万），较昨日新增 7290 例。全球累计确诊病例破万的国家和地区已有 109 个”。笔者另注：众所周知，我们中国的新冠疫情早已得到控制，在刚过去不久的十一国庆长假周中，中国国内游客有 6 亿多人次！

充分起作用的人这种对经验的开放和不设边界与心理疾病患者的防御反应恰好相对应。罗杰斯是在他的临床治疗中发展出他的人格理论的，因此他很自然地会对照心理疾病的情况。缺乏心理健康或说未能充分起作用的人的防御性过高，对人对己的戒备与清规戒律太多，因而缺乏吸收和认识经验的能力。比如林黛玉就是一个有高防御反应的人，因此她在遇到事情的时候往往会表现出很多的投射。再如契科夫笔下的那个“装在套子里的人”，他的防御更高一级。而我们今天的心理疾病患者，其典型特征之一就是有很高的防御反应。

当然，一个人不会无缘无故地就具有较高甚至过度的防御反应，这一定与他们的早年经历有关（通常都是创伤经历），因此，帮助他们学会对经验持开放态度，是促进他们走向心理健康的重要途径之一。如果用罗杰斯的一家之言来解释，现在普通人群中其实也存在具有较高防御反应的人，其表现之一是，成天忙忙碌碌地停不下来，看起来对信息、对新事物完全开放，什么新潮一定赶什么。但是在这些场景中自己究竟看到了什么，听到了什么，体验到了什么，感觉到了什么？很多人一方面感慨自己的时间被网络和微信碎片化了，一方面又欲罢不能地继续通过不断发微信转发朋友圈，通过晒各种生活场景的相片刷存在感。与此同时，不少人对经典、对传统、对理想主义等则持不够开放甚至是完全拒绝的态度（这也是去圣化的表现之一）。

这种通过过度体验某一种经历而忽视甚至漠视其他经历的防御反应，其原因之一就是因为这些人害怕面对自己，不敢和自己独处或者是因为他们不知道自己需要留出与自己相处的时间和空间（阅读经典也是一种与自己独处的方式）。前几年曾经有一本很流行的书，提倡《给你自己一分钟》，当然，这里的“一分钟”是一个象征，和这几年社会中倡导的“慢生活”主张是一样的，都是要人们能够放慢脚步。如果用罗杰斯的理念来看，不论是多给自己一分钟，还是慢生活，它们不仅能促进人的身心健康，能让人有更多的时间与自己相处，同时也提供了让我们细细体验生活、对我们的人生经验完全开放的重要机会。

二、存在主义地生活（活在当下）

存在主义（Existentialism）是 19 世纪诞生的一个哲学流派，其先驱可以追溯到苏格拉底、蒙太涅和巴斯卡[①]等哲学家，但其鼻祖当属克尔凯郭尔（1813—1855），存在主义哲学的其他重要代表人物包括尼采、雅斯贝尔斯、海德格尔、保罗·萨特和作家加缪。这个哲学流派强调个人的独立自主和主观经验。存在主义哲学的核心概念是：自由选择、责任担当。“存在主义的核心思想是什么呢？是自由承担责任的绝对性质，通过自由承担责任，任何人在体现一种人类类型

① ［美］《简明不列颠百科全书》（第 15 版），第二卷，中国大百科全书出版社 1985 年版，第 340 页。

时，也体现了自己——重要的承担责任，不论对什么人，也不管在任何时代，始终是可以理解的——以及因这种绝对承担责任而产生的对文化模式的相对性影响。”[①]（萨特，1980）换言之，存在主义提倡人要真诚而勇敢地面对自身，选择成为自己，并承担选择的结果。由于存在主义非常贴近生活，始终关怀人的生存状况，因此有学者称其为“作为一种生活方式的哲学”[②]。存在主义哲学在20世纪流传非常广泛，其哲学思想延续到了20世纪60年代兴起的人本主义心理学。

“人本主义心理学指心理学理论中，除精神分析与行为论之外的一派新兴理论。因此，人本心理学号称心理学中的第三种势力。……人本主义心理学研究的目的是助长个人健康发展、自我实现以至造福社会。”[③] 人本主义心理学的代表人物包括：马斯洛、罗杰斯、罗洛·梅、帕尔斯、弗兰克、伯恩以及仍然在世的欧文·亚隆等。由于存在主义哲学的影响，这些杰出的人本主义心理学家中除马斯洛外[④]，都发展出自身的存在—人本主义治疗体系或思想。有学者提出：“存在式的人本主义是具有美国特色的混合物，它结合了存在主义对人类限制性的重视和人本主义对人类可能性的强调。……因此，存在—人本主义治疗包含了三条价值观念：自由（在人类限制的条件下成长），经验反省（与成长中的挑战进行斗争），责任（对成长的结果做出行动或回应）。”[⑤]（奥拉·克鲁格，2010）

罗杰斯所提倡的“存在主义地生活”是指“充分生活在存在的每一个瞬间。……对发生在此刻的事情敞开你的心灵，去发现那个当前的过程，不管它看来有什么结构。”[⑥]（罗杰斯，1961）罗杰斯的这个提法类似于帕尔斯所提倡的“生活在此时此地”，其要点是：强调注重当前而非生活在别处，坚持人要与现实接触，要生活在此时此地，而非过去或者未来，过去已经过去了，未来还没有发生，只有当下的此时此刻是一个人唯一拥有并且把握的现实。

“存在主义地生活”其实是前面所述“对一切经验持开放态度”的另一种表现形式，是要人们能够“活在当下”，在当下的每时每刻充分体验和觉察，并对当前的生活负责。“存在主义地生活”这个理念帮助人摆脱由过去或者未来引起的困扰，使人能够集中精力在当前的时刻。就如罗杰斯和弗赖伯格所描述的：

---

① ［法］让·保罗·萨特：《存在主义是一种人道主义》，周熙良、汤永宽译，译文出版社1988年版，第23页。

② ［美］托马斯·R，弗林：《存在主义简论》，莫伟民译，外语教学与研究出版社2008年版，第7页。

③ 张春兴：《张氏心理学辞典》，上海辞书出版社1992年版，第308页。

④ 马斯洛间或向学生提供心理咨询并发展出自己的一些有效的咨询法，但他本人不是有执照的心理治疗家。见［美］爱德华·霍夫曼：《做人的权利——马斯洛传》，许金声译，改革出版社1998年版，第159~161页。

⑤ ［美］柯克·施耐德，奥拉·克鲁格：《存在—人本主义治疗》，郭本禹、余言、马明伟译，安徽人民出版社2012年版，第7页。

⑥ ［美］卡尔·罗杰斯：《个人形成论——我的心理治疗观》，杨广学、尤娜、潘福勤译，中国人民大学出版社2004年版，第175页。

“他完全融入做自己和成为自己的过程中，并且发现自己具有健全和符合现实的社会性；他完全地活在当下，但又知道这对任何时刻来说都是最健全的活法。他是一个功能完善的有机体：由于对他自己——那个自由地、顺应地漂流在他的经验之中的自己——的觉知，他成为一个功能完善的人。”①（罗杰斯，弗赖伯格，1994）

目前的后工业化社会出现了一种很诡异的现象：看起来网络和高科技产品极大地提高了工作和生活效率，但是人不仅没有因此而变得放松和轻松，反倒变得更为忙碌甚至忙乱。这种状态下，“生活”似乎成为一种奢侈品，成为需要“等有时间”才可以去做的事。在使人窒息般的快节奏中，为了不被“OUT”，当前很多中国人，不分年龄、阶层，比以往任何时代都更齐心协力地赶潮流，都在按别人的愿望、速度和时间表过自己的人生。

举例说，在北京这个大城市中，无论何时何地，地铁里、公交车上、饭店里甚至图书馆和教室里，放眼望去，到处都是每分每秒不让自己闲着的人，眼不离手机，耳不离耳机，大家被网络、被手机、被微信、被潮流裹挟——学习、工作、用餐、聚会、旅游，甚至很多很隐私都要拿到微信上晒。表面看起来大家似乎都生活在此时此刻，都“生活在存在的每一个瞬间”，其实不然。因为有经历无体验，经历就无法成为经验。大多数时候，这些看起来无时无刻都要和别人分享个人经历的行为是逃避自由的一种表现——逃避自由地体验、逃避自由地思考、逃避自由地做决定。

笔者的观点：经验=经历+体验+思考+提炼。人在经历中体验自己的情感，是将无意识调到意识层面的方法之一，也是自我认识的途径之一。对自身情绪情感的体验会自然地引导人走向思考，并最终走向自我认识和自我选择。有些人为了避免思考以及思考后的选择，于无意识或者意识中选择放弃体验而只要经历，而这种不选择是另外一种选择，是一种总有一天会让人处于别无选择境地的消极选择。在这整个的逃避过程中，我们是在用无限的经历淹没自己。而无数次拖延做出积极选择的结果，往往是到有一天惊觉自己由于年龄、身体状况、内外资源的匮乏等各种主客观原因已陷入几乎别无选择的境地。于是，才会有那么多临终者在思考自己人生的时候罗列出那么多让自己后悔的事，而名列第一、第二的便是：“没做自己想做的事”和“没有实现自己的梦想。”②

存在—人本主义心理学的主要理论前提是：人都有向上向善的无限发展的愿

① [美] 卡尔·罗杰斯、杰罗姆·弗赖伯格：《自由学习》（第3版），王烨晖译，伍新春校，人民邮电出版社，Kindle版本，2015年，Kindle位置5578-5581。本书作者注：此书第一版成于1969年，1983年罗杰斯出版了这本书的第二版。1994年，在罗杰斯女儿的邀请下，杰罗姆·弗赖伯格对此书做了补充修订，因此，凡是经杰罗姆·弗赖伯格补充的引言，就会在后面注上(罗杰斯，弗赖伯格，1994)。

② [日] 大津秀一：《换个活法：临终前会后悔的25件事》，语妍译，中信出版社2010年版，第11页。

望和潜能，因此，只要一个人能够负责任地对待此时此刻，他就能够从眼前走出远行的路。在此，“负责任”是一个关键词。负责任地生活，负责任地感受，负责任地表达，负责任地将今天的经验与昨天的经验做对比总结，负责任地让自己适应经验而不是让经验适应自己，负责任地选择并承担选择的后果。反过来说，就是不通过躲在“拖延”、“找借口”、“刷发微信”、“跟潮流”、“随大流”甚至是“成瘾行为”中而逃避属于自己的经历和体验。

以大学生活为例，“存在主义地生活”意味着：全心全意地体验当下的学习生活，既不再为没有考上理想的院校或者专业而烦恼，也不把精力锁定在将来是否能够找到“前(钱)途远大”的工作上，不把学习当作手段，不把绩点当作目标，而把学习和思考当作生活的内容。具体说就是在全心全意地听课、学习和阅读经典中去认识自己，发现自己的潜能，找到最适合自己成长和发展的方向。否则，今天我们如果仅仅把学习当作手段，明天我们就有可能把工作也仅仅当作一种手段。本来大学生到学校深造是为了更好地认识自己并实现自己的潜能，结果人却成了绩点的奴隶，久而久之，不仅学习甚至生活都会被异化为一种手段。真到了那时候，我们都会不认识自己了。笔者在咨询个案中听到的类似表达就是：“我把自己搞丢了”，或者“我觉得我不像我自己了”，再或者“我不喜欢甚至是讨厌现在的我自己”。

最近《三联生活周刊》上有篇文章，标题是：“顶尖高校：绩点考核下的人生突围”，其摘要如下：“在大学里，学生因‘内卷’[①]而迷茫，教师因找不到潜心治学的学生而苦恼。中国两所顶尖高校发生的困境是：揭开漂亮的指标、体面的成功，这些中国最聪明的年轻人在极度竞争中，成功压倒成长，同伴彼此 PK，精疲力竭。在古典教育中，教育最重要的功能是‘认识自己’，但在现代社会，教育被赋予了‘改变命运’的使命。在我们过去几十年的发展里，用教育实现阶层跃升已经成为一种惯性思维。”[②]这段文字十分准确地概述了当今中国高等教育中的异化现象与问题，非常值得高校师生认真思考并做出建设性调整。当然，如果中国高等教育制度能够先有所改变最好，但是如果我们每一位老师和同学都要等到制度调整然后才肯做出自己的改变，那损失的就是我们每一个人自己的时间和对教育的信仰。因此，今天的中国高等教育，不论是制度还是个人，都

---

① “内卷”（involution）最初由美国学者戈登威泽（Alexander Goldenweiser）和格尔茨（Cliford Geertz）分别用于对文化模式和农业经济的分析。“在戈登威泽和格尔茨那里可以清楚地看到，‘内卷化’的基本含义是指系统在外部扩张条件受到严格限定的条件下，内部不断精细化和复杂化的过程”。见：刘世定、邱泽奇：“‘内卷化’概念辨析”，《社会学研究》，2004 年第 5 期，第 109 页。本书作者补充：近几年，“内卷”的说法被广泛运用，在三联这篇文章的语境下，内卷用知乎中的一个解释更通俗：“所谓内卷，指一种社会（文化模式）某一发展阶段达到某种确定的形式之后，这种形式便停滞不前，难以转化为另一种高级模式的现象，从而把自我锁死在低水平状态上，周而复始地循环。”

② 徐菁菁主笔：“顶尖高校：绩点考核下的人生突围”，《三联生活周刊》，2020 年第 37 期。

更应该强调存在主义地生活，就是不论你在哪个阶段，不论你在哪种工作岗位，不论你是谁，都能够充分体验当下的生活并且承担当下的责任，能把学习、工作与生活融为一体，知道它们都不是手段，它们都是目标之一。无论何时何地，都能够从自身当下的学习、工作与生活中汲取新的经验和资源，将之整合到自己的人格中以促进个人的成长，从而让自己的人生进入良性循环。

三、对机体日益增长的信任

罗杰斯在自己的临床实践中发现，很多人在面临选择或者决策时，往往会去寻求并且依赖他人或者权威的判断与指导，但是在咨询过程中，很多来访者发现："如果他们对经验开放的程度不断增长，做'感觉正确'的事情，这对真正令人满意的行为来说，可以证明是一种适当的和值得信任的指南"①（罗杰斯，1961）罗杰斯在此指的是对自身感觉、直觉和经验有充分的信任，必要时能不受约束地按照瞬间的直觉且不受外界的影响自发行动。比如安徒生笔下《皇帝的新衣》中的那个男孩儿，他不仅对经验持开放的态度，而且他无比坚定地信赖自己，所以他才会大声地喊出他在那一刻感受到的事实真相："可是，那个皇帝的身上根本没有衣服啊！"

前面谈到罗杰斯视经验为最高权威，他认为，如果经验认为是对的，那就是对的。尽管这个观点有其绝对之处——在当前这个瞬息万变的高科技与网络时代，经验的局限性比以往任何时代都更明显，此外，罗杰斯的这个提法在操作上也有问题，因为直觉不那么容易把握——但是，这个提法仍然是有其价值的。

现在我们需要首先澄清罗杰斯所说的"感觉正确"（在其他时候他用的是"直觉能力"的提法）这个概念，初看起来，"感觉正确"是一件很玄妙的、难以把握的事。比如一个吸毒者说："我感觉吸毒能让我快乐，所以我要吸毒"，另一个人说："我感觉上课或上班太累，所以我决定将来考试的时候我抄作业"，或者："我感觉活着不快乐，所以我要自伤"等，但是这类情况并不符合罗杰斯所说的"感觉正确"。罗杰斯的"感觉正确"或者"按照直觉行动"是有其理论前提的，那就是：每个人都有自性②并具有自性实现（self acutalizing）的倾向，因此，如果一个人对经验开放并且是存在主义地生活的，那么他内在的自性一定会对他做出符合成长方向的指导，使他在关键时刻能够朝着成长的方向做出正确的选择，而上面所举的例子只是任性妄为而非听从内心指引。

---

① ［美］卡尔·罗杰斯：《个人形成论——我的心理治疗观》，杨广学、尤娜、潘福勤译，中国人民大学出版社2004年版，第176页。

② 在荣格那章，我们曾经谈到"self"这个概念的译文有自身、自我和自性（自身的神性），以往国内大多译为自我，因此"self acutalizing"被译为自我实现。笔者认为，自性（自身的神性）最接近这些心理治疗大家想要表达的本义，因此，本书采用自性的译法。

罗杰斯具备存在—人本主义哲学观，他对人的看法十分积极。他坚信人都是向上向善的，因此都可以自己引导自己。坚信当一个人信任自己并按照直觉和经验去自发地行动时，总能做出最好的选择。因为健康的人能全面接收信息并建设性地发挥自己的潜能，所以必要时就可以不依赖推理的过程而仅凭直觉和经验就做出最恰当的选择。罗杰斯的这个观点可以首先用身体的自调节和自愈力加以证实。早在1932年，美国生理学家坎农就在其《躯体的智慧》一书中谈道："体内存在着针对扰乱的内外条件而设置的维持稳定的极好装置，有防御敌人——包括野兽和镜下细菌——以保护自身安全的出色防备，以及在结构强度和机能负荷上有着超出通常需要以上的非常宽绰的界限。当我们为疾病所恼，并且我们机体的力量似乎不足时，我们应当想到这些时刻准备为机体利益而工作的保护和康复的力量。"① 今天中西医学及其神经生物学研究中有关身心自调节和自愈的成果也进一步证实了坎农及其他学者当年的发现。

不仅躯体，心理上同样存在着与生俱来的自调节与自愈力，因为人体是一个自组织系统，在系统自主规律的作用下，躯体和心理同样具有自组织、自调节功能，这种功能发生作用，于是导致动态平衡——机体的自愈。就如同我们前面介绍的弗洛伊德的自我心理防御机制，它就是典型的心理自调节系统。它在人们感觉过度焦虑时就会自发启动，帮助人缓解焦虑，使人能够有效应对现实困境。这点我们还可以用荣格的集体无意识说加以证明。人类在进化过程中，其集体无意识中的良知系统、应变能力、解决问题的能力等都已经发育得十分成熟，而一个具有健康人格的人更是如此，他已经进入"随心所欲，不逾矩"的境界，所以他可以完全信赖自己的直觉和经验。

健康的人不仅信任自己，懂得尊重和服从自己内心的声音，而且能够始终忠实于自己。而当一个人坚持说只有环境存在问题时，他是在按照别人的经验而非自己生命的提示在生活。就倾听内心的呼声而言，苹果公司创办人之一乔布斯可以作为一个学习榜样。乔布斯2005年6月12号在斯坦福大学毕业典礼上的演讲中谈到的一段话非常形象地体现了"跟着心走，跟着直觉走"的状态："……我确信我爱我所做的事情，这就是这些年来支持我继续走下去的唯一理由。你得找出你的最爱，工作上是如此，人生伴侣也是如此。……如果你还没找到这些事，继续找，别停顿。尽你全心全力，你知道你一定会找到。……在你找到之前，继续找，别停顿。……你们的时间有限，所以不要浪费时间活在别人的生活里。不要被教条所局限——盲从教条就是活在别人思考结果里。不要让别人的意见淹没了你内在的心声。最重要的，拥有追随自己内心与直觉的勇气，你的内心与直觉多少已经知道你真正想要成为什么样的人，任何其他事物都是次要的。"②

---

① ［美］坎农著：《躯体的智慧》，范岳年、魏有仁译，商务印书馆1985年版，第148页。

② 见凤凰网：http：//news. ifeng. com/world/detail_ 2011_ 10/06/9658800_ 0. shtml。

从操作上看，能够让一个人在“任性妄为”和“听从内心自性的指导”之间做出区分的重要线索是：你即将采取的行动是有利于你的持续发展还是只能让你“逞一时之快”？比如，你的决定会不会伤及自己或周围人？如果你的决定会伤到自己或周围人，那么从长远看，是不利于你的持续发展的。本质上看，这就要用到我们的底线伦理。因此，就个人而言，我们在面临以下情况时就要有必要的警觉，即：当我们努力说服自己做一件我们的第一反应认为不应该做的事情时，或者我们努力为自己所做的某件事找理由时，意味着我们有可能正处在违背自己机体的状态中，同时我们的自性正努力让我们回归正道做人的轨迹。

缺乏心理健康的人由于防御性过强，只知按教条行事，往往漠视自己的机体，过分关注社会舆论，加之平时封闭和缺乏对社会的全面了解，因此在需要做决定时，通常只重理性而忽略情感需要和自身的经验——用罗杰斯的话说就是：不信任自己的机体，不懂得倾听自己内心的呼声——结果往往可能会做出违反自身神性的决定，或者在关键时刻只知人云亦云，不敢特立独行，因而坐失成长良机。

还要说明的是，罗杰斯所说可以信任自己的机体，是相对于一个成熟健康的人而言的，大多数青少年在身心方面都未曾全面成熟，主要的社会化任务尚待完成，因此很有可能混淆“充分信任自己的机体”与“为所欲为”，这是需要我们特别警觉的，同时也需要我们懂得充分利用身边的资源：不仅懂得站在巨人的肩上，也就是在阅读经典、传记中获取成长的养料，而且要多听取父母、老师、前辈、学长的指点，否则就会南辕北辙，辜负自己的机体和内在的神性。

四、具有自由感

我们先来看罗杰斯有关自由的定义：“让我试着给自由下一个定义。首先，我所说的自由，从本质上讲是人的一种内在的东西；而不是人们常说的‘有多少种可供选择的事物或出路’那样的外部因素或条件。我所说的自由是维克多·弗兰克尔描述其集中营经历时所说的那种自由。”（罗杰斯，弗赖伯格，1994）[①]大家一定还记得前面介绍的弗兰克有关自由的论述：在任何情况下人都有选择自己态度的自由。罗杰斯的进一步论述是：“自由的人自愿地、自由地、负责任地在一个领域中扮演重要的角色，所有事件都是由其自发的选择和意志来决定的。……我把它看作存在于主观个人内在的自由，一种有勇气活出自身潜力的自由。”（罗杰斯，弗赖伯格，1994）[②]罗杰斯和弗赖伯格强调人主观上是自由

① ［美］卡尔·罗杰斯、杰罗姆·弗赖伯格：《自由学习》（第3版），王烨晖译，伍新春校，北京：人民邮电出版社，Kindle版本，2015年，Kindle位置5279-5281。

② ［美］卡尔·罗杰斯、杰罗姆·弗赖伯格：《自由学习》（第3版），王烨晖译，伍新春校，人民邮电出版社，Kindle版本，2015年，Kindle位置5291-6998。

的，每个人的选择和责任塑造着人自己的生活，因此，每个人都是自己的缔造者。

罗杰斯所谓的自由感，包括以下几个方面，一是能够更加自由地体验自己的经历，二是当需要做决定时，充分起作用的人因为信任自己的直觉和经验，可以自由地做出对个人成长有利的选择，同时能对自己的选择负责。罗杰斯所说的心理健康或者说充分起作用的人的“信任自己的直觉和经验”是有前提的，即作为一个充分起作用的人的自性实现者，他们已经具有道德健康这个基本特质。他们的所作所为都基于一个基本的前提，即：不仅懂得做人的底线是决不以任何理由伤害他人，而且知道与他人合作和共享。

要知道，任何一个健康发展的社会都不可能允许完全的行为自由。人只有思想的自由，没有行动的自由，完全的自由对人对己都只能是灾难。这在任何时代和任何社会都是一样的。社会是人与人组成的社会。如果在一个社会中，人人都只按他自己的想法去做事，社会就无法正常运转，因为很多时候别人也在渴求我们所渴求的东西。人人都为了自己所渴求的东西为所欲为，这个世界就会乱套，其最终结果就是人人都会受伤。

正如卢梭所说：“人是生而自由的，却又无往不在枷锁之中”①，因为为了社会的稳定和发展，我们每个人都以一定的自我约束去与社会交换做一个公民的权利，这就是卢梭所称的：社会契约。如果一个成人不肯自律，那么就有可能被社会剥夺其公民的权利。所以，人有思想的自由，却没有行为的自由。因为任何思想或念头，只要不变作行为，就不会给他人或社会造成影响，就不会妨碍社会的正常运转。而行为不然，它会造成实际的影响，如果它造成的是违背社会规则的影响，就有可能受社会的强制约束。

自由是一个与责任紧密相连的概念，操作上看，自由则是一个与自律密切相关的概念，自律的人才拥有真正的自由。因此，从大概率上看，绝大多数人30岁之后能否有大的成长和发展，最关键的就是是否具备“自律”这种人格特质，其次才是“上进”。因为不仅上进需要自律，而且成长过程中，只有自律才可以帮助一个人抵制各种诱惑（如懒惰、钻空子、走歪门邪道、金钱、美色等），使他抵达其实现潜能的目标。此外，随心所欲、任性妄为绝非真正的自由，而是让心灵成了本能的奴隶，被本能所左右，这种情形积累到一定时候，就有可能被社会约束。改革开放后中国贪官污吏大面积产生现在又遭大面积制裁的现状就是一个真实写照。当然，贪官污吏产生的制度原因那是另外一个话题。

总之，罗杰斯在这里所提倡的是心灵的自由和选择自己生活态度的自由，这

① ［法］卢梭：《社会契约论》，何兆武译，商务印书馆1980年版，第8页。

与纳粹集中营中的幸存者、心理治疗家弗兰克的观点是一致的，这应该算是殊途同归。而缺乏心理健康的人则不然，他们总被这种或那种主客观因素所控制，他们能选择的范围很窄，他们所感受到的自由度也很小。现实生活中，那些总是抱怨现有条件不好的人，那些总是认为自己被环境束缚甚至操纵的人，那些总认为自己是受害者的人，那些从来不去想自己现有处境与自身关系的人，都是缺乏心灵自由的人，这样的人，即使在再好的环境中，也难以有做人和做事的成功，更难以体验生活的幸福。而那些不论在什么环境中都努力奋发向上的人，那些从来不抱怨环境而是用自己的努力去适应并改变环境的人，不论在什么样的环境中，都拥有心灵的自由并能脱颖而出，成为能够影响他所在环境的人。这样的范例实在太多，中国的历史学家司马迁，外国的心理学家弗兰克，在这些实例前，所有以环境为理由而做的抱怨、所有以环境为借口而想出来的托词都显得那样的苍白和无力。

五、创造力

罗杰斯认为，一个充分起作用的人“能够创造性地针对新旧环境条件做出适当的调整。他将是一个人类进化的勇健的先行者。”①（罗杰斯，1961）罗杰斯所谈及的充分起作用的人对世界敏感开放，他们信赖自己的机体，由于他们较少防御反应，对外界的评价基本脱敏，因此生活与工作中能够把更多的精力用在主动追求新的挑战上。他们不论在个人生活还是在公共生活中，都能以创造性产品和创造性方式表现自己，并使他们的产品和生活具有鲜明的个人特色。不仅如此，由于他们具有丰富的创造力，他们不论在什么样的特殊环境中，都能建设性地妥善处理与环境的冲突，适应环境并为自己创造丰富美好的生活。

一个人不把时间花在自我否定、防御他人或随大流上，而以开放、积极的态度对待生活，自然就会有更多精力去追求新的挑战，并在这种追求中产生很多思想的火花或者灵感，他们享受追求的过程，而创造性产品和创造性表现自己只是这种追求的副产品而已。

“功能完善的个体(即充分起作用的人)是一个富有创造力的人。在心理治疗的假设终点，这样的人完全能够成为马斯洛所说的‘自我实现的人’。由于他们对世界具有敏锐的开放性，相信自己有能力与周围的环境建立全新的联系，因此，他必将是那种既能带来创造性成果，又会创造性地生活的人”②（罗杰斯，弗赖伯格，1994）。注意，这段话中“假设终点”的意思是：这是罗杰斯的理论

---

① ［美］卡尔·罗杰斯：《个人形成论——我的心理治疗观》，杨广学、尤娜、潘福勤译，中国人民大学出版社 2004 年版，第 180 页。

② ［美］卡尔·罗杰斯、杰罗姆·弗赖伯格：《自由学习》（第 3 版），人民邮电出版社，Kindle 版本，2015 年，Kindle 位置 5597-5608。

目标，是他所希望的个人成长所能够达到的终点。

心理问题未曾解决的人，离罗杰斯设想的成长目标则会很远。因为他们有较高的防御，对世界采取封闭甚至拒绝的态度，此外由于缺乏想象力和创造力，他们往往只能适应单一的环境，稍有变动，就会有强烈的不适应反应，结果往往进入恶性循环。

以上介绍了罗杰斯有关健康人格的概念，它们既可以作为我们自我觉察和自我认识时的对比参照，也可以作为我们自调节时的参照。

下面我们来看罗杰斯所提出的实现健康人格的方法。

第三节 成为充分起作用的人

由于罗杰斯人格理论的哲学倾向是存在—人本主义的，因此他的学说坚信人具有“实现的倾向”（actualizing tendency），即认为人类的基本动机是实现自身的成长与发展，坚信人的基本属性自由发挥作用时是具有建设性的、可以信赖的。因为人性是美好的且具有无限发展的潜能，而实现健康人格的过程本质上就是变成自己的过程，一个成为自己的人同时也就成为充分起作用的人。

罗杰斯认为人可以通过以下方式成为充分起作用的人。

一、自动自发成为充分起作用的人

罗杰斯在其临床实践中发现，一个人能否自动自发成为充分起作用的人，首先取决于其早年是否得到了父母的无条件积极关注（unconditional positive regard），即父母无条件地接纳、关爱和支持孩子。罗杰斯认为，与“无条件积极关注”紧密联系的一个概念是自性（self）。罗杰斯的观点中，一个人自性的实现是在与他人的互动中和在对自身存在的体验中发展起来的，一个人的自我评价主要取决于他所经历的社会评价。

如果一个孩子在其成长中从父母那里得到了“无条件的积极关注”——也就是，不论他做了什么（父母不希望他做的事）或者没有做什么（父母期望的事），他都能够得到父母发自内心的爱与关心。这里的“无条件积极关注”不是指放任孩子，对孩子不加管束，而是指不以管束和规矩为爱的条件。不是“你按我说的做我就爱你”，而是“我爱你，我希望你能听取我的建议”。不是“你不做我就不爱你”，而是“你不做我会不高兴，但这不会影响我对你的爱”。这样的孩子在成长过程中知道自己无论做什么或者没做什么都会被父母接纳和关爱，因此他们没有必要隐瞒自己，他们不需要过度防御，他们不仅可以自由地体验完整的生活和自我，而且他们会在这个过程中尝试自调节与自我完善，他在任何时候就都能感觉到自身价值，具有安全感，能创造性地生活，能充分表现和发展他自己。渐渐地，他就会产生和谐的自我意识，能对自己进行积极的自我关注，并自然而然地走上自性实现(自我实现)的正途。对他们而言，实现自性的过程是成为自己的过程，是发展一个人独特的心理特性和潜能的过程，是持续地、建设性地承担人生责任的过程。

能够得到父母无条件积极关注的孩子是非常幸运的，他们的发展与成长会比较顺利。但是有的孩子没有这么幸运，他们有可能碰到这样几类父母：一是无关注，也就是被父母忽略、冷淡甚至漠视，这种忽略与漠视有时候可能并非出于父母的本意，比如父母不知道该给予孩子什么样的照顾和关怀，再比如父母在外地打工，无暇顾及，像中国现在 902 万“完全留守”儿童中很多孩子所面临的处境。被长期忽略甚至漠视的孩子，其自我价值感往往是缺失的。第二类父母是由于自身心理问题的原因，常常对孩子使用暴力，这类孩子也会有深刻的无意义和无价值感。第三类父母会给予孩子关注，但是他们的关注是“有条件的”，也就是只有当孩子的行为符合父母的期望时才能得到爱、接纳和赞许，渐渐地，他的自我就会被扭曲，就会产生价值条件化(conditions of worth)，即认为自己只有在做了别人所希望的行为后才有价值。“这种有条件积极关注的结果就是，孩子们学会了抛弃他们自己的真实情感和愿望，而只是接受父母赞许的那部分自我。他们拒绝自己的弱点和错误。最终，孩子变得越来越不了解自己，而且在将来也越来越不可能成为一个心理和谐的人。”①

罗杰斯认为：“把他人的价值当成自己的价值，我们就放弃了自身机能的潜在智慧，失去了对自身能力的信任。由于这些价值结构通常会与我们自身的经验有很大差距，因此，我们以一种最基本的方式，与我们自己相分离。这可以解释为什么现代人有那么多压力和不安全感。”②（罗杰斯，1983)例如，中国高考制度下，评价一个学生的标准不是采用“多元智能”的视角③，而基本上就是其课本学习能力，很多学生的价值往往不再是他自身的存在，而更多地取决于他的课本分数。人的价值成为分数的价值，这就必然导致学生在无意识中害怕考试、害怕竞争、害怕排名、害怕别人比他“强”，因为那有可能带来对他真实价值的否认，并使他在内化外界价值的过程中进一步丧失自我价值。

近年来流行的让“90 后”“00 后”当年苦恼万分的“别人家的孩子”一说，指的就是父母用以评价孩子的重要标准之一，它给孩子造成的苦恼，严重的甚至

---

① ［美］Jerry M. Burger：《人格心理学》（2008，7th），陈会昌等译，中国轻工业出版社 2010 年版，第 180~181 页。

② ［美］卡尔·罗杰斯、杰罗姆·弗赖伯格：《自由学习》（第 3 版），人民邮电出版社，Kindle 版本，2015 年，Kindle 位置 4965-4968。

③ 参见美国哈佛大学心理学家霍华德·加德纳的《多元智能》和《重构多元智能》。

会影响其工作上的表现：因为害怕被评价、被贬低而往往在无意识中选择以“回避失败”的动机去取代“追求成功”的动机，以不作为去避免失败，而不是以积极进取的方式去发展和成长。

一个处于价值条件化状态的孩子会为了换取成人的关注和爱，学着曲己从人，学着用别人的标准评价衡量是非。其结果往往是，他被外界关注的需要得到满足，而他自我关注的需要却受到了挫折。如果他总是依赖他人的关注而不顾及自己内心的判断，比如现在微信上总喜欢晒各种私人相片或者总爱炫耀自己的服饰、首饰、包包的人，原因之一就是已经被“价值条件化”。他需要被别人肯定、确认和点赞后才能够踏实，他如此依赖他人的评价，表明他内在的自我很脆弱。而总是依赖外在评价，久而久之，他内心就会产生不协调，即他的经验和他的自我概念发生分裂。而这种不协调的产生有可能导致焦虑、混乱和不适应的感觉，这就有可能激活个体的自我防御机制，其主要表现是否认和歪曲，个体运用这样的防御机制去否认或者歪曲他自身的经验，以降低对自我概念的威胁，结果往往就可能出现心理问题。

以上从是否给予孩子无条件积极关注的角度列举了最常见的几种父母教养方式，在罗杰斯看来，唯有获得“无条件积极关注”的孩子能够自动自发实现自性，但罗杰斯也指出，实现自性的过程并不总是充满喜悦。有时候，它不仅是艰难的，甚至会是痛苦的，它可能会饱含着紧张和种种考验与挑战。举例说，一个喜欢数学的学生在遇到一道非常难的题目时，往往也会经历艰难甚至是痛苦的解题过程。排除自性实现过程中必然会遇到的种种环境的挑战和困难之外，有时候，仅仅是坚守自己都有可能成为一件很艰难的事，因为它可能导致被误解、被嘲笑，甚至被孤立。即使一个人再自信和富有勇气，久而久之，也会体验到不被理解以及被孤立的苦涩。所以，实现自性的过程并不是一个轻松快乐的过程，它充满了挑战与冒险，但它使生活丰富，使生命富于意义。

笔者认为，如果孩子有过失，家长在教育孩子时可以操作的无条件积极关注包括：首先，家长要保持情绪冷静，就事论事，把注意力放在解决问题而不是批评问题上。其次，绝不当着外人的面批评孩子。再者，让孩子知道具体的错误究竟是什么，因为孩子的理解力差，父母批评了半天，孩子都不知道自己究竟错在何处。最后，要教给孩子具体的解决问题、改正错误的方法。只有这样，才可以避免孩子出现“价值条件化”的问题。对成人而言，“去价值条件化”（这里的“去”是“去除”的意思）的方法是，有健康的价值观、世界观和人生观，有明确清晰的人生目标或具备职业同一性。这样的人会用自己的独立思考和审辨思维去看世界，在社会生活中，他就可以既遵守社会规则，同时又保持自己的独立性。

现实生活中，真正能够自动自发成为自性实现的人是极少数，而对那些无法自动自发实现自性的绝大多数人，罗杰斯给出了如下的建议。

二、通过自身努力成为充分起作用的人

(一)从面具中走出来

每个人都有面具，这不仅由每个人的社会角色所决定，而且也由人们的性格特点所决定。我们在介绍荣格的“人格面具”说时也谈到，人格面具的要点是指不同社会角色需要遵守的游戏规则，同时也指为了适应社会，人们会采用不同的性格面具。比如，面对一个非常外向的领导，再内向的下级也会尽可能表现得外向一些(戴上外向的面具)，健康的人格面具是有弹性的，是可以根据时间地点而自由转换的。再如，爸爸在家的时候是爸爸，出了门，他会很自然地转换为邻居、同事、上级、下级，偏外向或内向等。健康的人格面具是灵活的、有弹性的，是可以自由转换的，而不健康的人格面具则是僵化的、固定的，无法根据环境自如转换。

罗杰斯这里所指的“从面具中走出来”，指的是那种将面具当作防御武器的情况。有些人因为早年经历的缘故，形成了过度防御，导致自己的某个面具固着而远离了真实的自我。比如，西方萨提亚家庭治疗中提出的四种不健康的生存姿态者，他们最典型的面具通常是：讨好、责备、超理智和打岔。他们的典型表现是[①]：

(1)讨好型：当和别人发生冲突或者自己感受到压力时，不顾自我价值的感受，以牺牲自尊的方式把自己的权利让给他人，在互动中尊重他人，但不尊重自己。无论心里多么难受，都只知道取悦别人，或者是不顾一切地付出自己的时间、金钱甚至生命去帮助他人解决困难，并且坚持背负、承担所有的责任和过失。与讨好者相对应的是指责。

(2)指责型：只顾自己，心怀敌意地苛求、指责甚至蹂躏他人和环境。指责型的产生源于早年的创伤经历，他们以为只有指责才能够占据主动，才能够拥有力量和自我价值，而结果却是继承了家庭问题，延续了创伤。

(3)超理智型：他们的沟通模式是忽略自己及对方的感受，只在数据和逻辑的层次上注重情境，因此会给别人“毫无人性的客观”的印象。[②]他们严格、坚持原则、沉闷或者强迫。

(4)打岔型：他们在和别人相处时会不断地移动或者做别的事，他们会不断

---

① 维琴尼亚·萨提尔，约翰·贝曼，珍·歌柏，玛利亚·葛茉莉：《萨特尔的家族治疗模式》(11版)，林沈明莹、陈登义、杨蓓译，(台北)张老师文化股份有限公司2004年版，第39~61页。

② 维琴尼亚·萨提尔，约翰·贝曼，珍·歌柏，玛利亚·葛茉莉：《萨特尔的家族治疗模式》(11版)，林沈明莹、陈登义、杨蓓译，(台北)张老师文化股份有限公司2004年版，第56页。

地改变想法，在互动时，他们对自己和他人的情境都不在意。表面上，社交过程中他们兴致勃勃甚至趣味横生，但他们不断转换话题的方式会让与他们交流的人困惑甚至愤怒。

萨提亚学说中四种不健康的生存姿态正是罗杰斯所特指的“面具”，虽然这些固着了的面具的产生往往由于不幸的童年经历。比如，讨好型的产生是因为面对家暴等巨大的恐惧，而唯有讨好才有可能生存；指责型则往往是因为他有一对或者至少一个指责型的父母；超理智型是因为早年的生活太痛苦了，他唯有躲到理智中才能够生存；打岔型则是因为在一个纷争不断的家庭中，只有打岔才可以获得暂时的平静。但是，如果一个成年人还戴着这样的面具生活，就只会影响他现在与未来的生存。

现实中还有很多其他固着了的面具，诸如退行的（过分幼稚）、冷漠的、依赖的、过度礼貌、过分顺从、过分谦卑、过分随和以及霸道、强迫、控制等生存姿态，所有这些固着为生存姿态的面具都是为了掩饰自己的恐惧和不安全感，久而久之，当事者及其周围的人都以为这些被固着的面具就是他们自己本身。

罗杰斯所提倡的就是要从这样一类僵化的、失去功能的面具中走出来，“如果我们戴着面具生活，背离自己的真实感受去活动，那么我们就不敢自如地倾听他人。我们肯定会一直保持警惕，以免被他人看穿我们的外表。”①（罗杰斯，1961）所以，只有去除恐惧和防御，从面具中走出来，我们才可能做真正的自己，才有可能走出克尔凯郭尔所描述的那种困境：“最常见的悲观绝望是那种不去选择做自己的绝望，或者不愿意成为自己的绝望；而最深形式的绝望则是选择‘成为一个他人而不是自己’。”②

那么，我们究竟该如何“从面具中走出来”？从操作上看就是在遵从社会规则的前提下抛弃儿时为了应付环境而固着的、用来应付生活的伪装，努力学习运用自己的感官去感觉并判断当前的事物，努力发现并接近真实的自己，根据自己的意愿去做出新的、自由的选择——抛弃即有的僵化面具，做回真实的自己——一个可以随时随地自由转换角色、遵守游戏规则，同时又始终保持自己个人信念、原则和价值的人。比如，在和人相处时，不论自己产生了消极的还是积极的情感，都把它表达出来，敢于抛弃过往的防御反应，以自己的真实面目去面对世界。罗杰斯认为，这种情感表达不仅有利于个人释放真我、去除僵化的面具，而且有利于增进人际间的相互了解和真诚交往。

起初这种摆脱即有固着面具的做法往往有可能给人造成混乱，比如一个人早

① ［美］卡尔·罗杰斯：《个人形成论——我的心理治疗观》，杨广学、尤娜、潘福勤译，中国人民大学出版社 2004 年版，第 297 页。

② 转引自［美］卡尔·罗杰斯：《个人形成论——我的心理治疗观》，杨广学、尤娜、潘福勤译，中国人民大学出版社 2004 年版，第 101 页。

年因为家庭环境的原因学会了过度顺从和依赖，现在让他自己做主去做一件事，他会感觉不安甚至恐慌，因为这意味着他必须信赖自己的机体，必须自己承担责任，最初的尝试对他而言一定是艰难的，因为他已经习惯了信赖并且依靠别人的判断和指挥，但如果他坚持迈出第一步，学习运用自己的判断并做出自己的决定，渐渐地他就会协调好自我与社会角色的关系，而不再只知扮演角色而丢失了自己。再比如一个因为早年经历而戴上超理智面具的人，他要做的，就是重新评价自己的早年经历，学习察觉并体验自己的感觉，学习感知周围的人与事，在这个过程中，把那个压抑了很久的自己唤醒，把那个超理智的面具摘下，让自己成为一个真实的、有温度的人，一个可以与他人分享生活与情感的人。

（二）体验并且表达自己的情感

罗杰斯极为重视个人的经验和体验，他认为这是人摆脱社会影响、回归自己的重要途径。前面谈到“价值条件化”的概念，一个被价值条件化的人是很难真正体验到自身的感觉的，因为他在早年的环境影响下已经学会了与自己的机体隔离，别人打他，他该感觉痛苦时，却要表现出平静；他被别人夸奖，该产生喜悦时，却要表现出过度自谦，他的整个感觉被扭曲而不自知，在旧的环境中，为了生存，他无意识中学会了过度压抑和掩饰自己的情感，学会了通过回避或者逃避自己的感觉而避免痛苦。而罗杰斯的“体验自己的情感”就是要帮助当事人重新建立与自己的联结。

日常生活中有许多原因妨碍我们充分体验自己的情感。比如，社会要求男儿有泪不轻弹，那么，当一个男性因为极度痛苦而需要哭泣时，却往往由于社会的约束、否认和压抑而不敢释放自己的痛苦，久而久之，他就可能离真实的自己越来越远。再有，由于价值条件化或者说超我的作用，人们不仅难以体验自己的情感，反而常常会为自己产生的一些情感而感觉不安、害怕、羞愧。比如，一个因为迫切想要上进而对别人的成绩产生嫉妒的人，一个因为别人的误会而感觉愤怒的人，一个因为不喜欢某人而产生厌烦的感觉的人等，他们对自己的负性情绪充满了自责，意识中想要逃避都来不及，哪里还能想到去体验。而一个人如果连体验自身情绪的勇气或者说能力都没有，他又怎么可能真正了解自己并且实现自己？

罗杰斯认为，要想成为健康的人，就需要学会最大限度地体验自己的真情实感，因为这种体验可以使“当事人逐渐意识到经验是一种友好的资源，而不是一个可怕的敌人。……他开始意识到自己内在的反应和体验，他的感官和五脏六腑的信息，都是十分友好的。他开始想接近他内在的信息资源，而不是避开这些资源。”①（罗杰斯，1961）这种体验还可以使人逐步探索在他用来对付世界的面具

---

①［美］卡尔·罗杰斯：《个人形成论——我的心理治疗观》，杨广学、尤娜、潘福勤译，中国人民大学出版社2004年版，第161页。

后边究竟是什么，使他学会认识并且接纳真实的自己，使他学会倾听自己内心的声音并按照自己内在的指引去实现自己。当一个人学会关注自己的体验，能够命名这个体验，并能根据环境及时调节自己体验的强度时，他才有可能在必要时自如地关注到他人的体验，同时在关系中做出相应的自我调节。

从操作上看，真正的体验在某种程度上如同修行，是需要时空的，相对安静的空间和相对完整充裕的时间：今天发生了什么，我的身体做出了哪些反应？我自己有什么感觉和感想，我为什么是这种而不是那种感觉和感想？它有可能和我以往的哪个经验类似，我可以从中发现什么新的东西并将其组织到我过往的经验当中？如此，你便会慢慢地了解自己、认识自己，并最终担负起引导自己人生的责任。体验自身情感的过程中我们还要学习表达自己的情感。如一个人因为多重原因习惯了压抑自己的情感，常常曲己从人，遇到不愉快的事情时都采取一忍再忍的态度，现在要他尊重自己的感觉并且表达自己的感觉，他会觉得很难，但是只要他有心成长，就可以重新习得新的习惯：不仅能够体验自己的情感，而且可以没有畏惧地表达自己的真实情感。

需要注意的是，在我们表达自己情感的时候要注意几个原则，那就是“对事不对人”和“就事论事，实事求是”。不论是表达正性情绪还是负性情绪，我们都要注意以上原则，否则就有可能引起误会。

（三）培养自己的创造性

罗杰斯认为可以提高个人创造性的方法包括：

1. 对经验持开放态度

有关这点我们在前面有关“充分实现的人”的人格特点部分已经谈过，这里不赘述。笔者只从操作上做些补充。

要对经验保持开放，首先是要能够放下恐惧和防御，这里的恐惧是因，防御是果。因为防御，我们会错过很多很重要的机会，比如很多不确定的时刻会让有防御的人感觉不安全，会下意识地拒绝和封闭自己，以免被伤害，而事实上，这样的时刻往往蕴含着很重要的机会，需要我们对所见所闻做尽可能地开放和思考，那样我们才有可能把握时机，有新的点子和创见。其次，学科学的向人文素养开放，而学人文的则向科学素养开放。再者，做些与自己性格相反的事，比如，内向的人去多参加些别人组织的活动，而外向的人学习多独处一段时间；再比如，去关注一些以往不屑于关注的事，书呆子去参加些户外活动，而总静不下来的人去读些书；再比如，做学问的人去看些闲书，而只爱读闲书的人去读点经典等。还有，对卡通、漫画、相声、摄影、戏剧、绘画、表演艺术等开放。当然，这里谈的是非艺术专业的人可以做的，而艺术专业的人需要做的也许是去向与科学精神有关的书籍和经历开放等。

2. 具备内源性评价

内源性评价(internal locus of evaluation)是指评价标准来自自身，内源性评价的反面就是外源性评价(external locus of evaluation)，也就是过分按照别人的标准——如父母、老师、学校、社会、网络等——评价自己。为什么不少人会有外源性评价？这与前面谈到的“价值条件化”密切相关。大多数人在成长过程中得到的是父母、老师给予的有条件的爱和关心，其价值被条件化。渐渐地，孩子内化了成人的标准，形成了外源性评价：我们的重要他人认为好的，我们就认为是好的，反之则认为是不好的。

外源性评价的要点是：一切或者基本上一切都以他人的标准为评价标准。而具备内源性评价的人则不然，虽然他也会内化成人的一些价值标准，但他不会人云亦云，简单拷贝成人的价值观，而是在独立思考后才确立起来的标准。因此，他具备自己的评价体系。他评价自己和事物的依据存在于他自己的内心。“我确信，当人们可以自由地选择他们认为有价值的东西时，他们会选择那些有助于自己和他人生存、成长和发展的东西、经验及目标。我假定，当处于一个促进成长的环境中时，人类机体偏好于选择有助于自我实现和社会化的那些目标。”①（罗杰斯，1964）

内源性评价对于人的创造性有格外重要的意义。设想，如果比尔·盖茨或者乔布斯是价值条件化的人，他们就不可能做出为了追随自己的理想而在大学退学的事。他们的成功，最关键的不在于他们的创业点子，而在于他们所具备的内源性评价体系，这使得他们可以在关键的时候听从自己内心的呼唤，选择对个人和社会都有益的目标，而不被外界的观点所影响。

3. 把玩基本要素和概念的能力

罗杰斯指出，与向经验开放有联系的是“自然地把玩各种观点、颜色、形状、关系的能力——例如，把基本要素做出似乎是不可能的排列形式，设想出近乎疯狂的假设，使已经确定的东西成为问题……促使当事人用一种新鲜的有意义的方式去创造性地对待生活。”②（罗杰斯，1961）罗杰斯这里强调的是有关培养创造性的更具体的方法：在现有知识和能力基础上大胆地想象、尝试重新排列组合、做出新的综合与发现等创造性方法。

罗杰斯作为一个具有深刻社会兴趣的心理学家，认识到“个体的成长更有可能发生在某种人际环境中”③，因此，在谈及培养个人的创造性时，还提出了从

---

① ［美］卡尔·罗杰斯、杰罗姆·弗赖伯格：《自由学习》（第3版），王烨晖译，伍新春校，人民邮电出版社，Kindle版本，2015年，Kindle位置5066—5068。

② ［美］卡尔·罗杰斯：《个人形成论——我的心理治疗观》，杨广学、尤娜、潘福勤译，中国人民大学出版社2004年版，第324页。

③ ［美］大卫·凯恩：《以人为中心心理治疗》，高剑婷、郭本禹译，安徽人民出版社2012年版，第8页。

社会或者说是从宏观的角度培养创造力的条件，那就是：首先社会要提供最基本的心理安全感，而这需要的条件又有三个，一是认为人有无条件的价值；二是提供一种没有外部评价的气氛；三是共情理解。其次，一个社会要能够允许人有心理的自由，而罗杰斯所说的心理自由是指一种负责任的心理的自由，它可以让一个人自由地渴望或实践新的冒险，同时又懂得对自己的所作所为承担后果。

（四）在专业人员的帮助下成为充分起作用的人

如果我们通过自身努力仍然不能成为充分起作用的人或摆脱心理困扰，那么，罗杰斯建议我们：解决问题的最好方法就是向心理治疗者寻求专业帮助。说到专业帮助，罗杰斯的观点是，由于心理疾患是一个人受到忽略或者得到的是有条件的关注所造成的结果，因此，心理治疗者需要以无条件的积极关注、共情理解、倾听与真诚等方法帮助其走上实现自我的道路，具体来说就是：

（1）帮助来访者学会依靠自己的经验并信任自己的机体，即通过良好的医患关系帮助来访者重新发现自己，认识自己内在的成长潜能，帮助其学会体验并正视自己所面临的现实，帮助其学会信任自己的判断。

（2）帮助来访者学会给自己以“无条件的、积极的自我关注”。罗杰斯主要指通过良好的医患关系，如治疗师以无条件的积极关注、共情、理解、倾听与真诚等方法帮助来访者首先去掉“价值条件化”，然后学会重视并以恰当的方式满足自己的需要，使来访者能够信任自己，尊重自己，能发现自己存在的价值，并对自己承担起关注、爱护和发展的责任。同时，我们还可以从另外一个角度去想这个问题。即我们自己也要承担起对自己无条件积极关注的责任。不论过去我们经历过什么不幸，从现在起，我们都可以选择无条件积极关注自己、欣赏自己、关爱自己，进而欣赏他人和世界。

说到看心理门诊这个问题，有不少中国人还存在顾虑，总担心别人会因此看轻、取笑甚至疏远自己，总觉得看心理医生①是很丢面子的事，总怕因此而被人说成“有病”或“不正常”。其实人产生心理问题是非常正常的。我们前面介绍弗洛伊德时就谈到，弗洛伊德及其之后的心理治疗家都发现：心理健康与不健康是一个连续谱。如同世界上不存在100%的躯体健康一样，世界上也不存在100%的心理健康。因为人人都会遇上生老病死，会遇上让自己不快甚至痛苦的事情，这种时候产生情绪上的种种困扰是很正常的，更何况，出现心理问题常常是一个人面临成长的转折点，因此只要有效处理问题，心理危机就会成为心理转机。由于机体自调节的作用，绝大多数人很快就能在自身内部资源——自性实现倾向——的支持下解决自己的问题，而只有极少数人会因为钻了牛角尖而走不出来，

① “心理医生”是 psychotherapist 的通俗叫法，准确的译法应该是“心理治疗师”。

才需要在专业帮助下尽快走出困境。所以出现心理问题时去看心理门诊与我们出现躯体问题时去看医生是一样的道理，而且那会让我们少走很多弯路。

有关心理咨询还有一个需要澄清的误区，那就是有些人认为："只有有问题才需要做心理咨询和治疗。"其实不然，心理咨询和治疗的最低目标是治愈心病，使我们获得痊愈并提高我们的生活质量，最高目标则是帮助人自我认识与发现，从而使人做成最好的自己，因此我们不要满足于最低目标，而要力争实现最高目标。

在具体的咨询与治疗过程中，从最低目标看，心理治疗师能为我们做的是：帮助我们调动我们机体自身的自愈潜能，使我们学会借助自身力量恢复健康。而从最高目标看，心理治疗师能够做的是帮助我们发现自身的潜能，并与我们共同探索最适合我们成长的可操作的方法。因此，不是自己无法解决问题时才需要求助于心理治疗师，相反，一个人若想更高效率地实现自性，那么懂得借助心理治疗师的外力，是最有成效的方法之一。

综上所述，罗杰斯秉持存在—人本主义哲学观，提倡"以人为中心"的理念①，他对人所具有的实现倾向和无限发展的潜能，他对人的自主性、自调节力和自我成长能力有无比坚定的信心，他坚信人能自动自发或者在专业人员的帮助下选择追求自性实现——也就是朝着更复杂的、独立的、更有创造性和责任感的方向发展。

罗杰斯作为心理学家所提出的帮助来访者和学生走向健康人格的那些方法和原则，不仅在心理治疗界和教育界具有革命性意义，而且也可以成为我们普通人自我调节和成长时的重要参照。罗杰斯提倡的健康人格是一个过程而不是一个固定状态的观点对我们也有特别重要的启迪。这意味着，我们永远都处于成长之中，我们随时随地都可以为了个人的成长做出符合进化方向的、新的、更好的选择。只要我们自觉地而不仅仅是依赖自发地以开放的态度看待自己与世界，体验存在的每一瞬间，充分信任自己的感觉和直觉，努力行使自己的自由意志和创造力，那么我们就是在走向发展与成长。

此外，罗杰斯所强调的人际关系的重要性，及关系中的"真诚"、"接纳"、"共情理解"在人际交往中的重要意义，也值得我们特别记取。笔者的观点，不仅仅在治疗中、在教育中、在工作管理中，而且在普通人的日常生活与交往中，"真诚""接纳""共情理解"都是营造温暖、关怀、信任和支持性人际关系的重要前提。罗杰斯有关关系重要性和处理关系的重要原则的发现，对我们的工作关系和生活关系，以及与我们自己的关系，都有非常重要的指导意义。

虽然罗杰斯有其天真的一面，放眼当下的世界，仅中东地区持续不断的战争

---

① "以人为中心"的理念在治疗中是"以来访者为中心"，在教学中是"以学生为中心"。

就足以让人对人性感觉沮丧，更不用说那些随时随地发生在我们日常生活中的种种丑恶，可正因为如此，罗杰斯终其一生所保持的澎湃激昂的理想主义和他始终不懈的顽强努力直到今天仍然具有巨大的影响力。作为一个心理治疗家，罗杰斯不仅在心理治疗学和教育学方面对整个人类有着极为特殊的贡献，而且他为消除人类冲突和促进世界和平还做了大量的工作，他对人类所怀有的坚定信念和他身体力行为促进人类实现共同善的一面而做出的种种奉献，值得我们永远铭记并且感念！

本章术语

以人为中心，充分起作用的人，存在主义地生活（体验当下，承担责任），共情倾听，无条件积极关注，自由感，创造力，价值条件化，去价值条件化，内源性评价，外源性评价，非暴力沟通。

思考题

1. 罗杰斯学说给你的启发有哪些？
2. 你身上的自性实现倾向有哪些表现？
3. 为什么要给自己以“积极的自我关注”？
4. 对一切经验持开放态度和坚守信念之间的关系是什么？
5. 结合个人生活经验谈谈“学会依靠自己的经验并信任自己的机体”这句话给你的启发。

第九章 马斯洛的健康人格模型：自性实现的人

"从弗洛伊德那里我们认识到，过去在现在的人身上仍然存在着。现在我们应当从成长理论和自我实现理论中，认识到未来也以理想、希望、任务、课题、计划、目标、未实现的潜力、使命、命运等形式，在现在的人身上存在着。"①

——A. H. 马斯洛

第一节 马斯洛的生平②

亚伯拉罕·马斯洛(Abraham Maslow，1908—1970)出生于美国纽约一个犹太

① [美] 马斯洛：《存在心理学探索》，李文湉译，林方校，云南人民出版社 1987 年版，第 194 页。

② 马斯洛生平主要参考资料：(1) [美] 爱德华．霍夫曼：《做人的权利——马斯洛传》，许金声译，改革出版社 1998 年版。(2) [英] 柯林．威尔森：《马斯洛和后弗洛伊德主义》，杜新宇译，许金声校，华文出版社 2001 年版。(3) [美] 弗兰克·戈布尔：《第三思潮：马斯洛心理学》，吕明，陈红雯译：译文出版社会 1987 年版，第 11 页。(4) [美] 马斯洛：《动机与人格》，许金声等译，华夏出版社 1987 年版，第 340 页。

人家庭，他出生在纽约布鲁克林的贫民区。他的父母是未受过教育的俄国移民，马斯洛是7个孩子中的老大。

马斯洛早年的家庭经历可以用不幸形容，父亲对孩子们的要求十分苛刻，母亲脾气很暴躁，他童年时体验了许多的孤独和痛苦。不仅如此，作为犹太人，他们住在一个非犹太人街区，上学后又是学校少有的几个犹太人之一，这一切都使马斯洛成为一个害羞、敏感并且神经质的孩子，为了寻求安慰，他从5岁时就开始阅读，他把书籍当成避难所。

马斯洛童年经历中最重要的创伤来自于他的妈妈，其次才是他的犹太人身份和贫穷。马斯洛与他母亲的关系比较复杂，原因之一可能是因为他妈妈隔几年就会生一个孩子并且一共生了7个，这对头生子的影响显然很大；二是因为他的妈妈比较迷信，常常诅咒孩子；三则是因为马斯洛的妈妈曾把他收养的两只小流浪猫给摔死，并把马斯洛最珍爱的唱片全部踩碎。即使现在看来，这些事件中的任何一件都足以给一个孩子留下创伤，更不用说所有这些事件集中在一个孩子身上。幸运的是，马斯洛有一个非常温暖仁爱的舅舅，在马斯洛的母亲生孩子期间，就会照顾他们家所有的大孩子，马斯洛后来谈到，是舅舅“在精神上拯救了我”①。马斯洛曾经在一次讲话中谈道：“我是一个极不快乐的孩子……我的家庭是一个令人痛苦的家庭，我的母亲是一个可怕的人……我没有朋友，我是在图书馆和书籍中长大的。但是，奇怪的是，过着这样的童年生活，我居然没有患精神病。”② 终其一生，马斯洛与其母亲的关系都非常不好，以至于他母亲去世时他都没有去参加葬礼。马斯洛曾为此受到很多人的质疑，人们都认为作为人本主义心理学的首倡者，马斯洛应该有足够的包容和宽恕之心，但是马斯洛在这个问题上态度很坚定。

之所以要特别提到马斯洛的这段经历，是因为它给予我们两个重要的启发，一是马斯洛具有超常的心理复原力(resiliency，又译坚韧性、抗挫折力)，所以他才能够超越他的童年经历而仍然对人性充满信心与信任；二是马斯洛和母亲的关系与弗洛伊德和母亲的关系大相径庭，这是他后来能够对精神分析学保持一种较为客观的态度的原因之一。

马斯洛的早年经历不仅影响了儿时的马斯洛，而且使成年甚至成名后的马斯洛仍然害怕当众发言。以至于每一次演说之前他都会经历极为强烈的焦虑。

上学后的马斯洛由于天赋极高——著名心理学家桑代克曾为马斯洛做过智力

---

① 转引自［英］柯林·威尔森：《马斯洛和后弗洛伊德主义》，杜新宇译，许金声校，华文出版社2001年版，第103页。

② 转引自［美］爱德华·霍夫曼：《做人的权利——马斯洛传》，许金声译，改革出版社1998年版，第1页。

测验，他的智商高达 195！[①] ——学习成绩十分优秀，加之他父亲的经济状况逐年改善，以及他与表哥威尔建立了非常深厚的友情，他的整体状况才渐渐好转。

1926 年，马斯洛按照父亲的愿望开始在纽约的布鲁克林大学法学院选修晚上的法律课程，但是他发现自己不喜欢法律。一年后，他转入康奈尔大学的农学院。康奈尔大学弥漫着反犹太人的氛围，这让马斯洛感觉孤独；半年后，他再次回到布鲁克林注册，这一次，除了完成必修课之外，还自由选择了很多他感兴趣的课程，其中包括心理学和人文科学。

1928 年，马斯洛转至威斯康星州立大学攻读心理学，也就是在那个时期，他读到美国行为主义心理学家华生的几篇文章。华生是一个有强烈社会兴趣的心理学家，他有很明确的社会改革目标，华生认为人性可塑的信念吸引了马斯洛，使同样怀有理想主义的青年马斯洛欣喜若狂，他终于在经过长时间的试错排错之后发现了自己愿意毕生从事的事业——心理学，他希望自己能够运用心理学的科学精神去解决社会问题，促进社会进步。

智商高达 195 的马斯洛也是在试错排错中才发现自己人生目标的经历对我们应该也有很多启发。

威斯康星州立大学心理系浓厚的学术气氛让马斯洛兴奋不已，他终于找到了适合自己天赋的目标和可以帮助自己实现目标的平台，学习期间，他十分注重培养自己的科学素养，他把实验方法当作学习心理学最重要的途径，为此，他不仅选择了解剖学、生理学、动物行为学课程，还选修了化学、动物学和物理学等课程。为了提高自己的人文素养，他还阅读了大量的哲学与人类学著作。日后马斯洛之所以能够成为具有巨大影响力的人本主义心理学的首创者之一，与他学习期间主动而严格地遵守科学训练密切相关。

对马斯洛产生重要影响的另一件事是他读博士期间遇到的两位杰出的老师：人类学家本尼迪克特和心理学家维特海默。他们的专业水平和他们的做人原则都让马斯洛十分推崇，使他产生了对自性实现者的最初的好奇，他开始观察、记录并比较两位老师的异同，结果发现他们有许多共同之处，这为他后来研究并思考精神健康和人类潜能问题奠定了基础。

读博士期间，马斯洛在在著名心理学家哈洛的指导下研究灵长目动物，在导师的引导下，马斯洛在科研上取得了长足进步，1934 年，他获得博士学位。马斯洛的博士论文是有关类人猿灵长目动物社会行为的研究，由于他的论文非常出色，给当时非常著名的行为主义心理学家桑代克留下了深刻印象。1935 年，桑代克在哥伦比亚大学给马斯洛提供了一份博士后奖学金，并邀请马斯洛在其所在的教育研究学院协助自己进行新的课题研究。这份奖学金正好帮助已经成家的马

---

① 转引自［美］爱德华·霍夫曼：《做人的权利——马斯洛传》，许金声译，改革出版社 1998 年版，第 86 页。

斯洛解决了窘迫的经济问题，不仅如此，桑代克对马斯洛还有特殊的知遇之恩。

起初桑代克是因为欣赏马斯洛的毕业论文而与其约谈，期间他为马斯洛做了智力测验，测验结果让桑代克大吃一惊，马斯洛的智商高达195！桑代克向马斯洛提出了邀请，他希望马斯洛协助其做一项研究，但是特立独行的马斯洛到研究院后不久就做起了自己感兴趣的课题，并以便条方式告知桑代克他认为桑代克的课题不值得做。这时求贤若渴并且豁达大度的桑代克做了一个新的决定：让马斯洛做自己感兴趣的课题，他对马斯洛说："……如果连我都不相信智力测验的结果，那么谁还相信呢？我想，还是应该让你独立思考，这样对你、对我，甚至对全世界都将是最合适的。"① 桑代克在尊重马斯洛的精神自由上所表现出的专业精神和人格魅力令人钦佩，而他对马斯洛发展前景的预测也在后来被证实。

1937年，在桑代克那里工作一年半之后，马斯洛应纽约布鲁克林大学之邀去那做助教。之后的整个二战期间，马斯洛有幸结识了大量从欧洲到美国避难的杰出流亡学者，包括：德国格式塔心理学创始人马克斯·韦特海默（Max Wertheimer，1880—1943）和库尔特·科夫卡（Kurt Koffka）、德国新精神分析学的杰出代表卡伦·霍妮（Karen Horney）和埃里克·弗洛姆（Erich Fromm）、奥地利新精神分析学家阿尔弗雷德·阿德勒（Alfred Adler）以及德国精神病学家库尔特·戈尔茨坦（Kurt Goldstein），还有人类学家本尼迪克特等。这个不仅在当时而且在今天都无比杰出璀璨的学者群对马斯洛产生了极为重大的积极影响，马斯洛如饥似渴地向这些学者求教并与他们合作，站在这些巨人的肩上，马斯洛日后为世界做出了伟大的贡献。

这个学者群对马斯洛的影响包括：韦特海默对马斯洛的主要影响表现在两个方面，一是他有关高峰体验现象的描述启发了马斯洛，使马斯洛在25后提出"高峰体验"这一概念，二是他1940年时所大力提倡的心理学应该研究正常健康的理念也给马斯洛以巨大影响。霍妮对马斯洛除了专业方面的影响之外，还介绍马斯洛结识了杰出的人类学家本尼迪克特和米德，霍妮本人将心理学与人类学观点相结合而发展出的人格理论和治疗方法对马斯洛产生了深刻的影响。戈尔茨坦对马斯洛的启发是他首创的"自性实现"这个概念。弗洛姆对马斯洛影响最大的是他对社会正义和世界进步的热切关注。而阿德勒强烈的社会兴趣和积极乐观的社会改良主义思想则是引导马斯洛形成积极心理学理念的主要动因，在阿德勒的影响下，马斯洛确立了他人本主义心理学的基本理念。人类学家本尼迪克特对马斯洛的影响则表现在两个方面，一是她提出的"协同社会"的概念，二是她对马斯洛提出的到印第安部落做实地考察的建议。

1938年对马斯洛而言意义重大，他在本尼迪克特的建议下到加拿大北部的

---

① 转引自［美］爱德华·霍夫曼：《做人的权利——马斯洛传》，许金声译，改革出版社1998年版，第86页。

黑脚印第安人部落生活了一个夏天，在那里，他有很多有意义的发现，他发现了黑脚印第安人中很多值得赞美和学习的地方，更重要的是，他在与黑脚印第安人的接触中，摒弃了文化相对主义的概念，他发现人类的共同性远远大于人类的差异性。这对他后来提出主张共同善的人本主义心理学有非常积极的影响。

1938年影响马斯洛学术生涯的第二件大事是马斯洛长女安·卡普兰的出生。马斯洛读心理学期间一直着迷于行为主义心理学，认为行为主义可以解决所有疑难病症，并且可以改变世界。而头生子安的出生改变了他对行为主义的盲目崇拜。“他注意到，安从小就能够强烈地表达她的需求和厌恶。通过这种方式，她对周围的人也产生了很大影响。”① 他从自己孩子的身上所见到的一切使他为生命的奥秘以及力量所震惊，他对行为主义的热情开始减退。两年后，他二女儿的出生更进一步加强了他的信念。按他的话说，任何一个有孩子的人都不可能是行为主义者，因为行为主义学说太机械，把人简单地当作环境刺激的产物。就在这段时间，马斯洛又遇上了使他最终确立研究方向的另一件大事。

1941年，珍珠港事件不久后的一天，马斯洛在街头看到一群举着美国国旗游行的儿童和老人，看着高呼反战口号行进在雨中的游行者，马斯洛泪流满面，他后来在回忆中写道：“我幻想有一张和平的圆桌，人们围绕着它而坐，谈论着人性、仇恨、战争、和平以及兄弟般的情谊。我的年纪已经太大而不能从军，但正是那个瞬间，我意识到，我应该贡献我的余生，为那张和平圆桌发现一种心理学。那一个瞬间改变了我的整个生活。”② “我想证明人类有能力完成比战争、偏见和仇恨更美好的东西”。③

马斯洛在这里再次呈现了一个伟大心理学家的社会责任感，正是这种对建设美好社会的强烈愿望，使马斯洛走上了探索人类美好潜能的道路。

1943年，马斯洛在美国第50期《心理学评论》上发表了有关动机理论的奠基性文章：“人类动机理论”（又译“人类激励理论”）。④

1954年，马斯洛的《动机与人格》发表，这部著作被公认为20世纪50年代应用心理学领域最重要的成果之一。这本书具有极为广泛的应用价值，它不仅在心理治疗、心理卫生以及教育学上有重要的指导意义，也对社会学、经济学等学科产生了重要的影响，而且在管理学上也有极特殊的地位。今天看来，马斯洛的动机与人格理论在改善西方劳资关系中意义重大，例如，他的需要层次论和之

① 转引自［美］爱德华·霍夫曼：《做人的权利——马斯洛传》，许金声译，改革出版社1998年版，第156页。

② 转引自［美］爱德华·霍夫曼：《做人的权利——马斯洛传》，许金声译，改革出版社1998年版，第167页。

③ 转引自［美］弗兰克·戈布尔：《第三思潮：马斯洛心理学》，吕明、陈红雯译，译文出版社1987年版，第11页。

④ A. H. Maslow：A Theory of Human Motivation，（1943），US：*Psychological Review*，50，p370-396.

后提出的Z理论不仅促使资方注意满足员工的基本需要，也提示资方在对员工进行人力资源分配时知道遵循其不同需要，同时通过各种激励手段满足员工的高层次需要等，从而为促进并维护健康的劳资关系做出了很大贡献。

1955年，马斯洛应邀参加哈佛大学教授索罗金的“创造性利他主义中心”协会，以“对利他主义这种不可思议的、影响深远的美德进行科研”①。这个协会的主张与马斯洛要用心理学推进世界和平与进步的信念非常一致，因此他成为这个协会最热心的成员，并为协会设计了许多研究课堂。

马斯洛综合各家之长，在其健康人格观中强调研究人类的积极面，他反对只从病态的角度研究人的心理。1957年，他在《动机与人格》中提出：“如果我们对关于人类的心理学感兴趣，我们就应该限于使用自我实现的人，心理健康的人，成熟的人和基本需要已经满足的人作为研究对象，因为他们比通常符合一般标准或者正常的人更能够真实地代表人类。与目前的消极心理学——由研究病人或者普通人而产生的心理学相比，通过研究健康人而产生的心理学完全可以被称为积极的心理学。”②（马斯洛，1957）几十年后，马斯洛及其同时代人有关积极心理学的理念在赛里格曼（Martin E. P. Seligman）及其同事的科学研究中发展出心理学的一门新的分支——积极心理学。

1966年马斯洛当选美国心理学会主席。除了专业上的贡献外，他还有一个很重要的贡献，那就是鼓励会员参加当时的美国民权运动③，并为培养更多的美国黑人心理学工作者做了很多的努力。马斯洛在教育上也做出了很大的贡献，他与同事在布兰斯代大学做过理想课堂的实验，受到学生的热烈欢迎，他有许多关于教育的真知灼见，他提出：“理想大学的主要目标将是自我同一性的发现，同时也是使命的发现。”④（马斯洛，1971）

结合埃里克森的同一性学说，同时结合笔者的教学与咨询实践，笔者深切体会到这是一个涉及大学教育目标的最本质的问题，是至理名言。一个大学生如果不能上他喜欢的专业，已经是一个不幸，如果大学期间仍然没有搞清楚自己究竟是什么样的人，自己究竟适合投身到什么样的事业中，这简直就是可悲了。在中国的高考制度下，这样的大学生不是少数，为前途或者“钱途”而上学的学生大有人在，如果学校不能在这方面给予学生积极健康的引导，这些学生未来将很难有工作幸福感，更重要的则如马斯洛所说：“假如你对你的工作不满意，你就丧失了自我完成的最重要的手段之一。”⑤（马斯洛，1971）

---

① ［美］爱德华·霍夫曼：《做人的权利——马斯洛传》许金声译，改革出版社1998年版，第253页。

② ［美］马斯洛：《动机与人格》许金声等译，华夏出版社1987年版，第340页。

③ 美国民权运动（Civil Rights Movement，United States）主要指的是第二次世界大战后至20世纪60年代末美国黑人反对种族隔离与歧视、争取民主权利的群众运动。

④ ［美］马斯洛：《人性能达到的境界》，林方译，云南人民出版社1987年版，第184页。

⑤ ［美］马斯洛：《人性能达到的境界》，林方译，云南人民出版社1987年版，第186页。

马斯洛对中国道家哲学和日本的禅宗文化也十分推崇，受东方文化的启发，他晚年致力于创建他称之为“超个人心理学”（transpersonal psychology）或“心理学第四种势力”（心理学的前三种势力包括精神分析学、行为主义、人本主义）的理论体系，并于 1969 年创办了《超个人心理学杂志》（*Journal of Transpersonal Psychology*）。马斯洛受东方哲学的启发，扩展了他早先的需要层次说，在“自我实现需要”上加入了“自我超越的需要”等理论，因为他在道家哲学和日本禅宗文化的影响下，不仅发现了人的内在生命的智慧之源，而且发现人有将“小我”融入社会、世界乃至于宇宙“大我”中的灵性需要，人具有人类和宇宙情怀的潜能，人具有远远大于其物质需要的精神需要，帮助人们了解到自身所存在的这种需要，就可以帮助人们实现自我超越，从而不仅避免人因为精神饥渴而可能产生的病态，更可以有效促进人与社会的协同发展。

以上介绍的是马斯洛学说的基本框架及其贡献。马斯洛的学说博大精深，其贡献卓越非凡，笔者的介绍只偏重于其有关健康人格的部分。

这里再补充几个有关马斯洛人格特质的小故事，它们对了解马斯洛有很重要的意义：一是马斯洛对自身及其犹太人身份的忠实，20 世纪 30 年代美国大萧条时期学术界盛行反犹之风，在这种情况下即将研究生毕业的马斯洛开始找工作，但是作为一个犹太人，他在寻求教师职位时遇到了重重困难，关心他的朋友和老师建议他把“亚伯拉罕”这个具有浓厚犹太人特色的名字改掉，此时他的弟弟们都已经改了名字。但是 22 岁的马斯洛拒绝了这个建议。几年后，在他即将博士毕业而找工作时再次遇到同样的问题，又有教授建议他改名字，他再次拒绝，幸而他后来遇到了伯乐桑代克，才解决了他的工作问题。

马斯洛忠实于自己的另一个表现是：他绝不做自己不喜欢的研究，即使在面对恩师桑代克时也一样，他仍然会选择忠实于自己的判断和研究兴趣。他起步于严谨的科学训练，从实验心理学入手开始他的心理学生涯，后来却毅然转而研究他的直觉所发现的许多课题，而正是他学术生涯的中晚期所研究的那些一时无法用科学验证却意义重大的课题，开创了心理学的第三种和第四种势力。此外，马斯洛还是一个注重个人成长的人，20 世纪 50 年代，他在布兰代斯大学做心理系主任期间接受精神分析，以改变对母亲与周围人的态度，接受分析之后，他在与母亲及其他人际关系上也确实出现了改善。不仅如此，1967 年以后，为了个人成长，他又再度接受精神分析。

马斯洛坚信高级的和超越的本性是人生物本性的一部分。因此，只要环境足够良好，这些隐藏在人类基因中的最高潜能就有可能最大限度地表达，从而使人与社会和环境的关系进入持续发展的多赢状态。他在生命的最后期间，又投入很多精力研究社会协同问题，与阿德勒及其他有浓厚社会兴趣的心理学家一样，马斯洛对建立美好社会产生了极为强烈的社会责任感，并将其化作切实的理论研究与实践探索，马斯洛为我们树立了一个受超越动机驱使的典范。

由于马斯洛把发展“和平餐桌上的心理学”作为他毕生的事业，并以一种宗教般的虔诚与热情去实践，他最终被公认为人本主义心理学的代言人，并使人本主义心理学成为心理学中继精神分析和行为主义学派之后的第三种势力，为心理学的第四种势力“超个人心理学”奠定了基础。不仅如此，他早在 1954 年就提出“积极心理学”理念，在几十年后的心理学界催生出一门心理学的新兴分支——积极心理学，使他生前所无限期待的“和平餐桌上的心理学”终于成为社会现实。

心理学家马斯洛为促进人的健康成长、为探索人性所能达到的高度、为研究和平餐桌上的心理学、为最大限度地激活人类的美好潜能奉献了他毕生的力量。他强烈的社会责任感，他对人性中美与善的坚定信念，他对美好世界的无限期待，他超常的直觉和对自身直觉的坚信，他顽强的科学探索精神，他非同寻常的创造力与研究力，使他为人类与世界的进步与发展做出了极为杰出的贡献！

第二节　马斯洛的健康人格观

马斯洛在对十几位杰出人物的研究中提炼出他的健康人格模型。他的研究对象包括他的老师和他的研究生等同时代人，以及一些历史上的杰出人物，如林肯、杰弗逊、爱因斯坦、埃莉诺·罗斯福、史怀哲、威廉·詹姆士、简·亚当斯、贺胥黎、斯宾诺莎等共计 53 人①，马斯洛从他们身上发现了自性实现者的诸多性格特点。

马斯洛用“自性实现者”（self-actualizing people，又译自我实现）②这个概念描述他所认为的具有健康人格的人，他概括到：“自我实现的定义是各式各样的，但一致同意的坚实核心还是能看到的。所有的定义都承认或者都含有：①承认并表述了内部核心或自我的实现，即那些天赋能力、潜能、‘完善的机能’、人类和个人实质有效性的现实化；②它们全都意味着极少出现不健康、神经症、精神病、人类和个人基本能力的缩减或丧失。”③（马斯洛，1968）为了更深入地了解马斯洛有关“自性实现”的概念，我们还可以看一看马斯洛传记作者爱德华·霍夫曼的有关概括：“（自性实现者）都在更大程度上具有对自我和他人的接受能力、自主性、自发性、敏感的审美情趣、高峰体验或超越体验。具有民主的而非

① ［美］马斯洛：《动机与人格》，许金声等译，华夏出版社 1987 年版，第 177~178 页。

② 笔者认为“self-actualizing people”的确切译法是“自性实现”，因此，凡是笔者自己用到这个概念时，都会用“自性实现”的译法，但是在引用时仍然会按照各位译者的译法采用“自我实现”的引文。

③ ［美］马斯洛：《存在心理学探索》，李文湉译，林方校，云南人民出版社 1987 年版，第 178 页。

专制的政治态度、热心于非利己的事业和使命。他们还具有哲理的善意幽默感以及提高改善人性的真诚愿望。此外，他们倾向于重视离群独处，使自己从琐碎的社交活动中摆脱出来。”①（霍华德，1997）

马斯洛认为自性实现是一种过程而非一个结果，而且他认为自性实现者通常是中年以上的人。在《动机与人格》一书中，他十分细致地概括了自性实现者的特点，具体介绍如下。

一、“对现实的更有效的洞察力和更加适意的人际关系”②

这与奥尔波特所指的“客观感受现实”及之后罗杰斯、帕尔斯的类似观点一样，指的是自性实现者有良好的现实知觉，他们能最大限度地做到客观、如实地看待世界，而不是按照自己的需要或者愿望去看世界。与之相对应的是，有心理问题的人常常会让个人的偏见、愿望和欲望影响其对世界的看法，例如，我们常听有人这样说“这事怎么会这样？……”“他怎么能这样对我？……”等，这就是在按照自己的需要而不是客观现实看世界了。因此，心理治疗中就有“客观现实”和“心理现实”的区分，而治疗也总是针对“心理现实”而非“客观现实”。

虽然见仁见智是无法避免的，每个人都会受其主客观因素的影响而无法全面认识一个事物，但是自性实现者至少在意识层面上不会让自己的偏见和观念影响他对世界的看法，他通常能够较大限度地超越个人局限并做到最大限度地接近客观现实。而这种在感知上所具有的客观性又会使他们在认识事物、理解事物以及作出判断和推理方面有更多的优势。不仅如此，由于具有客观感知现实的能力，自性实现者比一般人更能容忍不确定性。因此，会使很多人因为不确定、混乱而感觉不安全的情境与事件却往往会成为自性实现者创造的源泉。因为能够基本客观地看待世界，自然更容易与人建立起恰当的人际关系。

二、“对自我、他人和自然的接受”

马斯洛认为自性实现者很少受诸如自罪感、羞耻心和焦虑的影响，他们不仅能够接受自己动物性层面的需要，如食、色、性，而且对自己各个层面的需要，如自尊、爱、安全和归属的需要，也都能够坦然接受，这与我们中国人所说的顺其自然有很多相似之处。自性实现者接受自然的设置，不会因为自然的不合己意而感觉不满或者抱怨。“我们的研究对象看见的是人类的本来面目而不是他们希

① ［美］爱德华·霍夫曼：《做人的权利——马斯洛传》（1997），许金声译，改革出版社 1998 年版，第 209 页。

② 引号中所引健康人格的特点以及后面各标题中所引内容均出自马斯洛所著《动机与人格》一书第十一章，第 178~204 页 。

望中的人性。他们的眼睛并不为各种眼镜所累，从而歪曲、改变或者粉饰所见事物的真相。”①（马斯洛，1957）

自性实现者坦然接受自己的现状，包括自己的需要、水平、愿望，同样，他们也宽容地对待他人的弱点或问题；他们从容而自在地生活，并且很少使用防御机制；他们理解人性的弱点，如果有必要，他们会努力调节自己的弱点，但他们不会因为自己的弱点或者缺点而自责到无法自拔的状态。而缺乏心理健康的人恰好相反，他们往往会因为自己的长相、身体的缺陷或者出身等而抱怨环境或者他人，会常常因为自己身上的问题而有自罪感或感觉焦虑等。

按照弗洛伊德的观点，人在感觉焦虑时就会启动自己的防御机制，而一个自我接纳的人因为能坦然面对自己的不足，因而其“三我”（本我、自我和超我）之间的冲突会比较少，因此也很少需要调动防御机制来缓解焦虑。而缺乏心理健康的人常常会为自己的需要或为自己的缺点和弱点感觉内疚和羞愧，他们常常在“狠斗‘私’字一闪念”中丧失活动与能力。他们苛求自己也苛求他人，为自己的弱点焦虑，也为他人的问题烦恼。他们常常要靠防御机制缓解焦虑，久而久之，严重的就产生了心理疾患。

三、“自发性、坦率、自然”

这里的“自发性”主要是指拥有相对自主的、独特的动机、目标与道德准则，因此自性实现者能自然而单纯地表现自己，他们真实地对待自己的感情，并坦诚地说出自己的感受，他们不掩饰自己，不按别人的愿望行事，他们同样真诚地对待他人，这一切都使他们具有与众不同的个人风格。说到道德准则，马斯洛认为普通人的一般的道德行为主要是遵从习俗的行为，而自性实现者的道德则以更为广大的人类利益为基点。“自发、坦率、自然”是自我接纳的产物或者说标志。而缺乏心理健康的人往往受多种内外因素约束，他们常常歪曲自己的情感，羞于正视并承认它，更无法自然表露自己的感受。

笔者的观察，自性实现者并非不遵守习俗，出于对人的尊重和某种程度简化生活的必要，他们往往会比一般人更遵守日常习俗，因此会对他人表现出更多的善意和理解，而只有面临原则问题时，他们才会有自己的坚持。例如，马斯洛的研究对象之一——伟大的人道主义者、诺贝尔和平奖获得者——奥尔波特·史怀泽，他的前半生遵循的是一个典型欧洲中产阶级家庭的孩子所该走的道路：上学、读书、拿文凭，但是30岁时，他做出了一个伟大的、惊世骇俗的决定：到非洲去，做一个丛林医生。做出这个决定之后，他在非常细致充分的准备——包括去读医学博士、筹款等——之后履行了自己的诺言：将自己的一生献给了非洲

① ［美］马斯洛：《动机与人格》，许金声等译，华夏出版社1987年版，第182~183页。

大地，在非洲丛林行医的过程中提出“敬畏生命”的伦理理念，被非洲人尊称为“非洲之父”。

“‘敬畏生命’的原则引导我们与世界创建一种精神性联系，而它并不依赖于我们对宇宙的充分理解。只要‘敬畏生命’，我们便可以移山倒海，可以抵达‘道德性肯定世界’的光明彼岸。”①（史怀泽，1931）而最有助于形象诠释马斯洛有关“自发性、坦率、自然”说法的则是下面这段话：“面对茫茫苦海，无论心态如何，我都不曾让自己陷入替天行道式的愤懑。我坚信，每个人都可以贡献一份爱心。思绪至此，答案渐次明了：对于世间苦难，唯一可行的是，我们应当各尽所能、竭力相助。”②（史怀泽，1931）

四、“以问题为中心”

这里的“以问题为中心”是与“以自我为中心”相对应的，按照马斯洛的观点，自我实现者通常都把注意力集中在他们自身以外的问题上，这些“问题”通常是指超越个人的义务、责任甚至人生使命。

自性实现者之所以能够如此，是因为他们已经很好地解决了同一性问题，加之他们所具有的自我接纳和实现倾向，使他们不仅很少产生内心冲突，而且具有高度的自我和谐，这使他们有可能把精力更多地用在解决问题上。对他们而言，解决问题是一种享受生活和发现自我的过程。

此外，自性实现者之所以会以“问题”而非“自我”为中心，还因为他们常常带着一种使命感，一种“我是为……而生”的感觉，因此工作之于他们就成为实现生命的重要方式了。

五、“超然独立的特性，离群独处的需要”

马斯洛在研究中发现，他的所有研究对象与一般人相比，明显喜欢与外界隔绝以及独处。“他们常常可以超然于物外，泰然自若地保持平静，而不受那些在其他人那里会引起骚乱的事情的影响。”③（马斯洛，1957）这是因为自性实现者的行为和感情是自我定向的，他们依赖自己而不是他人以获得安全和满足感；他们具有更多的自由意志；他们并非有意要回避别人，他们只是因为更关注问题、更愿意自我管理和更喜欢独立思考而显得喜欢独处。

此外，用弗洛姆的理论框架来看，自性实现者对独处的需要也与其生产性特

① ［德］奥尔波特·史怀泽：《生命的思索——史怀哲自传》，赵燕飞译，长江文艺出版社 2013 年版，第 160 页。

② ［德］奥尔波特·史怀泽：《生命的思索——史怀哲自传》，赵燕飞译，长江文艺出版社 2013 年版，第 189 页。

③ ［美］马斯洛：《动机与人格》许金声等译，华夏出版社 1987 年版，第 188 页。

点有关，因为是生产性人，所以他们也需要更多的独处以实现自己的生产性。居里夫人的一个故事就很能说明问题，她和居里先生做婚前准备时曾经看上了一套非常好的沙发，但是犹豫再三后还是决定不买，因为居里夫人担心如果客人很喜欢这个沙发而坐着不走，他们会因此而失去很多学习和工作的时间！①

缺乏心理健康的人则往往对他人会有较多的逃避或者较多的依赖，对他们而言，独处往往是一种威胁，一种危险，有时甚至是一种灾难，所以他们不仅在物质上而且在情感上，都更倾向于依赖他人，这不仅表现在他们对周围人的评价、意见、指导的依赖上，也表现在他们对大众传媒网络和今日微信的轻信和依赖上，他们只有紧紧跟随这些才会有安全感和归属感。

六、“自主性，对于文化与环境的独立性，意志，积极的行动者”

这是独立性的更为具体的表现。自性实现者拥有自己的信念与人生目标，因此他们能有效抵御社会和潮流的影响，从而在很大程度上独立于他们所处的环境。他们对环境和时尚缺乏一般人所有的敏感，他们很少受所谓阶层、尊重、地位、报答、称赞、归属、金钱、物质、人际关系等需要的影响，他们的满足更多地来自于自身内部。他们拥有自己独立的评价系统，因此可以不受环境影响而自主生存。也因为自主与独立，他们比一般人拥有更富有活力的行动力。因此，简陋的生活条件、别人的误解，丢工作、失恋等都不会压垮他们，而只会激发他们调动自身能力积极主动处理问题的潜能。

而缺乏心理健康的人则对环境与时尚非常敏感，近几年网络流行语中的“OUT”就很能说明问题。现在很多成年人都很怕被人说成“OUT”（落伍）了，似乎被人称作“OUT”是一件很没有面子的事情，因此今天年轻人那边流行什么，明天甚至今天晚上成年人这边就流行什么，没有人强迫，没有外在的制度压力，完全是自觉自愿甚至是兴高采烈地，年轻人到哪，成年人就跟到哪，网上一度年轻人脏话连篇，成年人不假思索、毫不迟疑也跟着学，甚至各大报纸也出现“脏话狂欢”的现象。② 从而使社会进化过程中那么多累积下来的宝贵的文化遗产被忽视甚至浪费，社会也因此出现整体退化。如果用马斯洛的理论框架来看这些天天追着潮流跑而丧失文化自信和个人自信的成年人，不仅是去圣化的表现，也是缺乏自主与独立的表现。

七、“欣赏的时时常新”

马斯洛发现：“自我实现者具有奇妙的反复欣赏的能力，他们带着敬畏、兴

① ［法］艾芙·居里：《居里夫人传》，左明彻译，商务印书馆 1984 年版，第十一章。
② 韩浩月：“为什么‘脏话狂欢’屡见不鲜”，《中国青年报》，2013 年 4 月 9 日。

奋、好奇、甚至狂喜，精神饱满地、天真无邪地体验人生的天伦之乐，而对于其他人，这些体验也许已经变得陈旧。”① （马斯洛，1957）自性实现者往往充满激情地对许多人生经验都保持着新鲜感。日出、日落、云卷、云舒、星星、月亮、孩子、音乐、一日三餐等，这些最基本的日常生活经历都可以使他们产生永不衰退的美感体验，使他们感觉快乐、惊喜、兴奋、好奇、狂喜甚至敬畏。尽管他们在对美的欣赏上有所区别，比如有的人喜欢大自然，有的人喜欢音乐，有的人爱孩子，但他们从中得到的喜悦、鼓舞和力量却是一样的。

马斯洛发现自我实现者比一般人更能享受生命，这不是因为他们没有痛苦、担忧和困难，而是因为他们更能超越日常生活，他们更善于欣赏，他们对世间的美好更敏感、更有兴趣；也因为他们较少感觉焦虑和害怕，较少被厌倦、绝望、羞愧和缺乏目的这样的情绪所困扰，他们在情绪上更自信并且也更放松。

马斯洛在介绍了他的研究发现后深有感触地说：“我越来越相信对自身幸福的熟视无睹是人类罪恶、痛苦以及悲剧的最重要的非邪恶的起因之一。我们轻视那些在我们看来是理所当然的事情，所以我们往往用身边的无价之宝去换取一文不值的东西，从而留下无尽的懊恼、悔恨和自暴自弃。”② 马斯洛的意思是，如果我们具备“永不衰退的鉴赏力”，能够做到“欣赏的时时常新”，那么不仅每一天的生活都充满阳光和幸福，我们还会以感激、感恩的心对待周围的人与事，会懂得珍惜自己所拥有的一切，懂得以敬畏的心爱这个世界，懂得努力回报世界以美好，那样的话，这个世界不仅会少许多由于非邪恶的原因而引起的痛苦甚至悲剧，而且对日常生活的美保持敏感也有助于我们个人生活质量和幸福感的提高。更重要的是，能够对生活保持常有常新欣赏力的人通常会同时具有一种很重要的人格特质，那就是：懂得感恩。“感恩”作为一种人格特质或一种行为习惯有非常重要的心理保健功能，懂得感恩的人不仅更能够体验生活的幸福感，而且能对环境与他人充满敬重、关切和珍爱，在追求成长的道路上，心怀感恩的人会以敬畏的心珍惜他所拥有的，并以节制的态度去争取他想要拥有的。因此，他们在追求时不会乱来，会更关注对环境的保护和个人与社会的可持续发展。

八、“神秘体验，海洋感情”

神秘体验又称为高峰体验(peak or mystic experiences)，按照马斯洛的说法：“高峰体验一词是对人的最佳时刻的概括，是对生活最愉快时、对人迷、狂喜、幸福、最大快乐体验的概括。”③ （马斯洛，1971）例如，我们在面对大海、高山、森林、草原等自然景观或面对壮观的万里长城、金字塔、玛雅文化遗址等人文景

① ［美］马斯洛：《动机与人格》，许金声等译，华夏出版社 1987 年版，第 191 页。
② ［美］马斯洛：《动机与人格》，许金声等译，华夏出版社 1987 年版，第 192 页。
③ ［美］马斯洛：《人性能达到的境界》，林方译，云南人民出版社 1987 年版，第 106 页。

观以及工作上取得重大突破和拥有一种幸福美好的关系等这样的时刻，我们往往就会产生高峰体验，那是一种强烈、漫无边际、气势磅礴的体验，一种从未有过的力量感，一种入迷、极乐、惊奇、敬畏以及失去时空感的体验，一种天人合一、物我两忘的体验。

处在高峰体验中的人会对自身存在的意义与目的有更为明确而坚定的认识，那个时刻，他感觉他能做成所有的事，达到他想达到的所有目标。马斯洛认为，人在高峰体验时有最高程度的同一性，最接近他们真实的自我，故这一时刻也是自我证实和"暂时的自我实现"① 的时刻，让我们对世界与自身有新的认识和了解，因此，高峰体验也是一种奖励，一种对成长的奖励。不仅如此，高峰体验还能释放一个人的创造力，使人产生价值感和意义感，它还能使人从更积极的方面看待自己与环境。从治疗的角度看，达到高峰体验还有可能缓解甚至消除症状。如有的人陷在个人情感中无法自拔，但在见到壮丽的自然景观或看到激动人心的人文景观后产生高峰体验，从此走出抑郁与悲伤。

笔者在心理教育实践中还发现，高峰体验有非常重要的心理保健功能，一是因为它有后效，可以让一个人的积极情绪延长较长时间；二是因为高峰体验会激发出人的许多正能量和潜能；三是因为高峰体验有激发行为动机的重要作用。

马斯洛认为高峰体验是不期而至的，但笔者在心理咨询的过程中发现：高峰体验也是可以自己创造的。只要我们有这个意识，我们就可以经常为自己创造高峰体验，如旅游、读书、看电影、听音乐、交友、看球、打球、听讲座、成功完成某个计划等，都是可以引发这种体验的。如果一个人有信念、有追求，那他就更容易经常与这种神秘而又激动人心的体验相遇。爱德华·霍夫曼在其所编的马斯洛未发表的文章中收录了马斯洛一篇题为"恢复我们的感激意识"的文章，其中将感恩能力与高峰体验联系在一起。"感激意识对于情感健康十分重要。这种意识使人们能够'感恩知足'，珍惜自己所拥有的东西，不必等到丧失时才知道可贵。它既能够避免人们贬低日常生活的价值，又能够重新激发出高峰体验。"②（马斯洛，1970）

笔者认为，与高峰体验相联系的另外两个概念是"去圣化"与"再圣化"。在弗洛伊德那章有关防御机制的段落中，笔者介绍了由马斯洛提出的一种防御机制——去圣化，即指那些不相信生活中还存在值得珍视的、神圣的、诗意的、具有永恒意义的事物的人，他们用虚无和冷漠包裹自己，使自己免受伤害。

去圣化在某种程度上的确对青年人起了一定的保护作用，尤其在拜金主义和腐败盛行的年代，去圣化可以使青年人免去很多失望和打击，但是与此同时也使

① ［美］马斯洛：《存在心理学探索》，李文湉译，林方校，云南人民出版社 1987 年版，第 168 页。

② ［美］爱德华·霍夫曼：《洞察未来——马斯洛未发表过的文章》，许金声译，改革出版社 1999 年版，第 148 页。

他们失去了很多美好的人生体验。人生本质上是许多经历和体验的综合，虽然人人都在经历，但由于缺乏对美好事物的信念，即使再美好的经历，也无法产生美好的体验。现在网上不断变化流传的各种百无禁忌、突破底线的脏话甚至下流话，这种“语不下流死不休”的趋向真可以说是达到去圣化的极致了。①

去圣化这个概念最初由宗教学家伊利亚德提出，他在其《神圣的存在》以及《神圣与世俗》等著作中，用大量原始资料提供了“神显”的论据——人类生命的本身、宇宙中的一切如大自然中的日月星辰、山川河流、森林草原、花草树木，人类世界的各种禁忌、仪式、传统与风俗、神话与传说等都是神圣的显示——证明了“……生命生活在一个两重化的境界中，它自然地作为人类的存在；同时，它又分享着一种超越人类的生命，即宇宙的或者是诸神的生命。”②（伊利亚德，1956）在伊利亚德的视野中，古代社会中人与宗教信徒之间的共同之处就在于他们敬畏宇宙与自然，圣化世界与人生，认为自己与宇宙一样是神的创造物，因此，有一种天人合一、生死合一的超然境界。而现代人的问题则是去圣化，是不再相信生命与自然的神圣，因此也就不再懂得敬畏和谦恭。受伊利亚德的启示，马斯洛在提出心理上存在一种去圣化的防御机制之外，又提出了一个不仅可以有效降低去圣化反应而且可以促进自性实现的对策，那就是：再圣化。

马斯洛所谓再圣化（resacralize，又译重现神圣）指的是有意识地重新唤起我们对存在价值的体验，“愿意再次‘从永恒的方面’看一个人，像斯宾诺莎所说的那样，或者在中世纪基督教的统一理解中看一个人，那就是，能看到神圣的、永恒的、象征的意义。”③（马斯洛，1971）比如相信爱情，相信真诚和善良，相信每个人都可以为促进社会的美好而做贡献，比如在凝视蓝天白云、星星月亮时感受到自己与宇宙的紧密联系，在一棵小草、一只蝴蝶的身上体验生命的壮观，在一个孩子的成长中见到人类进化的足迹……还有就是对先烈的态度，现在青年人由于“去圣化”倾向的影响，在对革命先烈的态度上缺乏恭敬和感恩。我们今天能够拥有一张和平的书桌，都是因为革命先烈为我们做出了牺牲。笔者的观点是：你可以选择不效法先烈，但是你不可以不尊重我们的先烈，因为他们代表着我们人性中最美好的一面：正义、博爱、奉献、勇敢和尽职守责到底。所以，面对黄继光、刘胡兰这样的革命先烈，我们可以选择不去效法，但是我们要懂得钦佩，要知道敬畏，要在自己心中为伟大与崇高留一席之地，面对生命也要懂得畏惧，不可以乱来。否则，我们就是在践踏自己内心中最宝贵的良知——存在价值，并会因此而丧失意义和很多幸福感。

---

① 有兴趣的读者可以到网上去查一篇文章：“为什么‘脏话狂欢’屡见不鲜”，作者：韩浩月，《中国青年报》，2013年4月9日。

② ［罗马尼亚］米尔恰·伊利亚德：《神圣与世俗》，王建光译，华夏出版社2002年版，第95页。

③ ［美］马斯洛：《人性能达到的境界》，林方译，云南人民出版社1987年版，第56页。

此外，信仰或者信念有很重要的心理保健功能，一个人不相信生活中存在永恒与神圣，就容易丧失对生活与工作的敬畏与庄严感。不相信诗意和美好，就会导致急功近利和只顾眼前得失，会影响他的视野和格局。而这一切不仅会影响他的成长，还会影响他的生活质量与幸福感。日常生活中那些“什么都有就是没有快乐的人”，原因之一就在于其无意识中过度使用了“去圣化”机制。

能否主动追求再圣化不仅关乎个人的成长，而且与个人的生活满意度与幸福感息息相关。下面我要给大家介绍一些可以帮助我们评估并且提升自己再圣化能力的可操作方法：你读孔子、孟子、司马迁、文天祥、林则徐、甘地、曼德拉、特瑞沙修女和珍妮·古道尔的故事时，会有什么样的感觉？是由衷钦佩还是全无感觉？你读蕾切尔《寂静的春天》，罗马俱乐部报告《增长的极限》《世界灭绝动物名册》时，是痛心疾首还是无动于衷？……如果是“全无感觉”或者是“无动于衷”，我们就需要做反思和调整了。因为，我们对“再圣化”的需要超过了“再圣化”对我们的需要，就如同我们对其他关乎成长的美德的需要超过了那些美德对我们的需要一样。

需要补充的是，马斯洛晚年又提出了“高原体验”（plateau experience）这一概念，“高原体验是对奇迹般的、使人敬畏的、神圣的、大一统的情境和存在价值的宁静而平和的反应，而不是带有强烈情绪的、顶点的、自动的反应。……高原体验总是带有理性的和认识的因素，高峰体验则并不总是如此，后者能成为纯情绪的和绝对情绪的。”①（马斯洛，1971）

显然，与瞬间爆发并只能维持短暂时间的高峰体验相比，高原体验是人达到某种境界后才会有的一种可以持续的平和、宁静以及持续的天人合一状态，中国思想家、教育家孔子的那段有关个人成长的名言中“七十从心所欲不逾矩”所形容的就是一种高原体验。

马斯洛也谈到，要想达到高原体验是需要时间的，“它往往需要一生的努力。……高原体验能通过长期艰巨工作达到，学得和赢得。我们能有意地期望它。”②（马斯洛，1971）这很像今天人们所谈及的“修行”，需要时间的参与，需要持之以恒的努力和修炼。那么总有一天，我们偶尔才会遭遇的高峰体验就会为持续的平和、宁静、和谐与幸福的高原体验所替代。

九、“社会感情”

前面谈到，马斯洛自己有很深的社会感，他有关要创造“和平餐桌上的心理学”的志向就很能说明问题。此外，马斯洛曾经与阿德勒有很密切的联系，他深

① ［美］马斯洛：《人性能达到的境界》，林方译，云南人民出版社 1987 年版，第 343 页。
② ［美］马斯洛：《人性能达到的境界》，林方译，云南人民出版社 1987 年版，第 344 页。

受阿德勒“社会兴趣”一说的影响。再者，马斯洛在对自性实现者的研究中也发现：自性实现者对人类怀有一种很深的同情和爱的感情，他们以天下一家的胸怀热爱世界，能迅速理解和宽恕他人的过失，他们有强烈的社会兴趣，对人的命运充满了关注，并致力于社会的健康发展。

马斯洛有关自性实现者社会感情的发现对我们有很多启发：作为自然人，人本应该生而平等，但不幸的是，作为社会人，人却常常是生而不平等的（阶层、贫富、地区、个人特点等）。因此，同坐在一个教室的同学却可能有着差异极其悬殊的奋斗经历。所以，从社会兴趣的角度看，天生环境优越的人是应该以某种方式补偿天生环境恶劣的人的。最低限度，我们不能以自己的不当行为增加社会的不公正。

就大学生而言，如果我们对建设社会公正和建设美好社会缺乏兴趣，如果我们对社会不公正问题不敏感，如果我们对人的命运缺乏关注，我们是很难有可以持续发展的个人成长的。

十、“自我实现者的人际关系”

马斯洛观察到，自性实现者具有很强的与人交往的能力，但他们却只和很少数的人建立很深的关系，换言之，自性实现者的人际关系是：广泛而又深刻的。广泛是指他们对他人的爱是无私的，他们尊重并且关心人，对他们来说，提供爱和接受爱是一样重要的。由于无私，他们对爱没有依赖性，不会有担心和猜忌等体验。因此，如果需要，他们能够在很广泛的程度上与人相处，使人感到温暖并且亲切。而深刻则是指他们只和很少数的人建立深入的关系。笔者认为，这里的较为深层的原因一是曲高和寡，二是因为他们需要留出让自己成长和创造的时间。

马斯洛还特别指出，这些自性实现者往往会吸引很多崇拜者，而且自性实现者往往会以礼貌、客气和尊重的态度与这些“粉丝”保持距离。笔者的理解，其本质应该还是为了保持独立思考的空间和创造的时间吧。

缺乏心理健康的人对人际关系有很强的依赖性，由于儿时的多重不幸经历，他们非常依赖他人的关心尤其是评价，因此在与他人的关系中会时常体验不安、担心甚至猜疑等情绪，其人际关系自然就会常常受到这些消极情绪的影响甚至腐蚀。

十一、“民主的性格结构”

概括马斯洛有关自性实现者民主性格的特点，包括：他们对人有强烈而深刻的情感，具有普天之下皆兄弟的博大情怀；他们对人不存偏见，他们以无差别的、一视同仁并且友好、真诚、尊重的态度对待不同阶层、种族、宗教、教育水平、国家和肤色的人。马斯洛还发现，这些自性实现者有明确坚定的是非观，但是这不影响他们给予甚至恶棍最基本的尊重，而且虽然他们所选择的朋友也都是杰出人物，“但他们是性格、能力、天赋上的杰出人物，而不是出身、种族、血统、家族、家庭、寿命、青春、声誉或权力方面的杰出人物。”①（马斯洛，1957）显然，这是一种发自内心真诚尊重他人的人格特质所使然，这与美国哲学家、教育家杜威所谈到的个人该拥有的民主理念很一致，即“民主的基础是对人性之能量的信赖，对人的理智、对集体中的合作性的经验之力量的信赖”②。

同理，那些以各种名义为由去干涉、包办甚至控制他人事务的人是违反基本的民主精神的本质的。因此，自性实现者因为信赖和尊重别人的力量而选择的独处或如帕尔斯所说的“不对他人负责”，其实都是其个人民主精神的体现。

十二、“区分手段与目的，善与恶”

马斯洛在研究中发现，自性实现者“这些人的道德力量很强，有明确的道德标准，他们只做正确的而不是错误的事。”③（马斯洛，1957）他们最突出的行为表现之一就是：坚持手段与目的的一致性，并且强调手段要服从目的。这点用中国古人的说法就是：君子慎独不欺暗室。对此，英国哲学家罗素曾有非常精辟的论述：“基督教的道德学家认为，虽然道德行为的后果一般都是好的，但却比不上道德行为的本身那样地好，道德行为之为人重视乃是因为它们本身的缘故，而不是因为它们的效果。”④（罗素，1955）

中国有句成语：“失之毫厘差以千里”，手段与目的的统一在社会与个人的进化中都具有极为重要的作用。当前的中国由于发展过于快速，不少人急功近利，为达目的不择手段，对大自然采取掠夺性开发，导致频发的自然灾害和严重的环境污染，不仅极大地阻碍了中国经济与社会的持续发展，而那些参与的个人，其个人的发展同样会受到影响。青年学生在追求成长的过程中有时容易急功近利，并常常以“只要动机是好的，就可以不择手段”这样的话自我安慰，问题是，不道德的手段是会腐蚀高尚的目标的，这就是道德行为本身之所以重要的原因。此外，我们在前面讨论过恶是机能自主的，一个人在实现目标的过程中如果为了权宜之计而使用了不正当的手段，量的积累达到一定程度时，他想重新采用正当的方法也不太有可能了，因为恶一旦被唤醒，就很难停下来，它会以机能自主的方式不断自动升级，使当事人陷入欲罢不能的境地，这就如同希腊神话中

① ［美］马斯洛：《动机与人格》，许金声等译，华夏出版社 1987 年版，第 197 页。

② ［美］杜威：《新旧个人主义——杜威文选》，孙有中、蓝克林、裴雯译，上海社会科学院出版社 1997 年版，第 197 页。

③ ［美］马斯洛：《动机与人格》，许金声等译，华夏出版社 1987 年版，第 198 页。

④ ［英］罗素：《西方哲学史(上)》，何兆武、李约瑟译，商务印书馆 1988 年版，第 232 页。

的“潘多拉盒子”，一旦打开，就永无宁日。所以，用干干净净的方式去争取干干净净的成功，这是一个心理健康者所应有的底线伦理之一。

笔者在心理治疗中发现，道德感有很重要的心理保健功能，理论上这可以追溯到荣格的集体无意识说。因为人在社会生活中逐渐具备了强大的良知系统，当人做了符合道德的事时，他的自尊需要会得到满足，他对自己的积极评价也会增加，除此之外，他还会有幸福感的体验，而这都是非常有助于人的心理保健的。而当他做了违背道德的事情时，除非他是反社会人格障碍患者，否则总有一天他会在某个时候陷入自责与歉疚的情感中难以自拔。

此外，自性实现者之所以能够遵守底线伦理，一个很重要的原因是，他们在追求目标的过程中懂得体验甚至享受追求的过程，他们在过程中所体验到的幸福感与他们在实现目标时所体验的幸福感是一样的，这也是他们能坚守道德的原因之一。所以，如果一个人能够学会体验追求过程的快乐，就可以从另一个角度把持自己，使自己具有更多的定力。

十三、“富于哲理的，善意的幽默感”

马斯洛发现，自性实现者的幽默与一般人的自嘲或者玩笑是不同的，自性实现者的幽默是富于哲理性、有教益和有创见的，因此他们的幽默是很有感染力的。

下面对幽默和笑话做一个区分，有的人会混淆幽默与笑话的区别，幽默会让人笑，这是幽默与笑话的相似之处，但是它们之间的最大区别是：笑话有可能低级、庸俗甚至下流，幽默则不然，幽默不仅有趣，而且意义深远。所以幽默不仅是一种智慧，也是一种心理健康的表现。能够表现出真正幽默的人通常都是自信、放松、有安全感同时又有智慧的健康成熟的人。这也是自性实现者能够比一般人表现出更多幽默的原因所在。而那些总是绷得很紧、总是无法理解甚至常常误解幽默的人是被他们的紧张、焦虑、自卑和强烈的不安全感所笼罩，以至于丧失了微笑面对生活和享受生活的能力。

十四、“创造力”

马斯洛在研究中发现：自性实现者“无一例外，每个人都在这方面或那方面显示出具有某些独到之处的创造力或独创性”①。马斯洛特别区分了天赋异禀者（如莫扎特等）所表现出的创造力与自性实现者的创造力之间的差别。自性实现者的创造力是每一个人都存在的未能开发出的一种潜能，也许这种潜能并不如莫扎特的才能那样耀眼，但是对于当事人而言，却是意义深远的。马斯洛曾指出，

① ［美］马斯洛：《动机与人格》，许金声等译，华夏出版社1987年版，第200页。

创造性并不只是以著书、作曲或者发明等形式表现，而是指在任何工作上都可能有的创新，如富有创造力的鞋匠、木匠、职员等。

笔者的观点，自性实现者所以能够表现出更多的创造性和发明才能，他们之所以能在其所从事的工作中表现出更多的创新精神，与他们较少依附社会同时更多拥有独立性有关，也与他们更具自然性和自发性有关。马斯洛认为，可以培养创造性的最重要的前提是：具有敏锐的感受力，懂得幽默并尊重自己的情感，能够抵御外界的压力。除此之外，从操作上看，可以培养创造性的方式还包括：养成独立思考、审辨思维的习惯，学习具备开放和富有弹性的人格特质，涉猎广泛，同时平时要多练习“一题多解”，这在心理学上有一个对应的术语——“头脑风暴”，形象地形容我们在一题多解时恰如大自然在出现风暴时所调动起的一切力量。需要注意的是，这个“一题多解”里的“题”是一个十分宽泛的概念，指的是所有的问题，如学习问题、工作问题、生活问题、人际关系问题、成长问题等。

20世纪50年代末，马斯洛开始对创造力感兴趣，后来在其研究中，他不断有新的发现，包括社会协同状态与个人创造性的关系、两性特点的融合、个人的努力和坚持与实现创造性的关系等。对青年学生而言，最有必要提及的是马斯洛当年所提的类似今天流行的“一万小时定理”的观点：“在灵感和最终产品之间的差别，例如，在灵感和托尔斯泰的《战争与和平》之间的差别，是极庞大的艰苦作业，极大量的训练，极大量的修养，极大量的指功、实践和重复，以及第一稿的推倒了重来等等。”① （马斯洛 1971）

十五、“对文化适应的抵抗”

笔者认为，这里所说的“文化”是指与自性实现者同时代的流行文化。霍夫曼对马斯洛有关自性实现者这一特点的描述能够清楚表达这点：“自我实现者带着他们的使命感，生活在现存的文化中，但不是简单地遵从这种文化。一般来讲，‘他们专心致志于一种平静的、被认可的，连续不断的努力来改进现存的文化，而且这种改良是从文化的内部来进行的，而不是彻底抛弃它或从外部与它斗争’。”② 其实这与自性实现者的个人特点密切相关，他们是有独立自主性的人，他们受自己内在价值观而非社会习俗的影响，因此他们不会因为害怕“OUT”而去追赶潮流，也不会为了迎合流俗而放弃个人的独立思考。同理，因为与所在社会的文化保持距离，因为特立独行，自性实现者往往需要付出孤独的代价，这或许是自性实现者不够多的重要原因之一吧。

① ［美］马斯洛：《人性能达到的境界》，林方译，云南人民出版社1987年版，第63页。

② ［美］爱德华·霍夫曼：《做人的权利——马斯洛传》，许金声译，改革出版社1998年版，第214页。

以上介绍了马斯洛有关健康人格或自性实现者的基本特质，1971 年，马斯洛逝世一年后，他的最后一本著作《人性能达到的境界》出版，其中有一段对自性实现者的概述："他们知道他们是什么人，他们到哪里去，他们需要什么，他们擅长什么，一句话，他们是坚强的自我，善于正确地运用自己的力量，按照他们自己的真正本性发挥作用。"① （马斯洛，1970）马斯洛同时指出，自性实现者并不是完美无缺的人，他们也有自己的弱点甚至缺点，他们只是比其他人更接近完善而已。

第三节 成为自性实现者

严格地说，马斯洛并未告诉我们怎样可以成为自性实现的人，他的研究更多地集中于向我们描述健康人格的特点，而不是告诉我们怎样可以具备健康人格。但如果我们能有意识地以马斯洛所描述的健康人格为参照，同时发挥自己的创造性，我们就可以引导自己走向自性实现。

此外，马斯洛还为我们提供了一个成为自性实现者的重要思路，即他的动机理论，从这个理论中我们可以得到有关自性实现的操作性启发。

一、马斯洛的需要层次论

马斯洛的动机理论建立在他的需要层次论上，这是马斯洛理论的重要组成部分，也是马斯洛学说中最有影响力的部分。所谓需要层次论（hierarchy of needs），是指人的行为由动机所驱动，而动机又是由需要所激发的。马斯洛认为，人的需要是人的本性，它们按照不同的强度排列成一个等级层次，在这个等级层次中，强度与等级恰成反比：层次越低，需要的强度越大；层次越高，需要的强度越弱。人通常是递次满足自己的需要的，这就好像上梯子，上完一级后再上一级。在第一级需要未得到满足时，通常不会发展到高一级需要。

马斯洛认为人的需要从低到高分作以下几种：

（一）生理需要

生理需要（the physiological needs）指的是生理驱力，即人对食物、水、空气、睡眠和性的需要等，它们的满足对生存来说是必不可少的。因此，它们是所有需要中最强有力的。"毋庸置疑，这些生理需要在所有需要中占绝对优势。具体说，假如一个人在生活中所有需要都没有得到满足，那么生理需要而不是其他需要最

① ［美］马斯洛：《人性能达到的境界》，林方译，云南人民出版社 1987 年版，第 287 页。

有可能成为他的主要动机。一个同时缺乏食物、安全、爱和尊重的人，对于食物的需要可能最为强烈。”① 因此，除非人的生理需要获得持续的和实质性的满足，否则他就不会有发展更高需要的机会。例如，一个总在饥饿线上挣扎的人，他的意识几乎完全被如何解决“饥饿”的问题所支配，其全部能量都集中在对食物需要的满足上，生活被看成是为了解决吃饭问题，而其他一切都不再重要。因此，“当人的机体被某种需要主宰时，它还会显示另一个奇异的特性：人关于未来的人生观也有变化的趋势。对于一个长期极度饥饿的人来说，乌托邦就是一个食物充足的地方。”②（马斯洛，1957）而如果一个人的生理需要得到了满足，那么就会有更高层次的需要浮现出来，此时生理需要就不再会激发行为的动机。但是如果一个人的早年生活一直处于一种较为优越的环境之中，从来不曾遇到过温饱问题，那么他在日后由于某个特殊事件——比如中国的“文化大革命”等——而处于生理需要暂时受挫的情境中时，仍然能够保持其高层次的需要。像20世纪50年代末中国被打成右派并被发送到边远地区的那些知识分子，他们中有些人在甚至连最低生理需要都无法得到满足的情况下，仍然保持着学习与思考的习惯。作家张贤亮在其作品《绿化树》中就有非常细致的描述，劳改期间一个出生于“资产阶级”家庭的知识分子劳改犯为了能够多得100CC的粥，绞尽脑汁，与此同时，他始终认为自己不论在物质上还是精神上都是胜利者。③

中国老百姓有一句话：“女孩儿要富养”，用马斯洛的理论看，富养的女孩儿更具有忍受未来有可能面临的匮乏，因为她们具备“由于早期的满足而增强的‘挫折容忍力’（frustration tolerance）”④。而如果用心理学中行为主义理论进一步分析，还可以发现：被富养的女孩儿通常会对金钱和物质脱敏，在她们成长的过程中，更有条件聚焦于精神上的成长，更有可能发现并发展她们的内在空间。而当她们择偶时，也会更看重精神，而不会被物质所迷惑而丧失自我。

（二）安全需要

马斯洛指出，“如果生理需要相对充分地得到了满足，接着就会出现一整套新的需要，我们可以把它们大至归为安全需要类（安全、稳定、依赖、免受恐吓、焦躁和混乱的折磨，对体制、秩序、法律、界限的需要；对于保护者实力的要求，等）。”⑤（马斯洛，1957）换言之，按照马斯洛上面的分类，安全需要（the safety needs）包括对物质安全和精神安全的需要，是人内心深处一种对秩序、常

① ［美］马斯洛：《动机与人格》，许金声等译，华夏出版社1987年版，第42，198页。
② ［美］马斯洛：《动机与人格》，许金声等译，华夏出版社1987年版，第42页。
③ 张贤亮：《绿化树》，北京十月文艺出版社1984年版，第11~13页。
④ ［美］马斯洛：《动机与人格》，许金声等译，华夏出版社1987年版，第61页。
⑤ ［美］马斯洛：《动机与人格》，许金声等译，华夏出版社1987年版，第45页。

规、稳定、可确定性和可预见性的需要。这种需要的被满足可以使人产生安全感，而安全感的满足会使人有放心、踏实、保险的感觉。这就是为什么我们在与陌生人独处时会有不安全感的原因，因为我们对他的行为无法预测、无法确定。战争、自然灾害、传染病等之所以会引发大面积的恐慌，是因为它危及到人的生命安全。

此外，并非只有战争、杀戮、抢劫、灾害、暴力、传染病等这些大的事件才会给人带来不安全感，像谎言、流言、诽谤、中伤以及现在网络上的谩骂、攻击、人肉搜索等，同样会威胁人的精神安全感，这就是为什么喜欢评判、指责、造谣以及背后议论人的人会缺少朋友的原因所在，因为他们让人感觉不安全。反过来，这也会使他们自身的安全需要受挫，因为他们的行为不仅会让别人远离他们，而且有可能引起别人的反击，从而也会动摇他们自身的安全感。

这里有必要特别提出“界限”与安全的关系，这是我们中国人尤其需要注意的一个问题。因为与西方国家的个体主义(individualism)文化相比，中国属于集体主义(collectivism)文化。所谓集体主义文化，“指的是这样的社会，人们从出生起就融入强大而紧密的内群体当中。这个群体为人们提供终身的保护以换取人们对于该群体的绝对忠诚”① (吉尔特·霍夫斯泰德，格特·杨·霍夫斯泰德，2005)，由于我们的集体主义文化的缘故，我们常常会缺乏界限意识，与人包括与亲人相处时习惯于亲密无间，习惯于以“为你好”的名义去干涉别人的生活。但是随着改革开放而趋向国际化的中国，越来越多的人开始有保持界限和保护隐私的需要，像亲子、夫妻、朋友、同事之间不再能像以往那样容忍别人的干预，而更愿意与他人保持一种距离或维持一定的边界，了解这点，注意维护自己与他人之间的界限，与他人保持“亲密有间”的关系，对满足我们日常生活中的安全需要是很有意义的。

生理需要和安全需要是最基础的低级需要，对一个低级需要得不到基本满足或曾经被严重剥夺的人而言，世界是极为不安全甚至是充满了危险的，这样的人难免受他未曾得到满足的低级需要的制约甚至支配。不仅如此，他整个人生都有可能受到长久的影响。比如，一个小时候因为贫困而总是处于饥寒交迫状态的人，即使他有朝一日成为一个腰缠万贯的人，他在钱的问题上仍然有可能欲罢不能，因为他在低级需要上曾经有过的创伤使他形成了“金钱情结”。此外，年龄越小，其安全需要就越强烈，对孩子而言，最大的安全就是父母情绪与态度的稳定和家庭生活的可预测性，父母对孩子而言是世界的象征，父母情绪与态度稳定，家与世界就安全；父母不稳定，他们的行为不可预测，世界就危机四伏，虽然创伤经历不一定等于创伤，但是父母情绪态度不稳定，家庭关系不和睦的环境

---

① [荷兰] 吉尔特·霍夫斯泰德，格特·杨·霍夫斯泰德：《文化与组织——心理软件的力量》(第二版)，李原、孙健敏译，中国人民大学出版社2010年版，第81页。

中，给孩子造成创伤的可能性更大。

总之，童年时期生理需要和安全需求严重受挫的人，其心理现实中的世界是充满了危险的，以至于他的整个价值体系都有可能受此制约和支配，他在日常生活中也常常如惊弓之鸟般，会对很多一般事件做出过度反应。所以，如果一个人对物质与精神安全的需要是过度的，就有可能导致或者说就已经是病态了，如由于对秩序、稳定的过度强调，一个人用各种清规戒律甚至仪式化行为把自己包裹起来；再如，那种极端固执、保守、循规蹈矩的人也都是对安全有病态要求的表现。这样的人把自己所有的能量、所有的创造力都用在了让自己感觉安全上，从而使自己丧失生命的活力，他们人如果想要解决问题，科学而有效的方法就是去寻求心理咨询与治疗的专业帮助。

（三）归属和爱的需要

马斯洛认为，“假如生理需要和安全需要都很好地得到了满足，爱、感情和归属的需要就会产生，并且以新的中心，重复着已描述过的整个环节。”①（马斯洛，1957）当人的生理需要和安全需要获得基本满足后，人就为满足归属与爱的需要（the belongingness and love needs）所驱使。人需要加入某个团体以产生有所归属的联系感和安全感，人还需要通过与其他人建立尊重、温暖、分享和关怀的深刻关系来满足自己爱人与被爱的需要。他会被这个需要所驱使，为达到目标而努力。

马斯洛在《动机与人格》这本书中所谈到的当时美国社会快速变迁所导致的种种问题在今天的中国又重新上演，它们同样加剧了今日中国人对满足归属需要的渴望。如改革开放以来中国城市化的迅猛发展所导致的熟人社会的瓦解和陌生人社会的崛起，再如，大家族在很大程度上为核心家庭所取代，以及农民工大量进城导致的6 000万留守儿童与父母天各一方的社会现实，还有这些年大量贪官污吏的产生，都使今日中国人的归属需要严重受挫，以至于出现马斯洛在70年前就已经提到的现象：人的归属与爱的需要越来越难以得到满足，以至于常常陷入孤独、疏离和异化的感觉之中。

从宏观上看，国家、社会、家庭与学校是满足人归属与爱的需要的基本单位。笔者写作过程中看到一则题为“社会信任终于及格了”的新闻②，报道的是《社会心态蓝皮书：中国社会心态研究报告（2014）》出版的消息，这是“中国社会科学院社会学研究所社会心理学研究中心，与北京美兰德信息公司合作，开展‘中国8大城市居民社会信任状况’研究，迄今为止已经是第3次”。其中谈到，“与2010年相比，最近一次社会调查发现，人们的社会总体信任水平，‘从负性

① ［美］马斯洛：《动机与人格》，许金声等译，华夏出版社1987年版，第50页。

② 张渺：“社会信任”终于及格了，《中国青年报》，2014年10月22日。

判断回归到一般信任'。"这些年由于多重原因，很多中国人对社会的信任水平下降，其最直接的负面影响就是不仅降低了很多中国人的文化自信，而且极大地削弱了人们对国家与社会的认同感与归属感，连带中国人的安全感都受到了威胁。因此社会总体信任水平的回升意义重大，意味着中国社会开始重新集聚可以满足公众归属需要的条件。

从微观上看，父母、老师、同学、同辈群体以及同事和配偶子女等是满足人归属需要的具体存在。别人满足我们的归属与爱的需要，我们也一样，也要满足别人归属与爱的需要。一般说来，一个人能够感觉到爱与牵挂，感觉到称赞与欣赏，感觉到温暖与安全，他的归属与爱的需要就是被满足了的。但是如果一个人总是感到被排挤、被漠视甚至被歧视，感到孤独、无助甚至危机重重，就说明他归属与爱的需要受到了挫败。

能够让我们满足自己归属与爱的需要的方式很多，而他人的承认、接纳与欣赏是必不可少的前提。对孩子而言，能否被承认、接纳与欣赏更多地依赖于其所在的环境。对于一个成年人来说，能否拥有归属感很大程度上则与自身的选择与作为有关。当前不少中国人用以抵御孤独和疏离的常见方式是网络尤其是微信。微信在当代中国成为一个非常重要的社交媒介，一定程度上满足了人们尤其是青年人归属与爱的需要。微信的即时性、同步性和言语、语言与图片合一的多样性，不仅方便了人们的交往，也带给人们所渴望的被关注、被友爱的有所归属的存在感。只是任何事都有度，过多使用甚至依赖社交网络与微信，有时反倒会削弱人在真实生活中的归属感。更重要的是，社交网络与微信难以提供有深度的人际交往，从长远来看，对人归属与爱的需要的满足是有限的。因此，一个人若希望满足自己归属与爱的需要，有必要考虑把更多的精力用在现实的工作与交往中。

（四）尊重需要

"除了少数病态的人之外，社会上所有的人都有一种对于他们的稳定的，牢固不变的，通常较高的评价的需要或欲望，有一种对于自尊、自重和来自他人的尊重的需要和欲望。"① （马斯洛，1957）具体表现为对实力、成就、自信、独立以及对声望、荣誉、赞赏和重要性等的需要。如果分解尊重需要（the esteem needs），其实包括了两大块内容：自己尊重自己的需要和被别人尊重的需要。而这两部分又是互相联系并且相互作用的，首先，一个自重的人才能够得到别人的尊重，而一个缺乏自重的人是很难得到别人的尊重的。比如一个一个满口脏话的人，别人怎么可能对他心生敬意？此外，一个不尊重他人的人也是很难获得别人

① ［美］马斯洛：《动机与人格》，许金声等译，华夏出版社 1987 年版，第 51 页。

的尊重的，例如，那种总是喜欢评判别人的人，他有可能让别人怕他，却很难让别人敬他。

马斯洛所提出的尊重需要与阿德勒所提出的追求优越有很多相似之处，别人对我们的尊重使我们产生被理解、被接纳、被重视的感觉，而自己对自己的尊重则使人产生自足、自信和有能力、有价值的感觉。这种需要如果受挫，会使人产生自卑、弱小和无能感，而这又往往会导致过度补偿，严重的有可能产生心理问题。

对青年人来说，怎样避免依赖外界评价并培养起对自己的信任和尊重是一个十分重要的成长课题。因为青春期是最矛盾的时期，一方面十分自信，另一方面却又十分自卑。自卑的时候不仅不看重自己，不满足自己自尊的需要，而且还会怀疑别人对自己的尊重和赞赏是否发自真心。有时候，有的青年人为了满足自己的尊重需要往往会采用一些非建设性方法，这两年最极端的当数郭美美的做法，其他如错把虚荣当作尊严，因面子而非需要去追各种超出自己支出能力的名牌等，结果往往让自己处于双重受挫感中。对青年人而言，满足自身尊重需要最可持续的建设性方法是，不论在做人还是在做事上都努力做到天天朝着成长的方向成长，凭好人品立世，凭真本事立身，这样才可能建立起雄厚的内在自尊和自信，从而在满足自身尊重需要的问题上降低对环境的依赖。说到此，孔夫子的叮咛仍然意义深远："质胜文则野，文胜质则史，文质彬彬，然后君子。"① 在中国，能够被视作君子的人，其尊重需要一定是被高质量地满足了的。

（五）自性实现的需要

自性实现的需要（the need for self-acutualization，又译"自我实现的需要"）是需要层级上的高层，其要点是：成长、发展、实现自己的潜力，越来越接近我们应该成为的人。此外，自性实现不是结果，而是一个过程，一个不断选择、不断完善、不断接近最好的自己的过程。用马斯洛的话说就是："自我实现是一个程度问题，是许多次微小进展一滴一滴积累起来的。"②（马斯洛，1971）

有关自性实现，马斯洛最初的说法是："一位作曲家必须作曲，一位画家必须绘画，一位诗人必须写诗，否则他始终都无法安静。一个人能够成为什么，他就必须成为什么。他必忠实于他自己的本性。这一需要我们就可以称为自我实现。"③（马斯洛，1957）1966年在一次演讲中，马斯洛提出："所谓自我实现者，

① 见朱熹撰："论语集注"之'雍也第六'《四书章句集注》，中华书局2011年版，第86页。

② ［美］马斯洛：《人性能达到的境界》，林方译，云南人民出版社1987年版，第57页。另外，虽然笔者认为（self-realization）应该译为"自性实现"，但为尊重译文，引文中马斯洛所提的自性实现的译法"自我实现"保持不变。

③ ［美］马斯洛：《动机与人格》，许金声等译，华夏出版社1987年版，第53页。

就是在现实中不再被‘基本需要’驱动的人，他们的‘基本需求’已经得到了满足。”（马斯洛，1966）①在马斯洛的需要层次论中，自性实现需要的明显出现是有条件的，那就是前述的4项低级需要已经得到基本满足，这时人的自性实现需要才会明显出现，而如果一个人的低级需要受挫，不仅自性实现的需要难以出现，还会表现出焦虑和防御等反应。

在马斯洛的动机理论中，生理需要、安全需要、归属与爱的需要、尊重需要和自性实现的需要是5种基本需要，它们中的前4种又可以细分作低级需要，而自性实现的需要是基本需要中的高级需要。这部分中最值得思考的就是马斯洛把自性实现当作人的基本需要之一，结合马斯洛那句名言“珍惜你做人的权利，挖掘你自身的潜能”② 可以看出，马斯洛对人性存在着极为坚定的信心，这也是他存在人本主义哲学观的体现。

马斯洛认为，这些基本需要是相互联系并且是按照层级递次排列的。从低级的生理需要到高级的自性实现需要，人的行为由其优势需要所决定，人的优势需要在不断地变动。同一时期内，个体会存在多种需要，但只有一种占支配地位。最占优势的需要最具有控制意识和组织机体与能量的力量。当最基本的需要被满足后，新的高一层次的需要就会登场，成为意识的中心并且控制和管理着有机体。低级基本需要与高级基本需要有两个很重要的特点，一是人的低级需要有限，而高级需要无限。低级需要有限是因为人受自身物质条件所限制，只有一个胃，只有一个身体，超过自身基本需要的满足不仅得不到快乐，还会引发一大堆问题。比如近来中国人的常见病、多发病中，有许多都是过度满足基本需要的结果。但是人的高级需要却是无限的，因为精神不受束缚，有着无限发展的潜能。比起身体的局限，人类在需要和满足有关爱、尊重和自性实现方面则有极为广阔的空间。了解这一点，对我们确立更有价值和更能够持续发展的个人目标是有很大意义的，可以在很大程度上帮助我们避免中年时可能遭遇的“什么(物质)都有，就是没有快乐”的危机状态。

我们还要注意，需要的层级现象只是人类行为中可能有的原因之一，现实中一个行为可能由多重动机所决定，而动机本身又有多重因素所决定。例如，现实中有的人可能永远丧失其高一层的需要，比如在一些特殊情境(如一个始终处于饥寒交迫状态中的人)，其高一层的需要就很难显示。再有如一个人小时候“穷怕了”，他的最低级需要出现固着，日后即使有多少钱他都无法满足，因为“心穷了”，所以他会利用一切机会去敛钱。再比如一个从小在尊重需要上受过严重挫折的人，会产生超出常人许多的尊重需要，如表现为对他认为的面子会有超乎

① [美] 爱德华·霍夫曼：《洞察未来——马斯洛未发表过的文章》，许金声译，改革出版社1999年版，第87~88页。另注，此段中的“基本需要”指的是五需要中的前四种，又译“低级需要”。

② 转引自爱德华·霍夫曼：《做人的权利——马斯洛传》，许金声译，改革出版社1998年版，扉页。

寻常的敏感，他的一生似乎都是为了面子而活，为捍卫他自认为的面子，他会倾尽全力。因为他的需要固着在了面子问题上。还有一种情况是，如果一个人早年家境很好，使他对物质处于脱敏状态，此时物质需要的价值会被低估，他会更倾向于去追求精神需要，或者他较年轻时就有可能产生高一层的需要，而当自性实现的需要成为一个人的优势需要时，这时其自性需要往往会变得机能自主，也就是不再依赖甚至是很大程度地超越低级需要的满足。

需要层次出现颠倒的另外一个可能性是：这个世界上存在一种在西方被称作"使徒性格"而在我们中国被称作"菩萨心肠"的人。用马斯洛的话说就是："具有这类价值观的人会成为殉道者，他们为追求理想或价值可以放弃一切"[①]（马斯洛，1957），马斯洛对这类情况的解释是：这些人可能是由于早期的满足而增强了挫折容忍力。例如，今天很多第三世界国家的第一代领导人大多出生于中产阶级以上家庭的事实，还有车尔尼雪夫斯基《怎么办——新人的故事》笔下那些出身贵族却自觉革命的十二月党人的故事都可为马斯洛的观点佐证。

由于个体差异的存在，人与人在自性实现的方向上也存在差异，各行各业中的佼佼者以自己在专业领域的建树实现自身的神性，而好主妇、好父母同样是实现了自身神性的人们。

2014年11月17日中国青年报上有一篇文章"弃北大读技校，自定别样人生"，说的是一位叫周浩的同学"遵父命上北大，没兴趣痛不欲生"。他上北大后发现自己不适合所学专业后，做了很多种尝试，包括去听别专业的课、休学、打工、思考，左突右冲，最后下决心转到北京工业技师学院，现在已成为那所学校最好的学生之一。前不久还进入了第六届全国数控技能大赛决赛，并在开幕式上代表参赛选手进行宣誓。这就是一个发生在我们身边的努力实现自性的范例。

马斯洛早在其1943年发表的*A Theory of Human Motivation*一文中，在介绍完上述5个基本需要之后，还提出人还有"认知的和理解的需要"（the desires to know and to understand）[②]，在其1954年版的《动机与人格》一书中又提到人有"审美需要"（aesthetic needs），但有关马斯洛究竟是提出了五种还是七种需要是有争议的。笔者同意国内马斯洛研究专家许金声的观点，认为最初马斯洛提出的是5种，其后期又提出了一种超越性需要。[③] 因此，这里介绍的只是以上5个基本需要，而马斯洛后期提出的第六种需要——超越性需要，有兴趣的同学可以自己去阅读马斯洛的著作《人性能达到的境界》。

上面给大家介绍了马斯洛的需要五层次论，笔者在教学与咨询实践中运用马斯洛的理论后有一些新的发现和心得，很有操作上的意义，现补充如下：

---

① ［美］马斯洛：《动机与人格》，许金声等译，华夏出版社1987年版，第61页。

② ［美］A. H. Maslow：*A Theory of Human Motivation*（1943），US：Psychological Review，50，p370-396.

③ 见http：//blog.psychologies.com.cn/908651/2009/01/19/109969/。

第一，人的所有需要都有权利得到正视和满足。需要是客观存在，是人的生理和心理规律之一，对于规律，我们只能加以了解和尊重，否则就会被惩罚。比如，一些中年人不顾身体(基本需要或者说是本我)，只顾工作(自尊与实现的需要或者说是超我)，结果积劳成疾，英年早逝；而一些青年人只顾满足物质欲望(基本需求)而忽视内心的精神需求，中年后就有可能被空虚与无意义感所纠缠，以至于什么都有却没有幸福感。

第二，不要把愿望等同于需要。人的需要受挫，生活就有可能从根本上受到影响。而愿望不被满足，机体却一样可以继续行使功能。很多时候，人们往往把愿望误当作需要而常常感觉受挫与不幸。事实上，需要和愿望是两个不同的概念。需要是与生俱来的，是人所必须加以满足的，需要无好坏之分，无合理与否之分；但是愿望不然，愿望有合理与不合理之分，愿望的合理与否取决于条件。南宋理学家朱熹被很多人误解的那句"存天理灭人欲"[①] 非常清晰地区分了"需要"和"愿望"。他所说的"天理"指的就是人的基本需要，而他所说的"人欲"则是指人的愿望。朱熹这一理念的要点就是：人要对自己的愿望有所节制，人不能为所欲为。

例如，人需要喝水，一个白领天天以饮料代水未尝不可，但一个身无分文的人却希望或愿望天天以饮料带水显然就不合理。再如，人每天都要吃饭(需要)，但是张三的愿望是每天都要吃满汉全席他才快乐，这种把需要和愿望混淆的情况是使人产生心理疾病的原因之一，也是我们心理咨询与治疗过程之初需要区分的情况之一。

很多人感觉不幸，不一定是他遇到了什么现实的困难，而是由于他的愿望有问题，例如像上面所描述的这样的人来做咨询时，心理治疗者要做的就是帮他区分并调节自己的愿望，使他的愿望能够更符合他的主客观现实。因此，能否清醒地区分需要和愿望，对我们有很重要的意义。尤其是今天的世界还出现了一种新的情况，那就是互联网条件下涌现出许多被各种广告、宣传所诱发出的冲动和渴望(想要)，例如，有了苹果 5 还不行，还得有最新款的苹果手机，有了奥迪一还不行，还得有最新款的奥迪 A4L 才能够"做更强大的自己"(奥迪广告之一)。总之，这是一个千方百计要激活、利用我们的本我的时代，而这些重新被唤起的本我有很多正是我们的祖先在成千上万年的进化中成功压抑了的部分，是人类进化必须付出的代价。可是在今天却又被唤醒并急速膨胀，成为永无止境的"想要"，某种意义上，这是一种退化。

最近读到徐远的一篇文章——"算法是怎样一步步毁掉年轻人的世界的"[②]，

---

① 此说最早见《礼记·乐记》。见丁鼎撰：《礼记解读》，中国人民大学出版社 2010 年版，第 438 页。朱熹后来将此理念作为理学的重要观点之一。

② 见财新网：2020 年 10 月 12 日科技栏中"徐远的博客"。

其中有很多振聋发聩的观点值得大家去思考，这里只引其中几段：“当互联网时代兴起后，技术慢慢演变为向人类索取、引诱甚至操纵并从人身上获利的工具，已经由以人为主动型技术环境，转变为以人被动接受的、致瘾操纵型的技术环境。……硅谷大公司的高管们就很警惕这个问题，比如比尔·盖茨和史蒂夫·乔布斯的小孩，童年就被要求与电子产品完全隔离。……上瘾带来的后果是，将你还没想到的部分用算法推送给你，使它们成为你思想的一部分，还让你觉得这是自己所想的。”由此可见，今天的我们比以往任何时候都更有必要依靠审辨思维学会区分自己的“需要”和“想要”，而不要在大数据分析和算法推送中丢失自己。

第三，需要无好坏之分，但满足需要的方式有优劣之别。需要无好坏之分，因此所有的需要都有权利得到我们的正视和满足，这应成为我们对待自己的需要的基本态度。但是满足自身需要的方式却是有好坏之分的。我们有必要学习用建设性的方式——会使自己进入良性而非恶性循环的方式——满足自己的需要，否则就会影响我们的持续发展。

例如，同样是需要自尊和被尊重，通过个人努力，奋发上进的方式满足自己尊重的需要是一种建设性的好方式，而通过贬低甚至中伤别人满足自己尊重的需要则是破坏性的坏方式。

第四，人有义务满足自己的需要。我们每个成年人都有义务满足自己的需要。我们的物质需要要靠我们自己诚实的劳动去满足，同样，我们的精神需要也要靠自己的努力去满足。如果我们只知道自己在需要问题上所拥有的权利却不知道自己所承担的义务，或者不会用恰当的方式去满足自己的需要，我们就会使自己的多重需要受挫，物质需要受挫自不必说，我们的尊重需要、安全需要、归属需要以及自我实现的需要等也会受挫。

第五，满足自己需要的同时注意满足他人的需要。从宽泛的意义上说，我们的需要都要靠别人的帮助才能满足。例如，没有农民种田，我们就不可能满足吃饭的需要，没有他人的关爱，我们就无法满足被爱的需要等。所以我们也有义务尊重并满足他人的需要，这样才可能使社会进入良性循环，并且我们与人交往的需要也可以得到持续的满足。如果我们因为只顾满足自己的需要，忽略甚至侵犯了他人的需要，久而久之，我们不论在物质上还是精神都是要付代价的，这就是所谓“天网恢恢疏而不漏”，不漏的不仅仅是法网，还有存在于绝大多数人内心的成熟的良知。

第六，一个人越具备满足自身需要的能力，就越能降低环境对自身的控制。

从广义上看，人与人的关系是密不可分的，所以人与人都是相互支持与依赖的。但从狭义上看，一个人如果具备自力更生的能力，就可以降低自己对周围环境的依赖。精神上也一样，如果我们具备自信与独立的精神，同样也可以使自己的精神需求获得较多满足而不必总依赖他人的评价。这点对于人的健康成长有很重要的意义，如果一个人在物质上总依赖别人的帮助，在精神上总依赖别人的评价，且不说他是否总能顺利地得到别人物质与精神上的支持，至少他已经让自己的尊重需要受到了严重的挫败。他在依赖环境、被环境控制的同时，还体验着对自己的不满和不信任，这样的人是很难有坦然与满意的心理状态的。

所以，了解自己和他人的需要，以建设性的方式满足自己和他人的需要，对我们的成长与发展有很重要的意义。

二、对动机的分类：缺失与存在

马斯洛在其1943年发表的“人类动机理论”一文和1954年出版的《动机与人格》一书中提出人有5种基本需要，每一种需要都会导致满足需要的动机产生，与此同时，他将需要分作低级需要和高级需要，但在其1968年的新著《存在心理学探索》一书中，他将需要做了新的划分。①

（一）缺失性需要

马斯洛把人的前4种基本需要称为缺失性需要(deficit needs or D-needs)，缺失性需要导致缺失性动机，即力图补足有机体内某种缺陷的动机，而当缺失性需要得到基本满足后，缺失性动机就会停止，这就是缺失性需要之间的动态平衡。

缺失性需要促使人去获取他所缺乏的某种特殊的东西，如食物、安全的场所、爱或尊重，所以缺失性动机致力于缓解机体内的紧张并恢复平衡。如人没有食物了，体内就会因食物的缺乏而产生生理和心理方面的痛苦和不适，为了降低机体内因饥饿而引起的紧张，人就努力去寻找食物。对安全、归属与爱以及尊重的需要亦然。

马斯洛认为：“寻求心理治疗的人的主要特征是从前或现在缺乏基本需要的满足，精神病可以看作是缺失性疾病。正因为如此，所以，治疗的基本要求是提供所缺乏的东西，或者使病人自己有可能做到这一点。”②（马斯洛，1968)按照马斯洛的一家之言，长期处于基本需要缺失状态中的人会产生心理疾病，缺失性动机的目的在于降低紧张，缺失性需要的满足则可以避免疾病。

笔者在咨询、教学与生活中发现，满足了缺失性需要的人会有一种气定神闲的放松和一种从容不迫的坦然，并且在面对外界与他人时也更为开放、接纳和富有弹性。

---

①［美］马斯洛：《存在心理学探索》，李文湉译，林方校，云南人民出版社1987年版，第17~42页。

②［美］马斯洛：《存在心理学探索》（1968)，李文湉译，林方校，云南人民出版社1987年版，第33页。

（二）存在需要

马斯洛称自性实现的需要为存在需要（being needs or B-needs），存在需要导致存在动机，又称自性实现动机。存在动机的目的是要增加紧张。马斯洛在多处谈到存在动机所包含的存在价值（B-values），概括起来包括[①]：完整、完善、完成、正当、有活力、丰富性、单纯、美、善、独特性、自如、乐趣、真实、自主、自我决定等。马斯洛指出："可以得到的证据表明，存在价值更经常被'健康人'（自我实现的、成熟的、多产的性格，等等）所选取。也被占压倒优势的'最伟大的'、最受人赞美的、最受人爱戴的人物所选取，这是全部人类史的记载。"[②]（马斯洛，1971）

缺失性需要受挫有可能导致心理疾病，而存在需要受挫则会导致无意义感和空虚感。这种感觉可以说是一种"超病理状态"，即一种无形的不适，会使人产生无聊、消沉、绝望、无助感、烦躁、坐立不安，却又无法指出使自己不适的具体原因。因此，"缺失性需要的满足避免了疾病，而成长性需要的满足则导致积极的健康。"（马斯洛，1968）[③]

图 9-1 是美国西彭斯堡大学（Shippensburg）的教授 C. 乔治·伯瑞（C. George Boere）博士所做马斯洛需要层次论的图示[④]：

图 9-1

---

① ［美］马斯洛：《存在心理学探索》（1968），李文湉译，林方校，云南人民出版社 1987 年版，第 74~75 页。

② ［美］马斯洛：《人性能达到的境界》（1971），林方译，云南人民出版社 1987 年版，第 147 页。

③ ［美］马斯洛：《存在心理学探索》（1968），李文湉译，林方校，云南人民出版社 1987 年版，第 27 页。

④ 网址见 http：//webspace. ship. edu/cgboer/maslow. html。这里还要特别说明，马斯洛自己仅用了英文"优先层级"（hierarchies of pre-potency）描述其理论，后来者有的如 C. George Boeree 用金字塔形状来表现，也有的如 K. G. Agrawal and B. R. Sharma，是用阶梯表现马斯洛的层级说，笔者更倾向于采用金字塔形。

这张图一目了然地将马斯洛五种基本需要中的前四种低级需要与第五种高级需要区分开来，并且标示出前四种需要属于缺失性需要，而自性实现的需要则是存在需要。

现在我们用马斯洛的学说去解读法国画家高更的个案，以对这种区分有更清楚的认知。高更具有绘画天赋，但他原先并不十分清楚，他作为一个奉公守法的银行职员努力工作几十年，养活家人，按社会的标准看，他已成功地进入当时法国中产阶级的行列。可是他一直不快乐，直到有一天他突然醒悟并决定投身于绘画之中时，他才重又焕发出活力，并最终实现了自身的潜能：成为法国印象派绘画大师。小说家毛姆在其有关高更的传记小说中形象地描述了高更在决定画画前后的精神面貌，那其中便包括了高更决定投身于绘画前所处的非病理状态："我上次见到他，他修饰得整齐干净，可是看去却不很自在；现在他邋里邋遢，神态却非常自然。"①

自性实现的形式多种多样，并非只有事业有成的人才叫自性实现。前面已经提过，好爸爸好妈妈同样是自性实现的表现。这很像我们中国那句"360行，行行出状元"的俗语。农民、工人、理发师、售票员、父亲、母亲、妻子、丈夫，任何角色都具备自性实现的潜能。马斯洛认为，最幸运的人是他所从事的工作恰好与他的潜能相一致，这种情况下，工作已超越谋生的手段而成为一个人实现自性的必由之路了(用艾利克森的理论说就是实现了同一性)。现实中，生下来就知道自己想要什么的人毕竟是极少数，像南丁格尔、像王宝强，他们都是幸运儿，是极小概率的存在。对大多数人而言，要想实现生活与工作合二为一的最佳生存状态，往往需要付出很多的努力，马斯洛所提倡的必要方法之一是："以道家的方式倾听，一个人能够找到对自己是正确的东西，办法是仔细地、像(中国)道家那样地倾听自己内部的呼声，为了让自己被锻造，被引导，被指引而倾听。"②（马斯洛，1971)马斯洛的这个观点，现在在世界上很流行的"内观疗法"中被体现。

此外，笔者的观点，想要了解自己的方法还包括：在试错排错中了解自己，需要通过读书、学习、积累等方式使自己具备从事那项工作的知识和能力，还需要等待、寻找或创造从事那项工作的机会等。前面所介绍的从北大转到技校的周浩同学的故事就属于这一类，他一直左突右冲，努力倾听自己内心的声音，直到找到自己。

因此，如果我们希望自己将来有一天能将实现自性与所从事的工作合二为一，那我们就必须从现在开始努力，去了解自己、认识自己，去做各种准备，包括努力学习和磨炼自己，用最充分的准备去迎接属于自己的实现机会。

---

① ［英］萨默塞特·毛姆：《月亮和六便士》，傅惟慈译，外国文学出版社1981年版，第51页。
② ［美］马斯洛：《人性能达到的境界》，林方译，云南人民出版社1987年版，第126页。

当前中国面临的一个很严峻的问题是，不论是上大学还是找工作，人们考虑更多的是“钱途”“面子”等缺失性需要(周同学的父母老师当初也是如此)，而对自身的存在需要却较少考虑，当前的状况是，上大学的不快乐，做工作的也不快乐，更远些的后果则是有可能遭遇“中年危机”——因为中年危机的最主要原因即是“存在需要”受挫。

笔者推测，能够读到这本书的绝大多数人都是有一定资源的人，而不会是处于无法满足低级需要状态中的人。因此，诸位如果谨记马斯洛的观点：匮乏性需要由于受物质条件的限制——即使是归属与爱的需要也一样，不论恋情还是友情都受身体局限——因此是容易达到上限的，而存在需要不受物质局限，因此是可以无限发展的。了解这点，把更多的能量用到满足存在需要或说是实现需要上，不仅会在某种程度上降低发生中年危机的可能性，也会让我们的生命更有质量和意义。

三、超越性动机及其他

前面系统介绍了马斯洛最基础的需要五层次论，下面介绍马斯洛有关超越性需要及其他的一些概念。

马斯洛最初是于1966年8月在缅因大学的一份演讲稿中提到“超越性动机”的概念①，之后，在1967年的《人本主义心理学杂志》上，他发表了一篇题为“超越性动机理论：价值生命的生物学基础”一文，对超越性需要和超越性动机做了系统描述。1969年，马斯洛在《超个人心理学杂志》杂志上发表了“人性所能达到的高度”、“Z理论”和“超越的各种意义”②。

马斯洛自1943年首次提出“自性实现”的概念之后，一直对这类具有健康人格的人怀有十分浓厚的研究兴趣，加之当时的临床心理学界更多地关注病人，因此马斯洛多次呼吁心理学应该研究健康人的样本。以至于在他生命的最后阶段(1969年)，他提出：“我建议要讨论并最终研究如何利用选出的优秀样品(高级样品)作为生物学的试金石，这样来研究人种所具有的最佳能力。”③ 他在研究中发现了自性实现者会产生的新的动机：由超越性需要所导致的驱力。

马斯洛提出，自性实现的人由于其基本需要已经得到满足，因此会受到更高一级的动机驱使，他称之为“超越性动机”(meta motivation)。超越性动机产生

---

① [美] 爱德华·霍夫曼：《洞察未来——马斯洛未发表过的文章》，许金声译，改革出版社1999年版，第91页。

② 注：见林方老师翻译的《人性能达到的境界》，第409页。1971年马斯洛去世一年后，其论文集《人性能达到的境界》出版，除收录这些文章这外，还收录了马斯洛相关思考的其他文章，成为马斯洛晚期思想的集大成之作。

③ [美] 马斯洛：《人性能达到的境界》，林方译，云南人民出版社1987年版，第10~11页。

于超越性需要，而超越性需要的核心就是对存在价值(B-values，简称B价值)的需要。

按照马斯洛晚年的划分，自性实现需要的上面又增加了一个自我超越的需要(self-transcendence，严格地说，这里应该翻译成自性超越的需要，但为了避免与自性实现的需要混淆，还是决定用约定俗成的现有翻译)。在马斯洛的理论框架中，自我超越的需要被明确地界定为是帮助他人实现自性及其潜能的需要。有自我超越需要的人有更为浓厚的社会兴趣，更为强烈的服务社会与他人的动机，以及更为深刻的天下一家以及普天之下皆兄弟的情怀。因此他们会表现出更多的利他、奉献甚至牺牲精神。马斯洛发现，自我超越者不仅存在于宗教界人士、诗人、知识界人士、音乐家之中，也存在于企业家、事业家、经理、教育家、政界人物中。像特瑞莎修女、史怀哲、爱因斯坦以及中国的蔡元培、周恩来。还有企业家中的比尔·盖茨、中国的马云以及创办了“自然之友”的梁从诫先生及在各种关键时刻涌现出来的大量志愿者，都是自我超越者中的典范。

说到中国企业家中自我超越的典范马云，从所能找到的资料来看，马云一再强调阿里的价值观是“客户第一，让天下没有难做的生意”，和阿里一直致力于“扶危济困”帮助“小企业”和“年轻人”实现创业梦想的切实努力，都充分体现出马云及其企业强烈的自我超越需要。20世纪90年代由全球跨国公司发起的企业社会责任运动，到2002年联合国推出《联合国全球协约》，使得全球各大企业越来越关注履行社会责任，通过这种大力提倡，不但激励而且强化了企业自我超越的动机，而马云所表现出的侠义精神或社会兴趣正是其中的典范。

前面介绍过马斯洛有关存在价值(B-values)的概念。马斯洛认为：“这些B价值(存在价值)会像需要一样在起作用。我称之为超越性需要。这一类需要的剥夺会酿成某些类型的病状，它们还没有得到适当的说明，我可以称之为超越性病状——即灵魂病。”① 所以，逻辑上看：存在价值需要→超越性需要→超越性动机。在马斯洛的描述中，与超越动机相关联的要点包括28个。这个还请大家自己去读《人性能达到的境界》，此不赘述。

马斯洛坚信人性中的自性实现和超越性需要是类似本能的，是遍及全人类的，是人所共有的，这种深层的潜能能否变作显能，取决于社会环境是否足够良好，这与我们中国古训中“仓廪实而知礼节，衣食足而知荣辱”的说法十分相似。

此外，有关环境影响基因表达的最新研究也可以成为马斯洛上述观点的佐证。2013年9月，美国一篇有关基因学新进展方面的文章谈道：“你的基因不是一张固定的蓝图。一天又一天，一周又一周，你的基因在和你的环境——你的邻

① ［美］马斯洛：《人性能达到的境界》，林方译，云南人民出版社1987年版，第51页。

居、家庭、你的孤独感对话，这一切不会仅仅停留在表面，而是会进入你的细胞控制室。……你今天的经验将在未来两三个月中影响你身体的分子组成，或者也许影响你以后的人生。”① 比如，哈利·波特虽然有魔法师的天赋基因，但是因为他被一对麻瓜父母养大，起初对魔法一窍不通，后来在名师指导下，7 年后才修成正果。这应该是环境决定基因表达的典型个案。因此，我们至少可以通过有意识地为自己创造一个较好的环境——一个懂得欣赏并实践存在价值的环境——使自己基因中好的潜能更多地成为显能，同时使自己基因中不好的潜能处于抑制状态，这样不仅可以有效降低超越性病态（马斯洛对此还有一个提法是“人性的萎缩”）发生率的同时还会提高丰满人性的效率。

就创造有利于成长的环境而言，笔者的观点是，我们有大致三种主要方法，一是宏观上看，由社会承担这个责任，二是从微观上看，由个人自己承担，三是个人与社会共同承担责任。最理想的方法是第三种。但是，最现实的选择是个人首先承担其为自己创造环境的责任，最低限度，我们先做到有意识地回避会影响自己成长的消极环境，有意识地回避会引发负能量的环境。比如不去对年轻人而言会更容易诱发人性弱点的声色犬马场所，不在网上以匿名方式发表不负责任的言论和对别人进行攻击；从积极面说，则是主动接触有助于自身成长的富有正能量的人与事，如读名著、看名片、看博物馆，以及参与志愿服务等。

马斯洛 20 世纪 60 年代的推测成为 20 世纪末异军突起的认知神经科学的研究内容之一，而 21 世纪初，认知神经科学家已经开启了用功能磁共振成像技术（NMRI）研究有关道德的脑机制或者说有关道德的生理基础的实验。② 虽然现在还缺乏完整的定论，但是与道德密切相关的存在价值或者说超越性需要有一定的生物学基础至少是今天认知神经科学的理论假设之一。

今天的环境，重温马斯洛对人性的信念有一种特殊的意义，在我们对贪官污吏、对腐败、对道德滑坡如同对雾霾现象感到绝望的时候，我们尤其需要用马斯洛的信念来做自我支持，我们需要像马斯洛一样坚信：人有追求真、善、美、公平、正义等存在价值的内在需要。然后，我们需要的就是个人对正道做人的坚持以及耐心和等待。

马斯洛在 1943 年和 1954 年还分别提出人有“了解和理解的需要”以及“审美的需要”马斯洛指出，认识能力（也就是了解和理解的能力）是一整套适应性工具，它们除了其他功能之外，还有满足我们的基本需要的作用，它们所遭遇的

---

① David Dobbs：The Social Life of Genes，*Pacific Standard*：*The Science Society*，September 03，2013. 有兴趣的读者还可以去读胡轩逸：“环境影响基因表达”，《光明日报》，2014 年 7 月 31 日，第 12 版。

② 见（1）罗跃嘉、古若雷、陈华、黄淼：“社会认知神经科学研究的最新进展”，《心理科学进展》，2008，16（3）：第 430~434 页。（2）李万清、刘超：“道德的脑机制：关于道德现象的科学研究”，《中国社会科学报》，2012 年 3 月 7 日，第 B02 版。

任何威胁、任何剥夺或阻碍都会间接威胁到各种基本需要。了解与认识的需要受挫，人就有可能丧失对生活的兴趣，难以同环境发生有效的交互作用，难以有效满足自己的其他需要。

现在，随着心理治疗理论的发展，人们越来越认识到这一需要在人的心理保健上有多么重要的作用。很多时候人们产生心理问题，并不是由于童年时有过创伤性经历或遇到了不幸的事件，而仅仅是因为他的认识的需要没有被建设性地满足，可能是由于外界，也可能是因为他自身没有学会正确认识事物的方法，因而给他个人带去很多困扰，严重的还会导致心理问题。

另一个是审美的需要，是指存在于人身上的对美好事物的热望。马斯洛认为，在自我实现者身上，审美需要表现得最为强烈。按照马斯洛的观点，了解和理解的需要以及审美的需要是满足个体基本需要的辅助手段或者说是前提，此外，它们的满足能使人产生深刻的幸福感、宁静感和丰富感。现代社会的快节奏使人们常常忽视自己的审美需要，人们往往本末倒置，忘记了学习与工作既是体验美好生活的方式之一，同时也是为了使生活更美好，使自己的审美需要在没日没夜的忙碌与奔波中受到严重的忽略，结果往往导致无意义和无兴趣感。近20年中国人开始注重房屋装修和自身形象管理，近几年中国人又开始了旅游休闲热，这可以看作中国人开始满足自己求知和审美需要的表现。

西方有人将马斯洛所提出的这两点需要罗列在尊重需要之后自性实现需要之前，笔者有不同观点。其实人的认知需要和审美需要在婴儿时期就有很强烈的表现并且会持续一生，也许审美的需要会受条件制约，但是认知的需要却是与人的生存紧密相连的，因此将其置于尊重需要之后有点牵强。笔者的观点是，对这两个需要不必纠缠其层级，而只要知道其存在就可以。

四、成长与代价

马斯洛发现："虽然在原则上自我实现是容易的，然而实际上它却极少发生，根据我的标准来看，肯定少于成人总数的1%。"①（马斯洛，1968）马斯洛最初是从社会角度分析现实中自性实现者比较少的原因，他认为，是社会未能满足大多数人的基本需要导致人较少追求高级需要，他的观点是，在一个足够良好的环境中，会有更多的人产生追求高级需要的驱力。因此他认为自性实现者较少的主要原因包括：

首先，由于环境的原因，大多数人仍在追求低级需要的满足，因此无暇顾及高级需要。

其次，由于自性实现者是生活中的少数，因此也降低了人们对高级需要的渴

① ［美］马斯洛：《存在心理学探索》，李文湉译，林方校，云南人民出版社1987年版，第184页。

望，用马斯洛的原话说就是："既然很少有人能在我们现存的文化中达到健康，那些达到的人就会因曲高和寡而感到孤独，从而导致自发性的降低、减少潜能的实现。"① 自性实现者会遇到的孤独是无所不在的，除不被理解、不被欣赏、不被认同之外，还有他们的成就、他们的自由感与幸福感给周围人造成的压力等，都有可能使他们被误解、被孤立，使他们处于"高处不胜寒"的境地。

总之，上述这些都是想要追求自性实现的人需要认真思考的问题，你行使你做人的权利，充分实现自己的天赋潜能，同时可能面临的代价是：被误解、被羡慕嫉妒恨所环绕，被孤立，如果你没有如屠格涅夫《门槛》一文中那位女士的勇气，你也许就无须去迈那道门槛。

马斯洛一直坚信追求成长是人的生物本性之一，他认为人类低估了自己的天性，他甚至认为"从某种意义上看，每一个新出生的婴儿都有可能成为一位柏拉图，每个孩子都有对美、真理、正义等高级价值的本能需要"②（马斯洛，1966），因此他一直为为什么大多数人无法实现自身潜能这个问题所困扰，也一直在思考这个问题。1966 年，经过多年的思考后，他提出了约拿情结（Jonah complex）这个概念。"约拿情结"这个典故出自《圣经》③，说的是上帝要一个叫约拿的人去做一件事，但是约拿却因为担心自己做不好而企图逃避，但是他不论逃到哪儿都找不到藏身之处，最后他意识到他必须接受自己的使命，听从上帝的召唤。用心理学术语说，约拿起初的行为是一种典型的自我挫败行为（self-defeating behavior）。

马斯洛借用"约拿情结"这个典故来说明为什么很多人没有达到自性实现是很有深意的。人是矛盾体，一方面渴望成功，一方面又惧怕成功，有约拿情结的人由于缺乏自信而变得胆怯和害怕，想要逃避实现自己的义务；但是自性实现是人的天赋责任，是根本无法逃避的。

尽管成长常伴随有许多内在痛苦，对一个成年人来说，成长需要个人的动机、自律、负责、好学，尤其需要具备选择的自由意志和承担选择后果的责任。因为每前进一步，都意味着踏进陌生甚至危险之中。成长有时需要人放弃熟悉的、习惯的一切，有时还需要人暂时过一种较为艰难甚至是不安全的生活。如高更放弃中产阶级现有的一切，只身去到塔希提岛；再如司马迁放弃个人荣辱，选择完成《史记》。但是，如果一个人不理会自己内心中潜能的呼唤，也是要付代价的，而最主要的就是空虚、无意义、无价值感和无存在感。所以，选择成长，

① 转引自［美］爱德华·霍夫曼：《做人的权利——马斯洛传》，许金声译，改革出版社 1998 年版，第 215 页。

② ［美］爱德华·霍夫曼：《洞察未来——马斯洛未发表过的文章》，许金声译，改革出版社 1999 年版，第 95 页。

③ 见中文版《圣经》中"希伯来语及阿拉米语经卷"（原称"旧约"）之"约拿书"（1984 版），《新世界译本》出版机构，2007，第 1166 页。

就要同时准备承担成长的代价，如放弃任性、随意的生活，放弃懒惰和随波逐流，放弃安逸和舒适等。如果一个人选择不成长，他就要准备承受超病理状态，即：即使丰衣足食，仍然可能烦躁不安，不快乐，郁闷，觉得生活无意义。所以，每个人都是逃不出自己使命的约拿。

这里与大家分享一个讨论。讲到这部分时，我请全班同学发言把成长需要付出的代价和不成长需要付出的代价分别说出来，过程中请一位同学在黑板上一一罗列。当作板书的同学结束时——从板书上看，成长与不成长都是要付代价的——全班同学都陷入沉思，整个班级非常安静，后来还是人文学院的莫锦宁同学打破了沉默，她说："成长需要付代价，不成长也需要付代价，那我们为什么不为成长付代价?!"这是一个值得大家深思的好问题。

对儿童来说，成长则需要来自环境的保护、鼓励和支持，如果一个孩子在儿时受到严苛的控制和支配或过分的放任，那么当他长大以后想要实现内在潜能时，就要比别人付出更多些的代价。另一方面，尽管马斯洛认为童年经历很重要，但他同时也表明：童年经历不是不可逆的。这个观点表明，不论我们有过什么样的不幸童年，我们都可以在后天的努力中消除其不利影响，并最终实现自己的潜能。

马斯洛有关自性实现者和自我超越者特征的描述为我们提供了一个详尽的健康人格参照，也许仅仅凭借这个参照，我们就可以采取许多建设性措施以推进自己的人格朝着健康的方向发展。因此，我们是不是从现在起，就可以上路，先去找自己，然后再去——做自己?!

综上所述，马斯洛的人格观是存在—人本主义的、积极且乐观的。他把注意力集中在健康而非病态，成长而非停滞，潜能而非局限上。他相信人性是善良而且美好的，他相信每个人都有自性实现和自我超越的需要和潜能。尽管马斯洛主要以超健康的人为研究对象，其学说的科学性和现实性在当年受到很多质疑，但是今天积极心理学的诞生已经使越来越多的人开始意识到马斯洛早在半个多世纪前的呼吁有多么重要。

现在，让我们重温马斯洛的信念："我应该再说一次，我们在生物学的历史中已经到达了一个转折点，我们现在要对我们自己的演化负责任，我们已经变成自我演化者。演化意味着选择，因此也就意味着做出抉择。"①（马斯洛，1971）让我们牢记马斯洛的叮咛：履行自己做人的权利——实现自己的潜能，将我们演化成最好的自己！

本章术语

去圣化，再圣化；高峰体验；高原体验；社会感；需要层次论：生理需要，

① ［美］马斯洛：《人性能达到的境界》，林方译，云南人民出版社1987年版，第15页。

安全需要，自尊需要，归属需要，自性实现需要（自我实现需要）；动机分类：缺失性动机，存在动机；超病理状态；超越性动机；约拿情结。

思考题

1. 马斯洛需要层次论给你的启发有哪些？
2. 缺失性需要与存在需要的区别有哪些？
3. 超越性需要说给你的启发有哪些？
4. 请描述你曾有过的高峰体验以及它对你的影响。
5. 请制定一个有操作性的个人成长计划。

第四编
中国文化中的健康人格教育资源

笔者自 1985 年开始给学生做心理教育，开设了《健康人格心理学》（最初叫《人格心理学》）。2000 年以来开始思考如何借用中国文化资源进行健康人格教育的问题，2003 年在北京师范大学附属实验中学做了第一次尝试，以后又在自己的学校做了尝试。2011 年我在国学专家王瑞昌先生的指导下研读《论语》，从心理学角度理解《论语》又有很多发现，只是这部分内容这次暂且省略。

这一编是我个人从中国文化中发掘心理教育与人格教育资源的一种尝试，虽然不成系统，但是我个人认为意义重大。我相信对有志于从中国文化中汲取心理教育资源的同道也会有启发。此外，对有志于心理教育的老师来说，看到学生的潜能在中国文化的启发下能有如此深刻而激动人心的发挥，也是一种激励。

第一篇　学会慎独：从自律走向自由①
——人格心理学课核心特质训练实录之一

杨眉设计并执笔

2003年北师大附属实验中学人格心理学选修课全体师生参与

缘起：人格心理学有“核心特质”一说，指的是那些在构成人格方面起着主要作用的人格特点。如“慎独”，作为一种核心特质，它可以派生出诸如自律、自我约束以及严格要求自己等人格特点。

我上“人格心理学”科普课，重在培养学生对健康人格的向往，并通过讨论、活动等方式培养学生具备一些主要的核心人格特质(如责任感、共情、自信、问题解决能力、慎独等)。以下记录的便是在北京师范大学附属实验中学做科研时所做的尝试。

选择“慎独”，是希望学生因此而能从自律走向自由，我想这是一个人能够持续发展的前提之一。

所有的训练几乎都要从讨论开始，这是因为如果不首先激发学生的动机，“慎独”就无法成为学生课下的自觉追求。

讨论一：什么是慎独？

从操作上看，“慎独”就是不论有人无人在，都自觉正心诚意，同时严格遵守社会公德，不做有可能损害他人或社会利益的事。

我是在前一次课上给学生布置了一个小作业，要学生回家查字典，然后简单记下自己当时的感想。

结果，有的同学在字典上查，有的上网查，他们查询的结果是：

“古人的一种修养方法，指人独处时谨慎不苟。”（高一2班，陈默查）

起初，有不少同学对“独处时谨慎不苟”表示异议，他们把此处的“不苟”理解为严谨、严肃、一丝不苟，他们认为如果独处时也那样严谨、严肃、一丝不

① 这篇文章发表以“慎独：从自律走向自由”为题，发表在2003年5月29日的《中国青年报》。

苟地认真做一切事，那人就活得太累了。因此，独处时是可以放松、随便一些的。

有一位同学的观点很有代表性："我认为没必要在独处时与和人们在一起时的行为不一样，喜欢谨慎做事的人，依旧可以一丝不苟地做自己的事。不喜欢的人，则可以不。我的性格不适合谨慎不苟，我习惯于把复杂的事情简单化，我感觉总是一丝不苟太累了，也太没有必要。"

为帮大家理解慎独的意思，我解释到："独"是"众"的反义词，"慎独"指的是正心诚意，同时在众人面前不该做的事，在一人独处时也不做。

为什么有些事在众人面前不该做？因为做了会妨碍甚至伤害别人，而最终这种妨碍和伤害又会如飞去来器一样回落到我们自己身上。例如，我们在众人前不可以随便拿用别人的东西，拿了，要么会受到别人的指责，要么会受到法律的制裁。

小事也一样，如随地吐痰，即使没人当面说你，但别人也会因为你这个坏习惯而疏远你。

以上谈的是"慎众"，是他律，而"慎独"是自律。那么，人为什么要慎独？

人要慎独，是因为人在独处时仍有可能做出违反他人利益并最终损害自己利益的事。所以，就有了慎独的必要。

比如说，回家做作业时总抄正确答案，总得好成绩，这就是对认真学习的同学的不公平。而结果，由于自己平时没做努力，这种总抄答案的坏习惯最终又会影响一个人的学习成绩。

再比如，刚才有人提到在别人永不知道的情况下会拿别人的东西，这事实上就给别人造成了损失甚至伤害，而一次得逞有可能使人产生侥幸心理，结果便有可能在某一天约束不了自己，以至于当场被抓并被绳之以法；即使一个人在别人永不知道的情况下只拿一次而真的永不再拿，那么，证明他有良知，对一个有良知的人而言，他从此有可能永远也逃不开自己的良心责备，结果这个飞去来器最终还是落到了自己身上。

所以，从操作上看，"慎独"就是不论有人无人在，都自觉正心诚意，同时严格遵守社会公德，不做有可能损害他人或社会利益的事。

慎独是自律的最高境界，其表现形式是：自律、自我约束和不欺暗室。

慎独是过程也是结果，是从过程到结果。而自律、自我约束和不欺暗室则是方法。

通过讨论，大家理解了此处的"不苟"是针对与道德有关的事而言的。而一个人独处时，个人穿着上的随意、个人爱好上的特点以及节假日个人起居上的习惯等就不必拘泥于小节。

用高一12班谢晨同学的话说就是："慎独专门指在道德问题上要表里如一，一丝不苟。一个人只要不违法和不违反道德，其他事就不必那么苛求自己。"

这结论正与高一2班郭筱曦同学在网上查到的相似："慎独就是要在自己独知，无人知晓的情况下——或者是个人独处，无人监督时，也要严格要求自己。谨慎小心，自觉遵守，不做有违道德的事，不因别人的不在场或不注意而干坏事，尤其是只在一闪念的情况下，自觉不做非分之想，违规之行。"

但对最后一句，我提出不同观点：

人有非分之想是正常的，只要不做非分之事就好。

因为人不可能做到"自觉不做非分之想"，但人完全有能力做到：自觉不做'违规之行'"。

多少年的教学与咨询使我发现：好人不是没有恶念，坏人不是没有善念，他们之间的差异只在于：好人有恶念但少恶行，坏人有善念但少善行。

所以，衡量一个人是否"慎独"，不在于他有否"非分之想"，而在于他是否独处时在道德问题上仍谨慎不苟。

对"念头"与"行为"的澄清使大家感觉减压，觉得"慎独"不像原来想得那样难以做到。因此，在讨论慎独的重要性时，大家的态度也较为一致：

"慎独可以使人在大事上更好地把握自己。"（王彦冰，高一11班）

"自律需要意志，培育自律是对人素质的锻炼。"（赵梦，高一1班）

"慎独特重要，如果以为独处时放任自己没什么，那么，在大事上就会出问题。"（万璐璐，高一8班）

"当一个人被评价为是慎独时，我们就知道他在永远都不会被别人知道的时候仍然会做正确的事。"（李进博，高一7班）

"人人都做好慎独，会对社会发展有重大贡献，也有助于提高综合国力。"（相雪，高一4班）

"慎独会给人带来不错的口碑，对企业而言，则是诚信的标志。"（陈默，高一2班）

"在现实生活中做到'慎独'的人是一个真正的君子。"（高男，高一10班）

讨论二：慎独能带给我们什么？

我的观点：慎独使我们可以持续拥有做公民的权利。慎独还能带给我们真正的自由。

"慎独能帮一个人成大事。"（常玥，高一1班）

"慎独是对心灵的解放，一个人没做亏心事，一辈子没遗憾。"（张梦娜，高一2班）

"慎独可以提高一个人的修养。"（王玥，高一5班）

"行为上的自律，可以使我们避免很多麻烦。"（许宏宏，高一 11 班）

"慎独可以增强社会责任感，使人做事有定力。"（孙玥，高一 11 班）

我进一步提出：慎独还能带给我们持续的权利与自由。我解释到：人与人组成了社会。如果在一个社会中，人人都只按他自己的想法去做事，社会就无法正常运转，因为很多时候别人也在渴求我们所渴求的东西。人人都为了自己所渴求的东西为所欲为，这个世界就会乱套，其最终结果就是人人都会受伤。因此，为了社会的稳定和发展，我们每个人都以一定的自我约束去与社会交换做一个公民的权利，这是一种社会契约。如果一个成人不肯自律，那么就有可能被社会剥夺其做公民的权利。所以说，慎独使我们可以持续拥有做公民的权利。

慎独还能带给我们真正的自由。在谈到"自由"这个概念时，我特别提醒学生：人有思想的自由，却没有行为的自由。这仍然是从社会契约的角度出发的。任何思想或念头，只要不变作行为，那么就不会给他人或社会造成影响，就不会妨碍社会的正常运转。而行为不然，它会造成实际的影响，如果它造成的是违背社会规则的影响，就有可能受社会约束。此外，随心所欲、任性妄为也并非真正的自由，而是让心灵成了本能的奴隶，被本能所左右，这种情形积累到一定时候，又有可能被社会约束。所以，自由的核心是慎独，慎独使我们拥有真正的自由，使我们成为自己的主人。

对此，学生的感悟是：

"慎独能保证我们做公民的权利，因此，我们有义务去维护，我们也要珍惜它带给我们的自由。如果不付出自律，就不配得到自由。"（顾晨昕，高一 8 班）

"慎独能让我们形成好的循环。就算有时冒出不好的念头，也会以自律的行为使做错事的机率降低。"（相雪，高一 4 班）

"思想上的自由不会给社会带来危害，但行为上的自由会给社会带来危害，所以，就需要约束，需要慎独。"（王栋，高一 8 班）

讨论三：我们是否能做到慎独？

不以自律的方式养成慎独的习惯，只靠在人前的自我约束是靠不住的，小事也许做得好，大事时难免不受坏习惯干扰。

在有关慎独重要性问题上达成共识后，我们开始讨论能否做到慎独的问题。

大家起初的观点是：总自律太累了，因此都怕自己做不到。

我便给大家解释习惯及其形成规律。所谓习惯，是指人在长期的情境刺激或重复练习后形成的自动化的连锁动作。例如，养成"随手关灯"习惯的同学，在最后一个离开教室时，会不假思索地关灯，而自己却一点都没有意识到。再如，养成"不抄作业"习惯的同学，如果他抄别人的作业，他就会感觉很不舒服，而这种不舒服会迫使他很自然地终止抄作业的行为。习惯一旦形成，在遇到同样的情境时会做出同样的行为反应。因此，习惯又被称作人的第二天性。

造化极为神奇，不仅以天赋形式让我们每个人随身携带了许多潜能来到这个世界，而且为了确保万无一失，还让我们拥有了一种在后天可以通过学习而具备某些能力的机制——习惯。如果我们感觉哪方面需要完善，我们便可以启动造化赋予我们的第二天性——习惯，让它为我们服务。

人都怕累，但当一个行为成为习惯，当你面临一个相应的情境刺激时，你的意识还没有反应，那个已成为习惯的行为已经完成，所以，何累之有？

但是，习惯是习得的，不是天生的。习惯可以在无意中多次重复同一动作的基础上形成，如一个家庭的饮食习惯，一个学生的书写习惯；也可以在有意识、有目的、有计划的练习中形成，如学习的习惯、自律的习惯等。显然，我们所谈的慎独的习惯，是需要在有意识、有目的、有计划的练习中形成的。

在习惯形成的开始阶段，人肯定是免不了要感觉累的，这是一个人成长所必须负的代价。好在形成一个习惯所需的时间并不多，连续三个月左右，就可以形成一个新的习惯。三个月时间养成一个好习惯，从此几个三十年受益，这有多好！

相反，不以自律的方式养成慎独的习惯，只靠在人前的自我约束是靠不住的，小事也许做得好，大事时难免不受坏习惯干扰。所以，现在我们养(好)习惯，将来(好)习惯养我们，现在我们不养(好)习惯，将来坏习惯就会害我们。

“我们现在的自控能力不特强，需要一些方法去做到慎独，养习惯就是一种方法。”(赵梦，高一5班)

“我们可以从思想上规范做人的原则，以不损害别人为原则，并养成习惯。”(相雪，高一4班)

“现在再看慎独，不像原来想的那么难了，只要想做是可以做到的。”(魏争，高一5班)

讨论四：我们在哪些方面需要慎独？

为了便于学生分辨自己的行为以便实践慎独，我又给大家提了一个鉴别自己行为的标准：当你一个人独处时决定做某事并且这事永不会被别人知道，但你仍然给自己找了许多借口，通常这事就是有违社会规则的。你就有必要考虑慎独了。

大家讨论的结果是：遵守社会公德，学生守则；拾金不昧；注意环保；爱护公物；尊重别人的隐私，不偷看别人的日记、信件；无人监考时也不作弊；不看暴力、色情片；不在背后议论别人。

高一14班的王栋同学特别提出：“要注意网络文明。”

有同学提出不同意见：“网络上都说真话，那还怎么自我保护？”

另有一同学立刻说："姓名、地址可以是假的，其他的都可以是真的。"

上网聊天或发表言论等在中学生中是较为普遍的现象。这个问题很重要，所以我特别提醒大家：除了注意安全之外，也要有节制。另外，你能注意网络文明，但你不知道别人是否注意网络文明，所以，作为一个中学生，网上交友是不可取的。最低限度不要把网友变作现实中的朋友，否则就有可能给自己造成麻烦。不仅如此，我还特别给学生讲了一些有关个案，以使学生对此问题有足够的警觉。

除此之外，我还提醒大家在以下几个方面注意慎独：不论在什么情况下，都不要尝试吸烟、喝酒、吸毒等行为。

起初学生们觉得这个提醒很可笑。我告诉大家：我知道，一般情况下，大家是不会做这些事的。但是有时候，在有些特殊的场合中，也许仅仅是为了好奇或是为了虚荣，也许仅仅是一念之差就做了。有些事是容不得一念之差的，比如吸毒。因此，大家有这个意识会比没有这个意识更容易防患于未然。

高一5班孙玥同学补充说："只要我们养成对自己行为负责的慎独习惯，我们就可以抵制各种样式的诱惑。"

为了便于学生分辨自己的行为以便实践慎独，我又给大家提了一个鉴别自己行为的标准：当你一个人独处时决定做某事并且这事永不会被别人知道，但你仍然给自己找了许多借口，通常这事就是有违社会规则的。你就有必要考虑慎独了。

高一10班井琳同学在自己的作业中写道："我们做事必须有自己的原则，一是不违反法律法规，二是一定要问心无愧。人最大的敌人是自己，也许你一念之差做的错事、坏事永远不会有人知道，但如果因为你的疏忽给别人带来麻烦甚至伤害，你就会心有不安甚至可能会受到良心的谴责，再严重的可能会一辈子活在自责中。"

前面提到，从操作上看，"慎独"就是正心诚意，同时不论有人无人在，都自觉严格遵守社会公德，不做有可能损害他人或社会利益的事。

对高一学生谈"慎独"看起来早了点，因为他们面临的道德困境并不多。但是人格培养宜早不宜晚，更何况他们一上高二，几乎立刻就进入了高考准备阶段，而进入大学后，他们的可塑性又小了许多。所以，对高一学生做健康人格教育，培养他们对慎独、责任感、共情、自信、合作、问题解决能力等核心人格特质的敏感，是有助于他们的心理健康的。

最后，有必要特别提一下的是：最近这堂课我问学生，有没有人开始培养自己慎独的习惯，学生说，这一周还没有遇到有关的情境，但是已有几位学生开始用习惯养成的方法培养自己的学习习惯了。

虽然这是副产品，但是也挺好，而这也正是核心人格特质教育的一大特点：在进行核心人格特质教育的过程中，还可以派生出其他的健康人格特质。通俗地说，核心人格特质教育是一种可以以点带面的教育。

第二篇　重建底线的教育：在复礼中复兴仁爱之德①

杨眉设计并执笔

首都经济贸易大学 2011 年人际沟通分析学班全体师生

课程的缘起与设计

一个国家要持续发展，所需要的最基本的两点，一是法制，二是道德，我们的法制和西方国家比，一直处于建设之中，还不健全。而我们中华民族原来最具传统的道德习惯，却正在成为珍稀的非物质文化遗产。当前中国大地上层出不穷的贪官污吏以及他们对中国和中国人所犯下的种种罪行对中国社会心理产生了极为恶劣的腐蚀作用，和他们比较，普通老百姓的违法乱纪行为简直微不足道，在这样的背景下，大到各类触目惊心的食品安全问题、人为造成的矿难、国土资源流失问题、环境被严重污染问题，“小”到 2010 年底的“药家鑫撞人后刀刺伤者事件”以及 2011 年 4 月 1 日发生的“机场刺母”事件等，已经非常可悲地不再是小概率事件了，这些问题都折射出中国的底线伦理问题越来越突出，先哲孟子所秉持的“恻隐之心，人皆有之；羞恶之心，人皆有之；恭敬之心，人皆有之；是非之心，人皆有之”的信念在这些大面积主动加害于中国人的事件面前，显得那样苍白和无力。

这一切都因为中国正在丧失底线伦理——不以任何理由伤害他人，不以正确的理由做坏事——而其结果必然是：一方面是整个社会的去圣化现象越来越严重以至于“‘底线失守’已成为社会大问题”②，因此，每一个人都有可能在某种所谓的外界因素的影响下(比如金钱等的诱惑以及其他自认为的威胁面前)成为践踏他人的人，换言之，这样的情况继续下去很多人都可能在某个瞬间爆发出他的恶。另一方面，这必然增加了中国人生存的机会成本，使中国人的安全需要受到

---

① 此文以“重建底线伦理的教育：在复礼中复兴仁爱之德”为题，入选论文集——《人文北京与文化创新能力建设》，中国经济出版社 2012 年版。

② 夏学銮，“‘底线失守’已成为社会大问题”，《文摘报》，2011 年 4 月 23 日。

日益严重的威胁，使每一个人不得不时刻处于高度警觉的自我保护状态，长此以往，其后果不堪设想。

理论上说，只有法治才能从根本上解决问题，就像戴志勇的文章所提到的，“只有法治能让染馒头的仰望星空”①，但是，做老师的要等到法制健全才教育学生要遵守底线伦理，那么不仅我们的社会没有希望，我们的下一代也无法走向已经被地球村的世界。所以，恰当的方法应该是在呼吁制度建设的同时坚持不懈地进行教育，对学生，也对国民，只有这样我们才能够创造健康的国民教育环境，培养出具有公民意识的健康的人。

要做这个讨论的想法是2008年底开始有的，又因为当时我开始对中国文化产生浓厚兴趣，我的直觉是我可以在中国文化中找到重要的教育资源。但是由于我的中国文化功底不够，我先是用两年多的时间断续读了有关书籍，然后过程中渐渐浮现出一条主线：通过培养学生对基本礼仪、礼节和礼貌的敏感和行动来帮助学生建立对人的敏感，从而培育自己的恻隐之心、仁爱之德，而有恻隐之心和仁爱之德的人是不会轻易做出伤害他人的背德之事的，就这样，我设计了这次课程：

讨论一：食品安全问题与药家鑫撞人后刺人之间的关系？

上课时，我先简单回顾了有关药家鑫事件的各种资料。接着我对学生说：“我要请大家想象，如果被药家鑫撞人后持刀刺死的张妙是你们的姐姐，你们想象一下，你们的姐姐被人撞了，那个肇事者正要逃逸，为了伸张正义，也为了自我保护，姐姐挣扎着抄下车号，这时那个车主走来，拿出刀，连扎她7刀……如果张妙是你们的姐姐，你们会有什么感觉?!”

整个教室非常安静，所有人面色凝重。

然后我问大家：大家也都知道，目前中国的食品安全问题越来越多，与药家鑫的行为相比，它们之间有什么共同点？我们从中需要吸取什么样的教训?

这时学生纷纷说：

2010保险樊佳伟：是我们的社会出现价值观扭曲，把金钱看得比生命重要。

2010级旅游管理马奥楠：是因为大家都只看利益。

2010城市学院沈明君：是中国的教育出了问题，导致无素质。

2010人力资源王鑫：是父母的教育出了问题，孩子都太自我中心。

2008级旅游管理专业刘立伯：是因为孩子被宠坏了。

2008传播张晨：是我们的评价标准出了问题，学生只要成绩好，别的都忽略了。

---

① 见2011年4月21日，南方周末评论员戴志勇文章：“只有法治能让染馒头的仰望星空”。

2009 统计杨莹：是因为缺乏责任意识。

2010 经济学院翟乐乐：它们的共同点是丧失底线，是对生命的漠视。

2010 人文学院李艺琦：我认为是因为中国人缺少信仰，人人都只相信金钱、相信权力，没有敬畏的心，所以伤天害理的事变得那么理所当然。

2010 统计陈莉媛：我们现在的道德标准一降再降，中国人越来越麻木了。

我：大家从很多角度看这类恶性社会问题产生的原因。从宏观上看，最需要解决的就是制度健全问题，法制需要健全，教育体制需要改革，我们能够从宏观上看到制度建设问题，大家有这个意识非常好。但是，制度问题不是我们现在可以解决的。我们现在只从微观也就是道德角度上来约简这些恶行的特点，看我们可以提炼出什么？比如我们现在来反着看一看，有没有什么道德上的因素，如果它存在，是有可能让这样的恶性事件成为小概率事件的？

学生纷纷回答：

2010 广告李艺琦：如果有行业规范就可以预防。

2010 会计张艳艳：如果一个人知道不伤害别人就不会发生这种事。

2010 统计罗圆元：人如果有良知就可以预防这种事的发生。

2009 城市学院李甜：如果大家都有成人自我意识也可以起到预防作用(注：理论上说，有成人自我意识的人在做事的时候会考虑道德和法律)。

我：这些都对，大家再想，我们再约简，看还有没有更核心的一种因素，它的存在最有可能让以上所说的这些恶性事件降低？

2008 级旅游管理刘立伯：应该是有仁爱之心吧?！有仁爱之心的人有利他精神，因此能够让人走正道，不做伤害别人的事。

我：对！从道德角度看，仁爱之心是一个有可能有效约束恶行的核心因素，并且这是一种有利于社会持续发展的“我好，你也好”的生活态度。

后来的作业中：

2008 传播张晨同学：我觉得，药家鑫案的悲剧，是整个社会的悲剧。它的发生是社会问题的一次显性爆发，只是社会问题冰山浮出水面的一角。这个案件折射的社会深层问题是社会在人的价值问题上缺乏正确的评判。

社会现状大多是：对于学生是以分数论高低，对于竞技运动员以金牌论输赢，对于工作者是以业绩论成败，这样的评价指标使得人在“异化”，导致生活其中的人们变得“急功近利”“唯利是图”。生命被缀上了太多的附加，使得人们太过于关注那些光鲜的外物而漠视了生命本身。

2008 劳经史超同学：现观如今的社会，从药家鑫事件再到各种食品安全问题，我们不禁要问：这个社会到底怎么了?！是法律法规的纰漏？是教育力度不够？是监管体制不完善？还是……其实归根到底，答案显而易见——是仁爱之心的沦陷！……所以，中国现在已到了一种必须要采取行动的紧要关头了。

讨论二：仁爱之德为什么如此重要？

这是我们紧接着讨论的问题，课上同学的回答是：

2008 传播张晨：有仁爱之心的人秉持“己所不欲，勿施于人”的态度，因此能够使每一个人的生活空间都更自由。

2010 统计陈莉媛：仁爱之心可以增强人的自我约束力。

后来的作业中同学写道：

2010 物流管理白勍羽：有仁爱之心的人首先会有不忍之心，也就是不忍看到别人无缘无故受到伤害，另外，这个不忍之心也是道德的基础和底线，有这个底线，就有能设身处地、将心比心的共情能力。

2010 人力资源孟通：如果人丧失了仁爱之心，人性就会发生异化并迷失，他人的生命权利就会变得无关紧要，社会就会充满混乱甚至暴力。

2008 传播张晨：有爱的社会，很少存在隐患。爱是改善社会现状的一剂良药。因为不得不承认，每个人内心深处最柔软的便是“我好，你也好”（注：这是人际沟通分析学的三个基本假设之一）。所以一个社会若想稳定安宁，就应当让每一个社会成员都感受到被爱。

2010 劳经学院王鑫：仁爱，是中国传统美德的重要内容，也是构建和谐社会的道德理念。有了仁爱，这个世界才能和谐美好。有了仁爱，我们的生活才能幸福愉悦。我们在物质上满足了基本需求的同时，更多的应该追求精神上的一些东西。我觉得仁爱可以带来双赢。它既让我们“好”，也让别人“好”，仁爱是可持续发展的保障。

2010 城市学院沈明君：所谓仁爱之德，其实在我看来不仅仅是道德，而是一个人思想最深层、最深刻的东西，或者说是一个人的灵魂了。拥有仁爱之德，其实便是拥有了灵魂……

我的观点：如果细分，那么仁爱有消极和积极之分，消极的仁爱就是不忍之心，就是不忍做出会伤害他人的事，就是对他人有恻隐之心；而积极的仁爱则是主动去做可以帮助他人的事，比如雷锋，比如各种志愿者。但是，不论消极的还是积极的仁爱，都是我们社会可以健康发展的基础，有“仁爱”做底线，像毒奶粉、瘦肉精、毒大米以及人为因素造成的矿难与环境污染、药某撞人后刺人等这类恶行当道的情况就会成为小概率事件了。

因此，底线伦理的核心就应该是最基本的“仁爱”，操作上看可以说是：“不以任何理由伤害别人，不以正确的理由做错事”，这是一个人应该具备的最基本的底线，它是有普适意义的，像我们中国传统文化中的核心价值观“仁、义、礼、智、信”，和西方的核心价值观“自由、平等、博爱”中都推崇“仁爱”，是因为一个人心里有“仁”，眼里就会有“人”，就会珍惜人、重视人、关爱人，与人相处的时候就会有不忍之心或说是恻隐之心，那样就不仅不会主动去伤害别人，对受了伤害的人也会心怀悲悯并施以援手。更重要的是，仁爱还可以派生出很多美好的人格特质，如公正、诚信、负责、利他、合作等，而这些特质不仅对个人的成长，而且对个人的人际关系都有很重要的促进作用，因此，仁爱也具有很重要的心理保健功能。

我后来要求学生在作业中讨论：如果我们缺乏仁爱之德，自己会有什么样的损失？

2010 财务管理董昱煜：仁爱之心对个人来说也有非常重要的意义，一个缺乏仁爱之心的人会漠视周围的一切，以自我为中心，因此有时会给别人造成不可挽回的伤害。他人会对这种人敬而远之，于是这种人就会被社会孤立，无法立足于社会。

2009 城市管理李甜：有时候，守礼也许不能带来多么大的效益，但是失礼却足以让人失去很多。

2010 工商刘连升：对于一个真正拥有仁爱之心的人来说，他亦拥有荣辱之心。当他做出自己的行为时，他考虑的是无论做什么都要维护自己的良好形象。利欲熏心下的可耻行为，道德失守的举止其实有着巨大的难以恢复的成本，也许就是那一次道德失守，就足以让整个家族蒙上坏名声。

此外，前面谈到，“仁爱”有很重要的心理保健功能，同理，缺乏仁爱，不仅会影响到个人的持续发展，而且会妨碍人建立健康的人际关系，因此又反过来影响人的心理健康。

再接下来的问题，就是从何处入手去帮助学生恢复或者说确立“仁爱”之德？

讨论三：有哪些方法可以让别人体验到我们的仁爱之心？

人们通常认为，人是先知(道)而后行(动)的，虽然有知不一定就有行，但是无知一定不可能行，因此中国人非常强调知行合一。其实不然，西方心理学中的行为主义理论证实，有时候，人们也可以从行中知、从做中学，这点我国教育家陶行知先生最是推崇(“行是知之始，知是行之成”)，以至于他把自己的名字从先前改过的知行又改为“行知”。

行动，只是强调行动，在行动中形成条件反射，养成新的习惯，新观念也会随之深入人心——这或者是绝大多数人的成长轨迹。

我继续提问：仁爱是需要实证的大词。我现在的问题是：有哪些方法可以培育或恢复我们的仁爱之心或说仁爱之德？

2008 旅游管理刘立伯：帮助别人，服务社会。

我：这个标准太高了，我们再低点，只说最基础的仁爱之心有哪些？

2010 劳经李晓楠：基础小事，比如宿舍中互相关心。

2009 人力资源史超：理解别人，少抱怨。

2008 传播张晨：不要随便翻别人的东西。

2007 外语韩晓晨：礼可以体现仁爱，比如帮邻居老人拿东西，在青年人是礼节，而老人体验到的是关爱。

我：对！我们就从礼入手！从最基本的礼节、礼貌入手。仁爱的习惯可以用“礼”的形式表现出来，虽然我们不能说懂礼的人就一定就具备仁爱之心，但是它至少反映出我们对人的敏感，可以表现出我们对人的关切和尊重，因此，有礼作为约束，可以降低人们伤害别人的冲动。

礼不仅可以维护公共生活秩序，保障公共环境中的舒适度，而且礼所具有的最重要的心理保健功能还在于它能够约束人性中的弱点，从而把人因为冲动而犯的过失降到最低，因此礼还有预防犯罪的功能。所以，从礼入手去培养我们具有良好的行为习惯是可以一举多得的。

孔子主张：“克己复礼为仁，一日克己复礼，天下归仁焉”[①]，我们可以用帮助学生复兴礼的方式来复兴仁爱之德。我们可以把 2000 多年前我们的至圣先师所提出的思想，在 21 世纪的大学课堂上做一场实验，看当代大学生能不能在复“礼”中复兴“仁爱之德”。

当然，这里有必要说明的是，这里的“礼”是人际交往中最基本的礼貌、礼节和礼仪的简称。理论上说，人类社会的礼貌、礼节和礼仪都是为了表达对他人也包括对自己的尊重和关心，是心存仁爱之心的人在与人接触中逐渐发现并发展出的一套可以让人与人之间的交往更舒适满意同时也更有效率的一套行为准则。因此，是先有仁之心，后有礼之行的，但是在经济急速发展的今天，由于多重原因，我们这个原先的礼仪之邦，“礼”的精神已经非常稀薄了，因为我们的仁爱之心已经被腐蚀得锈迹斑斑，因此不如另辟蹊径，从培养与礼貌、礼节和礼仪有关的行为入手。就像当年陶行知先生所提倡和实践的一样，从“行”入手达到“知”。

因为我们可以在复兴“礼”的过程中培养人对他人需要的敏感(如被关爱、被尊重、被礼遇的需要)，一旦这种礼貌、礼节和礼仪成为习惯，成为一种公共美德，那么人们的仁爱之心也会因此而得到滋养而重新发芽，这样的情境下，底线伦理得以恢复，目前所常常发生的各种恶意伤害事件就有可能降低，虽然这些无法替代法制的健全，可是我们不能坐等制度健全后再考虑道德的重建，因为我们实在已经没有可退之处了。

作业中：

---

① 《白话四书》，杨伯峻译，“论语，颜渊第十二”，岳麓书社 1989 年版，第 340 页。

2010 人力资源楼婷慧：迷失的我们需要在混沌的世界中对自身的人性进行改造，人与世界的关系是由每个人决定并再决定的，我们必须靠自己找回那缺失已久的仁爱之德。孔子说，克己复礼为仁，礼是仁的外在表现和反映，礼是仁的前提，仁是礼的内涵．我们可以从身边小事做起，带着仁爱之心去实行那些礼，把仁爱当作习惯，慢慢地，在复礼中复兴仁爱之德。

讨论四：我们自己能从复礼中得到什么？

从心理学角度做教育的最大特点是：让学生知道他们所需要学习、了解或者掌握的某种知识或能力对他们自身的发展有什么切实的作用。因此，在讨论我们究竟应该具备什么样的礼貌、礼节和礼仪之前，我要和学生讨论复礼对我们学生自己的好处是什么。大家讨论的结果是：

1. 会有更好的人际关系和人际环境

2010 注资李沈煜：通过复礼，我们可以减少与别人不必要的摩擦，可以提升自己的内涵，通过自己影响他人。

2009 城市管理李甜在作业中写道：复礼是一个契机，借由礼节，我们向别人展示自己对他人的友好和尊重(展示我们“我好，你也好”的人生态度)，显示出合作共赢的愿望，甚至表达价值观念和人生态度。

2009 劳经史超：当我们将仁爱之心传播的同时，我们也可因此获得良好的人际关系，健康的心理状态，广泛的人脉资源，更多的发展机会……不计其数的隐性利益。

2009 统计学杨莹：通过自己的言行举止感染周围的人，再通过周围的人感染他们周围的人，就这样像接力棒一样不断地发散传播。相信复礼之事就指日可待了。

2010 工商刘连升：人拥有仁爱之心的实际意义是在每个人的心中形成一层基本的道德底线，最重要的是要我们实际去坚持这种世界观，继而去影响周围更多的人，从而使整个社会形成一种良好的社会风气，并蔚然成风。

2010 劳经学院李晓楠：通过复礼的行为，我们更加明确地知道什么事情该做，什么事情不该做，从而增加自我约束力，即提高自己控制型父母状态的比例。做事有规矩，是融入社会必需的条件。

复礼让我们获得更大的自由，当礼成为我们的习惯，那么仁爱之德也会随之养成。我们的一举一动或者说整个人都会从内而外的散发出无穷的魅力。我们就不会因为要应对诸如面试等场合而特别注意或伪装什么，这样我们就赢在了起点上。

2010 人力资源楼婷慧：复礼后，于自身，我们得到的是内心的平静，幸福感的提升，个人形象气质的提高。经人际沟通相互作用后，对方会发现我们有教养讲信用，从而使我们得到一个好人缘，获得比不复礼的人更多的机会，有助于个人可持续发展。于他人，对方会因我们礼的举动受到正面安抚而心情开朗。

2.“礼”可以发展出我们对人的敏感并进而催化仁爱的种子

中国的独生子女们大多被关注、被照顾的太多，再加上中国的高考制度问题，中国大多数孩子缺乏在兄弟姐妹或同学朋友中培养对人敏感的机会，而礼貌、礼节和礼仪的养成正好可以弥补这个缺憾，使我们天性中仁爱的种子得以发芽与生根。

2010市场营销徐澄：不要小看复礼，更不要小看自己，我们能为复礼做很多。同时，我们也能从复礼中得到很多，当我们做了自己应该做的事，我们自己也会找到属于自己的宁静与快乐。在这种温情中，我们的心更敏感，我们的爱更深沉，我们的灵魂更清澈。

2009城市学院李甜在作业中写道：虽然礼的功能没有那么强大绝对，但依然会带来奇迹般的希望。因为礼，我们学会了与人相处要注重礼节、礼貌、礼仪，由此我们获得了关注细节的意识和方法，培养了对人性的敏感之心。

因为礼，我们会更容易赢得别人的尊重，赢得与人进一步沟通的可能，赢得更加长久的发展空间。因为礼，我们知道了坚持会给我们带来的伟大意义，知道了小小的动作或是表情细节可能发挥的巨大作用，知道了爱人更是自爱。因为礼我们知道了，一个人是不能够随心所欲的，我们需要克制，我们想要的不都是合理的，也不都是社会必须给的。因为礼，最起码，我们知道了该怎样向别人得体的表达自己的情感，在有一天，我们需要想要向别人表达敬意的时候，知道怎样去做，怎样做的自然。

李甜同学的思考其实还揭示了“礼”所具有的约束人性弱点的作用，如果一个人平时养成了礼貌的习惯，那么他不仅会因此而发扬他人性中的优点，而且也会对自己人性种的弱点起制约作用，并会因此而降低他伤害他人的概率，所以复礼的结果更多地是双赢。就如同北京现在的公交车站和地铁站，也不过几年的时间，大家都开始有了排队意识，懂得约束自己，这就是从行为入手培育礼让和仁爱之心的例子。

3. 复礼可以帮助我们养成道德习惯，从而在一定程度上起到预防犯罪的作用

复礼还有的一重意义是：能够帮助人养成道德习惯。“君子以果行育德。”[①]我们可以在复礼的行为中培育自己的道德习惯，或者说形成道德上的条件反射，这样在关键时刻，我们就能够更多地做出合乎人道的选择。

微观上看，人生很长，但其实关键处只有几步，一步错，步步错，正所谓：“一失足成千古恨，再回头已是百年身”。只要我们在平时养成道德习惯，即使

① 孙振声编著：《易经入门》，文化艺术出版社1991年版，第69页。

关键时刻当局者迷都不怕，因为我们有平时在复礼中所炼出的道德习惯或者说是道德本能，关键时刻那个瞬间做出损人利己决策的可能就会成为小概率事件。

有道德习惯的人并非不会在一念之间做出错误的选择，但是比较而言，他被人性弱点击中的几率要低许多，因为他的道德习惯已成为他的第二天性，成为他的本能，因而在面临诱惑时，他的内心冲突相对会比较小，再加上多年习惯形成的条件反射，从而使他得以进入“从心所欲，不逾矩”的境界或者说自由状态。因此，从这个意义上看，复礼还有很好地预防犯罪的作用。

2009金融杨旭：然而，穷则独善其身，达则兼济天下。没能力改变，我们就要做好自己，有能力改变，就要尽己之所能。复礼会让我们重拾仁爱，是对我们即将泯灭的人性的救赎。

针对学生的担心：“我们在课堂上学习了要在复礼中复兴仁爱之德，可是现在社会中的问题如此多，因此，仅仅有我们去复礼有什么用？”

我的观点：就“仁爱”问题而言，其实当代中国人从小到大，在学校学到的相关知识并不少，但是为什么却始终没有形成一种牢固的仁爱的习惯，客观地说，的确是因为从宏观上看，环境中的坏榜样实在太多了，可是我们若以这个为理由而放任自己的行为，从微观上看，首先受损失的还是个人，一是我们现在每个人都要承受的因底线伦理丧失而导致的种种社会问题越来越多，二是我们自己个人小环境中的危险因素也正在变得越来越多。因此，懂礼貌礼节礼仪至少能够让我们为自己创造一个相对舒适和安全的小环境。因为礼貌、礼节和礼仪可以最大限度地避免激活对方的防御反应，这样就避免了对方因为防御而有可能出现的以攻为守的情况。此外，我们将来走向世界时，今天我们在复礼中所培育出的仁爱之心至少能够让我们具备最基本的底线伦理，而这点将能够保证我们在一个法制健全的社会能够有一种健康的可持续发展的生活。

讨论五：我们需要恢复的礼有哪些？

其实说到底，复礼就是讲修养符合仁爱的品行，而修行的本质包括两点：从高目标看是讲怎样以尊敬、关怀的态度对待周围的人与事，而低目标则是要懂得“己所不欲，勿施于人”，我们还可以加上：“己之所欲，勿强(迫)于人”。

复礼或说修行中无法避免地就要有克己的行为。此次的克己指为了个人和社会的和谐发展，个人需要做出一些约束自己原始欲望的行为，比如人都好逸恶劳，可是如果要自己养活自己和自己的理想，就需要对自身的惰性进行约束；再如想要有健康的人际关系，就要对只顾自己的行为有所节制；想要有好的身体和好的环境，就要对自己的口腹之欲有所节制。

在这点上，我特别呼吁学生：年轻要懂得不惜力，不仅在学习知识上要懂得不惜力，而且在做人上也要不惜力，就复礼而言也一样，要坚持去修炼自己的行为，包括必要时懂得自我约束。

我曾经和同事王瑞昌老师谈到我要在学生中做的有关“在复礼中复兴仁爱之德”的训练，王老师的观点是：“修养的本质，在我看来是自己约束自己。自己约束自己才是真自由，真尊严。一个疯子，可以胡作非为，不需要以礼约束自己，但却是真正的不自由，被本能给左右了，没有自由意志了，也流为动物生活，没有尊严了”。

讨论后大家一致同意：一般来说，我们需要复礼的时空包括两大块，一是按照公共场所划分，二是按照人群划分。

按照词典上的定义：公共场所属于社会的、公有公用的地方。因此，像学校、图书馆、单位、集体宿舍、商场、医院、剧院、公交车、公园等之外，现在的虚拟空间如网络等也同样是公共场所，因此也应该遵守相应的礼。

大家讨论后提出：

课堂上需要注意的礼有：关手机、不迟到、对老师的问题有回应、倾听、不吃东西、不要打断别人的发言等。

在宿舍：彼此要打招呼、不经别人允许不碰别人的东西；别人帮自己做了事后要记着说谢谢；要懂得尊重宿舍文化(宿舍文化通常分作学习型、娱乐型、休闲型)。

作业中，2010城市学院沈明君同学谈道：对于我们学生来讲，所谓的公共场合其实大部分就是在学校、宿舍还有就是在公交车和地铁上。而学校又可细分为教室和自习室等。因此，对我们而言，重要的是要清楚在这些公共场合的“礼”。例如，当我们回到宿舍，我们应该积极地和宿舍的同学打招呼、问候，这样能够加强宿舍间同学们的情感沟通，更便于交流。再比如我们去上课，我们应该提前3~5分钟到教室，静候老师的到来，上课过程中，当老师提问时，我们应该积极地回应老师，这不仅代表着你在认真地听课，更重要的是，有时你是在为老师“解围”，这其实是贴心的表现。在乘坐公交车和地铁时，我们应该将座位留给更加需要的人们：孕妇，老年人，小孩……这表现了我们的尊老爱幼，也体现了我们的体贴，会照顾人。

2009统计杨莹：在自习室，说话走路一定要轻；要尽量减少出去的次数，以免打扰到别人，尤其是坐在门旁边的人；而且要随手关门；尽量不要吃东西，更不要在吃东西的时候发出声音；离开自习室时应随手将自己的垃圾带走。

2007外语系韩晓晨：在公共场所中：①低调是一种公德。我是指不要让自己的存在成为别人的困扰。年轻人尤其希望得到别人的眼球，有时很容易大声喧哗、招摇过市，甚至不惜引人侧目，但是让青春活力以这样肤浅的形式表达出来真是很无聊。前几天我看到一句话：“过大的笑声容易惊醒别人的忧伤。”有幸福就留着与朋友分享吧，没有必要如此张扬地拿出来晒(在我小时候也曾经做过这样的事，其背后的心态让现在的自己觉得很浅薄），否则无意之中就成了别人的迫害者。顺便说，从小学到高中，学校走廊里都贴着“静净敬”三个字。我觉得这就是我们在很多公共场所要保持的态度：安静，保持自己和环境的干净，对人和事抱有恭敬的态度。在很多地方，都要有像在图书馆里一样的态度。这就是典型的礼仪。②为别人留住门，这个不必多说了。留门或是为别人开门都是一种肢体语言，而迎着别人的面把门摔上就好像当面冲人大吼大叫一样失礼。如果有老人、长辈或很小的小孩子，甚至应该主动上前帮他们把门打开。③接受别人的服务后知道说谢谢，大家都会在生活中和熟人说谢谢，但似乎到了服务场所就摇身变了个人，面对服务员颐指气使，礼节打折扣的背后，是花钱买尊贵的暴发户心态。……但是有的时候，服务业一些不争气的人也已经学会了看人下菜碟。对横的不敢造次，对文弱书生就很不讲理。……所以我想，尊重是双方的，如果对方不识抬举，那么合理反抗也是很重要的。这一点我觉得我叔叔做得很好。他经常碰上很不着调的服务员，但他拒绝“降低到那个水平”，总是心平气和地与他们交涉，即使上升到投诉的地步，也依然是心平气和（极强的成人自我状态——叔叔总说“我们是来解决问题的，不是来吵架的”）。现在他也训练我去商场退换货、投诉、理赔，告诉我“以理服人”，任何时候绝对不说脏话，保持风度，“他急你不急”。粗暴躁动是无能的体现，而维持好的修养则需要智慧和锻炼。

与人交往时，①打电话注意时间，我家周围的邻居都是退休的老干部，所以我爷爷一直告诉我，中午吃完饭和晚上九点以后不可以给人家打电话，因为家里的老人要休息。后来叔叔也告诉我，“私人时间神圣不可侵犯”，过了工作时间就不要再给别人打电话谈工作的事情。手机、电话这个东西有时候像一条绳索，让人无处遁形。但是打电话的人可以选择尊重别人生活的节奏，这是一种基本的礼貌。②敬称：敬称是对人的学术成就（PhD，教授）、社会地位（主任、部长）或年纪资历（爷爷、奶奶，叔叔、阿姨）的肯定，某种程度上来说，敬称是对人的积极安抚。在外语里，对长辈的标准答话一定要使用敬称，如“你叫什么名字？”“我叫××，夫人。”在《哈利·波特》里，哈利就因为不对斯内普教授使用敬称 Sir 而遭到批评。在中国，对长辈直呼其名是非常失礼的。虽然人们当面一般会恭恭敬敬，但是往往背着当事人的时候敬称就省掉了。敬爱是把长辈放在心里，而不是把尊重摆在表面上。敬称反映的是一种发自内心的尊重。对于那些我们尊重的人，应该永远在他们的名字后面加上敬称，这就如同内心中悄然进行的仪式。

除了学生上面贡献的和大家都知道的“不随地吐痰、不乱扔杂物、不高声喧哗、不攀折公园花草；遵守秩序，先下后上，不拥挤，不加塞；礼让老弱妇孺，礼让行人，不占座（道），不抢行、手机静音等”这些基本礼貌、礼仪之外，我又补充了几点：

一是一定要言而有信；二是在别人帮助自己后要懂得及时给予致谢与反馈；三是懂得“受恩不忘报，施恩不图报”；四是要学习遵守网络文明，绝不在匿名状态去做违背礼的事。

其他有关公共场所的礼貌、礼节和礼仪，我建议大家一是找《弟子规》来读，不到两千字，是礼与仁爱的高度浓缩版，更重要的是，即使在今天，其中的大部分内容仍然是适用的。二是可以看看中国礼仪网上的资料，同时也一定要记住，在读《弟子规》等古训和礼仪网上的资料时，我们一定要保持独立思考和审辨思维。

讨论六：在复兴仁爱之德的同时我们应该注意什么？

说起来真是有点可悲，因为当前各种安全问题实在是已经到了非常严重的地步，因此我也有我的担心，在当前这种由于腐败和底线失守而导致的安全问题频发的情况下，我对学生有关的复礼教育，会不会降低他们的生活适应性？甚至会不会给他们造成危险？！所以，为了保证学生的安全，我们做老师的在教室里培养学生不忍之心、仁爱之德的同时，还必须同时教育学生要有自我保护的意识和方法。

好在现在的学生也都有一定的自我保护意识，其中有几位就提出了他们的困惑：现在社会风气这么糟糕，那么多人都处于利欲熏心的状态，我们通过复礼来复兴仁爱之德，可是我们遇到没有受过这种教育的人怎么办？！

我的回答是：虽然现在社会问题很多，最严重的就是贪官污吏所产生的非常糟糕的社会示范作用和对社会风气的腐蚀作用，但是从微观看，复礼仍然能够带给个人很多切实的益处，从消极面看，可以减少人与环境的冲突，可以降低人际关系冲突。从积极面看，可以让我们更容易被环境接纳，可以为自己创造更适合生存与发展的环境，更容易被别人欣赏，对别人更有吸引力等，这样的人走向世界时，也更容易适应法制环境。从宏观看，一个国家复礼的人多了，人与人之间的冲突就有可能降低，会更有助于大环境的和谐和安全。此外，我们也不要低估个人的力量，如果我们坚持以礼待人，我们也会影响我们周围的人。因此，比较起来，让学生在复礼中复兴仁爱之得仍然是利大于弊，但是为了保护大家，我们做老师的在教室里教学生正道做人的同时，也必须同时教育学生要有自我保护的意识和方法。

我提到的方法有以下几个：

一是如果你在某个紧急情况中需要帮助某个陌生人时，要先向旁观者中的几个人要一个手机号，以便需要时有人可以为你做证。

二是我叮嘱学生（真的有一种很悲哀的感觉）：你们平时要练习背车号、注意观察人的特征，就当是练习记忆力，以后万一发生被撞或者被伤害事件，至少可以避免张妙姐姐的悲剧。此外，万一真发生车祸，也可以尝试调动肇事者良知的方法，比如你可以对他说："我知道你不是故意的，我知道你也不愿意发生这种情况，现在这个不重要，重要的是我现在需要立刻到医院，请你帮助我，请你送我到医院或者请你帮我给 120 打个电话，我自己有公费医疗，谢谢你。"

三是教给学生在公共场合自己出现意外时的寻求帮助法：如果我们在人群中出事，要知道在围观中寻找一个对自己的处境表现出关切的那个人，你要正视着他或她，对他的特征有所描述，比如："穿蓝色夹克的叔叔(阿姨、哥哥、姐姐等)，我知道您是好人，请您帮助我，我只需要占用您几分钟的时间，我的名字是……我是大学生、我有公费医疗，请您帮我给 110 或 120 以及家里的某个人打个电话……"如果情况非常紧急，也可以请他打电话的同时把你先送到医院等，这是可以迅速调动起人的责任意识和道德感的方法之一。

后来学生在作业中写道：

2009 统计杨莹：但在复礼的过程中，我们还需要自我保护，老师说这是与复礼不矛盾的。俗语说："害人之心不可有，防人之心不可无。"在复礼的过程中，我们一定要学会保护自己。日常生活中，我认为我们应该学会拒绝别人的不合理的要求，拒绝严重伤害自己安全和利益的要求。但是，我们一定要注意语气态度，要果断而委婉。

2009 金融一班杨旭：有的人表面上是很讲礼的，甚至是极端的有礼，但表面的有礼并不能掩饰他自身的冷漠以及缺乏仁爱的事实。但是这样的人只有长期交往才能发觉。所以，不要将你的重要信息、隐私轻易告知于别人。当你发现他并不是你可以用仁爱之心对待的人，就要尽早远离。

2010 城市学院沈明君：我们在复兴仁爱之德的同时也该有所注意。记得有这样一个案例，在去年，一个小伙子在上公交车时看到一位老人摔倒了，主动上前搀扶并将老人送到了医院。这件事在我们看来，其实是重"礼"、有道德的行为。可是，结果并不是我们想象的那样。这个老人查出来被摔伤了，她却反说是这个年轻人将他撞伤的，并且这件事最后闹到了法庭，法庭审判的结果也十分出人意料，最终法院判年轻人败诉，并且要向老人赔款。就是这么一件看似合乎情理的事，却被"反咬"了一口。因此，在帮助陌生人时我们也应该有所注意：如告诉旁观者你的姓名，问清别人姓名，给对方留手机号以遍日后更加方便联系，同时要告知旁观者自己的帮助方式。

结束语

改革开放这几十年，中国经济发展取得了举世瞩目的成就，可是精神文明却没有能够同步发展，从长远看，是非常不利于中国的持续发展的。美国学者弗朗西斯·福山 1995 在其名为《信任——社会道德与繁荣的创造》一书中指出：有一些公共美德能够巩固经济繁荣并使社会持续发展。“如果社会个体只是处于理性的长期自我利益而参与社群，那么这个社会大概就找不到公共意识、自我牺牲、荣誉、慈善，或是其他可以让社群永续生存的美德。”①

中国当前的底线失守问题如果再不引起重视，改革开放的成果都有可能被断送，下面，我用学生的作业结束这次讨论。

2008 传播张晨同学：其实无论社会环境怎样，每个人与世界的关系都可以由自己决定并再决定。你可以选择混迹于社会的问题中干着自己也看不惯的勾当，也可以选择独善其身出淤泥而不染。我想之所以我们充满希望地把现在的社会称为不断改善的社会，正是因为大多人还是理智的选择后一种处世之道。这种生存状态是不因抱怨而迷失的状态，是“成人自我状态”。人们经过理性的分析，不冲动做事。通过调节心态，改善自我来更好地融入社会，与人和平相处。不因被不公正待遇而走极端。人们懂得控制自己的情绪，约束自己的行为。对自己负责，对他人负责。懂得社会是一种契约的存在。所以人们明白为了得到权利就得担当义务，明白为了自由就得学会放弃一部分自由。这种理性的共识，使得人们在社会生活中得以获得长期发展。

2009 金融一班杨旭：在复礼中复兴仁爱之德，这是一个漫长而又艰辛的路，是冰冷社会唯一的救赎之路。拯救岌岌可危的人性之光，不再是纸醉金迷，不再是灯红酒绿。多一点良善，多一点仁爱。

2010 劳经李晓楠：我们是祖国的未来，就应该承担起自己的责任。“年轻要不惜力”，做人远比做学问更重要，“少年强则国强”，其实青少年才是国家最大的竞争力，与其埋怨当今社会的种种不好，倒不如从自己做起来的实在！

2009 城市学院李甜同学：让我们沐浴在礼的光辉中，让我们心怀仁爱之德重新审视这个世界，发现希望，发现路！

注：我从中国文化中汲取心理教育资源的工作还处于尝试阶段，我感到欣慰的是，我的思路是对的，我现在需要的就是要继续补课中国文化，然后才能有更大的突破。幸运的是，我从 2011 年开始遇到国学老师王瑞昌先生的读书会，王先生不仅博古通今，而且学贯中西。我希望自己在不久的将来能够胜任从西方科学心理学角度挖掘中国文化中心理教育资源的工作。

---

① 弗朗西斯·福山：《信任——社会道德与繁荣的创造》，李宛蓉译，远方出版社 1998 年版，第 363 页。

第三篇　结束语——意义深远的巧合

这个世界有些事情真的很神奇，我35年前(1985年)的9月份开始讲授个性心理学(后更名为“人格心理学”，最后确定为积极心理学取向的“健康人格心理学”)。35年后的9月份，又轮到了讲授《健康人格心理学》。

之前我并没有特别地安排，我甚至没有想到应该在2020年的9月份排上这门课以做纪念。我就是三门课轮着讲，结果很意外地，今年9月就又轮上了《健康人格心理学》，唯一不同的是，这次我是作为北京师范大学的客座教授为北师大学生讲授这门课。

另外一件有纪念意义的事是：今年年中，学校出版社的孟岩岭老师联系我，要我修订《健康人格心理学》的第三版。我原来以为，我已经退休，我的教材已经没有可能再继续修订了。

我觉得这两件相继发生的极为神奇的巧合——荣格的说法是“共时性”——都是有意义的，都是造化在冥冥中鼓励我、激励我的重要象征。我觉得自己非常幸运。我知道，我绝不会辜负这种暗示。

今年是2020年，距离1985年我开始做人格教育的起步已整整三十五周年了。三十五年来，我一直以传道的精神做心理教育，一直坚持在一线教学中发现问题、研究问题和解决问题，一直努力探索并实践如何将西方人格心理学理论本土化，以对中国大学生进行心理学科普教育。但是我的教学理念——对大学生的心理教育一定要从理论入手，大学生具备理论学习的能力和动机。而且理论教育才有真正的后劲——一直没有被主流所接受。可是，可是我仍然在路上。

本书即将付梓，我既无比高兴，又怀有一丝沮丧。我高兴的是我这些年的摸索至少在我的各校学生与学员中被证实是有意义的，而且这个过程中我所收获的个人成长也是无比巨大的，我因为这35年工作上始终如一的努力而充满了职业和生活幸福感，我对此充满感恩。而那若隐若现的沮丧，则源于我至今仍然没有答案的几个困惑：为什么不论中国还是西方知道人格与心理健康存在高相关的人那么多，但无论中国还是西方的教育实践者却始终那么少(具体数据见第一章)？为什么我们不充分利用西方人格心理学家的理论资源去帮助我们的学生从巨人的肩上起步？为什么我们在拥有如此丰富心理教育资源的情况下还要继续在黑暗中摸索？为什么我们做老师的不首先为学生做出站在巨人肩上的榜样？!

还要多久，至少我们中国高校非心理学专业的大学生能够有人格心理学家的健康人格观必修课？什么时候，我们中国高校的心理教育才能走出舒适区，去做点冒险，做点新的尝试。正如爱默生所说："从远处收罗各种天才的每一道光线，聚集一堂，用这集中的火焰使年轻人的心燃烧起来?!"

很多年了，我曾一直被这些困惑所纠缠，直到有一天，我遇到兰波的那首诗：

"只要我们怀着火热的耐心，
黎明时分，
我们定能进入那壮丽的城池"

我才知道，我只是拥有激情但是却缺乏耐心，更重要的是，我的耐心不够热烈，那一瞬间，有一种被击中的感觉，然后，我就突然平静下来，从那以后，就有了定力。

我知道我现在所能做的就是"尽人事听天命"，就是在每一轮课上，在每一个讲台，一遍又一遍，一次又一次地告诉我的学生：我把这些伟大的心理学家，介绍给各位，与大家分享这些伟大的心灵。这个世界就是存在这样一些具有使徒性格的人，他们为了减轻人类自我寻找和成长的痛苦而孜孜以求，为我们留下了无比辉煌的精神遗产，给我们提供了可以帮助个人与社会共同进化的最重要的资源。

三十五年了，在向学生做心理学科普的时候，我仍然充满激情和幸福感。我将弗洛伊德、荣格、阿德勒、埃里克森、弗兰克、帕尔斯、罗杰斯等心理治疗大家的理论中适用于普通人群的部分提炼出来，加之马斯洛的心理学遗产和中国文化中的心理学资源做了新的综合。结合日常生活现实，将健康人格发展规律的经典理论介绍给学生，帮助学生了解自身的个性特点及其发展规律，使学生在自我认识与自我接纳的基础上更全面地认识与接纳他人。与此同时，努力督促学生"学进去，做出来"，这整个过程中，我和学生一直充满幸福感地收获着持续的成长。

下面引用2020年我北京师范大学的学生苗琛宇同学作业中的两段文字：

"通这门课程，我学到了许多心理学家的健康人格理论，我最感兴趣的是每位心理学家关于'如何成为健康的人'的理论。我对理论似乎有一种偏爱，尤其是心理学理论。我不断思考着这些理论，向它们提问，也希望将自己的生活、自己观察到的生活作为血肉，填充理论的骨架，并试图探索成长之法。就像您常说的，每种理论都只是'一家之言'，不能生搬硬套，也不能以一概全。每位心理学家都有其长处和短板，都有适用范围和条件，我们在运用时应该进行综合，为我所用。运用课堂讲授的理论分析自己使我加深了对自己的认识，也改变了很多。弗洛伊德重视童年经历对人的影响，所以我在自我觉察的基础上，不断向前溯源——如果说现在成长中遇到的阻碍、面临的困难是一场'龙卷风'，那么我成功地找到最初的‘蝴蝶翅膀的扇动’时，便豁然开朗——不过如此嘛，有什么了不起的，哪有那么大的问题。幸运的是，我似乎已经为现在性格、为人处世中的不足之处寻到了‘根’，它们不会再继续阻碍我了。我现在更倾向于运用弗兰克的理论，向前看，追求生命的价值与意义，实现更加精彩的人生。”

不仅如此，苗琛宇同学还将所学的理论运用到与父母的相处中：

“我与父母的关系一向很好，他们很爱我，对我很好，一家人相处也很融洽，但我那时总是盯着父母的不足之处，想要改变却不知所措。但现在，我和爸妈设定了每周视频电话的‘仪式时间’，确定了打电话时要分享的话题：每人说一件自己这周最开心的事；每人讲一个生活感悟；爸妈每周要发现对方的一个优点并举出例子；爸妈和我分享一件两个人一起做的事情，并说说感受。不知为何，之前的视频聊天总是不大愉快(但现实中的聊天是很愉快的)，但现在我们都期盼着仪式时间的到来，我觉得爸妈的关系正变得更好。我现在明白，我可以成为一家三口中那个推动大家一起向更好方向发展、寻找更好沟通方式的人，让这个家变得更好。”①

每一次看到这样的作业，心里都充满感动，看到学生真正站在巨人的肩上开始自己的人生，同时也感觉无比欣慰。其他同学的作业中也有类似的感悟。只是限于篇幅，很遗憾无法一一呈现。

想到通过这本教材，我与你们——我的学生读者——将再一次穿行在这些伟大心理学家的精神遗产中，我的心里充满喜悦。

谢谢，谢谢你们与我同行。

杨眉

2020 年 10 月 31 日于北京滴水斋

① 摘自北京师范大学 2018 级汉语言文学(励耘)班学生苗琛宇的期末作业。

致 谢[1]

① 这篇致谢是在上一版中就有的，这次稍做增补。

有关这本书该写的都写了，这里只想单纯表达我的无限感激。

感谢我的父母家人，你们是我努力成长的最初的原动力，即使在今天，在成长已经成为我个人的需要和习惯的时候，你们仍然是并且会永远是我的榜样。

其次，要感谢人格心理学中这些伟大的先驱与中国文化所提供的极为丰富的心理与人格教育资源，在向学生传播这些资源的时候，我成了最幸运的第一个受益者。

感谢我的很多老师，我能够有今天的成长，首先是因为我曾经接受过许多好老师的教导，我中学和大学时期都曾经遇到过非常好的老师，一位是教化学的尹先英先生，她在正道做人和热爱读书与思考方面是我永远的榜样。另一位是我大学毕业论文的指导老师——研究非洲史的宁骚先生，宁先生在指导我的毕业论文时曾给予我非常严格的训练，他严谨的治学态度直到今天都对我产生着重要的影响。

感谢在北大心理系修研究生课程时所遇到的几位先生，他们是陈仲庚先生、沈德灿先生和钱铭怡先生，他们为培养我的心理学思维而做的一切，我至今记忆犹新。还要特别感谢北京师范大学的陈会昌先生和劳凯生先生以及刘桂珍老师，他们对我工作的赏识和无条件支持我始终铭记在心。

感谢我这门课的所有知音，按照时间顺序，最先是杨宜音、卢玉、曹作兰、孙昌龄、宋强等老师，然后是石唯一、韩小青、魏书宋、张六虎、侯志瑾、王欣、肖旭等老师，还有我所在首都经济贸易大学的白俊生、王福阳、毛慧筠、范延英以及张颖老师，感谢几乎历任校领导以及教务处、科研处、学生处领导。感谢我团队中的各位同道：王玉、徐辉和苏世兰老师。还有特别感谢徐辉老师，她对《健康人格心理学》这门课程有非常深入的了解，我始终记着她向同行推荐我的课时说过的一句话："杨老师的《健康人格心理学》是一门积极心理学取向的心理学科普课程。"

特别感谢中国青年报记者陆小娅，因为她最初的赏识与推荐，我的工作才得以让更多的人知道，此外，也感谢中国青年报的汪文、郭韶明老师，感谢中国教师报的王琰老师，你们对我工作与文章的欣赏和支持一直是我力量的源泉。还要特别感谢中国社会心理学会的张仙飞老师近 20 年来为推介《健康人格心理学》所做的大量工作。

感谢我在全国教师培训的学员中所遇到的知音：丁燕京、夏斌、陈建珍、赵军花、杨晓英、陈颖、杨新华、张静、方建东等老师。感谢我学生中的知音：诸葛艳、王雪阳、路凌燕、刘春时、王超、刘琪、姜佳星、孟瑶、张硕、王茉、居洋、韩晓晨、王颜妍、曹微、刘立伯、赵明慧、张晨、任黛、曹一媛、李丽丽、卢蝶、李文新、孙秋媛、胡建楠、覃绍国、施艺、李周捷、苗琛宇等同学。

感谢我的学生王茉。在我整个写作过程中，为了保证严谨，我二次引用没有超过 5 处，我能够做到这点，很大原因得益于我的学生王茉，她在为我寻找原始资料方面做了很多贡献。每一次我告诉她我需要哪本书，她都会以最快的方式提供给我，从而为我节省了大量的时间。

特别感谢学校科研处刘老师和出版社的孟岩岭老师，感谢你们所给予我的一切帮助与支持，包括当年以无限的耐心等待这本书稿的完成。

2020 年我能够出《健康人格心理学》的修订版，还要特别感谢学校出版社孟岩岭老师给予我的信任和对这本教材的信心。

最后，我要由衷感谢我的所有学生与学员，愿你们知道：

我一直知道自己有多么幸运，在过去三十年中的几乎每一年，都能在你们的陪伴下重温这些伟大心理学家的思想，复习他们对人性的种种发现，并与大家共同研习和实践这些心理学家的理论。

谢谢你们与我共享这些成长的美好经历，谢谢你们让我在小小的教室里经历了那许多美好而又激情澎湃的时光！

杨眉

2020 年 10 月 31 日于北京滴水斋

附　录

注：下面几篇文章是笔者自 1987 年以来所出版的四本人格教育著作的结束语或后记，这些后记较清晰地呈现了笔者自 1985 以来 35 年的人格教育历程。为尊重历史，笔者完整附录这些后记，第一篇后记中大家可以看到笔者当年在看待自然环境问题上的局限性以及对西方中世纪史的部分误读，同时也可以看到笔者今天的成长。谢谢。

附录一：1999年《大学生健康人格塑造》[①]结束语

终于就要结题了，一个萦绕心头17年并为之努力了17年的愿望终于就要实现了，我的内心充满喜悦与欣慰。

十多年了，我一直坚信健康人格具有无比重要的意义，坚信健康人格教育可以有效地促进学生的成长。感谢我校的各级领导，早在1984年就允许我开设这样的讲座，并从1985年起批准我正式开设“个性心理学”选修课，使我得以在一种十分自由、宽松的环境中进行我的尝试与摸索。

此次五校合作的这个准实验的设计基本上沿用了我十多年来摸索出的健康人格教育模式，即：健康人格模型介绍+核心人格特质训练+调动学生自我觉察与自我教育。按照我个人的主观评价，此模式的主要意义在于它的结构而非它的内容。此教育模式的结构设计针对青年学生发展中的特点——知易行难——强调知行合一的教育方式和效果，因此，在实践中具有的意义便是：它使健康人格不再只是一个美好却十分遥远、抽象的概念，而是具象为一些可感、可塑、可分解、可操作的行为甚至语言。

其实，教育界对健康人格(尽管教育学中的健康人格概念与心理学概念中的健康人格不完全一样，但它们的内容在很多方面是相重合的)的重要性以及教育对促进健康人格的作用早有共识。仅以20世纪的中国为例，早在20世纪20年代，中国教育家蔡元培就呼吁重视健全人格教育，但多少年来，由于许许多多的原因，直到现在，这种观念也没有完全落实到教育实践中。查阅文献，西方教育界在这点上和我们的情况也几乎一样。

因此，此准实验的意义在于不仅体现了教育界一向的对健康人格问题的重视，而且借助心理学的方法，把教育界的上述观点切切实实化作一堂堂健康人格教育课程；不仅在一定程度上改变了教育学界与心理学界在健康人格研究上的脱节现象，而且使教育学观点与心理学方法有机结合了起来。

说到此模式的内容，存在问题最多也是最需要完善的就是第一大块有关“健

---

① 杨眉、侯志瑾、李林英等：《大学生健康人格塑造》，中国青年出版社1999年版，第223页。

康人格模型介绍”这一部分，说的是“健康人格模型介绍”，但实践中只介绍了西方一些人格心理学家的模型，不仅这部分的内容介绍不全，而且缺少教育家的健康人格模型，如中国古代的孔子、孟子，现代的蔡元培、陶行知，西方的卢梭、杜威，苏联的马卡连柯、苏霍姆林斯基等这些大教育家的健康人格观都未被纳入，这不能不说是一个极大的遗憾。好在这个模式是一个开放系统，可以不断加以充实与扩展，只是那将需要又一次努力与坚持。

……

印度诗人泰戈尔生前喜欢的歌中有这样一首：

“我不用美丽去迷惑你，我用爱情去迷惑；
我不用手去开门，我用歌声去开门。”

1986 年 9 月，开学后的第一天，我对我的学生说，我要套用泰戈尔喜欢的这首歌表达我作为一个老师的心愿：

“我不用外表去迷惑，我用智慧去迷惑，
我不用手去开门，我用爱去开门。”

这么多年了，仍然记得那一刻教室里突然降临的沉寂和学生们惊异地睁大了的双眼。

不爱学生的老师不是好老师。而爱，是一个需要实证的大词。老师谈爱，就应具体化为：渊博的知识，富有感染力的讲课方法以及对学生当前与未来命运的持续而深切的关怀。

这些年来，我一直以培养学生具备健康人格作为我对学生关爱的切入点。十多年了，见过学生许许多多的好作业，其中最令我感动的是这样一句话：“现在思考多了，但痛苦却少了”，我把这视作对我的工作的最高评价。

青春期其实并不像许多健忘的成年人回忆中的那样美好。和人生发展的其他阶段比，青春期的冲突与矛盾最多，内心感受到的苦痛往往也最大。因为这是一个人开始思考人存在意义的最初阶段：我是谁？我从哪里来？我将往何处去？

被这样重大人生问题所困扰的青少年往往顾不上体验青春期美好的那一面，除非有耐心的成年人肯与他们同行，并且能为他们的成长提出建设性意见，他们才有可能学会善待自己的青春。

我也曾是一个敏感而脆弱的青年学生，那时常常被困惑、不安、甚至焦灼所困扰以至于无法自拔，如果那时有老师指点我，告诉我这是青年人建立同一性时的必然现象，告诉我要对自己有耐心，还要对自己和他人有信心，那么，当时我的压力和无助感一定会小许多，不会总被自我怀疑折磨得只顾抵抗与挣扎，而会像我的学生那样，更多地体验思考的幸福，并“静静地等待着自己的成长……”

所以，当我毕业分配当老师以后，我就下决心要尽最大力量帮助我的学生减少成长的苦恼，使他们在生命的重大转折期学会发现自己并体验幸福感。经过这么多年的努力，我终于可以说：我做到了！

其实，帮助学生成长的过程也是自己收获的过程。看着学生的潜能在自己的耐心与坚持下一点一点地展现出来，就如同看着自己精心呵护的花儿在静夜中一点一点地绽放，那真是一种美妙无比的感受。看着学生们因自我认识、自我发现而渐渐变得容光焕发，充满幸福感的表情，那种成就感更是难以描述。

1997 年，我有幸与其他四所院校的同事合作，大家殊途同归，对健康人格与心理健康的重要性早有共识，并且大家又有多年的实践经验，因此在这次合作中，大家共同努力，使上述教学模式更具有科学性并更充实，也使更多的学生受益。

在此，还要表达我由衷的感激，最先要感谢的是社科院的杨宜音女士和卢玉老师，1982 年底，她们主办全国第一届德育工作会议时，我寄上了我的论文"德育教育应包括完整性格的培养"，那时早已过了论文提交的截止期，我现在还记得后来杨宜音对我说的话："虽然交晚了，但我一看就觉得这篇文章有新意，所以就破例了。"

其次要感谢那次会议上认识的中国青年出版社的编辑曹作兰女士。当时我的论文在会上宣读后没有任何反响，小组讨论时则受到几位老师的否定。可是曹作兰却对我说："将来你写了书来找我。"原以为只是一句客气话，但 1985 年当我拿着我的第一部书稿(《再塑一个你》)去找她时，她竟以很快的速度帮助我出版了，那本书后来还第二次印刷，那本书的出版对我后来能坚持自己最初的信念具有十分重要的意义。在专业上给予我许多指导的是北大心理系的陈仲庚先生、沈德灿先生还有钱铭怡老师。他们使我这个北大文科出身的人懂得了心理学的研究思路和方法，使我懂得以科学的态度去严谨地规范自己的研究。还要感谢北师大博士导师陈会昌、劳凯声先生对此书的高度评价与热忱鼓励以及北京市哲学社会科学规划办的资助以及我校教务处与科研处各位老师的帮助。

还要由衷感谢我们的学生，愿你们知道，在呵护你们成长的过程中，我们收获的不仅仅是成就感、幸福感，还有我们自身的成长。

最后还要感谢打出全部书稿的刘豫红女士，她不仅帮助我们打出全部的书稿，而且以特别的耐心帮助我完成了定稿前近 10 次的修改。

现在，此书已被中国青年出版社纳入了出版计划。我把这本即将出版的书看作我和我的同事对学生的爱的证明，我由衷希望读者从中不仅看到老师对学生的爱，而且看到这种爱在学生心中激起的巨大回响！

杨眉

1999 年 7 月 16 日

附录二：2004年《健康人格心理学》[1] 后记

如果从1984年我第一次为学生开有关心理健康的讲座算起，到现在正好整整20个年头了。

20年来，我一直坚信健康人格具有无比重要的意义，坚信健康人格教育可以帮助学生有效地避免心理疾病并促进其心理卫生，坚信从人格教育入手可以有效地提高学生的成长能力和生活质量。

当然，我对到底该怎样进行健康人格教育的认识是有一个过程的。起初，我是按照苏联的模式，从气质、性格、兴趣、能力的角度做人格教育，当时的效果也不错。1987年还出了一本有关人格心理学的科普读物。

后来有一度，我是从讲病态人格的危害性入手谈健康人格的重要性的，是一位93级房地产的同学的话提醒了我，她说："老师的课讲得很生动，但是，越听越觉得害怕，总觉得自己说不定哪天也会得心理障碍，结果心情很压抑。"

这成为我重新认识和评价大学生心理健康水平，重新解读人格心理学并对人格心理学课做重大改进的转折点。

从那以后，我开始关注人格心理学家的健康人格观，加之我对大学生心理卫生水平的深入了解，我整个的教学理念都产生了重大的改变。

以前，我把这门课主要当作帮助学生预防心理疾病的措施，但后来我发现，大学生不是心理疾病的高危人群，因此，对大学生的心理卫生教育应以提高其健康的心理保健理念和成长理念为主；以前，我较多关注人格心理学家的心理疾病观，后来，我更多关注他们的健康人格观。

与此同时，我在教学方法上也做了许多探索和尝试。直到摸索出现在的教学模型，即：

健康人格模型介绍+核心人格特质训练+调动学生的自我教育

目前为止，这个教学模型在帮助学生确立健康人格的理念和掌握心理保健的

---

① 杨眉：《健康人格心理学》，首都经济贸易大学出版社2004年版，第312页。

方法方面都起着积极的作用。

其实，教育界对健康人格(尽管教育学中的健康人格概念与心理学概念中的健康人格不完全一样，但它们的内容在很多方面是相重合的)的重要性以及教育对促进健康人格的作用早有共识。仅以 20 世纪的中国为例，早在 20 世纪 20 年代，中国教育家蔡元培就呼吁重视健全人格教育，但多少年来，由于许许多多的原因，直到现在，这种观念也没有完全落实到教育实践中。查阅文献，西方教育界在这点上和我们的情况也几乎一样。

因此，此课的意义在于不仅体现了教育界一向的对健康人格问题的重视，而且借助心理学的方法，把教育界的上述观点切切实实化作一堂堂健康人格教育课程；不仅在一定程度上改变了教育学界与心理学界在健康人格研究上的脱节现象，而且使教育学观点与心理学方法有机结合了起来。

1997 年起，我与北京其他院校的同事侯志瑾、李林英、赵颖、齐晋宁、郑宁、李明、殷小川，以及我所在院校同事王玉、黄芩和徐辉老师合作，以实证研究的方式多次证实从健康人格教育入手可以有效促进的学生心理健康。但是正式出版教材，这还是第一次。

其实严格说，这不像一本严谨的教材。就我个人而言，我更愿意称其为“解读集”。因为这的确是我解读人格心理学经典的汇集，这是一本我倾注了极大热情的解读集。我在这么多年的教学中，一遍一遍地重新阅读、重新复习这些经典，真正是常读常新，常想常新，常教常新，是每一次都能有许多新的发现、体会和感动。

以我对行为学派的理解为例。起初我对行为主义学派非常排斥，我不能想象人怎么会仅仅是环境刺激的产物，在我这个唯意志论者看来，人只能是他自己愿望、目标、期望和意志的产物。但是后来，随着年龄的增长，随着我对人性的了解的深入，我渐渐发现行为主义理论的魅力。现在我对行为主义的看法可以套用西方一位政治家的话来表达：“一个人在年轻的时候只相信行为主义，或许是心灵有问题，而他在成年后还不相信行为主义，则一定是脑子有问题。”

对其他人格心理学家的认识也一样，也有一个逐渐深入和接近的过程，像对弗洛伊德的理解，我是在讲到近十轮时才突然有了顿悟。

所以，做了这么多年心理学科普教育，但是直到近几年，我才真正开始变得富有弹性和开放。

我的另一个体会是，一个多世纪以来，人格理论家和心理治疗家发现的那许多有关“治未病”的有效的预防方法，至今还未曾普及，以至于那么多人仍然还在黑暗中摸索，还在以试错排错的方式寻求解决自身心理疾病的方法，这不仅造成了太多资源的浪费，更关键的是造成了许多生命的痛苦、不幸和生活质量的严重下降。

以正处于青春期的青年学生为例，其实，青春期并不像许多健忘的成年人回忆中的那样美好。和人生发展的其他阶段比，青春期的冲突与矛盾最多，内心感受到的苦痛往往也最大。因为这是一个人开始思考人存在意义的最初阶段：我是谁？我从哪里来？我将往何处去？

被这样重大人生问题所困扰的青少年往往顾不上体验青春期美好的那一面，除非有耐心的成年人肯与他们同行，除非他们能从前人的发现中汲取资源，除非他们懂得充分借助理论的力量，他们才有可能学会善待自己的青春。

青年学生太需要了解自我心理保健的常识了，太需要从心理学家那里获取帮助其自我认识、自我保健和自我成长方面的资源了。

为此，我非常希望这本书能成为一本富有感染力的导读书，一本能激发青年学生去读原著的导读书。我希望它能激发青年学生了解和把握自己的兴趣，激发他们了解经典的兴趣，激发他们读原著的兴趣。

教材是一种高度概括的产物，是真正的挂一漏万，不去读原著就不可能真正了解那些学者的博大精深，不可能真正获取我们每个人所最需要的资源；此外，每一个人都有他的局限性，就像有多少个观众就会有多少个哈姆雷特一样，有多少读者就会有多少弗洛伊德、荣格、阿德勒等心理学家，我从我的视角看他们、读他们、学他们，我知道还有许多看他们、读他们、学他们的视角，因此，这也需要每个同学去读原著，去用自己的经历、见识去验证经典，去发现经典，去完善经典。

为此，我一直以爱默森的话自勉："大学应当从远处收罗各种天才的每一道光线，聚集一堂，用这集中的火焰使年轻人的心燃烧起来。"①

最后，我要表达我由衷的感激。

首先要感谢的是教务处领导之一韩小青老师和我校的各级领导，早在 1984 年就允许我开设这样的讲座，并从 1985 年起批准我正式开设"个性心理学"选修课，（1996 年此课更名为"人格心理学"，1998 年此课再次更名为"健康人格心理学"），使我得以在一种十分自由、宽松的环境中进行我的尝试与摸索。

印象最深的是 1985 年上第一轮课时，当时韩小青老师坐在那个阶梯大教室的最后一排，坚持听了我整整一学期的课，从那以后，她就成了我这门课的最坚定的支持者，并且还是在她的鼓励和支持下，我又陆续开出了"社会心理学"、"管理心理学"、"心理卫生学"和"电影文本成长心理学"。

现在看来，即使是在 20 年后的今天，在一所经济院校开设这么多心理学科普课的也属少见，而韩小青老师及其教务处的其他各级领导以及老师，却以其对学生的深刻了解和关爱，以其远见卓识，早在 20 年前，为提高学生的心理卫生

---

① 爱默森：《爱默森选集》，张爱玲译，哈尔滨出版社 2003 年版，第 10 页。

水平、成长能力和生活质量，就为教师开创了能使这类课程产生并且发展的极为宽松的教学环境。对此，我一向充满由衷的感激。

还要感激在此之前给予我极大鼓励和支持的社科院社会学所的杨宜音女士和卢玉老师，1982 年底，她们主办全国第一届德育工作会议时，我寄上了我的论文“德育教育应包括完整性格的培养”，那时早已过了论文提交的截止期，我现在还记得后来杨宜音对我说的话：“虽然交晚了，但我一看就觉得这篇文章有新意，所以就破例了。”还要感谢那次会议上认识的中国青年出版社的编辑曹作兰女士。当时我的论文在会上宣读后没有引起任何反响，小组讨论时则受到几位老师的非常坚决的否定。可是当时在座的曹作兰却对我说：“将来你写了书来找我。”原以为只是一句客气话，但 1985 年当我拿着我的第一部书稿《再塑一个你——个性心理探幽》去找她时，她竟以很快的速度克服各种困难帮助我在山东人民出版社出版了，那本书后来还第二次印刷，那本书的出版对我后来能坚持自己最初的信念具有十分重要的意义。

在专业上给予我许多指导的是北大心理系的陈仲庚、沈德灿老师。他们使我这个北大文科出身的人懂得了心理学的研究思路和方法，使我懂得以科学的态度去严谨地规范自己的研究。还要感谢北师大陈会昌、劳凯声老师对我以往工作的高度评价与热忱鼓励。

感谢校各级领导和科研处的各位老师，他们在帮助我完善这本教材中都曾经给予我极大的帮助。

感谢以自己的辛勤工作帮助我验证教学模型的我的同事王玉、黄苓和徐辉老师，尤其感谢王玉老师，感谢你的督促和支持，才使我有机会总结自己的工作。

最后，是要由衷感谢我的学生，愿你们知道：

当我与你们一起在这些伟大的学者中穿行，聆听他们对人的认识与发现、记取他们对人的观察与概括时，当我在你们热烈的讨论中倾听你们的思考和发现时，当我和你们一起在这些杰出人格心理学家的指导下，共同发现并且认识自己时，当我看着你们的潜能在自己的耐心与坚持下一点一点地展现出来时，当我看着你们因为自我认识、自我成长而渐渐变得容光焕发、充满幸福感的表情时，我的心里总是充满了感恩。

谢谢各位同学，谢谢。谢谢你们与我共享成长的美好经历，谢谢你们让我在小小的课堂里经历了许多激动人心的时刻！

杨眉

2004 年 7 月 4 日于北京滴水斋

附录三：《健康人格心理学——有效促进心理健康的9种模式》结束语

有关这本书该写的都写了，这里只想单纯表达我的无限感激。

感谢我的父母家人，你们是我努力成长的最初的原动力，即使在今天，在成长已经成为我个人的需要和习惯的时候，我最庆幸的仍然是我能够有这样的家人，庆幸我们能够彼此拥有。

感谢人格心理学中这些伟大的先驱与中国文化所提供的极为丰富的心理与人格教育资源，在向学生传播这些资源的时候，我成了最幸运的第一个受益者。

感谢我的很多老师，我能够有今天的成长，首先是因为我曾经接受过许多好老师的教导。我中学和大学时期曾经遇到过两位非常好的老师，一位是教化学的尹先英先生，她在正道做人和热爱读书与思考方面是我永远的榜样。另一位是我大学毕业论文的指导老师——研究非洲史的宁骚先生，宁先生在指导我的毕业论文时曾给予我非常严格的训练，他严谨的治学态度直到今天都对我产生了重要的影响。感谢在北大心理系修研究生课程时所遇到的几位先生，他们是陈仲庚先生、沈德灿先生和钱铭怡先生，他们为培养我的心理学思维而做的一切，我至今记忆犹新。还要特别感谢北京师范大学的陈会昌先生和劳凯生先生以及刘桂珍老师，他们对我工作的赏识和无条件支持我始终铭记在心。

感谢我这门课的所有知音，按照时间顺序，最先是杨宜音、卢玉、曹作兰、孙昌龄、宋强等老师，然后是石唯一、韩小青、邢亚平、魏书宋、张六虎、毛慧筠、范延英老师以及我所在首都经贸大学历任校领导以及教务处、科研处、学生处历任领导。感谢我团队中的各位知音：王玉、徐辉和苏世兰老师。

特别感谢中国青年报记者陆小娅，因为她最初的赏识与推荐，我的工作才得以让更多的人知道，此外，也要感谢中国青年报的汪文、郭韶明老师，感谢中国教师报的王琰老师，你们对我工作与文章的欣赏和支持一直是我力量的源泉。还要感谢中国社会心理学会的张仙飞老师，这十年来为推介《健康人格心理学》所做的大量工作。

感谢我在志愿者行列中所结识的知音：乐平、齐晋宁、肖旭、王玲、陈小华、侯志瑾、杨贵英、包天奎等老师。

感谢我在全国教师培训的学员中所遇到的知音：丁燕京、夏斌、陈建珍、赵军花、李艳、杨晓英、杨新华、张静等老师。

感谢我学生中的知音：诸葛艳、路凌燕、刘春时、王超、刘琪、姜佳星、孟瑶、王茉、居洋、韩晓晨、王颜妍、曹微、刘立伯、赵明慧、张晨、任黛、曹一媛、李丽丽、杨晓冬、卢蝶、李文新。

感谢我的学生王茉，在我整个写作过程中，为了保证严谨，我二次引用不足2.5%，我能够做到这点，很大原因得益于我的学生王茉，她在为我寻找原始资料方面做了很多贡献。每一次我告诉她我需要哪本书，她都会以最快的方式提供给我，从而为我节省了大量的时间。

特别感谢学校科研处刘老师和出版社的孟岩岭老师，感谢你们所给予我的一切帮助与支持，包括以无限的耐心等待这本书稿的完成。

最后，我要由衷感谢我的所有学生与学员，愿你们知道：

我一直知道自己有多么幸运，在过去30年中的几乎每一年都能在你们的陪伴下重温这些伟大心理学家的思想，复习他们对人性的种种发现，并与大家共同研习和实践这些心理学家的理论。

谢谢你们与我共享这些成长的美好经历，谢谢你们让我在小小的教室里经历了那许多美好而又激情澎湃的时光！

杨眉

2015年3月15日于北京滴水斋

主要参考书目

[1]陈仲庚,张雨新．人格心理学[M]．沈阳:辽宁人民出版社,1986.

[2] Lawrence. A. Pervin. Handbook of Personality: Theory and Research [M]. New York: The Guilford Press, 1999.

[3]陈仲庚,甘怡群,主编．人格心理学概要[M]．北京:时代文化出版社,1993.

[4]张春兴．现代心理学——现代人研究自身问题的科学[M]．上海:上海人民出版社,1994.

[5]黄希庭．人格心理学[M]．杭州:浙江教育出版社,2002.

[6] Duane P. Schultz, Sydney Ellen Schultz. Theories of Personality [M]. 8th edition, US: Wadsworth, A Division of Thomson Learning, Inc. 2005.

[7]郑雪,主编．人格心理学[M]．广州:暨南大学出版社,2007.

[8]许燕,主编．人格心理学[M]．北京:北京师范大学出版社,2009.

[9]兰迪·拉森,戴维·巴斯．人格心理学——人性的科学探索[M].2版．郭永玉,等,译．北京:人民邮电出版社,2011.

[10] Jerry M. Burger. 人格心理学[M].7版．陈会昌,等,译．北京:中国轻工业出版社,2010.

[11]张伯源,陈仲庚,编著．变态心理学[M]．北京:北京科学技术出版社,1986.

[12]温世颂．教育心理学[M]．台北:台湾三民书局印行,1978.

[13]沈政,主编．法律心理学[M]．北京:北京大学出版社,1986.

[14]卢盛忠,主编．管理心理学[M]．杭州:浙江教育出版社,1985.

[15] J. M. 索里,C. M. 特尔福德．教育心理学[M]．高觉敷,等,译．北京:人民教育出版社,1983.

[16]克鲁捷茨基．心理学[M]．北京:人民教育出版社,1985.

[17]林传鼎,等,主编．心理学词典[M]．南昌:江西科技出版社,1986.

[18]彭聃龄,主编．普通心理学[M]．北京:北京师范大学出版社,1988

[19]怀特利．大学生性格发展[M]．朱深潮,等,编译．杭州:浙江大学出版社,1993.

[20]孟昭兰,主编．普通心理学[M]．北京:北京大学出版社,1994.

[21]舒尔兹．成长心理学[M]．李文湉,译．北京:生活·读书·新知三联书店,1988.

[22]S. 乔拉德,T. 兰兹曼. 健康人格[M]. 刘劲,等,译. 北京:华夏出版社,1990.
[23]马斯洛. 存在心理学探索[M]. 李文湉,译. 昆明:云南人民出版社,1987.
[24]伊丽莎白·安斯库姆."现代道德哲学",英国皇家学会《哲学》,1958年[M]//见徐向东,编. 美德伦理与道德要求. 南京:江苏人民出版社,2007.
[25]罗莎琳德·赫斯特豪斯. 美德伦理学[M]. 李义天,译. 上海:译林出版社,2016.
[26]伯纳德·威廉斯. 道德运气[M]. 徐向东,译. 上海:译文出版社,2007.
[27]David Dobbs. The Social Life of Genes[J]. Pacific Standard:The Science Society,2013,9(3).
[28]卢梭. 社会契约论[M]. 何兆武,译. 北京:商务印书馆,2005.
[29]Christopher Peterson,Martin E. P. Seligman. Character Strengths and Virtues:——A Handbook and Classification[M]. Oxford:Oxford University Press,2004.
[30]马丁·塞里格曼. 真实的幸福[M]. 洪兰,译. 沈阳:万卷出版公司,2010.
[31]马丁·塞里格曼. 持续的幸福[M]. 赵昱鲲,译. 杭州:浙江人民出版社,2012.
[32]杨眉,侯志瑾,等. 大学生健康人格塑造——一种促进心理健康的模式[M]. 北京:中国青年出版社,1999.
[33]杨眉. 与未来中国的形象大使探讨生活——系列心理教育课程实录[M]. 北京:首都经济贸易大学出版社,2008.
[34]张春兴. 张氏心理学辞典[M]. 上海:上海辞书出版社,1992.
[35]郭莲舫,张明园,主编. 精神卫生学[M]. 上海:上海医科大学出版社,1993.
[36]张春兴,杨国枢. 心理学[M]. 台北:三民书局,1999.
[37]Mills·Roger. Realizing Mental Health:Toward a New Resiliency[M]. New York:Sulzburger and Graham Publishing. ltd,1995.
[38]怀特利. 大学生人格发展[M]. 朱深潮,等,编译. 杭州:浙江大学出版社,1993.
[39]Boele de. Road. Personality in Learning and Educatin:A Review[J]. European Journal of Personality,1996,(10).
[40]万晓霞. 近十年SCI人格心理学研究文献计量分析[J]. 心理科学进展,2009,17(6).
[41]凯罗林·默夫,奥泽拉姆·阿杜克,主编. 人格心理学新进展[M]. 刘霞,点评. 申继亮,审校. 北京:北京师范大学出版社,2010.
[42]徐辉,杨眉. 探求大学生心理健康教育的新方向[J]. 中国高教研究,2013. 10.

[43]维果茨基．维果茨基教育论著选[M].2版．余震球,译．北京:人民教育出版社,2005.
[44]弗洛伊德．爱情心理学[M]. 林克明,译．北京:作家出版社,1986.
[45]弗洛伊德．弗洛伊德自传[M]. 廖运范,译．北京:东方出版社,2005.
[46]高宣扬,编著．弗洛伊德传[M]. 北京:作家出版社,1986.
[47]约瑟夫·布洛尔,弗洛伊德．癔症研究[M]//车文博,主编．弗洛伊德文集.1卷．金星明,译．长春:长春出版社,1998.
[48]张春兴．张氏心理学辞典[M]. 上海:上海辞书出版社,1992.
[49]乔纳森·海特．象与骑象人——幸福的假设[M]. 李静瑶,译．杭州:浙江人民出版社,2012.
[50]弗洛伊德．梦的解析[M]. 张燕云,译．沈阳:辽宁人民出版社,1987.
[51]斯蒂芬·茨威格．精神疗法[M]. 王威,译．北京:西苑出版社,1998.
[52]欧文·斯通．心灵的激情[M]. 下．朱安,姚渝生,武国强,等,译．北京:中国文联出版公司,1986年．
[53]弗洛伊德．精神分析引论[M]. 高觉敷,译．北京:商务印书馆,1984.
[54]弗洛伊德．弗洛伊德论创造力与无意识[M]. 孙凯祥,译．北京:中国展望出版社,1986.
[55]弗洛伊德．日常生活的心理分析[M]. 林克明,译．杭州:浙江文艺出版社,1986.
[56]弗洛伊德．弗洛伊德论美文选[M]. 张唤民,陈伟奇,译．北京:知识出版社,1987.
[57]弗洛伊德．精神分析引论新编[M]. 高觉敷,译．商务印书馆,1987.
[58]C. S. 霍尔．弗洛伊德心理学入门[M]. 陈维正,译．北京:商务印书馆,1985.
[59]布鲁斯·H. 利普顿．信念的力量[M]. 喻华,译．北京:中国城市出版社,2011.
[60]弗洛伊德．弗洛伊德后期著作选[M]. 林尘,等,译．上海:译文出版社,1986.
[61]弗洛伊德．文明及其缺憾[M]//车文博,主编．弗洛伊德文集．五卷．杨韶刚,译．长春:长春出版社,1998.
[62]弗洛伊德．抑制、症状与焦虑[M]//车文博,主编．弗洛伊德文集．四卷．杨韶刚,高申春,译．长春:长春出版社,1998.
[63]克里斯托弗·彼得森．积极心理学[M]. 徐红,译．北京:群言出版社,2010.
[64]Anna Freud. The Ego and the Mechanisms of Defense[M]. New York:International Universities Press,Inc,US,1966.
[65]南希·麦克威廉斯．精神分析诊断:理解人格结构[M]. 鲁小华,郑诚,等,译.

北京:中国轻工业出版社,2018.
[66]保罗·科利尔.资本主义的未来[M].上海:上海三联书店,Kindle版本.
[67]弗洛伊德.精神分析五讲[M]//车文博,主编.弗洛伊德文集.三卷.贺岭峰,译.长春:长春出版社,1998.
[68]弗洛伊德.诗人同白昼梦的关系[M]//弗洛伊德论创造力与无意识.孙凯祥,译.北京:中国展望出版社,1986.
[69]霍华德·基尔申鲍姆,卡尔·罗杰斯传记[M].熊然,译.北京:中央编译出版社,Kindle版本,2016.
[70]弗洛伊德.图腾与禁忌[M].杨庸一,译.北京:中国民间出版社,1986.
[71]卡伦·霍妮.我们时代的神经症人格[M].冯川,译.贵阳:贵州出版社,1988.
[72]J.布莱克曼.心灵的面具:101种心理防御[M].毛文娟,王韶宇,译.上海:华东师范大学出版社,2011.
[73]马斯洛.自我实现及其超越[M]//林方,主编.人的潜能和价值.林方,译.北京:华夏出版社,1987.
[74]马斯洛.科学与科学家的心理[M].邵威,等,译.北京:北京大学出版社,1989.
[75]丹尼尔·格尔曼.严重精神创伤会伤害脑细胞吗?[M]//纽约时报科学版:大脑.张旭东,译.长春:长春出版社,2001:124.
[76]丹尼尔·格尔曼.情感的构造原理[M]//纽约时报科学版:大脑.张旭东,译.长春:长春出版社,2001:51-52.
[77]徐云.从压抑的认知神经科学观点看精神分析的发展[J].医学与哲学(人文社会医学版),2011,4(32):3.
[78]刘将,葛鲁嘉.神经精神分析学的兴起与展望[J].西北师大学报(社会科学版),2010,47(3):74.
[79]弗兰克·塔利斯.科学证明弗洛伊德是正确的.英国:星期日泰晤士报,2002-2-10[M]//《参考消息》,2002-4-2.
[80]大卫·伊格曼.隐藏的自我:大脑的秘密生活[M].唐璐,译.长沙:湖南科技出版社,2013.
[81]荣格.心理学的现代意义[M]//荣格文集.冯川,苏克,译.北京:改革出版社,1997.
[82]芭芭拉·汉娜.荣格的生活与工作:传记体回忆录[M].李亦雄,译.北京:东方出版社,1998.
[83]卡尔·古斯塔夫·荣格.梦、记忆、思想——荣格自传[M].阿尼拉·杰菲,记录和出版.陈国鹏,黄丽丽,译.北京:国际文化出版公司,2011.

[84]霍尔,等. 荣格心理学入门[M]. 冯川,译. 北京:生活·读书·新知三联书店,1987.
[85]乔纳森·劳赫. 你的幸福曲线:每个人35岁后都要了解的人生策略[M]. 杭州:浙江教育出版社,2019,Kindle版本.
[86]安东尼·斯托尔. 荣格[M]. 吴琼,译. 北京:昆仑出版社,1999.
[87]卡尔·古斯塔·荣格. 红书[M]. 周党伟,译. 北京:机械工业出版社,2019.
[88]申荷永. 心理分析理解与体验[M]. 北京:生活·读书·新知三联书店,2004.
[89]荣格. 原型与集体无意识[M]//荣格文集. 五卷. 徐德林,译. 北京:国际文化出版公司,2011.
[90]荣格. 探索心灵奥秘的现代人[M]. 黄奇铭,译. 北京:社会科学文献出版社,1987.
[91]David G. Blanchflower. Is Happiness U-Shaped Everywhere? Age and Subjective Well-Being in 132 Countries[D]. NBER Working Paper No. 26641, January 2020, JEL No. I31, J01.
[92]荣格. 分析心理学的理论与实践[M]. 成穷,王作虹,译. 北京:生活·读书·新知三联书店,1991.
[93]卢梭. 爱弥尔[M]. 李平沤,译. 北京:商务印书馆,1978.
[94]查尔斯·达尔文. 物种起源[M]. 舒德干,等,译. 北京:北京大学出版社,2005.
[95]马斯洛. 人性能达到的境界[M]. 林方,译. 昆明:云南人民出版社,1987.
[96]荣格,等. 人类及其象征[M]. 张举文,荣文库,译. 沈阳:辽宁教育出版社,1988.
[97]哈里·A. 威尔. 可理解的荣格:荣格心理学的个人方面[M]. 杨韶刚,译. 北京:东方出版社,1998.
[98]Robin Dunbar, Louise Barrett, John Lycett. 进化心理学:从猿到人的心灵演化之路[M]. 万美婷,译. 北京:中国轻工业出版社,2011.
[99]理查德·戴维森,莎伦·贝格利. 大脑的情绪生活:大脑如何影响我们的思想、感受和生活[M]. 王萌,译. 北京:格致出版社,上海:上海人民出版社,2015.
[100]荣格. 未发现的自我[M]. 张敦福,译. 北京:国际文化出版公司,2001.
[101]朱熹. 论语集注[M]. 北京:中国社会出版社,2013.
[102]莱斯利·A. 怀特. 文化的科学:人类与文明研究[M]. 沈原,黄克克,黄玲伊,译. 济南:山东人民出版社,1988.
[103]老子. 老子今译[M]. 任继愈,译. 北京:古籍出版社,1956.

[104]杨伯峻,译．白话四书[M]．长沙:岳麓书社,1989.
[105]荣格．心理类型学[M]．吴康,丁传林,赵善华,译．西安:华岳文艺出版社,1989.
[106]荣格．性与梦——无意识精神分析原理[M]．梁绿琪,译．北京:中国国际广播出版社,1989.
[107]阿德勒．自卑与超越[M]．黄光国,译．北京:作家出版社,1986.
[108]阿德勒．生活的科学[M]．苏克,周晓琪,译．北京:生活·读书·新知三联书店,1987.
[109]阿德勒．个体心理学[M]．张俊贤,译．北京:中国致公出版社,2018.
[110]阿德勒．理解人性[M]．陈太胜,陈文颖,译．北京:国际文化出版公司,2000.
[111]阿德勒．儿童人格形成及培养[M]．张晓晨,译．上海:上海三联书店,Kindle 版本．
[112]阿德勒．人,做得到任何事:阿德勒心理学讲义[M]．北京时代华文书局,Kindle 版本,2018:371-373.
[113]岸见一朗．像阿德勒一样思考和生活[M]．郑舜珑,译．上海:上海文化出版社,Kindle 版本,2017.
[114]岸见一郎,古贺史健．被讨厌的勇气:“自我启发之父”阿德勒的哲学课[M]．渠海霞,译．北京:机械工业出版社,2015.
[115]岸见一郎,古贺史健．幸福的勇气:“自我启发之父”阿德勒的哲学课2[M]．渠海霞,译．北京:机械工业出版社,2017.
[116]Robin Dunbar,Louise Barrett John Lycett. 进化心理学——从猿到人的心灵演化之路[M]．万美婷,译．北京:中国轻工业出版社,2011.
[117]Susan C. Cloninger. Theories of Personality: Understanding Persons [M]. 4th edition, Published by Pearson Prentice Hall, Copyright , 2004 by Pearson Education. Inc.
[118]埃里克·H. 埃里克森．同一性:青少年与危机[M]．孙名之,译．杭州:浙江教育出版社,1998.
[119]B. R. 郝根汉．现代人格心理学历史导引[M]．何瑾,冯增俊,译．海口:海南人民出版社,1986.
[120]埃里克松．童年与社会[M]．罗一静,徐炜铭,钱积权,编译．上海:学林出版社,1992.
[121]田丰,林凯玄．岂不怀归:三和青年调查[M]．北京:海豚出版社,2020.
[122]卡尔·萨根．魔鬼出没的世界:科学,照亮黑暗的蜡烛[M]．李大光,译．长春:吉林人民出版社,1998.

[123]埃里克森．洞见与责任[M]．北京：世界图书出版有限公司北京分公司，Kindle 版本，2017.
[124]詹姆斯·O. 卢格．人生发展心理学[M]. 3 版．陈德民，周国强，罗汉，等，译.上海：学林出版社，1996.
[125]彼得森，迈尔，塞里格曼．习得性无助[M]．戴俊毅，屠筱青，译．北京：机械工业出版社，2011.
[126]Erick H. Eriksom. The Life Cycle Completed[M]. New York：W. W. Norton and Company Inc，1982.
[127]波斯纳．衰老与老龄[M]．周云，译．北京：中国政法大学出版社，2002：156.
[128]米哈里·契克森米哈赖．心流：最优体验心理学[M]．北京：中信出版社，Kindle 版本，2017.
[129]理查德·格里格，菲利普·津巴多．心理学与生活[M]．王垒，王甦，等，译．北京：人民邮电出版社，2003.
[130]维克多·弗兰克．弗兰克自传：活出生命的意义[M]．王绚，译．北京：中国青年出版社，Kindle 版本，2016.
[131]维克多·弗兰克．向生命说 YES[M]．李雪媛，柯乃瑜，吕以荣，译．台北：启示出版，2009.
[132]William Blair Gould. 弗兰克：意义与人生[M]．常晓玲，瞿凤臣，肖晓月，等，译．北京：中国轻工业出版社，2000.
[133]史蒂芬·约瑟夫．杀不死我的必使我强大：创伤后成长心理学[M]．北京：北京联合出版公司，Kindle 版本，2016.
[134]弗兰克．活出意义来[M]．赵可式，沈锦惠，朱晓权，等，译．北京：生活·读书·新知三联书店，1991，1998.
[135]马斯洛．人性能达到的境界[M]．曹晓慧，等，译．北京：世界图书出版公司，2019.
[136]以赛亚·柏林．自由论，自由四论扩充版[M]．胡传胜，译．南京：译林出版社，2003.
[137]林达，编著．像自由一样美丽：犹太人集中营遗存的儿童画作[M]．北京：生活·读书·新知三联书店，2007，2010.
[138]F. Perls. A Life Chronology，1969，此系帕尔斯为兰登书屋写的简历，资料来源自以下网址：http://www. gestalt. org/index. htm.
[139]帕尔斯．此时此地疗法[M]. //马斯洛，等．人的潜能和价值林方，主编．北京：华夏出版社，1987.
[140]Tom Butler-Bowdon. 50 Psychology Classics：Who We Are，How We Think，What We

Do:Insight and Inspiration from 50 Key Books. Nicholas Brealey Publishing, 2007.
[141]哈里·A. 威尔. 可理解的荣格:荣格心理学的个人方面[M]. 杨韶刚,译. 北京:东方出版社,1998.
[142] F. Perls. Finding Self Through Gestalt Therapy [EB/OL]. http://www.gestalt.org/phgintro.htm,1957.
[143]F. Perls. Gestalt Therapy Verbatim[M]. The Gestalt Journal Press, Inc, U. S. A, 1969:4.
[144]谭红,施琪嘉. 创伤后应激障碍的神经生物学机制[J]. 临床精神医学杂志. 2004,14(6).
[145]F. Perls. What is Gestalt Therapy? [EB/OL]. http://www.gestalt.de/gestalttherapie.html.
[146]大卫·凯恩. 以人为中心心理治疗[M]. 高剑婷,郭本禹,译. 合肥:安徽人民出版社,2012.
[147]霍华德·基尔申鲍姆. 卡尔·罗杰斯传记[M]. 熊然,译. 北京:中央编译出版社,Kindle 版本,2016.
[148]卡尔·罗杰斯. 个人形成论:我的心理治疗观[M]. 杨广学,尤娜,潘福勤,译. 北京:中国人民大学出版社,2004.
[149]Robert D. Nye. 三种心理学:弗洛伊德、斯金纳和罗杰斯的心理学理论[M]. 石林,袁坤,译. 北京:中国轻工业出版社,2000.
[150]卡尔·罗杰斯. 论人的成长[M]. 2 版. 石孟磊,邹丹,张瑶瑶,译. 北京:世界图书出版公司,Kindle 版本,2018.
[151]卡尔·罗杰斯,等. 当事人中心治疗:实践、运用和理论[M]. 1 版. 李孟潮,李迎潮,译. 北京:中国人民大学出版社,2004.
[152]爱默生. 爱默生选集[M]. 张爱玲,译. 哈尔滨:哈尔滨出版社,2003.
[153]方展画. 罗杰斯"以学生为中心"教学理论述评[M]. 北京:教育科学出版社,1990.
[154]大卫·凯恩. 以人为中心心理治疗[M]. 高剑婷,郭本禹,译. 合肥:安徽人民出版社,2012.
[155]卡尔·罗杰斯. 卡尔. 罗杰斯论会心团体[M]. 张宝蕊,译. 北京:中国人民大学出版社,2006.
[156]马歇尔·卢森堡. 非暴力沟通[M]. 阮胤华,译. 北京:华夏出版社,2009.
[157]卡尔·罗杰斯,杰罗姆·弗赖伯格. 自由学习[M]. 3 版. 王烨晖,译. 伍新春,校. 北京:人民邮电出版社,Kindle 版本,2015.
[158]让·保罗·萨特. 存在主义是一种人道主义[M]. 周煦良,汤永宽,译. 上海:译文出版社,1988.

[159]托马斯·R. 弗林．存在主义简论[M]．莫伟民,译．北京:外语教学与研究出版社,2008.
[160]柯克·施耐德,奥拉·克鲁格．存在—人本主义治疗[M]．郭本禹,余言,马明伟,译．合肥:安徽人民出版社,2012.
[161]大津秀一．换个活法:临终前会后悔的25件事[M]．语妍,译．北京:中信出版社,2010.
[162]坎农．躯体的智慧[M]．范岳年,魏有仁,译．北京:商务印书馆,1985.
[163]卢梭．社会契约论[M]．何兆武,译．北京:商务印书馆,1980.
[164]维琴尼亚·萨提尔,约翰·贝曼,珍·歌柏,玛利亚·葛茉莉．萨特尔的家族治疗模式[M].11版．林沈明莹,陈登义,杨蓓,译．台北:张老师文化股份有限公司,2004.
[165]大卫·凯恩．以人为中心心理治疗[M]．高剑婷,郭本禹,译．合肥:安徽人民出版社,2012.
[166]马斯洛．存在心理学探索[M]．李文湉,译．林方,校．昆明:云南人民出版社,1987.
[167]爱德华·霍夫曼．做人的权利:马斯洛传[M]．许金声,译．北京:改革出版社,1998.
[168]柯林·威尔森．马斯洛和后弗洛伊德主义[M]．杜新宇,译．许金声,校．北京:华文出版社,2001.
[169]弗兰克·戈布尔．第三思潮:马斯洛心理学[M]．吕明,陈红雯,译．上海:译文出版社,1987.
[170]马斯洛．动机与人格[M]．许金声,等,译．北京:华夏出版社,1987.
[171]马斯洛．人性能达到的境界[M]．林方,译．昆明:云南人民出版社,1987.
[172]奥尔波特·史怀泽．生命的思索:史怀哲自传[M]．赵燕飞,译．北京:长江文艺出版社,2013.
[173]爱德华·霍夫曼．洞察未来:马斯洛未发表过的文章[M]．许金声,译．北京:改革出版社,1999.
[174]米尔恰·伊利亚德．神圣与世俗[M]．王建光,译．北京:华夏出版社,2002.
[175]杜威．新旧个人主义——杜威文选[M]．孙有中,蓝克林,斐雯,译．上海:上海社会科学院出版社,1997:197.
[176]吉尔特·霍夫斯泰德,格特·杨·霍夫斯泰德．文化与组织——心理软件的力量[M].2版．李原,孙健敏,译．北京:中国人民大学出版社,2010.
[177]朱熹．撰．四书章句集注[M]．北京:中华书局,2011.
[178]Michael S. Gazzaniga, Richard B. Lvry, George R. Mangun. 认知神经科学:关于心

智的生物学[M].3版.周晓林,高定国,等,译.北京:中国轻工业出版社,2011.
[179]杨伯峻,译.白话四书[M].长沙:岳麓书社,1989.
[180]孙振声,编著.易经入门[M].北京:文化艺术出版社,1991.
[181]弗朗西斯·福山.信任:社会道德与繁荣的创造[M].李宛蓉,译.呼和浩特:远方出版社,1998。

索引

隔离	isolation
补偿	compensation
否认	denial
幽默	humor
利他	altruism
理智化	intellectualization
去圣化	desacralization
卡尔·古斯塔夫·荣格	Carl Gustav Jung
个体化	individuation
情结	complex
集体无意识	collective unconscious
原型	archetypes
人格面具	persona
暗影	shadow
女性意向	anima(音译:阿妮玛)
男性意向	animus(音译:阿尼木斯)
智慧老人	wise old man
自性	self(又译:自身)
人格整合	integration
外向	extraverted
内向	introverted
外向思维型	extraverted thinking
外向情感型	extraverted feeling
外向感觉型	extraverted sensing
外向直觉型	extraverted intuiting
内向思维型	introverted thinking
内向情感型	introverted feeling
内向感觉型	introverted sensing
内向直觉性	introverted intuiting
阿德勒	Alfred Adler ,1870—1937
社会兴趣或者社会感	social interest or social feeling
合作	cooperation
生活风格	life style
支配型	the dominant type
攫取型	the getting type

回避型	the avoiding type
社会有用型	the socially type
人生三大任务	社会任务、职业任务、恋爱婚姻任务
自卑情结	inferiority complex
优越情结	superiority complex
心理教育	psychoeducation
埃里克森	Eric Erikson
自我同一性	ego identity
同一性危机	identity crisis
同一性混乱	identity confusion
消极同一性	negative identity
积极同一性	positive identity
基本信任对基本不信任	trust vs. mistrust
自主性对羞怯和怀疑	autonomy vs. doubt, shame
主动对自罪感	initiative vs. guilt
勤奋对自卑	industriousness vs. inferiority
同一性对角色混乱	identity cohesion vs. role confusion
亲密对孤独	intimacy vs. isolation
繁殖对停滞	generativity vs. stagnation
自我整合对绝望	ego integrity vs. despair
维克多·弗兰克	Viktor E. Frankl
存在—人本主义心理治疗	existentialists-humanistic therapy
寻求生活意义	search for Ultimate Meaning
意义治疗	logotherapy
意义意志	The Will to Meaning
发现生命意义的三种方式	体验价值、创造价值、超越困境
帕尔斯	Fritz Perls, 1893—1970
人类潜能运动	the human potential movement, HPM
格式塔祈祷	Gestalt Prayer
完形	gestalt(音译:格式塔)
未完成事	unfinished business
自我觉察	self awareness
此时此刻	here and now
活在当下	live in the present
追溯性性格	retrospective character

预期性性格	prospective character。
自我支持	self support
环境支持	environmental support
卡尔·罗杰斯	Carl Rogers
实现的倾向	actualizing tendency
充分起作用的人	full functioning persons
无条件积极关注	unconditional positive regard:
价值条件化	conditions of worth
T 小组	Train Group
会心小组	encounter group
充分起作用的人	the fully-functioning person(又译:功能完备的人)
自性实现	self acutalizing
实现的倾向	actualizing tendency
内源性评价	internal locus of evaluation
外源性评价	external locusof evaluation
以学生为中心	student-centered
以人为中心	people-centered
非暴力沟通	nonviolent communication
马斯洛	abraham maslow
高峰体验	peak or mystic experiences.
需要层次论	hierarchy of needs
生理需要	physiological needs
安全需要	safety needs
归属与爱的需要	belonging needs
尊重的需要	esteem needs
自性实现的需要	the need for self-acutualization
缺失性需要	deficit needs or D-needs
存在需要	being needs or B-needs
约拿情结	jonah complex